微灌技术探索与应用

仵 峰 主编

黄 河 水 利 出 版 社
·郑州·

内 容 提 要

本书为水利部、中国农业科学院农田灌溉研究所建所50年来灌水技术研究室在微灌方面所做研究工作的论文精选。根据论文内容,归纳为六篇。第一篇为微灌灌水器水力性能试验研究;第二篇为微灌关键设备的研制;第三篇为地下滴灌方面的探索;第四篇涉及微灌工程设计;第五篇总结了微灌工程的运行、管理和经验;第六篇为有关微灌发展的看法、意见及展望。

本书可供科研单位、管理部门和教学单位从事与微灌相关工作的人员和师生参考。

图书在版编目(CIP)数据

微灌技术探索与应用/仵峰主编. —郑州:黄河水利出版社,2008.12

ISBN 978-7-80734-540-4

Ⅰ. 微… Ⅱ. 仵… Ⅲ. 农田灌溉 Ⅳ. S275

中国版本图书馆 CIP 数据核字(2008)第183535号

组稿编辑:马广州 电话:0371-66023343 E-mail:magz@yahoo.cn

出 版 社:黄河水利出版社

地址:河南省郑州市金水路11号 邮政编码:450003

发行单位:黄河水利出版社

发行部电话:0371-66026940 传真:0371-66022620

E-mail:hhslcbs@126.com

承印单位:河南省瑞光印务股份有限公司

开本:787 mm×1 092 mm 1/16

印张:19.5

字数:445千字 印数:1—1 000

版次:2008年12月第1版 印次:2008年12月第1次印刷

定价:73.00元

《微灌技术探索与应用》编辑委员会

前　言

微灌是一种高效的节水灌溉技术,受到了国内外的广泛关注。水利部、中国农业科学院农田灌溉研究所是我国国内唯一一所专门从事灌溉排水研究的专业性研究机构,也是国内最早开始微灌技术研究的单位之一。建所以来,灌水技术的研究一直是其重点研究方向之一,灌水技术研究室承担了包括喷灌、微灌、地面灌等各类灌水技术在内的应用基础理论研究、设备研制、技术体系集成及区域节水农业发展战略等相关研究任务。50年来,灌水技术研究室的全体工作人员不负众望,以吃苦耐劳的精神和踏实认真的作风激励着一代又一代的研究人员在微灌研究方面进行了不懈的探索和实践,先后研制出了折射微喷头、孔口滴头、流量调节器等微灌系统的关键设备,开展了木耳、茶叶、柑橘和胡椒等多种经济作物和蔬菜的田间试验,建成了国内第一个千亩大田滴灌示范工程,取得了丰富的研究资料和多项科研成果,获得了国家科学技术委员会、国家农业委员会、水利部、农业部、河南省和中国农业科学院等上级单位的多次嘉奖。与此同时,灌水技术研究室培育了多位国内知名的行业专家,主编了我国第一部系统介绍微灌知识的专著——《微灌工程技术指南》,起草了国内微灌领域的第一部行业标准——《微灌工程技术规范》(SL 103—95),发起并组织了我国第一个微灌学术交流平台——微灌情报网,凝聚了一批国内微灌行业的专家和精英……为我国的微灌事业做出了应有的贡献。

在长期的微灌技术探索和实践中,灌水技术研究室积累了大量珍贵的研究材料,以专著、论文、研究报告等形式与国内外同行进行交流,推动了我国微灌事业的发展。据不完全统计,截至目前,灌水技术研究室在各类刊物和学术会议上公开发表与微灌相关的论文达120余篇,从机理研究到生产实践、从设备研制到系统构建等方面,均进行了有益的尝试,成为我国微灌研究发展历程的缩影。为了系统地总结这些工作,适逢农田灌溉研究所成立50周年之际,对以往的论文、报告进行了归类和整理,一则对过去的工作进行总结,承前启后,继往开来,把微灌研究更深入地进行下去。二是希望能以史为鉴,指引今后的研究方向,同时也可作为一个系统性的资料,为后续的研究打下基础。

根据论文内容,对微灌技术的研究大体上归纳为六个部分。第一部分试验研究,主要包括国内几种常用微灌灌水器的水力性能试验。第二部分设备研制,是以灌水器研制为主的微灌关键设备的研制,涵盖了微喷头、孔口滴头、补偿式滴头、迷宫式滴头等。第三部分地下滴灌,较为系统地对地下滴灌技术进行了探索,包括室内外试验、数值模拟、田间考核、专用设备研制等。第四部分工程设计,针对微灌工程设计的特点进行了研究,内容涉及毛管适宜长度、管道(网)计算、均匀度分析、过滤设施及计算机辅助设计(CAD)等。第五部分示范应用,结合微灌工程示范点的建设,总结了微灌工程运行、管理的经验,并对不同应用条件下的效益进行了分析。第六部分发展研究,根据对微灌工作的体会,提出了对微灌发展的看法、意见及展望等。

在我们研究微灌的过程中，受到了党和国家的高度重视，研究工作得到了国家有关部门、地方各级政府和兄弟单位的大力支持，在此深表感谢。农田灌溉研究所灌水技术研究室先后有50余名科技人员参与了微灌技术的研究工作，除了参加本书编写的人员外，主要还有刘云发、杨素哲、黄慧珠、尹逢生、路银龙、梁红岩、吴惠心、楼豫红、韩相凤、王力刚、岳荣贵、张晓波、闫玉民、许贵全、齐凯新、马福才、吕谋超、郭志新、高胜国、李金山、杨跃辉、李辉、张丽、祖正学、王晖、向华安、辛小桂、牛军宜、张天举、丛佩娟等。上述成绩的取得，是他们用自己宝贵的青春年华换来的，他们为了我国微灌事业的发展做出的贡献令我们感到自豪，也将成为我们今后工作的动力。

受篇幅所限，在此仅挑选收录了60篇。在整理和编辑过程中，尽可能忠实于原文，仅对原文中的符号、格式等进行了统一，个别文字进行了修订，并由作者进行审定。此外，为了推进国际单位的实施，同时尊重原作者的单位使用习惯，以附录的形式给出了文中涉及的主要物理量的不同单位间换算，以便新老读者查阅。

由于编者水平有限，书中欠妥或谬误之处，敬请读者批评指正。

编　者

2008年6月

目　录

第四篇　工程设计

第五篇　示范应用

第六篇　发展研究

第一篇　试验研究

国内几种常用滴头的流量均匀度测定

滴灌是一种增产、省水的先进灌水技术,它要求整个滴灌系统能适时、适量、均匀地供给作物水分,确保主要根系层土壤经常保持适宜的湿度。使水、肥、气、热、微生物活动始终处于良好的状况,为作物增产创造最有利的条件。有些滴灌发展较快的国家,在设计中要求滴灌均匀度(即在1条支管控制范围内,毛管上各滴头滴水量的均匀度)不低于90%。目前,我国在实际工作使用中很难达到这样高的水平。例如,我们在偃师千亩滴灌试点移动式滴灌区测得的滴灌均匀度仅为50%左右,可见我们的水平与其差距还很大,需要做更多的努力才能提高滴灌的灌水质量。

影响滴灌均匀度的因素很多,一般可归纳为3个方面:①设计不合理造成滴灌区内压力不均匀;②管理不善;③滴头质量差,其中尤以滴头的均匀度影响最大。由于孔口滴头本身的均匀度只有54.4%,所以造成移动式滴灌均匀度仅为50%左右(在田间用的是未进行均匀度挑选的滴头)。由此可见,滴头是滴灌系统的关键部件,它的质量好坏直接关系到整个滴灌系统的灌水质量。

为了提高滴灌系统中的滴灌均匀度,保证滴灌质量,摸清我国现有使用的几种滴头的性能,我们对国产9种常用的滴头进行了性能测定,现将测定结果简介如下,供有关部门参考。

1　测试装置

滴头测试装置:1个自制的压力箱,1个接水滑车和1张试验台。

(1)压力水箱:用厚度为3 mm的钢板制成高80 cm,直径60 cm的压力水箱。水箱上设有进水口、出水口、调压阀门、排气阀门。其作用是将自来水通过进水口不断地供给水箱用水,再利用调压阀门使压力控制在测试毛管所需要的压力上,以便进行不同压力下的滴头性能测定。

(2)测试毛管:根据不同滴头,按上所需的毛管3 m,每隔25 cm装1个滴头,共装10个滴头,测试毛管的首部和尾部各装1个标准压力表,测试时要求首部和尾部的压力差不得超过0.05 kg/cm^2。

(3)接水滑车:采用1个长3 m,宽0.2 m的木制小滑车,在车上对应测试滴头的位置放置10个小量杯。它的作用是使10个量杯能在同一时间接住和取出10个滴头在一定时间内所滴的水量。

(4)试验台:混凝土板制成有排水系统的工作台。

2 测试方法及步骤

对每种滴头各随机选出 100 个,分 10 组进行测定,每组分别测定在 0.2、0.5、1.0、1.5、2.0 kg/cm^2 5 种压力下的滴头滴水量,重复 1 次取其平均值,然后将所得资料用数理统计的方法加以整理、计算,最后求得各种滴头在不同压力下的平均流量和均匀度。其方法及步骤如下:

(1)打开自来水管开关,把水放入压力箱内,并排去箱内空气。

(2)通过调压阀调整箱内压力,使毛管上的压力稳定在需要施测的压力上。

(3)用秒表开始计时并同时将接水滑车(连同量杯)推至相应的滴头下面接住每个滴头滴下的水量,当达到施测的时间时,按下秒表并拉出滑车。

(4)量出每个滴头的滴水量,做好滴头的表现情况的记录,并重复 1 次。

(5)按以上方法及步骤,做其他压力下的滴头测定。

3 试验结果及分析

将 9 种滴头的测定结果按数理统计的方法进行了整理、计算。

由下列公式计算出各种滴头在不同压力下的平均流量 Q_n、标准离差 S、离差系数 C_v 和均匀度 P 的值。测定的结果见表 1。

表 1 各种滴头在不同压力下的各种性能测定结果

滴头名称	不同压力下的性能测定结果															单位质量(g/个)	单价(元/个)
	P=0.2 (kg/cm^2)			P=0.5 (kg/cm^2)			P=1.0 (kg/cm^2)			P=1.5 (kg/cm^2)			P=2.0 (kg/cm^2)				
	平均流量(L/h)	离差系数	均匀度(%)	平均流量(L/h)	离差系数	均匀度(%)	平均流量(L/h)	离差系数	均匀度(%)	平均流量(L/h)	离差系数	均匀度(%)	平均流量(L/h)	离差系数	均匀度(%)		
沈阳大东塑料厂管状滴头 3 L/h	0.795	0.093	90.7	1.71	0.082	91.8	2.87	0.08	92.0	3.85	0.090	90.9	4.90	0.092	90.8	5.40	0.12
沈阳大东塑料厂管状滴头 2 L/h	0.66	0.18	82.0	1.32	0.18	82.0	2.20	0.16	84.0	2.97	0.15	85.0	3.61	0.162	83.8	5.10	0.08
沈阳大东塑料厂分水式滴头	1.11 (6.67)	0.269	73.1	1.79 (10.7)	0.282	71.8	2.59 (15.55)	0.277	72.3	3.07 (18.47)	0.288	71.2	3.46 (20.74)	0.248	75.2	1.05	0.10
沈阳大东塑料厂螺纹式滴头	0.70	0.444	55.6	1.40	0.40	60	2.27	0.391	60.9	2.99	0.382	61.6	3.68	0.384	61.6	2.20	0.06
沈阳大东塑料厂孔口滴头	3.10	0.571	42.9	4.85	0.456	54.4	6.73	0.387	61.3	8.35	0.348	65.2	9.55	0.326	67.4	0.16	0.02

续表1

滴头名称	不同压力下的性能测定结果															单位质量(g/个)	单价(元/个)
	$P=0.2$ (kg/cm²)			$P=0.5$ (kg/cm²)			$P=1.0$ (kg/cm²)			$P=1.5$ (kg/cm²)			$P=2.0$ (kg/cm²)				
	平均流量(L/h)	离差系数	均匀度(%)	平均流量(L/h)	离差系数	均匀度(%)	平均流量(L/h)	离差系数	均匀度(%)	平均流量(L/h)	离差系数	均匀度(%)	平均流量(L/h)	离差系数	均匀度(%)		
太原红旗塑料厂孔口滴头	2.18	0.381	61.9	3.54	0.393	60.7	5.19	0.376	62.4	6.47	0.369	63.1	7.64	0.39	63.1	0.18	0.02
河北煎茶铺微型滴头	3.62	0.42	58.0	5.96	0.378	62.2	8.0	0.301	69.9	9.90	0.267	73.3	11.6	0.252	74.8	0.75	0.05
沈阳大东塑料厂微型滴头	1.02	0.343	65.7	1.92	0.36	64.0	3.03	0.278	72.2	3.88	0.261	73.9	4.75	0.282	71.84	1.27	0.05
辽宁盖县微型滴头	0.51	0.657	34.7	0.95	0.526	47.4	1.43	0.517	48.3	1.80	0.439	56.1	2.19	0.485	51.5	0.90	0.05

注：括号中数字为滴头的试验工作压力，单位为 mH_2O。

3.1　平均流量

平均流量按下式计算：

$$\overline{Q}=\frac{Q_1+Q_2+\cdots+Q_n}{n} \tag{1}$$

式中：Q_1、Q_2、…、Q_n 为每个滴头的流量值；n 为测定的滴头数。

3.2　标准离差

标准离差按下式计算：

$$S=\sqrt{\frac{1}{n-1}\sum_{z=1}^{n}(Q_i-\overline{Q})^2} \tag{2}$$

式中：$\overline{Q}$ 为平均流量；Q_i 为每个滴头的流量。

3.3　离差系数

离差系数 $C_v=S/\overline{Q}$，也称不均匀率。

均匀度 $P=1-C_v$，也称均匀系数。

从表1中可以看出：

(1)沈阳大东塑料厂生产的管状滴头(3、2 L/h)性能较好，不仅均匀度高而且比较稳定(见图1)，当 $P=1.0$ kg/cm² 时，均匀度分别为92%和84%，前一种已经达到要求，后一种稍加改进即可达到要求。流量也基本符合设计要求，实测 $P=1.0$ kg/cm² 时，平均流量分别为2.87 L/h 和2.20 L/h(见图2)。

这两种滴头的缺点是目前造价较高，且搬动过程中容易与毛管脱节，不适于移动式滴灌。

(2)沈阳大东塑料厂生产的分水式滴头，均匀度虽然平均只有72.72%，稍嫌低了一点，但它的平均流量在不同压力下变化幅度较小，均匀度也较稳定(见图3、图4)，而且它结构简单、体积小、成本低，适合于果树滴灌。它的缺点是分水管过水断面小，容易堵塞。此外，由于6根分水管每次移动都要重新安放，费时、费工，不适于移动式滴灌。

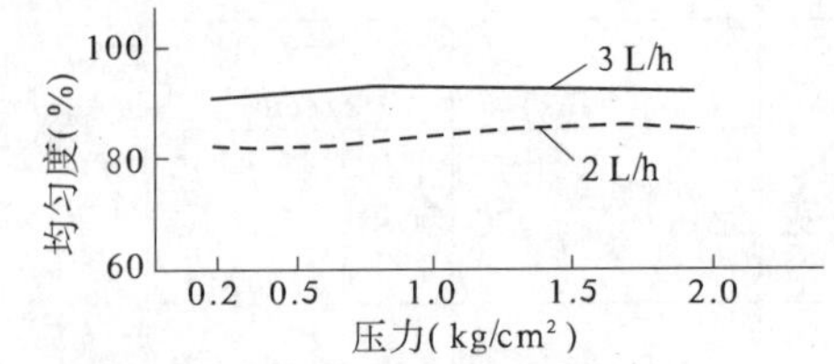

图1 管状滴头在不同压力下的均匀度

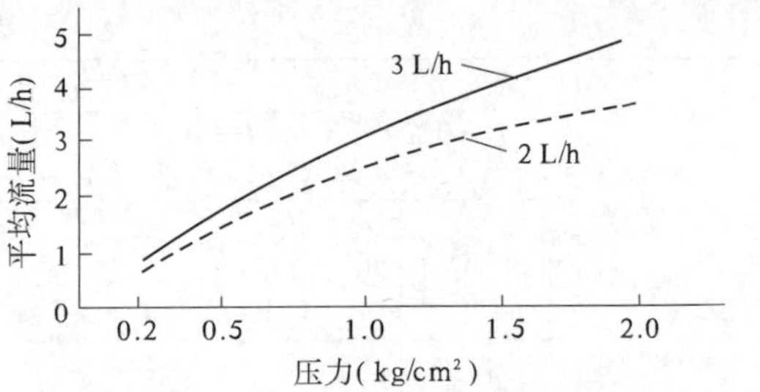

图2 管状滴头压力—平均流量关系曲线

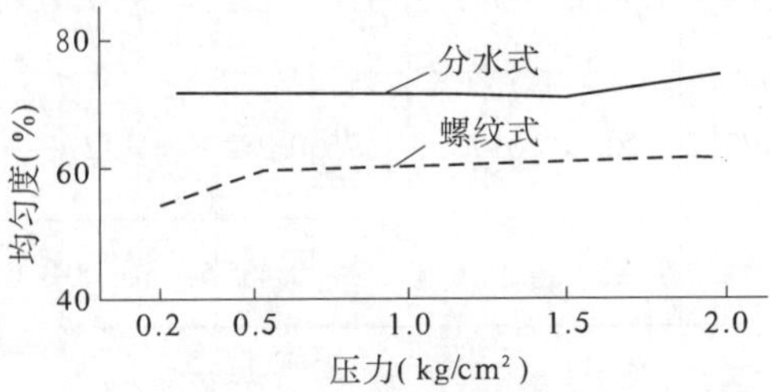

图3 分水式、螺纹式滴头在不同压力下的均匀度

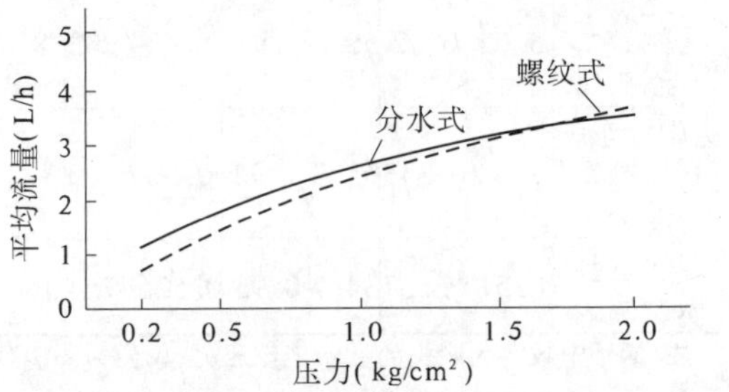

图4 分水式、螺纹式滴头压力—平均流量关系曲线

(3)沈阳大东塑料厂生产的螺纹式滴头，在不同压力下平均流量较好，但均匀度较低，仅为60.9%($P=1.0\ kg/cm^2$ 时)，而且滴头毛管结合过紧，不易安装和拆开，易堵塞，需做较大的改进方可推广(见图3、图4)。

(4)沈阳大东塑料厂和太原红旗塑料厂生产的孔口滴头，具有结构简单、过水断面大、不易堵塞、体积小、用料省、成本低，与毛管连接牢靠等优点，适用于移动式滴灌，是一种有发展前途的滴头。但目前这两种滴头还不够理想，其均匀度都不高，只有60%左右，沈阳大东塑料厂的孔口滴头的均匀度在 $P=1.0\ kg/cm^2$ 以下变幅较大，平均流量随着压力的升高而增大，其变化幅度较大。当压力 $P>1.0\ kg/cm^2$ 时，平均流量偏大，滴头出流呈喷流状态，不易控制点滴，往往形成地面径流，影响滴灌质量，需继续改进(见图5、图6)。

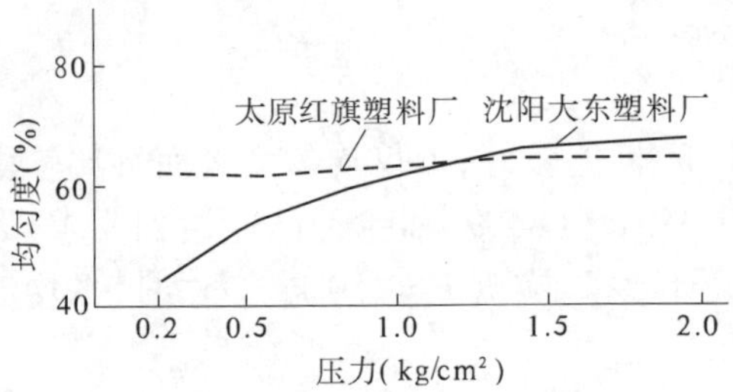

图5 孔口滴头在不同压力下的均匀度

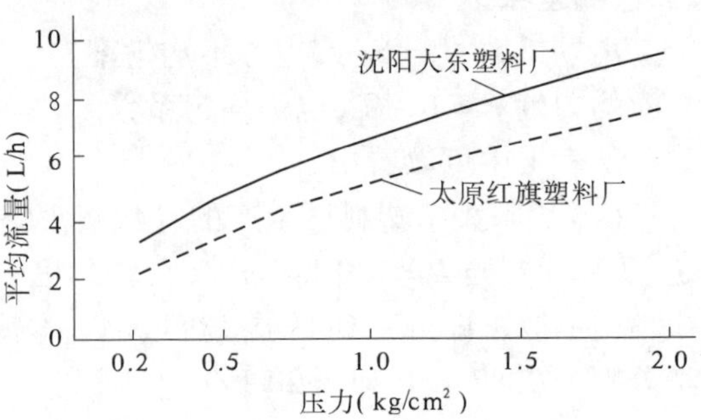

图6 孔口滴头压力—平均流量关系曲线

(5)河北坝县煎茶铺、沈阳大东塑料厂、辽宁盖县生产的3种微型滴头的均匀度都较低，沈阳大东塑料厂和河北坝县煎茶铺的微型滴头稍好些，在 $P=1.0\ kg/cm^2$ 时，均匀度分别为72.2%和69.9%，而辽宁盖县生产的微型滴头均匀度只有48.3%，需要在设计和

工艺上加以改进。从各种压力下的平均流量看,河北坝县煎茶铺的滴头流量偏高,当 $P = 2.0\ kg/cm^2$ 时,$\overline{Q} = 11.6\ L/h$;$P = 0.2\ kg/cm^2$ 时,$\overline{Q}$ 也高达 3.62 L/h,变化幅度太大,只能在低压下使用。沈阳大东塑料厂产的微型滴头平均流量较好,当 $P = 2.0\ kg/cm^2$ 时,$\overline{Q} = 4.75\ L/h$;$P = 0.2\ kg/cm^2$ 时,$\overline{Q} = 1.02\ L/h$,变幅小。而辽宁盖县的微型滴头最高平均流量偏低,当 $P = 2.0\ kg/cm^2$ 时,$\overline{Q} = 2.19\ L/h$;$P = 0.2\ kg/cm^2$ 时,$\overline{Q} = 0.51\ L/h$,流量偏低,在高压使用较好。

这 3 种微型滴头具有结构简单、体积小、用料省、成本低等优点,但在其使用中易堵塞、易脱落、均匀度差,需做较大的改进(见图 7、图 8)。

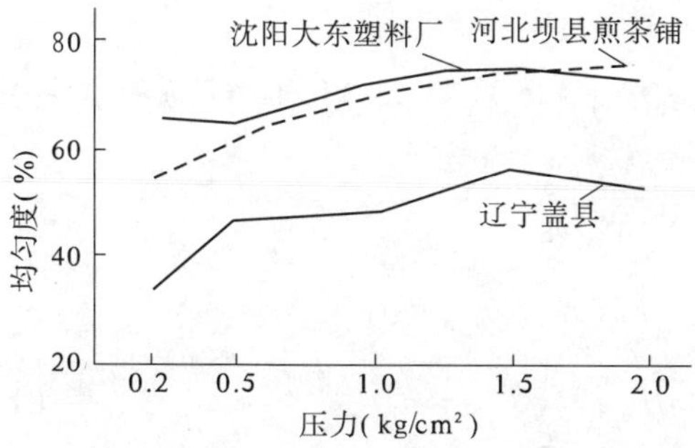

图 7　微型滴头在不同压力下的均匀度

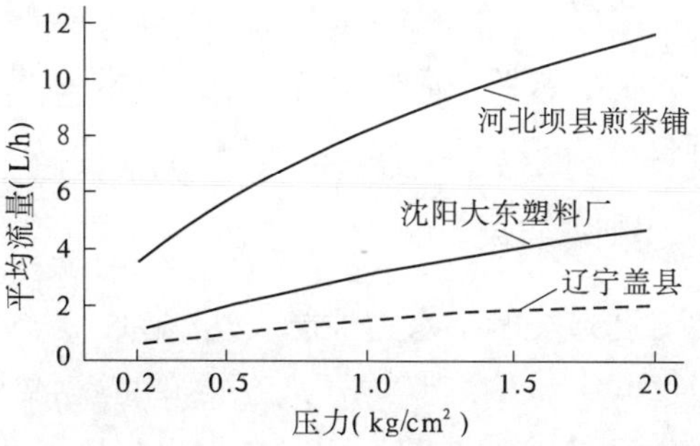

图 8　微型滴头压力—平均流量关系曲线

4　几点建议

(1)为了使我国的滴灌设备迅速赶上和超过国外的先进水平,应适当派出有关人员到国外考察,并引进一些先进的设备,特别是各种类型的先进滴头,以便从中利用、改造、创新,研制出适合我国使用情况的好滴头来。

(2)为了解决现有滴头易于堵塞的问题,应组织力量研制一批脉冲式滴头和喷雾式滴头。这两种滴头过水断面大、流速高、不易堵塞。

(3)以现有管状滴头、分水式滴头为基础,组织力量对其进一步改进,生产出高质量的适用于固定式滴灌系统的一系列滴头;在现有孔口滴头的基础上,对其进一步改进,生产出一批结构简单、质量好、成本低的小滴头。

(4)由水利部组织有关科研、生产、使用部门组成滴灌设备攻关协作小组,负责滴灌设备的研制工作。

(吴高巍. 原载于《喷灌技术》1981 年第 3 期)

系列孔口滴头流量系数的测试

为给孔口型滴头的研制工作提供理论依据,对 KD 型系列孔口滴头的流量系数进行了测试,测试的方法及其结果如下。

1 试验设备

(1)供水调压设备:自来水,首部设置不锈钢调压罐,测试用水经过160目网式过滤器过滤。

(2)压力测量设备:0.3级标准压力表,测量范围0~40 mH_2O。

(3)流量测量设备:手工测量,测量所用设备有接水缸、量杯和秒表等。

(4)滴头进、出口直径测量设备:100倍显微镜,测量精度相当于0.01 mm。

(5)水温测量设备:7151-1型半导体温度计,误差±1 ℃。

2 试验方法

试验参照《灌溉设备:滴头技术要求和试验方法》ISO(TC23/SC 18N71)有关规定进行。

3 测试结果

孔口类滴头水力性能表达式为:

$$q = SC\sqrt{2gH} \tag{1}$$

式中:q 为滴头流量,m^3/s;S 为出口断面面积,m^2;g 为重力加速度,$g = 9.8\ m/s^2$;H 为进口断面重心处压力水头,m;C 为流量系数。

将实测流量和压力代入式(1),算得每种滴头在一定压力水头下的流量系数 C 值,同一种滴头的 C 值取其在不同压力水头下流量系数的平均值(见表1)。

表1 系列孔口滴头实测流量系数计算

滴头型号	出口直径(mm)	进口直径(mm)	流道长(mm)	流道锥角	进口断面压力水头(m)	滴头流量(L/h)	同一滴头在不同压力下的 C 值	同一滴头平均 C 值
KD-1	0.53	1.50	7.00	7°56′	2.0	4.36	0.876 8	0.914 1
					4.0	6.31	0.897 3	
					6.0	7.86	0.912 6	
					8.0	9.15	0.920 0	
					10.0	10.35	0.930 8	
					12.0	11.33	0.930 2	
					15.0	12.68	0.931 1	
KD-2	0.55	1.50	7.00	7°46′	2.0	4.80	0.896 4	0.902 1
					4.0	6.78	0.895 3	
					6.0	8.34	0.899 2	
					8.0	9.72	0.907 6	
					10.0	10.86	0.907 0	
					12.0	11.87	0.904 9	
					15.0	13.26	0.904 2	

续表 1

滴头型号	出口直径（mm）	进口直径（mm）	流道长（mm）	流道锥角	进口断面压力水头（m）	滴头流量（L/h）	同一滴头在不同压力下的 C 值	同一滴头平均 C 值
KD-3	0.65	1.50	7.00	7°56′	2.0	6.61	0.883 8	0.892 3
					4.0	9.39	0.887 8	
					6.0	11.51	0.888 5	
					8.0	13.33	0.891 1	
					10.0	15.00	0.896 9	
					12.0	16.41	0.895 7	
					15.0	18.49	0.902 7	
KD- 4	0.75	1.50	7.00	6°8′	2.0	9.12	0.915 9	0.926 5
					4.0	12.90	0.916 0	
					6.0	15.92	0.923 0	
					8.0	18.45	0.926 4	
					10.0	20.81	0.934 6	
					12.0	22.75	0.932 7	
					15.0	25.55	0.936 9	
KD-5	0.85	1.50	7.00	5°19′	2.0	11.46	0.896 0	0.914 3
					4.0	16.45	0.909 5	
					6.0	20.19	0.911 4	
					8.0	23.55	0.920 6	
					10.0	26.43	0.924 1	
					12.0	28.73	0.917 0	
					15.0	32.27	0.921 3	

4　试验结果

(1)经测试的 KD 型系列孔口滴头中的 5 种型号流量系数 C 值变化幅度很小，在 0.892 3 ~ 0.926 5 范围内，仅相差 3.83%。

(2)从表 1 中可以看出流量系数 C 值随着压力水头的升高略有所增大。

(3)由于滴头流道锥角变化范围不大(仅在 5°19′ ~ 7°56′)，从测试结果中不易看出流量系数随流道锥角的变化趋势。

(4)5 种型号的滴头流量系数变化幅度很小，平均值为 0.909 86，因此 5 种孔口滴头水力性能可用下式表示：

$$q = 0.90986S\sqrt{2gH} \tag{2}$$

在实际应用中，流量 q 常以 L/h 计，出口断面面积 S 若用出口直径 d 表达，则：

$$q = 11.3892d^2\sqrt{H} \tag{3}$$

式中：q、d 和 H 分别以 L/h、mm 和 m 计。

(5)为了检验式(3)的精确性，表 2 给出了由式(3)计算得到的和由常用压力—流量

关系式 $q=C'H^x$（该系列中 5 种孔口滴头的参数 C' 值和 x 值见表 3）计算得到的 5 种孔口滴头在特定压力下的流量值，并将它们与实测值进行了比较。从表 2 中可以看出，虽然用式(3)计算的滴头流量与实测流量之间的差别较用 $q=C'H^x$ 计算的流量与实测流量之间的差别稍大，但前者平均相对误差仅 1.45%，大于 3% 的约占 5.7%，且式(3)表示该系列 5 种孔口滴头总的水力性能，便于记忆，可用于指导新规格孔口滴头的研制。因此，我们认为，式(3)较式 $q=C'H^x$ 更有实用价值。

表 2　式(3)的精确性分析

①	②	③	④	⑤	⑥	⑦	⑧
滴头型号	出口直径 d(mm)	进口断面重心处压力水头 H(m)	流量 q(L/h)			计算结果与实测值比较(%)	
			实测	式 $q=C'H^x$ 计算结果	式(3)计算结果	式 $q=C'H^x$ 计算结果与实测值比较 100(⑤-④)/④	式(3)计算结果与实测值比较 100(⑥-④)/④
KD-1	0.53	2.0	4.36	4.39	4.53	+0.69	+3.90
		4.0	6.31	6.33	6.40	+0.32	+1.43
		6.0	7.86	7.85	7.84	-0.13	-0.25
		8.0	9.15	9.13	9.05	-0.22	-1.09
		10.0	10.35	10.27	10.12	-0.77	-2.22
		12.0	11.33	11.31	11.09	-0.18	-2.12
		15.0	12.68	12.73	12.39	+0.39	-2.29
KD-2	0.55	2.0	4.80	4.80	4.87	0	+1.46
		4.0	6.78	6.81	6.89	+0.44	+1.62
		6.0	8.34	8.35	8.44	+0.12	+1.20
		8.0	9.72	9.66	9.75	-0.62	+0.31
		10.0	10.86	10.81	10.90	-0.46	+0.37
		12.0	11.87	11.85	11.94	-0.17	+0.59
		15.0	13.26	13.27	13.35	+0.08	+0.68
KD-3	0.65	2.0	6.61	6.60	6.81	-0.15	+3.02
		4.0	9.39	9.39	9.63	0	+2.55
		6.0	11.51	11.54	11.79	+0.26	+2.43
		8.0	13.33	13.36	13.61	+0.23	+2.10
		10.0	15.00	14.97	15.22	-0.20	+1.47
		12.0	16.41	16.43	16.67	+0.12	+1.58
		15.0	18.49	18.40	18.64	-0.49	+0.81
KD-4	0.75	2.0	9.12	9.08	9.06	-0.44	-0.66
		4.0	12.90	12.93	12.82	+0.23	-0.62
		6.0	15.92	15.94	15.70	+0.13	-1.38
		8.0	18.45	18.47	18.12	+0.11	-1.79
		10.0	20.81	20.71	20.26	-0.48	-2.64
		12.0	22.75	22.73	22.20	-0.09	-2.42
		15.0	25.55	25.49	24.82	-0.23	-2.86
KD-5	0.85	2.0	11.46	11.49	11.64	+0.26	+1.57
		4.0	16.45	16.41	16.46	-0.24	-0.06
		6.0	20.19	20.22	20.16	+0.15	-0.15
		8.0	23.55	23.44	23.28	-0.47	-1.15
		10.0	26.43	26.29	26.03	-0.53	-1.51
		12.0	28.73	28.87	28.51	+0.49	-0.77
		15.0	32.27	32.38	31.88	+0.34	-1.21

表3　KD 型系列孔口滴头性能参数

滴头型号	KD-1	KD-2	KD-3	KD-4	KD-5
d(mm)	0. 53	0. 55	0. 65	0. 75	0. 85
C'	3. 046	3. 379	4. 637	6. 370	8. 049
x	0. 528	0. 505	0. 509	0. 512	0. 514

（张祖新，岳荣贵. 原载于《灌溉排水》1989 年第 3 期）

滴灌时的土壤浸润状况

滴灌时每个滴头湿润范围的大小、深浅以及浸润的快慢等都与土壤的结构性能、初始含水量、滴水强度、滴水时间、滴水量等因素有关。对于不同的作物及不同的土壤条件，为了获得高产稳产，正确选定滴头型式、滴头间距、滴头数量、土壤的湿润比以及滴灌条件下土壤水分的分布与变化等问题，都是滴灌系统规划设计时需要了解和确定的，同时也是管好用好滴灌系统的重要依据。因此，滴灌浸润问题已引起了国内外滴灌工作者的注意。滴灌时土壤水分运动和分布与地面灌溉和喷灌时不同。地面灌溉或喷灌时，土壤表面全部湿润并很快达到饱和，在重力和毛管张力作用下，土壤水分开始向下运动，而滴灌时，水滴离开滴头进入土壤后，除在重力作用下，水分垂直向下运动外，还由于毛管势的作用向四周扩散。这一运动过程是在土壤水分非饱和状态下进行的。早在 1931 年，里查兹(Richards)将达西定律引申到非饱和土壤水分运动中，并导出了非饱和土壤水运动的基本微分方程：

$$\frac{\partial Q}{\partial t}=\frac{\partial}{\partial x}(D(\theta)\frac{\partial Q}{\partial x})+\frac{\partial}{\partial y}(D(\theta)\frac{\partial Q}{\partial y})+\frac{\partial}{\partial z}(D(\theta)\frac{\partial Q}{\partial z})-\frac{\partial(K(\theta))}{\partial z}$$

式中：Q 为土壤含水量（体积比）；t 为时间，min；$K(\theta)$、$D(\theta)$ 分别为与土壤含水量有关的水分传导系数和扩散系数，cm/min、cm^2/min。

目前，对非饱和土壤水分的研究，已由定性分析逐步走向定量分析。由于非饱和土壤水问题的复杂性，求解上述方程非常困难，对解决滴灌的实际问题尚有一段距离，现正在探索中。因此，我们从 1979 年开始，在田间对 3 种土壤进行了多次滴头个体浸润与群体浸润试验，根据实测资料分析得出经验关系。所得结果在应用时可能有一定的局限性，但公式简单，使用方便，可供滴灌系统规划设计时参考。

1　滴灌时土壤湿润锋前移速度

滴灌时土壤湿润锋前移速度是随时都在变化的，我们采用滴灌后开挖取土的办法来测定。试验是在河南省偃师县关窑千亩滴灌试点大田中进行的，试验区土壤为均质粉壤土，比重 2. 7，容重 1. 37 ~ 1. 45 g/cm^3，孔隙率 49. 5%，田间最大持水量 23%，垂直渗透系数 K = 0. 042 ~ 0. 05 m/h，滴水毛管压力 P = 1 L/cm^2，滴水强度 2 L/h，滴水前初始含水量

9.9% ~13.8%，滴水时间为 3、5、10、20、30、60、90、120、180、240、300 min，11 个处理。滴水后立即开挖，测定湿润剖面纵横尺寸，并取土样称重，结果如表 1 与图 1 所示。

表 1

时间(min)	3	5	10	20	30	60	90	120	180	240	300
纵向浸深 A(cm)	3.5	4.5	5.5	10.5	12.0	18.5	20.1	23.0	28.5	35.0	38.0
横向浸宽 B(cm)	11.5	13	16.5	20.5	23.0	27.0	31.5	37.0	39.0	49.0	50.0

从图 1 可以看出，滴灌时土壤浸润的深度比浸润宽度要小些。再将上述资料在双对数纸上点绘 $\lg H \sim \lg t$ 和 $\lg B \sim \lg t$ 的关系线如图 2 所示，可见为一直线，由此可以判断二者是幂函数关系，可按下式表示：

$$\left.\begin{aligned} \lg H = a_1 \lg t + C_1 \quad 即 \quad H = 10^{c_1} t^{a_1} = b_1 t^{a_1} \\ \lg B = a_2 \lg t + C_2 \quad 即 \quad B = 10^{c_2} t^{a_2} = b_2 t^{a_2} \end{aligned}\right\} \tag{1}$$

式中：H 为纵向浸深，cm；B 为横向浸宽，cm；t 为时间，min。

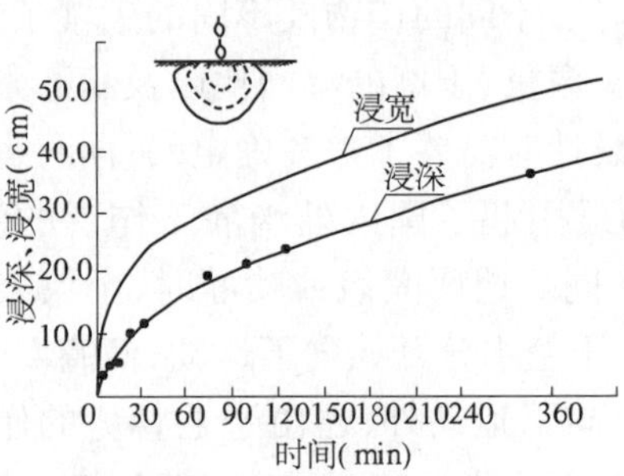

图 1 滴灌时的浸润曲线（均质粉壤土）

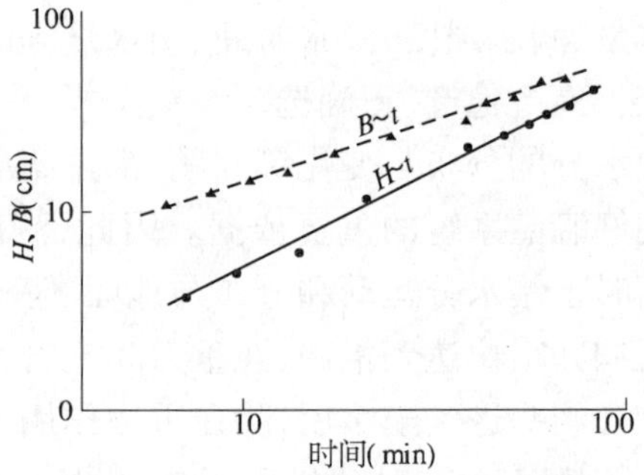

图 2 $(H \sim t、B \sim t)$ 双对数关系线

式(1)可用最小二乘法来求得常数 a 和 b。最小二乘法的基本原理是使函数值（最可信赖值）与实测值的残差的平方和为最小，此平方和以 M 表示之。

则

$$M = \sum_{i=1}^{n} [\lg H_i - \lg t_i]^2 = \sum_{i=1}^{n} [\lg H_i - (a \lg t_i + b)]^2$$

当 M 取最小值时，应满足：

$$M'a = 0,\ M'b = 0$$

亦即

$$\begin{cases} \dfrac{\partial M}{\partial a} = -2 \displaystyle\sum_{i=1}^{n} [\lg H_i - (a \lg t_i + b)] \lg t_i = 0 \\ \dfrac{\partial M}{\partial b} = -2 \displaystyle\sum_{i=1}^{n} [\lg H_i - (a \lg t_i + b)] = 0 \end{cases}$$

经整理合并，把未知数 a 和 b 分离出来可得：

$$\begin{cases} a \displaystyle\sum_{i=1}^{n} (\lg t_i)^2 + b \sum_{i=1}^{n} \lg t_i = \sum_{i=1}^{n} \lg H_i \lg t_i \\ a \displaystyle\sum_{i=1}^{n} \lg t_i + nb = \sum_{i=1}^{n} \lg H_i \end{cases}$$

也可将上述方程组(1)利用计算机求解可得:

$$b_1 = 1.932,\ a_1 = 0.529;\ b_2 = 7.816, a_2 = 0.32$$

即

$$\left.\begin{aligned} H &= 10^{0.286} \times t^{0.529} = 1.932 \times t^{0.529} \\ B &= 10^{0.893} \times t^{0.32} = 7.816 \times t^{0.32} \end{aligned}\right\} \tag{2}$$

滴灌时土壤湿润锋前移速度 v 是时间 t 的函数即:$v = f(t)$

$$\left.\begin{aligned} v_H &= \frac{\mathrm{d}H}{\mathrm{d}t} = a_1 b_1 t^{a_1 - 1} = 1.022t^{-0.471} \\ v_B &= \frac{\mathrm{d}B}{\mathrm{d}t} = a_2 b_2 t^{a_2 - 1} = 2.501t^{-0.68} \end{aligned}\right\} \tag{3}$$

式中:v_H 为纵向湿润锋前移速度,cm/min;v_B 为横向湿润锋前移速度,cm/min。

将试验所用时间值代入式(3)所得 v_H、v_B 如表 2 所示:

表 2　v_H、v_B 值

项目	时间(min)										
	3	5	10	20	30	60	90	120	180	240	300
纵向 v_H	0.609	0.479	0.346	0.249	0.206	0.149	0.123	0.107	0.089	0.077	0.070
横向 v_B	1.185	0.837	0.522	0.326	0.247	0.154	0.117	0.096	0.073	0.060	0.052

式(3)为滴灌时土壤湿润锋前移速度的经验公式。我们知道,滴灌时土壤的浸润过程受许多因素影响,当土壤条件、初始水分状况、滴水强度等因素改变后,经验公式中 a、b 值也会有所改变。不过浸润的规律、公式的形式大体是一致的。我们可以针对不同的土壤条件多做一些试验,从而推导出较为适用的经验公式来。

2　不同土壤在同一滴水量时的浸润形状

土壤质地不同,滴水后浸润剖面的形状也就不一样。我们在重沙壤土、均质粉壤土和黏土 3 种土壤上进行了滴水浸润试验。初始含水量都很低,0 ~ 40 cm 深的含水量为 4% ~9%,滴水量为 6 L,滴后用塑料膜盖好,防止蒸发,24 h 后开挖,进行拍照、量测和取样,剖面浸润轮廓明显如图 3 所示。

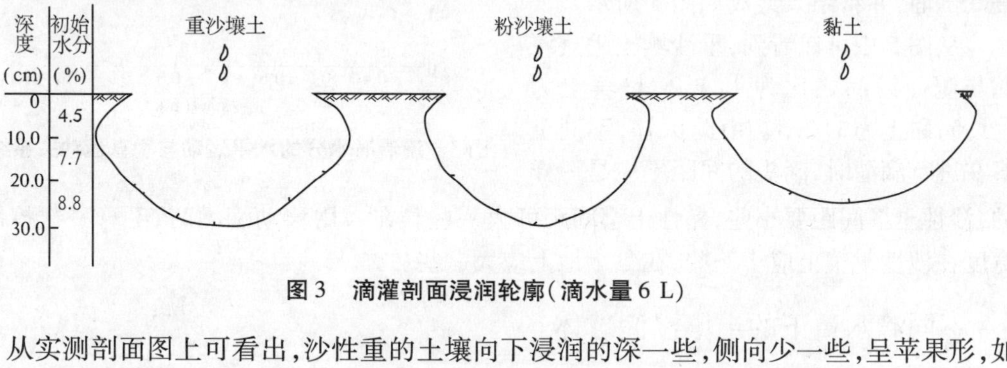

图 3　滴灌剖面浸润轮廓(滴水量 6 L)

从实测剖面图上可看出,沙性重的土壤向下浸润的深一些,侧向少一些,呈苹果形,如重沙壤土和粉沙壤土。黏重的土壤则相反,侧向浸润大于垂直浸润,呈扁葫芦形。

当初始含水不同时,同样的土壤,在同样的滴水量下,土壤浸润剖面形状虽然相似,但浸润的范围却不相同,表现为含水率高的要大于含水率低的;见图4。

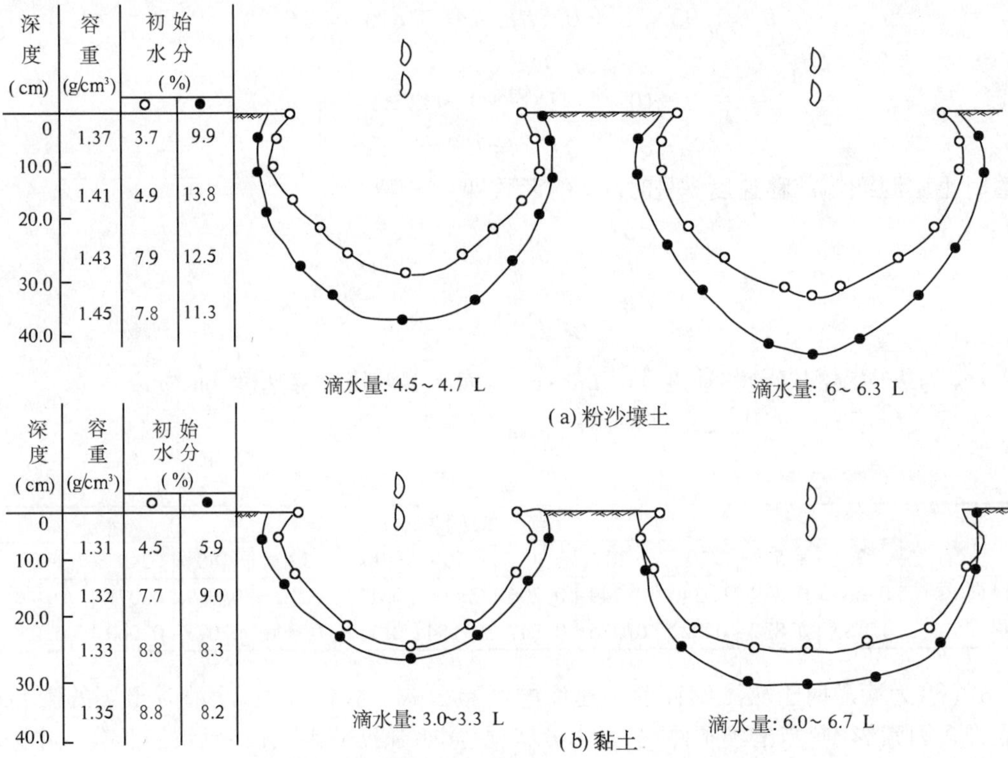

图4 初始含水量不同滴水量相同时土壤浸润范围对比

为了进一步了解滴灌时土壤浸润剖面纵横关系,我们又在3种土壤上进行了不同滴水时间和不同滴水量的田间试验。滴水强度为3 L/h,滴水时间为0.5、1.0、1.5、2.0、…、5.0 h等7个处理,相应的滴水量是1.5~15 L,滴后24 h开挖,实测浸润剖面,并将结果绘成如图5所示。

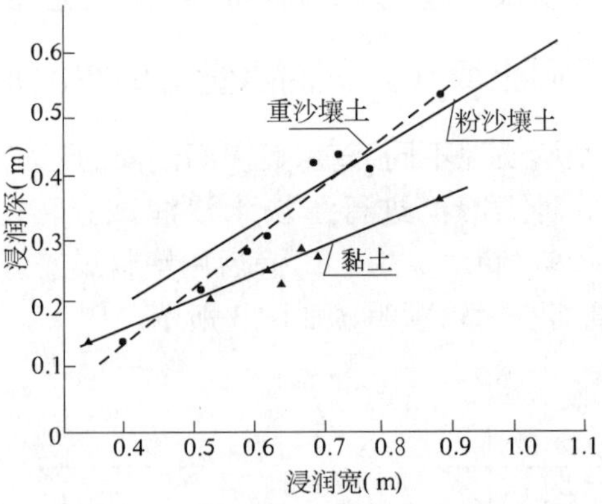

图5 滴灌时水分的水平运动与垂直运动关系线

从图5中可以看到,重沙壤土垂直浸润与侧面浸润之比为1∶1.2,粉壤土为1∶1.5,黏土为1∶2.5。由此可知,不同土壤在进行滴灌时,滴头的间距不应是一样的,沙性土壤间距要小些,黏性土壤间距可大一些。在采用移动滴灌时,毛管一次控制的宽度在沙性土壤上应小一些,在黏土地上应大一些。

3 不同滴水量下的土壤浸润球体

滴灌时土壤浸润体的大小直接和滴水量有关。在同一滴水强度、同一初始含水量条件下,时间越长,滴水越多,土壤浸润体也就越大。但不同的土壤,同样的滴水量,浸润球体则有大有小。我们在大田条件下针对 3 种不同的土壤进行了不同滴水量的浸润试验，滴前土壤初始含水量大体相同(7% ~9%)，试验操作同前。滴水量与土壤浸润体的测量结果见表 3，并将结果绘成图 6。

表 3　不同滴水量土壤浸润体体积　　（单位：m^3）

滴水量(L)	重沙壤土	粉壤土	黏土	备注
1.5	0.140	0.011	0.010	
3.0	0.026	0.018	0.021	
4.0	0.041			
4.5			0.030	
6.0	0.052	0.046		
7.5	0.075	0.049	0.056	初始含水量为 7% ~9%
9.0	0.085	0.064	0.064	
11.5	0.107	0.080		
12.0			0.083	
14.0	0.130	0.097		
16.0			0.115	

由图 6 可以粗略地估计滴水量 q 与浸润体 V 之间为线性关系，用 q 的线性函数 $a+bq$(m) 估计 V 的数学期望是适宜的。如能建立起二者之间的经验公式，以它来预计不同滴水量的土壤浸润体的大小在生产上是很有意义的。一元线性回归方程的数学模式如下：

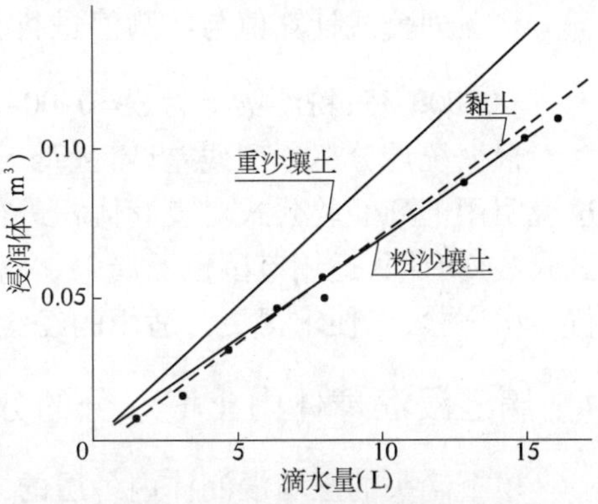

图 6　滴水量与浸润体关系图

$$\tilde{V} = \hat{a} + \hat{b}q$$

由最小二乘原理得知：

$$\hat{b} = \frac{\sum_{i=1}^{n}(q_i - \bar{q})(\bar{V}_i - \bar{V})}{\sum_{i=1}^{n}(q_i - \bar{q})^2} = \frac{\sum q_i V_i - n\bar{q}\bar{V}}{\sum q_i^2 - n\bar{q}^2}$$

$$\hat{a} = \tilde{V} - \hat{b}\bar{q}$$

式中：$\tilde{V}$ 为回归值；$\bar{q}$ 为滴水量的平均值；$\bar{V}$ 为浸润体的平均值。

上式可以列表计算，也可以利用计算机求解，所得结果如下：

(1)重沙壤土

$$\hat{b} = 0.009\,22, \hat{a} = 0.001\,38$$

直线回归方程

$$\tilde{V} = 0.009\,22q + 0.001\,38$$

(2)粉沙壤土

$$\hat{b} = 0.006\,98, \hat{a} = 0.000\,21$$

直线回归方程

$$\tilde{V}=0.006\,98q-0.000\,21$$

(3)黏土

$$\hat{b}=0.007\,18,\hat{a}=-0.000\,74$$

直线回归方程

$$\tilde{V}=0.007\,18q-0.000\,74$$

由相关系数计算公式：

$$r=\frac{\sum_{i=1}^{n}(x_i-\bar{x})(y_i-\bar{y})}{\sqrt{\sum_{i=1}^{n}(x_i-\bar{x})^2\cdot\sum_{i=1}^{n}(y_i-y)^2}}=\frac{\sum_{i=1}^{n}(q_i-\bar{q})(V_i-\bar{V})}{\sqrt{\sum_{i=1}^{n}(q_i-\bar{q})^2\cdot\sum_{i=1}^{n}(V_i-\bar{V})^2}}$$

得出各种土壤滴灌条件下浸润体积与滴水量之间的相关系数：重沙壤土为 $r=0.995\,3$；轻沙壤土为 $r=0.967\,2$；黏土为 $r=1.0$。这些相关系数 r 均大于规定的临界值 0.754 ~ 0.874，可见相关关系显著。

将上列公式计算值与实测值进行比较，计算其标准误差 $\varepsilon=\sqrt{\frac{\sum V_i^{\alpha}}{n-m}}$ 得：重沙壤土为 $\varepsilon=0.003\,35$；粉沙壤土为 $\varepsilon=0.004\,05$；黏土为 $\varepsilon=0.001\,9$。

根据统计分析原理残差 $|V|<2\varepsilon$ 出现的概率可达 95.4%。现计算所得 ε 值均很小，这说明用上列经验公式对浸润体积进行估值，在本试验范围内的精度是较高的。但由于试验数列有限，适用范围也受局限，今后还应针对不同的土壤，在不同的含水量情况下进行多次试验，以便求得更为适用的经验公式。

4 滴灌浸润球体内土壤水分的分布

单个滴头的土壤浸润体内各层的含水量也是不同的。水滴不断下滴，土壤水分由中心逐渐向四周扩散，含水量中心高而四周低，形成一多层等湿的球体。由于土壤的不同，在同样的滴水量下，不仅等湿体的大小不一样，而且各层含水量也不相同，如图 7 所示。

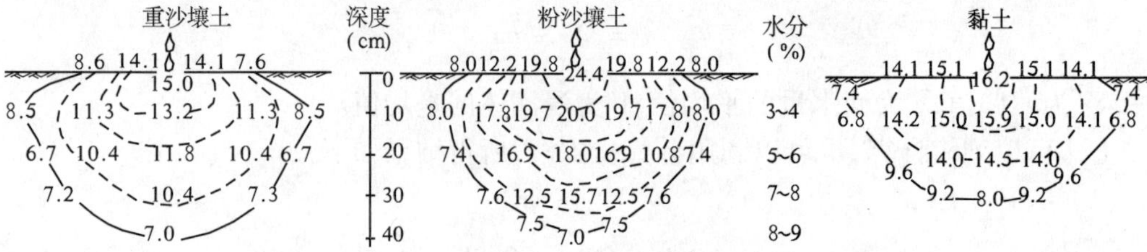

图 7 不同土壤同一滴水量时水分分布

黏土体内水分分布比较均匀，中心与四周的含水率相差 7% ~19%，而粉沙壤土浸润体内水分分布却不均匀，中心与四周的含水率相差 26% ~40%。

同一土壤当初始含水量不同时，同样的滴水量，不仅浸润的范围不同，而且各层的含水量也不同。初始含水量高的，滴后各层水分仍然高，见图 8。

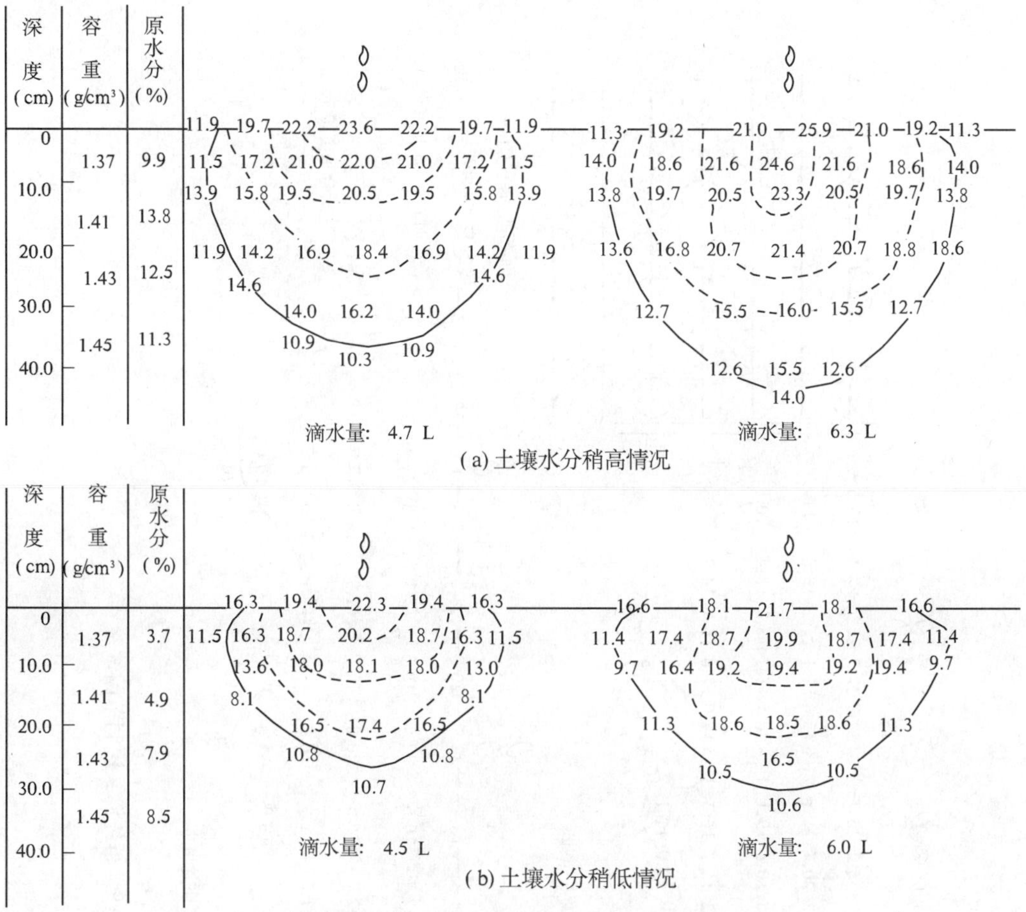

图8　初始含水量不同而滴水量相同时土壤等湿线图(粉沙壤土)

从图8中可以看到,水分由中心逐渐向四周递减。边缘部分虽然也湿润到了,但其含水量达不到要求值,在土壤适宜含水范围之内的部分,我们称它为有效部分,其浸润宽度称为有效湿润直径,有效湿润直径以外的湿土部分看做是两个球体搭接的需要,以便保持滴灌后土壤水分的均一。经测定,我们初步认为,粉沙壤土和黏土,其适宜含水量下限定为15% ~16%时,湿润有效直径为0.4 ~0.5 m;重沙壤土相应的下限值为14%,有效湿润直径为0.3 ~0.4 m。在生产中可根据各种土壤的有效湿润直径来决定滴头的间距。

滴灌不同于其他灌水方法,灌水时,不是全部地面都受水,而只湿润部分土壤,从地表看上去,沿着毛管形成了以滴头为中心的许多润湿圆斑,这些圆斑就构成了一条湿润链,一条一条的湿润链布满田间,这就是滴灌时情景。从土壤剖面来看,每一条湿润链下形成许多个湿润球体,每个球体都与相邻的两个球体相连接,湿润球体互相连接的紧密与否,直接影响滴灌质量的优劣。滴头间距过大,则会造成土壤水分分布不均匀,形成较大的波浪形湿润线,留下较大的空当死角,不利于作物生长。间距太小又会造成不必要的浪费。为了合理地确定滴头间距和毛管湿润链的宽度,我们曾做了多次群体滴头湿润试验,图9是其中一次的测定结果。对于大田作物应使株间空当死角最小,土壤湿润波线较平缓为

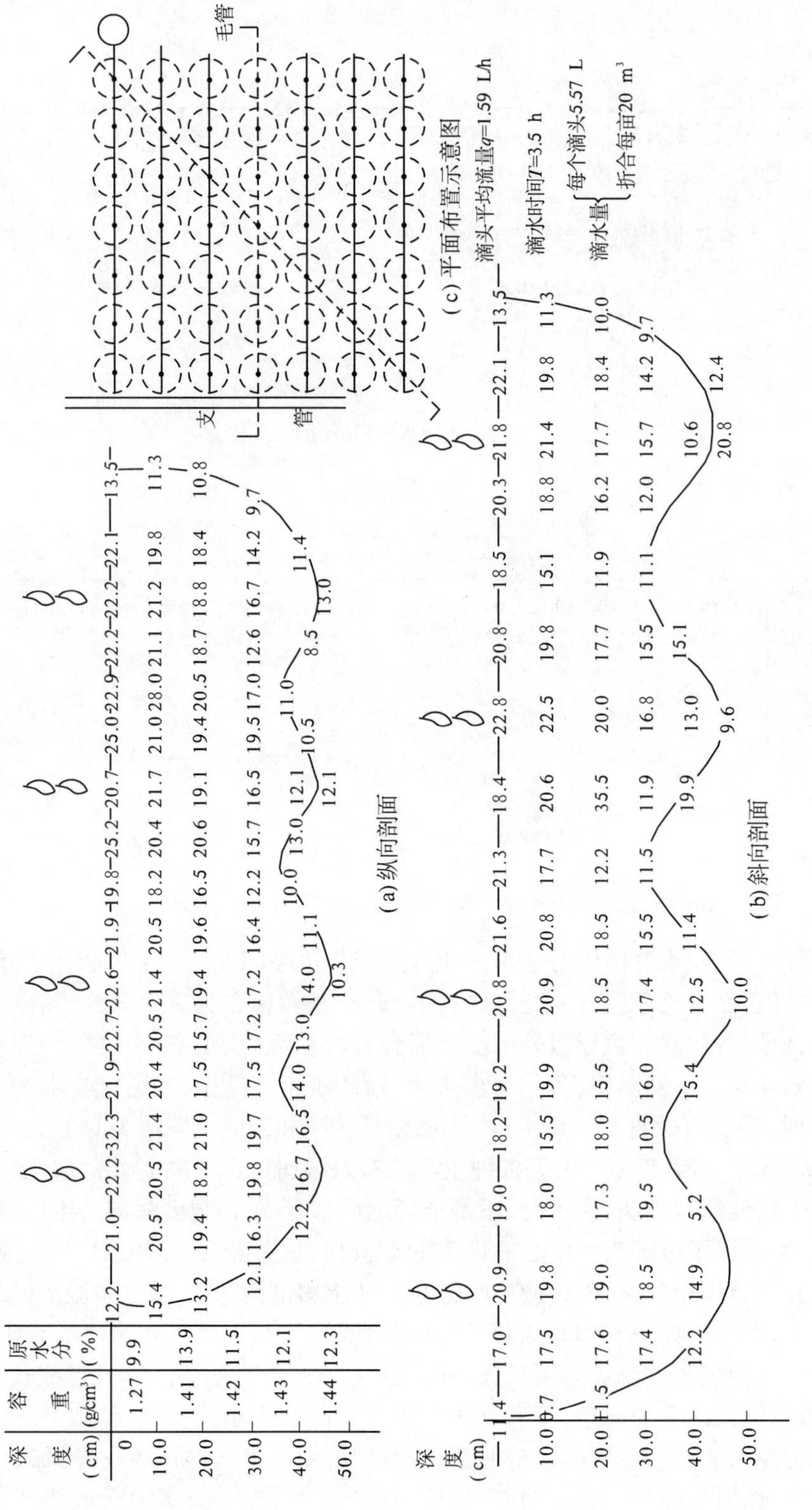

图9 群体滴头浸润范围试验

宜。行间则可根据作物的不同留出较大的空当,这样可使作物垅间的土壤水分较为充足和均匀。行间留下较大的空白地,可以减少不必要的水分蒸发。

如上所述,滴灌时田间要有一定比例的空白地,空白部分与湿润部分之比,也即所谓的土壤湿润比,它是设计滴灌定额的重要参数。正确地选择土壤湿润比的大小,对滴灌系统的投资和效益都有很大影响。因此,土壤湿润比的数据要根据当地的土壤、作物等条件进行田间试验来确定。我们初步提出,对于密植的大田作物如小麦,湿润比为60% ~70%,宽行作物如玉米,湿润比为50% ~60%,蔬菜则应在80% ~90%,果树应视树龄的大小和株行距而定。

(傅琳. 原载于《灌溉排水》1983 年第 3 期)

低压微型塑料雾化喷头水力特性的初步探讨

随着喷滴灌新技术的发展,雾灌作为近几年来新发展的一种灌水技术已引起各有关方面的重视。自 1982 年我们研制出单向和双向两种低压微型塑料雾化喷头以来,许多地区和单位纷纷来人、来函索取微型喷头,为方便用户并给喷雾灌溉系统的设计提供参考依据,我们对两种微型喷头的水力性能进行了室内和室外有风情况下的喷洒测试工作。本文仅就两种微型喷头的射程、喷雾强度、喷雾灌时的均匀度,以及不同管径毛管的适宜长度、经济的毛管直径等问题作一些探讨。其他问题如喷头的喷水量、有效利用系数尚待作进一步的研究。

1　试验条件及资料整理方法

试验分室内和室外两部分。露天试验场风速仪安装高度 8 m,喷头架设高度 1. 18 m。

喷头的工作压力分别控制为 0. 5、1. 0、1. 5、2. 0 kg/cm^2,0. 35 级标准压力表测试。

施测流量的方法是用塑料套将喷头的水汇集在量杯里,秒表测时间。

采用承雨面积为 100 cm^2 的量雨器测雨量,其布置形式为正方形方格网,雨量器间距 0. 5 m,承雨面离地面高 0. 17 m。

每次喷雾时间为 1 h,以喷洒强度 1 mm/h 作为喷洒最远点,即射程。

各点雨量值取两次测定的平均值,并按比例内插法绘制喷雾雨量等值线图。

风速小于 5 m/s(即小于 3 级风)。

2　试验结果与分析

2. 1　微型喷头结构

单向喷头和双向喷头均属散水式喷头,水流射出后遇折射面或折射锥的阻挡形成薄水层沿四周射出,在空气阻力作用下裂散为雾状水滴降落到地面。单向喷头进口直径 2 mm,出水口直径 1 mm,折射面为一垂直于射流的半圆形平面,其结构如图 1 所示。

双向喷头进水口直径为 2 mm,出水口直径 1 mm,折射锥高 1 mm,锥角 90°,其结构如图 2 所示。

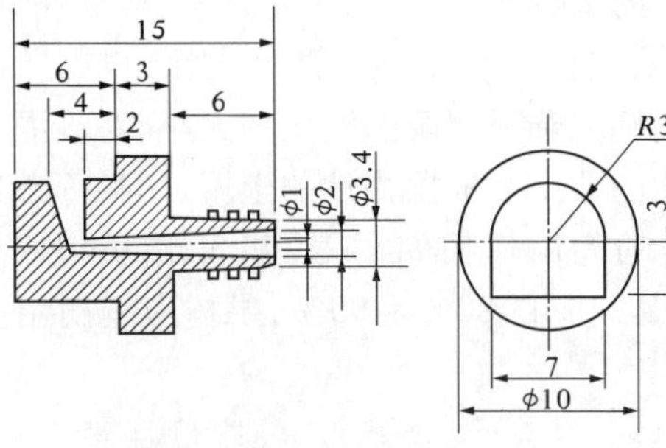

图 1　单向喷头　(单位:mm)

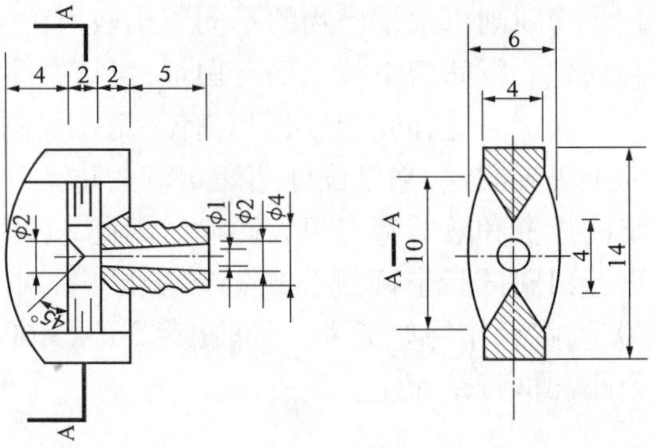

图 2　双向喷头　(单位:mm)

2.2　微型喷头制造的偏差

制造任何两个要求其绝对一样的喷头是不可能的,因而在给定的参考压力下各喷头的喷水量有一些差异是允许的,但是为了获得喷雾灌较高的均匀度,这种制造上的偏差应尽可能的小。对于研制两种低压微型喷头,我们在试验中做了大量的率定工作,以从中各任取 100 个喷头的流量资料为例(该流量对应的参考压力为 1 kg/cm^2),求这两个数列中每个值距数列中值或平均值的离散程度,继而算得微型喷头的制作偏差系数。计算公式如下:

流量数列的平均值　$$\bar{q}=\frac{q_1+q_2+\cdots+q_n}{n}$$

标准离差　$$S=\sqrt{\frac{\sum_{i=1}^{n}(q_i-\bar{q})}{n-1}}$$

制作偏差系数　$$V=\frac{S}{\bar{q}}$$

由实测值计得单向喷头的制作偏差为 0.035 6,双向喷头为 0.054 6,微型喷头在制作上属良好水平。

2.3　压力—流量关系

田块内部地形起伏的变化和雾喷管道水流摩擦引起的水头损失都使喷雾灌系统的压力水头产生一定的变化,一个好的喷水装置要求其流量在一定压力下的变化较小,以提高整个喷雾灌系统喷水量的均匀性。

由

$$q=K_dH^x$$

式中:q 为流量;K_d 对特定喷头为常数;H 为喷头工作压力;x 为喷头指数。

可以看出,x 是喷头流量随压力变化的敏感性指标,x 值一般为 0~1.0,x 值越大,其对压力变化越敏感,使用较低 x 值的喷头比使用较高 x 值的喷头好一些。据表 1 所列实测微型喷头流量与压力关系数值,所绘的压力—流量曲线参见图 3。

表 1　实测微喷头流量与压力关系数值

工作压力(kg/cm^2)	流量(L/h)	
	单向喷头	双向喷头
0.5	28.87	30.87
1.0	40.98	44.04
1.5	50.04	54.18
2.0	57.40	62.80

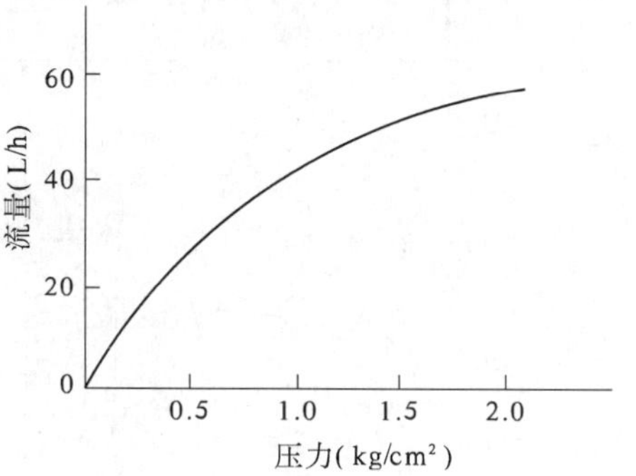

(a) 单向喷头

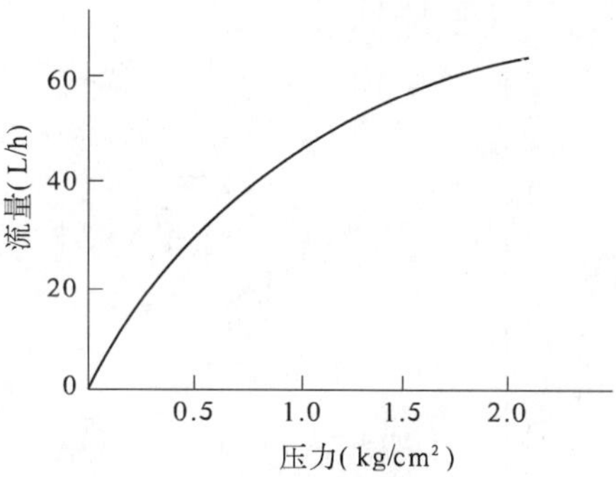

(b) 双向喷头

图 3　折射式塑料喷头 $P \sim q$ 曲线

利用公式

$$x = \frac{\lg(q_1/q_2)}{\lg(P_1/P_2)}$$

可求得两种喷头的 x 值，单向喷头的 x 值为 0.49，双向喷头的 x 值为 0.51。

2.4　喷洒水量的分布

喷头的喷洒水量分布图是设计喷雾灌系统的重要资料，理想的水量分布曲线应近似于三角形，以便组合喷雾灌后获得较高的灌溉均匀系数。同时为了降低喷雾灌的强度，这种三角形的水量分布曲线的坡度应该是比较平缓的。但实际很难达到上面的要求，由于模具的精度，制作喷头所用的材质，以及制作喷头的工艺水平等，都直接影响着微型喷头的喷洒效果。图 4、图 5 分别为单、双向喷头在室内无风情况下，工作压力为 1 kg/cm^2 时的喷雾水量分布图。

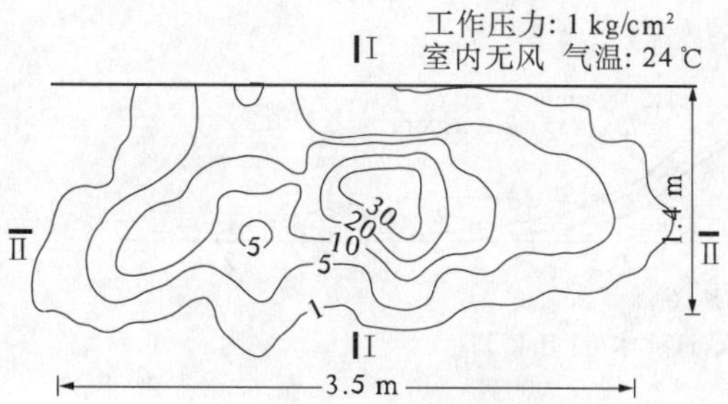

图 4　单向喷头水量分布

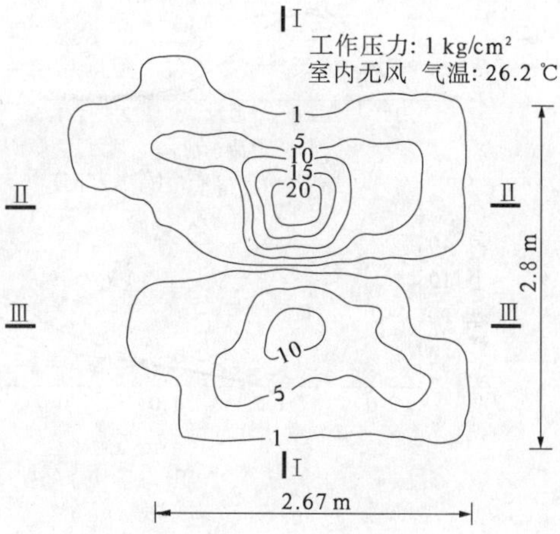

图 5　双向喷头水量分布

另外，也测定了国外引进的单向微型喷头，其在不同工作压力下喷洒水量分布曲线如图 6 所示。国外单、双向微型喷头在有、无风和不同压力作用下喷洒水量分布曲线如图 7、图 8 所示。

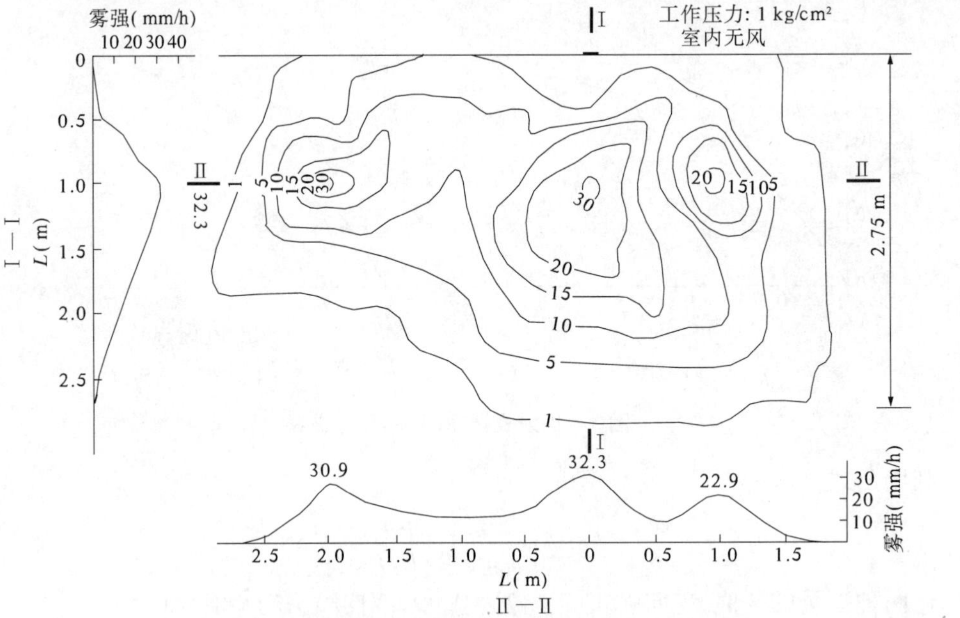

图 6　国外单向微型喷头喷洒水量分布

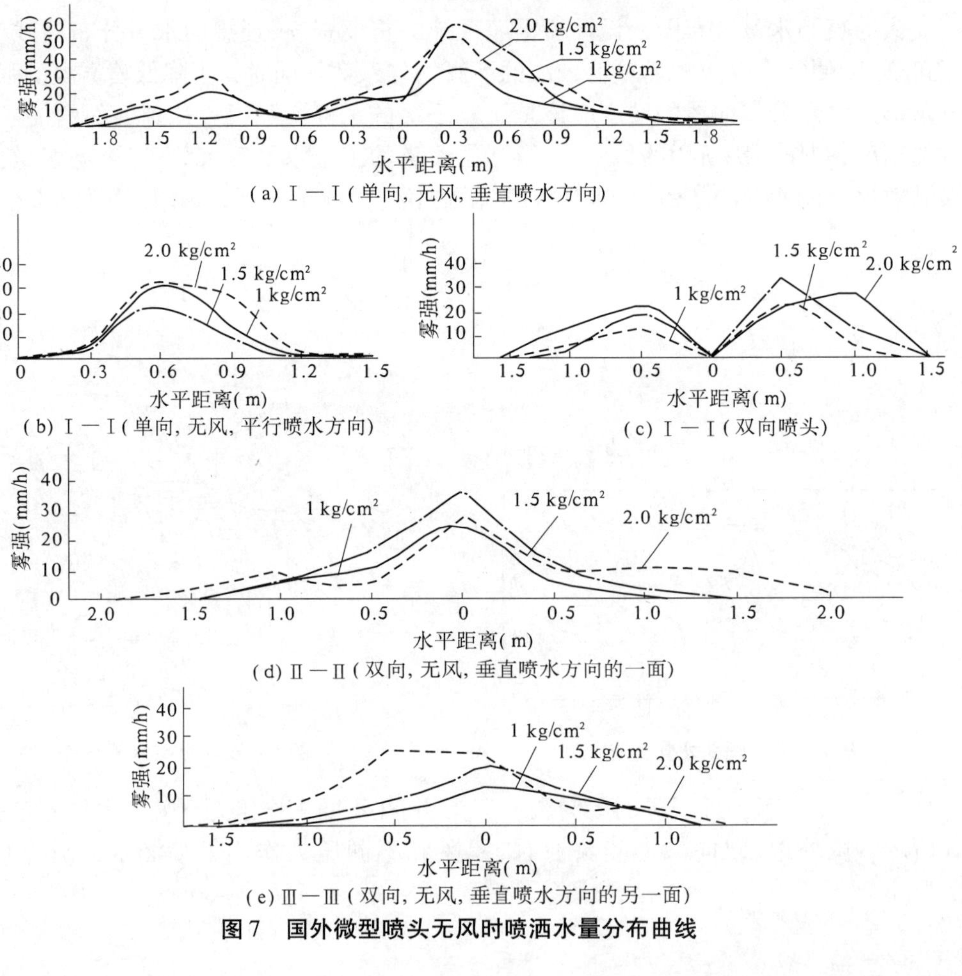

(a) I—I(单向, 无风, 垂直喷水方向)

(b) I—I(单向, 无风, 平行喷水方向)

(c) I—I(双向喷头)

(d) II—II(双向, 无风, 垂直喷水方向的一面)

(e) III—III(双向, 无风, 垂直喷水方向的另一面)

图 7　国外微型喷头无风时喷洒水量分布曲线

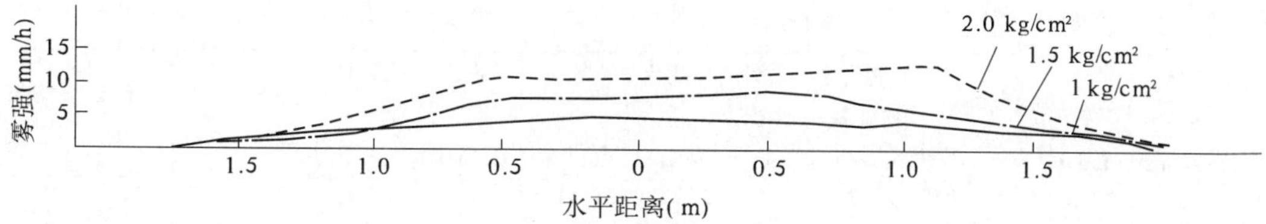

(a) Ⅱ—Ⅱ(单向,有风,垂直喷水方向)

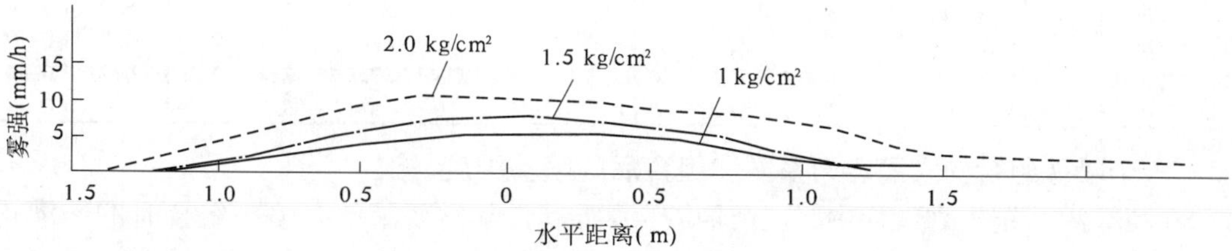

(b) Ⅰ—Ⅰ(单向,有风,平行喷水方向)

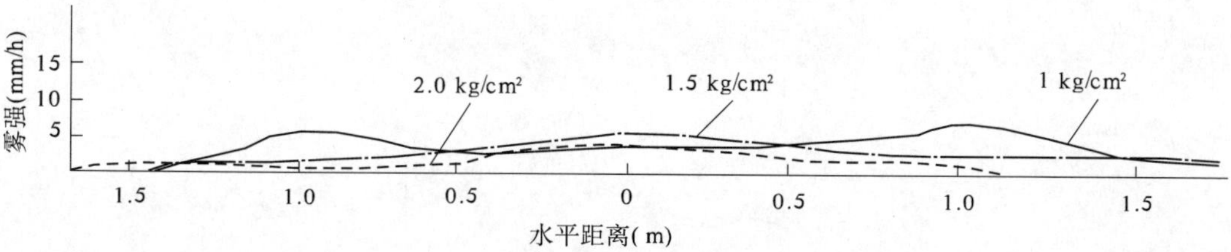

(c) Ⅰ—Ⅰ(双向,有风,平行喷水方向)

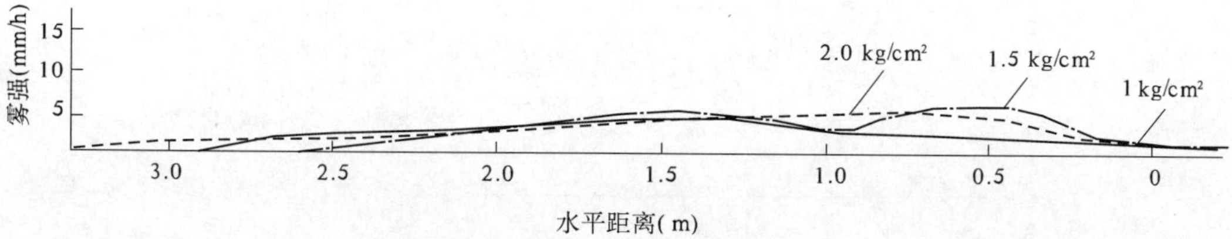

(d) Ⅲ—Ⅲ(双向,有风,垂直喷水方向)

图8　国外微型喷头有风时喷洒水量分布曲线

从这些图可以看出,在室内无风情况下两种喷头的喷洒水量不均匀,随喷头工作压力而增高,喷洒雨强高峰也随之升高,喷洒范围并无明显增加,由此看来这种水量分布并不理想。但是我们也注意到在室外进行喷洒时,由于风的作用,喷雾的雨强高峰会被削平,喷洒水量分布曲线平缓,且雨强降低很多,一般不超过 10 mm/h,反而可以得到较为满意的结果。从喷洒水量分布图我们分析了微型喷头的射程、单喷头的平均雨强和喷洒所控制的面积等性能指标(见表2)。

表2 雾化喷头基本性能测试结果

喷头类型	室内无风				室外有风			组合均匀系数和雾强					
								组合1		组合2			
	工作压力(kg/cm^2)	喷水量(L/h)	射程(m)	单喷头平均雾强(mm/h)	湿润面积(m^2)	平均风速(m/s)	射程(m)	单喷头平均雾强(mm/h)	湿润面积(m^2)	雾强(mm/h)	均匀系数	雾强(mm/h)	均匀系数
单向喷头	0.5	28.5	1.5~1.75	4.3	5.45	2.2	0.75~1.5	5.4	4.78	13.4	0.87	7.1	0.71
	1.0	41	1.4~1.75	6.1	4.69	3.4	1.0~1.63	2.5	6.64	5.8	0.89	3.5	0.77
	1.5	50	1.4~1.75	7.5	4.51	2.8	1.25~1.75	3.4	8.05	7.5	0.93	4.8	0.8
	2.0	57.5	1.5~1.75	7.9	4.95	1.3	1.63~1.75	4.9	10.3	9.5	0.85	6.5	0.76
双向喷头	0.5	30.5	1.0~1.5	3.5	6.1	2.0	0.88~1.63	3.7	5.78	4.4	0.68	5.9	0.74
	1.0	44	1.34~1.4	4.5	7.39	4.1	1.38~1.5	2.2	8.3	3.2	0.77	4.9	0.79
	1.5	54	1.34~1.4	5.7	7.55	2.8	1.38~1.38	2.4	7.5	3.8	0.76	6.2	0.84
	2.0	62.5	1.4~1.75	7.2	9.61	3.9	1.38~1.5	2.0	8.1	3.2	0.79	3.6	0.79

2.5 多个喷头组合的雾灌均匀系数和组合后的喷雾强度

在喷雾灌系统规划设计中,为保证喷雾灌质量常常需要了解多喷头组合时的雾灌均匀系数和组合后的喷雾强度。实测两种微型喷头在1~3级风情况下,气温为21.5~32.4 ℃,不同工作压力时的水量分布情况如图9、图10所示。

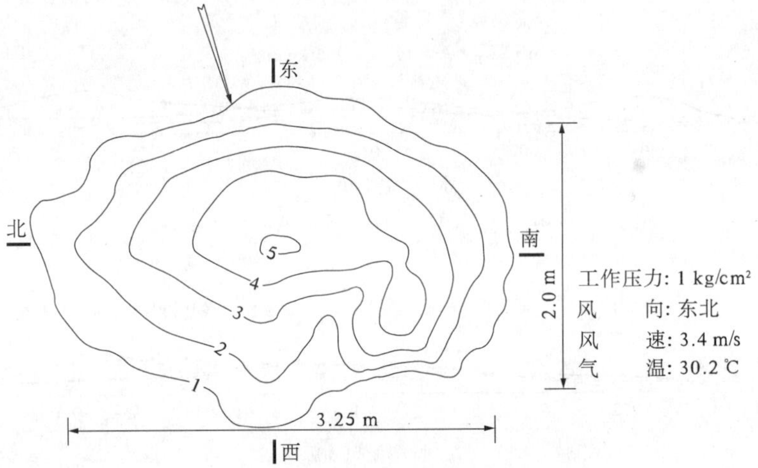

图9 单向喷雾头水量分布

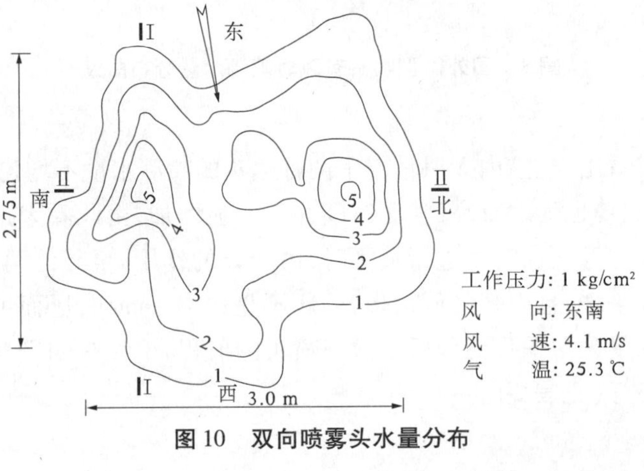

图10 双向喷雾头水量分布

以此种图形计算喷头为矩形组合时典型面积内雾灌均匀系数和组合状况下的雾灌强度，见表2。当雾灌毛管间距和喷头间距采用0.7~0.8倍的雾头射程时，多喷头组合时的雾灌均匀系数可达0.8左右，其组合喷雾强度约为5 mm/h（工作压力1 kg/cm²）。

2.6　微型喷头的雾化程度和适宜的工作水头

喷灌的雾化指标 $P_d = H/d$，一般定2 500~3 500为其适宜的比值，这显然对微型雾化喷头不适用。因为当 H 为1 kg/cm²，喷头出水口直径为1 mm时，$H/d = 1\ 000$，此时喷雾雨滴的直径小于1 mm，这样无论对大田作物还是蔬菜均无打击之害。我们收集了单、双向微型喷头雨滴与天然降雨的雨滴，将其二者进行对照，如图11所示。

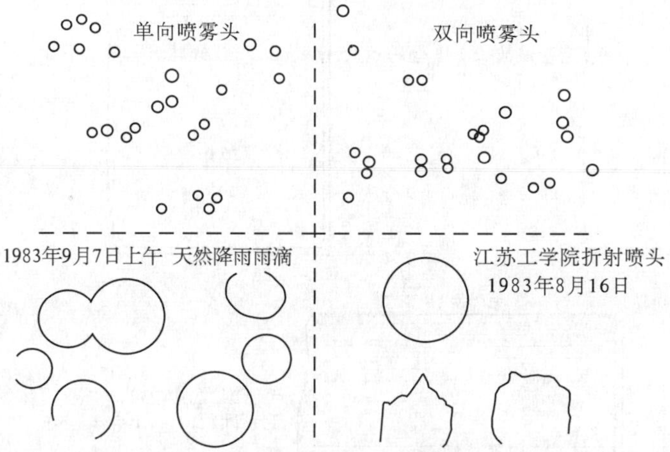

图11　雾灌水滴与天然雨滴对照

由此看来这两种微型喷头无需使用过高的工作压力，这样既可以节能，又有利于节水。根据试验得出喷雾头的工作压力以1 kg/cm² 为宜；当工作压力小于0.5 kg/cm² 时，喷洒不匀；当工作压力增至2 kg/cm² 时，喷雾头的射程并无明显增加，只是雾强高峰加大了。

2.7　雾灌的毛管适宜长度和最经济的管理

微型喷头的出水量较滴头出水量大的多，在同样工作压力下，微喷头的出水量是管式滴头出水量的10倍以上，对此究竟用多大直径的管子作配水毛管合适和毛管长度应是多少都是值得考虑的。在试验中选用3种管径（ϕ10、ϕ12、ϕ15）的管子作对比，测定适宜毛管长度，试验中选用的指标为毛管沿程各喷头出水量均匀系数达到0.9，试验过程中控制毛管尾端的工作压力为1 kg/cm²。试验结果如表3所示。

表3　试验所得数据

喷头类型	管径(mm)	喷头平均流量(L/h)	毛管流量(L/h)	工作压力(kg/cm²)		喷头间距(m)	喷头个数(个)	毛管长度(m)	毛管出水量均匀系数 C_u	水温(℃)
				首端	末端					
单向喷头	10	44.1	529.2	1.62	1	2.1	12	25	0.91	17
	12	44.2	751.4	1.76	1	2.1	17	35	0.92	16.5
	15	43.0	905.1	1.31	1	2.1	21	45	0.96	16.8
双向喷头	12	45.9	780.3	1.81	1	2.1	17	35	0.92	16.8

从表 3 中可以看出，以满足毛管各喷头出水量的均匀系数 0.9 来衡量，$\phi10$ 毛管的允许长度为 25 m，而 $\phi15$ 毛管的允许长度可达 45 m 以上，后者看起来似乎比较经济，但实际并非如此。根据前面试验所得数据和各种直径毛管的适宜长度，以雾灌毛管间距 $S_{毛}$ = 1.1 m（单向喷头）、$S_{毛}$ = 1.5 m（茶叶行距）、$S_{毛}$ = 2.1 m（双向喷头）和喷头间距 $S_{头}$ = 2.1 m 为依据，取一段长为 50 m，直径为 50 mm 的支管布置田间密植作物的支、毛两级雾灌管道系统，如图 12 所示，并计算其单位面积设备投资，其结果见表 4。

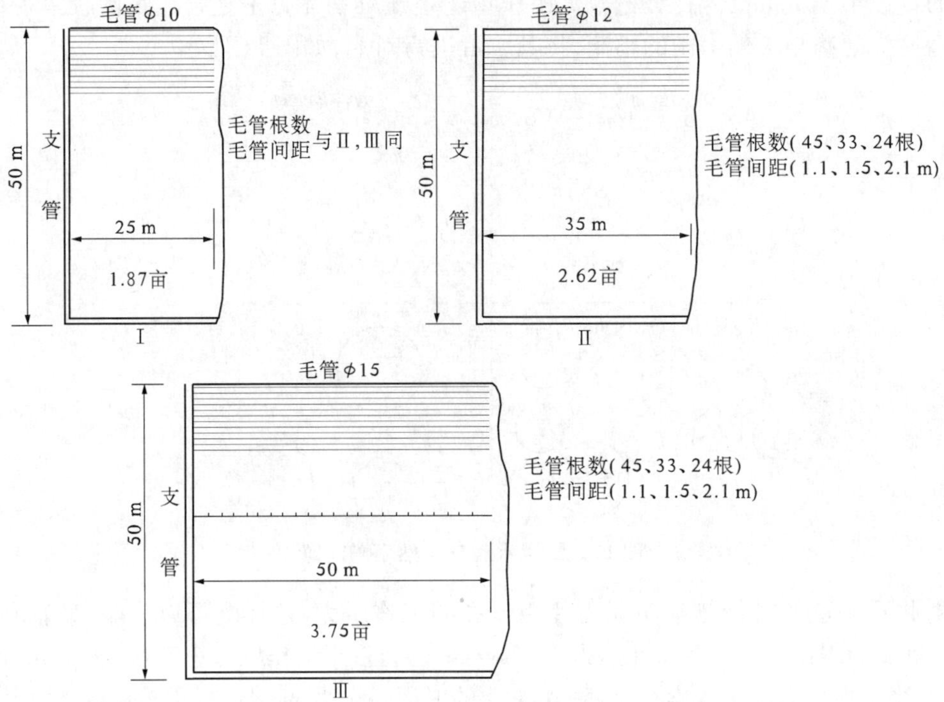

图 12　田间密植作物的支、毛雾灌管道系统布置

表 4　管道系统单位面积设备投资

布置方案	支管		毛管				喷雾头		控制面积	支管费用	一根毛管费用	一根毛管上喷头费	总投资	亩投资	毛管费用占总投资比重	Ⅰ比Ⅱ节约	Ⅰ比Ⅱ节约	支管首端所需压力	支管流量
	d	L	d	L	间距	根数	间距	个数											
	(mm)	(m)	(mm)	(m)	(m)	(根)	(m)	(个)	(亩)	(元)	(元)	(元)	(元)	(元)	(%)	(%)	(%)	(mH_2O)	(m^3/h)
					1.1	45							313.3	167.5	62.5	12.6	27.7		
Ⅰ	50	50	10	25	1.5	33	2.1	12	1.87	117.5	3.75	0.6	261.1	139.5	55	8.5	21.7	18.02	17.46
					2.1	24							221.9	118.7	47	3.7	14.1		
					1.1	45							502.3	191.7	76.6				
Ⅱ	50	50	12	35	1.5	33	2.1	17	2.62	117.5	7.7	0.85	399.7	152.5	70.6			20.98	24.8
					2.1	24							322.7	123.2	63.5				
					1.1	45							860	231.7	86.5				
Ⅲ	50	50	15	50	1.5	33	2.1	24	3.75	117.5	15.5	1.2	668.6	178.3	82.4			17.79	2 987
					2.1	24							518.3	138.2	77.3				

由表4可知在同样满足雾灌毛管出水量均匀的前提下,单位面积设备费用最小的布置方案是采用 $\phi10$ 的毛管方案。因为在雾灌密植作物时,田间布满了毛管,毛管与支管相比在投资上占的比重较大,所以雾灌系统的田间布置采用细而轻型的毛管可以较大幅度地降低设备费用。尽管较粗的毛管允许长度可以增加,从而节省支管投资,但因其在总投资中占的比重小,所以对降低设备费影响甚微。

3　初步结论

综上所述,两种低压雾化微型喷头结构简单、价格低廉、运转稳定可靠,整个试验过程中在有简易过滤设备的条件下没有发现堵塞现象,无论是雾化程度、喷雾强度,还是水量分布和能耗等均满足农业生产的要求,因此我们初步认为:

(1)微型喷头的雾化程度是好的,从降低能源消耗和提高水的利用率出发,喷雾头的工作压力不宜太大,以1 kg/cm^2 为宜。

(2)微型喷头的雨量分布情况为室内测试高峰较大且不均匀,但在田间有微风的情况下还是比较均匀的,其组合均匀系数可达0.8左右(此时毛管间距和喷头间距为喷头射程的0.7~0.8),组合雨强为5 mm/h左右。

(3)若以雾灌毛管出水量均匀系数0.9为指标,此时不同管径的毛管适宜长度分别为25 m($\phi10$)、35 m($\phi12$)、50 m($\phi15$),在规划设计密植作物的田间雾灌系统时,建议采用 $\phi10$ 的管子作为毛管,这样比使用 $\phi15$ 的毛管节约设备投资达21.7%,较使用 $\phi12$ 的毛管节约设备投资达8.5%左右。

(4)室内、外所测喷雾雨强差别较大(达3倍以上),一方面是露天有风的影响,飘洒面积较大,另一方面可能受蒸发影响(蒸发损失尚待研究,但从一些特定作物要求湿润而温和的小气候来讲,这种蒸发损失又可能是所需要的)。

(5)微型喷头在田间的架设和定向问题,仍需进一步研究和逐步完善。

(原载于《灌溉排水》1984年第3期)

发丝滴头出流规律试验研究

发丝滴头俗称发丝管,又称微管,它实际上是把直径为0.8~1.5 mm的黑色聚乙烯管直接插入毛管进行灌溉的一种方式。当毛管中的压力水流通过发丝滴头时,由于沿程阻力损失逐渐消耗掉了压力水流所具有的能量,最后使连续的压力水流变成不连续的水滴或细流而流出发丝滴头。发丝滴头的安装方式有直线散放式和缠绕式两种。使用发丝滴头作为灌水器的主要优点是可以根据毛管中沿程变化情况,采用调整发丝管长度的方法来调节出水量,使整条毛管沿程的出水量均匀一致,从而提高整个系统灌水的均匀度。通过试验找出影响发丝滴头出流量的因素,并计算出这些影响因素与发丝滴头自由出流量之间的关系式。

1　试验设计

试验地点:中国农业科学院农田灌溉研究所水力学试验厅。

试验仪器设备:流量计、过滤器、精密压力表、量筒(500 mL)、量杯、秒表、温度计、平板滑动式试验台等。

试验材料:缠绕直径分别为15、32、50 mm 发丝滴头若干,发丝管管径为1 mm,微管长度为143 cm;试验管网及管件;可调式恒压水源。

试验内容:测定发丝滴头不同缠绕直径、不同微管长度、不同工作压力下的出流量,分析发丝滴头出流量与上述因素之间的关系。

试验方法:首先按照原发丝滴头出流量公式计算缠绕式微管长度,取初始流量为2 L/h,工作压力为8 m,计算长度为1.43 m,将其按不同的缠绕直径作成3种滴头。在不同试验压力下工作,测定各个发丝滴头的出流量,每个压力进行5次重复;之后将发丝滴头拉直成直线散放式,并进行同样压力下的各个发丝滴头出流量试验;然后将发丝管剪短20 cm,重复上述试验过程,直至将发丝滴头剪短80 cm为止。

试验发丝管分4个不同的长度,分别进行不同缠绕直径下压力—流量关系试验,4个长度分别为143、123、103、83 cm,3种缠绕直径分别为15、32、50 mm。试验时,取相同长度的发丝管18个,按直线散放式安装在3条毛管上进行压力—流量关系试验,试验压力取3~12 m区域内的10个不同压力,每个试验压力下做5次重复。测试完毕后把直线散放式发丝管分别缠绕成3种不同缠绕直径的发丝滴头,每种发丝滴头有6个,再进行压力—流量关系试验,试验压力取值相同,同样每个试验压力下做5次重复。然后剪短微管再重复上述试验,直至4个长度全部试验完毕。分析时,分别对4种长度下的直线散放式和不同缠绕直径时压力—流量关系进行分析,主要分析不同缠绕直径、不同工作压力、不同微管长度对流量的影响。

2　试验结果与分析

2.1　缠绕式发丝滴头流量影响因素分析

图1为4种长度发丝管在不同缠绕直径下的压力—流量关系图,从图中数据分析,可知发丝管流量与缠绕直径、压力成正相关性,即微管长度在相同的情况下缠绕直径越大流量就越大,压力越大流量越大。

考虑到发丝管直径 d 的影响,所以在分析压力—流量关系时加入了影响因子 d。由《微灌工程技术指南》可知发丝滴头流量与发丝管直径 d 的关系。但如果用《微灌工程技术指南》中所给出的发丝滴头自由出流量计算公式,对于长度为1.43 m的发丝滴头来说,其流量公式应为一个统一的公式,但实际拟合出的公式为3个流量系数不同的公式,由此可见,发丝滴头流量与缠绕有关。拟合的3种缠绕直径下压力—流量关系可表示为:

缠绕直径为50 mm

$$Q = 0.684H^{0.745}d^{3.06} \tag{1}$$

缠绕直径为32 mm

$$Q = 0.635H^{0.745}d^{3.06} \tag{2}$$

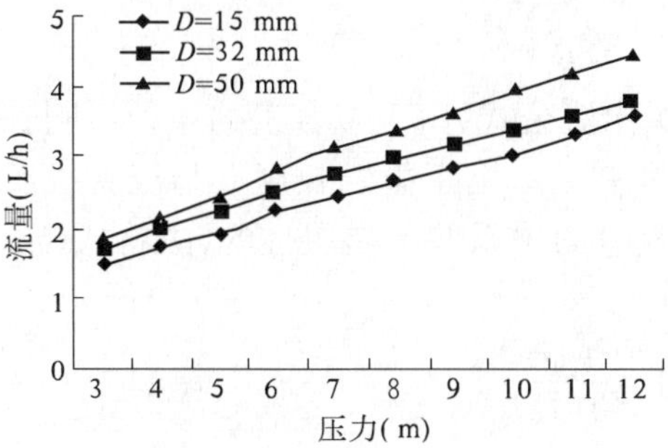

(a)长度为 1.43 m 的发丝滴头不同缠绕直径下压力—流量关系曲线

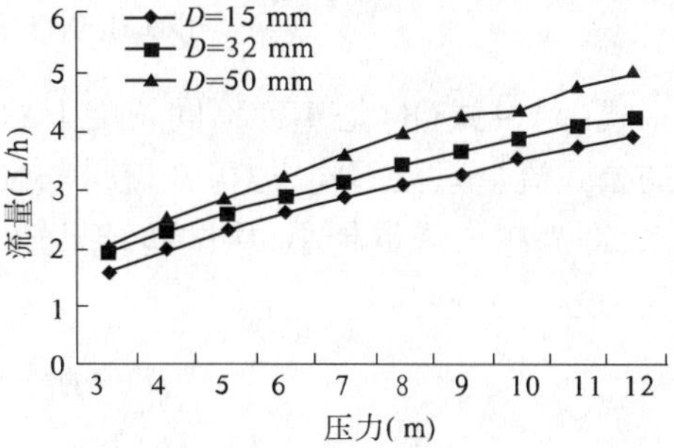

(b)长度为 1.23 m 的发丝滴头不同缠绕直径下压力—流量关系曲线

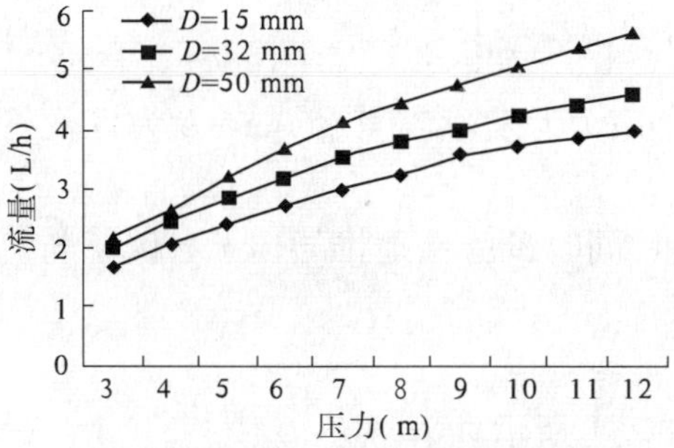

(c)长度为 1.03 m 的发丝滴头不同缠绕直径下压力—流量关系曲线

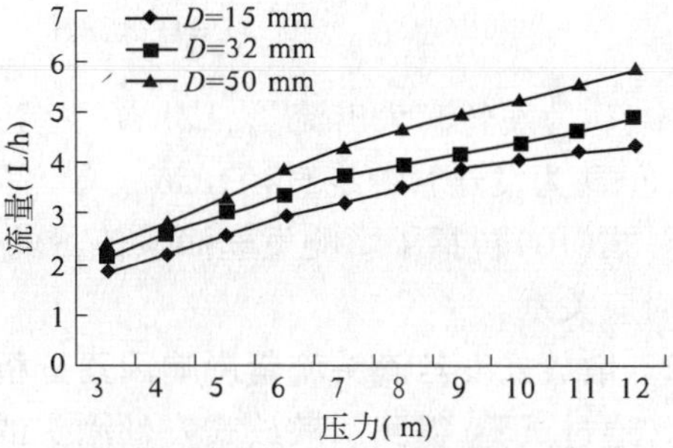

(d)长度为 0.83 m 的发丝滴头不同缠绕直径下压力—流量关系曲线

图 1　不同缠绕直径的发丝滴头压力—流量关系曲线

缠绕直径为 15 mm

$$Q=0.568H^{0.745}d^{3.06} \tag{3}$$

由此可知，不考虑缠绕直径影响得出的流量公式是不能统一的。现加入影响因子缠绕直径 D，由于 D 与流量成正相关性，同时考虑到 D 可以取值为无穷大，即散放状态，故把式(1)～式(3)统一写为下式：

$$Q=kH^{0.745}d^{3.06}\left[1-\frac{1}{D}\right]^{x} \tag{4}$$

由试验结果曲线和数值进行拟合和计算，可得 $k=0.698$，$x=2.99$，因此式(4)可写成：

$$Q=0.698H^{0.745}d^{3.06}\left[1-\frac{1}{D}\right]^{2.99} \tag{5}$$

同理可确定长度分别为 1.23、1.03、0.83 m 的 3 种发丝滴头的流量计算公式如下：

$$Q=0.806H^{0.745}d^{3.06}\left[1-\frac{1}{D}\right]^{2.99} \tag{6}$$

$$Q=0.898H^{0.745}d^{3.06}\left[1-\frac{1}{D}\right]^{2.99} \tag{7}$$

$$Q=0.965H^{0.745}d^{3.06}\left[1-\frac{1}{D}\right]^{2.99} \tag{8}$$

式(5)~式(8)是4种不同长度下的发丝滴头出流公式，由于拟合出的4种不同长度下的公式流量系数不同，故可知流量与发丝管长度有关。由于微管长度 L 与流量成反比关系，即 L 越长流量越小，从试验结果知，长度与流量的关系并不是线性的，故将式(5)~式(8)统一写成：

$$Q=kH^{0.745}d^{3.06}L^{x}\left[1-\frac{1}{D}\right]^{2.99} \tag{9}$$

根据试验数据，用数值分析的方法对公式(9)进行求解并修正 k 和 x 的取值，得到 k 和 x 的取值分别为 $k=0.868$，$x=-0.317$。将 k 和 x 的取值代入式(9)得到发丝滴头出流公式：

$$Q=0.868H^{0.745}d^{3.06}L^{-0.317}\left[1-\frac{1}{D}\right]^{2.99} \tag{10}$$

式中：Q 为发丝滴头出流量，L/h；H 为工作压力，m；d 为发丝管直径，mm；L 为发丝管长度，m；D 为发丝管缠绕直径，mm。

式(10)包括了影响发丝滴头流量的全部因素，同时试验性地推导出了各因子与流量的对应关系。

2.2 散放式发丝滴头流量影响因素分析

通过试验，得到了散放式发丝滴头的流量，如表1所示。

对于散放式发丝滴头，其出流规律可看做是缠绕式发丝滴头的缠绕直径无穷大的一种特例，得其公式：

$$Q=0.868H^{0.745}d^{3.06}L^{-0.317} \tag{11}$$

表1给出了实测值、新公式计算值和旧经验公式计算值，通过对比发现实测值和新公式计算值差异较小，即二值吻合性好，故式(10)有较好的实用性。

表1 散放式发丝滴头流量实测值与计算值

不同发丝管长度的滴头流量		试验压力(m)									
		3	4	5	6	7	8	9	10	11	12
1.43 m	实测值	1.78	2.20	2.60	2.95	3.30	3.64	3.96	4.27	4.58	4.86
	新公式值	1.76	2.18	2.57	2.94	3.30	3.65	3.98	4.31	4.63	4.93
	经验公式值	1.54	1.93	2.29	2.65	2.99	3.32	3.64	3.95	4.26	4.56
1.23 m	实测值	1.96	2.33	2.74	3.10	3.47	3.82	4.16	4.49	4.81	5.02
	新公式值	1.84	2.28	2.70	3.09	3.46	3.83	4.18	4.52	4.85	5.18
	经验公式值	1.73	2.17	2.58	2.98	3.36	3.74	4.10	4.45	4.80	5.14
1.03 m	实测值	2.06	2.49	2.88	3.31	3.68	4.04	4.40	4.75	5.08	5.40
	新公式值	1.95	2.42	2.85	3.27	3.66	4.05	4.42	4.78	5.13	5.48
	经验公式值	1.99	2.49	2.97	3.43	3.87	4.29	4.71	5.12	5.51	5.90
0.83 m	实测值	2.22	2.68	3.10	3.52	3.93	4.30	4.71	5.02	5.38	5.68
	新公式值	2.09	2.59	3.05	3.50	3.92	4.33	4.73	5.12	5.50	5.86
	经验公式值	2.36	2.95	3.52	4.06	4.58	5.09	5.58	6.06	6.53	6.99

（范永申，仵峰，欧阳海滨，等. 原载于《灌溉排水学报》2007年第6期）

低压条件下灌水器水力性能试验研究

滴灌是一种节水、高效的灌溉技术,但除少数水资源极缺的发达国家外(如以色列),滴灌在各国总灌溉面积中所占的比例并不大,截止到2000年底,我国的微灌面积仅占灌溉面积的0.2%。制约滴灌发展的因素很多,但滴灌系统昂贵的投资是其推广的主要障碍之一,滴灌成为灌水技术中的"贵族"。

随着节能、降耗意识的加强,重力(或低压力下工作)滴灌系统,尤其是家庭小型微灌系统,受到发展中国家的关注,成为微灌发展的方向之一。Gldeon(1985)提出了重力滴灌的思想,用传统自流灌溉系统的水源驱动滴灌系统,自流灌溉系统的工作压力为1~3 m。1997年,以色列Ein-Tal公司针对中国小型温室的特点,专门开发了适合于中国农村土地经营方式的重力滴灌系统:采用水桶、水箱进行供水,工作水头1~2 m,控制面积0.07~0.13 hm^2(1~2亩)。此系统在山东、辽宁等地得到了使用。低水头滴灌在使用传统滴灌的控制、施肥设施的基础上,要求灌水器应具有在低压下工作的流量小(1~2 L/h)、流道大而短等特点,这样不仅可以节能,而且可以减小管路的管径和输水管的壁厚,从而大大降低系统的费用。然而,关于低压灌水器的研究还不多见,现有的滴灌灌水器能否用于低压滴灌系统中还是一个值得探索的问题。

针对现有不同类型的灌水器,研究其在低压条件下的水力性能,为探讨这些灌水器在低压滴灌系统中的适用性和开发低压灌水器奠定基础。

1 材料与方法

灌水器的自由出流测定是在室内进行的。根据国内常用的滴灌灌水器,选取内镶式滴灌管、压力补偿式灌水器和微管(又称发丝管)式灌水器作为研究对象,采用稳定的工作水头,分别在2、4、6、8、10 m压力下,对灌水器的压力—流量关系进行试验。试验时,随机抽取66个(或33个)灌水器,秒表计时,量筒测量水量,同时进行测试,水源为自来水,并加设120目的过滤器,为保证所测试的各灌水器压力均衡,采用环状管网供水。

1.1 试验设计

1.1.1 试验目的

研究滴灌灌水器在低压、自由出流条件下的水力性能,得出灌水器在自由出流时的压力—流量关系。同时对以上3种灌水器的水力性能进行评估,并分析升压和降压过程对灌水器流量的影响,也为地下滴灌灌水器水力性能的研究提供基础参数。

1.1.2 试验对象

供试的3种类型灌水器的额定工作压力与流量关系如下:

$$q = kH^x \tag{1}$$

式中:q为灌水器的流量,L/h;k为系数;H为工作压力,m;x为流态指数。

内镶式滴灌管、压力补偿式滴头在额定压力下的流量见表1。

试验中,微管灌水器长度均按1.0 m计。压力—流量关系按下式计算:

$$q = 0.556H^{0.745}d^{3.06}L^{-0.745} \tag{2}$$

式中：d 为微管的内径，mm；L 为微管的长度，m；其余符号同前。

表 1　灌水器的水力学特性参数

灌水器名称	工作压力(m)	流量(L/h)	备注
内镶式滴头	10	1.2	以色列
	10	2.8	
补偿式滴头	10	2.3	中国
	10	3.75	

1.1.3　试验依据

灌水器自由出流试验按照微灌灌水器测定标准《微灌灌水器》(SL/T 67.1 ~ 3—94)进行。

1.1.4　测试的主要参数

(1)入口压力，cm；

(2)灌水器出口高度，cm；

(3)干管及灌水器流量，L/h；

(4)水温、室温，℃；

(5)压力变化过程，用升降压表示；

(6)试验中问题及现象记录。

1.2　试验装置

为减少试验中的人为误差，试验中将集水桶固定在可沿导轨移动的平台上，使集水桶同时受水和停水，对 66 个灌水器进行测试。试验装置如图 1 所示。

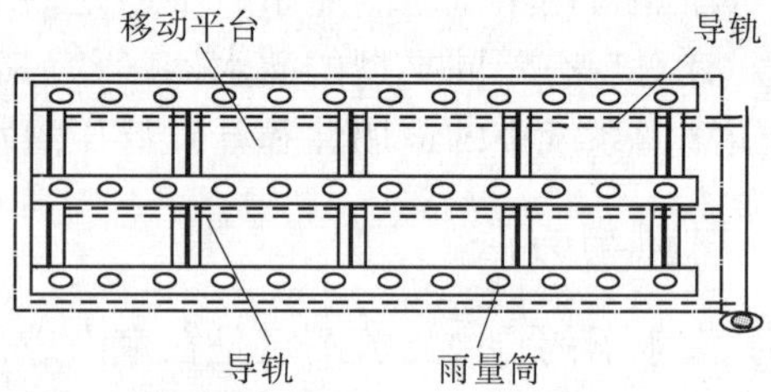

图 1　滴头淹没出流水力性能试验布置图

2　试验结果与分析

2.1　低压条件下灌水器水力特性

根据试验，3 种类型的灌水器工作压力从 2 m 升到 10 m 的升压过程中，压力—流量的对应关系如图 2 所示。

从图 2 中可以看出，在试验压力(2 ~ 10 m)范围内，以上 3 种类型的灌水器的流量随压力变化过程各不相同。其中，内镶式灌水器和微管式灌水器的流量与压力成正相关，即灌水器的流量随着工作压力的升高而增加，与这些灌水器在常规工作压力下一致。补偿式灌水器则不同，其灌水器的流量相对稳定，但随压力的升高，灌水器流量有所降低，大、小流量补偿式灌水器的流量变幅(以 10 m 时流量为基准)分别达到 13.76% 和 34.71%，尤其

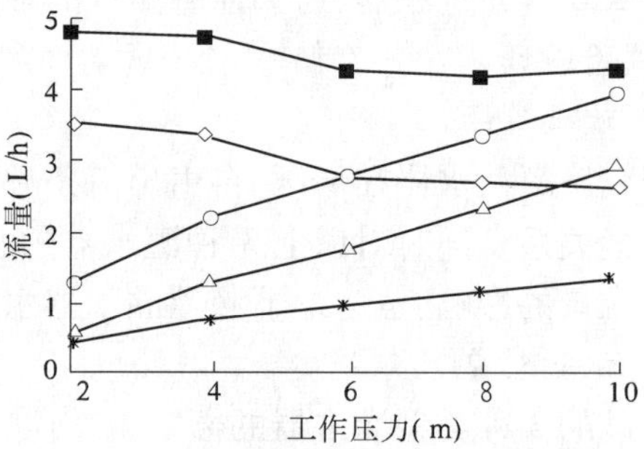

图 2　灌水器自由出流时压力—流量关系曲线(升压过程)

—△— 微管式灌水器　—○— 内镶式灌水器(大流量)
—■— 补偿式灌水器(大流量)　—◇— 补偿式灌水器(小流量)
—*— 内镶式灌水器(小流量)

是6 m以下工作压力时,补偿式灌水器的流量补偿作用不够理想,压力—流量呈明显的负相关。

采用指数模型对以上3种类型的灌水器在低压时的压力—流量关系进行拟合,其结果如下:

补偿式灌水器

$$大流量\ q = 5.2236H^{0.0991} \quad (r^2 = 0.8389)$$

$$小流量\ q = 4.1111H^{0.2084} \quad (r^2 = 0.8536)$$

内镶式灌水器

$$大流量\ q = 0.8118H^{0.6816} \quad (r^2 = 0.9970)$$

$$小流量\ q = 0.2725H^{0.6931} \quad (r^2 = 0.9943)$$

微管灌水器

$$q = 0.2892H^{1.0068} \quad (r^2 = 0.9957)$$

采用以上回归公式,对以上灌水器在压力为10 m时的流量进行计算,并与生产厂家提供的压力为10 m时的额定流量进行比较,结果如表2所示。

表2 灌水器计算流量与额定流量比较

灌水器类型		流量比较(L/h)		偏差率(%)
		计算值	额定值	
补偿式	大流量	4.16	3.75	10.77
	小流量	2.60	2.3	28.24
内镶式	大流量	3.90	2.8	11.21
	小流量	1.35	1.2	9.77
微管式灌水器		2.94	1.88	36.04

从表2可以看出:用低压下拟合的流量计算公式计算出的流量与额定流量差别较大,一般达到10%以上,其中小流量补偿式灌水器和微管式灌水器高达30%左右。引起这种差异的主要原因可能有两个:首先是灌水器工作压力范围不同,样本中给出的额定流量是在灌水器工作6~35 m下相应于10 m时的流量,而本试验拟合的流量公式是在试验压力(2~10 m)范围内的结果;其次是本试验得出的低压下流量计算公式本身所含的误差。

总之,从上述试验结果及分析中可以认为:以上3种类型的灌水器在低压下的水力特性与常规使用中存在一定的差别。因此,以上灌水器应用于低压微灌系统时应考虑这一变化,保证系统处于高效运行。

2.2 灌水器制造偏差

灌水器的制造偏差是衡量灌水器质量的一个重要参数,可用流量偏差系数表示。采用《微灌工程技术规范》(SL 103—94)推荐的流量偏差系数公式,计算得出3种类型的制造偏差见表3。

从以上计算结果可以看出,低压条件下,补偿式大流量灌水器和两种规格的内镶式灌水器的制造偏差均小于0.12,符合国家标准,但补偿式小流量灌水器和微管的制造偏差偏大,超过了规范要求。此外,从表3中还可看出,灌水器制造偏差与灌水器的工作压力有关,在低压时灌水器制造偏差较大。因而,建议在标定灌水器制造偏差时,要明确对应的工作压力,至少是普通灌水器应用于低压时要考虑这一因素的影响。

表3 灌水器的制造偏差

灌水器类型	工作压力(m)	平均流量(L/h)	标准偏差	制造偏差
大流量补偿式	2	4.83	0.53	0.11
	4	5.13	0.56	0.11
	6	4.27	0.50	0.12
	8	4.16	0.35	0.09
	10	4.24	0.25	0.06
小流量补偿式	2	3.49	0.40	0.12
	4	3.34	0.59	0.18
	6	2.80	0.48	0.17
	8	2.68	0.36	0.14
	10	2.59	0.35	0.13
大流量内镶式	2	1.28	0.13	0.10
	4	2.17	0.13	0.06
	6	2.73	0.22	0.08
	8	3.31	0.15	0.05
	10	3.90	0.19	0.05
小流量内镶式	2	0.43	0.07	0.17
	4	0.75	0.04	0.05
	6	0.96	0.07	0.07
	8	1.13	0.10	0.09
	10	1.32	0.09	0.07
微管式	2	0.87	0.24	0.28
	4	1.41	0.30	0.21
	6	1.95	0.38	0.19
	8	2.40	0.42	0.18
	10	2.98	0.50	0.17

2.3 升降压过程对灌水器出流的影响

不同灌水器的工作原理有所差异,尤其是所采用的消能方式不同,因而它们对压力变化的反应不同。为了考查压力变化过程对以上3种类型灌水器水力性能的影响,在室内进行了升压和降压试验，测定了同一压力下对应的灌水器流量。为更直观地反映这一变化，以升压过程为基准，对同一工作压力下，灌水器的流量变化情况进行计算，计算结果如表4所示。

表4　升压过程与降压过程平均流量偏差

<table>
<tr><th rowspan="2">误差</th><th rowspan="2" colspan="2">灌水器类型</th><th colspan="5">工作压力(m)</th></tr>
<tr><th>2</th><th>4</th><th>6</th><th>8</th><th>10</th></tr>
<tr><td rowspan="5">绝对误差</td><td colspan="2">微管式</td><td>-0.07</td><td>-0.02</td><td>-0.07</td><td>0.01</td><td>0.06</td></tr>
<tr><td rowspan="2">内镶式</td><td>小流量</td><td>-0.01</td><td>0.15</td><td>0.17</td><td>0.00</td><td>-0.06</td></tr>
<tr><td>大流量</td><td>0.21</td><td>0.34</td><td>0.10</td><td>0.02</td><td>-0.05</td></tr>
<tr><td rowspan="2">补偿式</td><td>小流量</td><td>-0.01</td><td>0.15</td><td>0.17</td><td>0.00</td><td>-0.06</td></tr>
<tr><td>大流量</td><td>-0.07</td><td>-0.02</td><td>-0.07</td><td>0.01</td><td>0.06</td></tr>
<tr><td rowspan="5">相对误差</td><td colspan="2">微管式</td><td>-12.35</td><td>-1.73</td><td>-3.83</td><td>0.48</td><td>1.96</td></tr>
<tr><td rowspan="2">内镶式</td><td>小流量</td><td>-1.22</td><td>19.77</td><td>17.74</td><td>-0.32</td><td>-4.67</td></tr>
<tr><td>大流量</td><td>16.39</td><td>15.41</td><td>3.73</td><td>0.68</td><td>-1.31</td></tr>
<tr><td rowspan="2">补偿式</td><td>小流量</td><td>-0.15</td><td>4.44</td><td>6.09</td><td>-0.13</td><td>-2.39</td></tr>
<tr><td>大流量</td><td>-1.43</td><td>-0.46</td><td>-1.57</td><td>0.27</td><td>1.34</td></tr>
</table>

从表4中可以看出，以上3种灌水器在升压与降压过程中存在一定的流量偏差，除在8 m工作压力时流量偏差相对较小外，其余几种工作压力下，均有较大的流量偏差，总体趋势是低压时流量偏差要大于较高压时的流量偏差。

不同类型的灌水器，流量偏差不同。对于微管式灌水器，8 m以下的升压过程的流量普遍低于降压过程，流量偏差一般在13%以内。对于内镶式灌水器，8 m以下的升压过程的流量多大于对应的降压过程，流量偏差一般在20%以内。对于补偿式灌水器，升压过程的流量接近对应的降压过程，流量偏差相对较小，多在6%以内。

试验中发现，由于在升压过程中，灌水器出口处排气不彻底，影响了灌水器低压时的出流，而在降压过程中这一现象影响较小。这也说明，在正常开启时，灌水器处于升压过程，若系统排气不畅，将对低压运行的微灌系统产生较大的流量偏差，降低系统的灌水均匀度。尤其是在地下滴灌系统中灌水器埋在土壤中受土壤排气过程的影响更大。因而，低压运行的微灌系统，如重力滴灌，除应加设排气装置外，在运行时对系统可采取由后向前依次开启，有条件时可让系统先在高压区运行再降至设定的工作压力以保证灌水器工作在设计状态。

3　结论与讨论

(1)通过对补偿式、内镶式、微管式灌水器的试验，其结果表明：以上3种灌水器在低压工作压力下(<10 m)，压力—流量关系不尽相同。补偿式灌水器流量相对稳定，但低压时流量偏大；其他两种灌水器的流量与压力成正相关。

(2)在同一工作压力下,不同类型的灌水器对压力变化过程的反应不同。灌水器工作压力的变化过程试验表明:压力变化过程对灌水器的流量有一定的影响;相对而言,较低的工作压力时,升、降压过程对其流量影响较大。

微管式灌水器的升压过程的流量普遍低于降压过程;内镶式灌水器的升压过程的流量多大于对应的降压过程;补偿式灌水器的升压过程的流量接近对应的降压过程,流量偏差率以内镶式灌水器最大,补偿式最小。

(3)对3种灌水器的试验结果进行分析,补偿式灌水器的流量虽然受工作压力影响较小,但在低压运行时,实际流量与计算值偏差较大。相反,其他两种灌水器偏差较小,建议采用后者作为低压灌水器。

(仵峰,范永申,李金山,等.原载于《节水灌溉》2003年第1期)

淹没出流条件下滴灌灌水器水力性能试验研究

1 原理与方法

滴灌是通过分布在毛管上的灌水器将水一滴一滴地均匀而又缓慢地滴入作物根区附近土壤中的灌水形式。滴灌灌水器水力学设计,就是把灌水器入口压力通过不同类型的灌水器流道进行消能,使其出口处压力尽可能与大气压力一致。

灌水器在空气中出流时要受到水表面张力的影响,在淹没出流时该影响因素可忽略,因而灌水器在淹没出流时流量将略有增加。实际上,由于受灌水器消能形式、制造偏差等的影响,灌水器在出流时多呈现水流甚至射流状态,说明现有的大部分灌水器的消能不可能达到出口处压力为零。

根据水力学中有压管中恒定流理论,其自由出流和淹没出流的流量公式均为:

$$Q=\mu_c A\sqrt{2gH} \tag{1}$$

式中:Q为流量,L/h;μ_c为流量系数;H为有效水头,m;A为过水断面面积,m^2。

淹没出流时的有效水头是进出口处的压力差,自由出流时的有效水头是进口压力(出口压力为零)。

补偿式滴头是靠补偿片上、下游压力差通过调节灌水器流道尺寸实现灌水器流量控制,因而淹没与否对补偿片上、下压力影响有限。对于内镶式灌水器和微管式灌水器,由于灌水器出口处流速很小,只是局部水头损失有所差异,且灌水器出口处的局部水头损失与其沿程水头损失相比很小。

参考地表滴灌系统常用的灌水器类型,根据灌水器的结构及消能方式,选取内镶式、补偿式和微管式3种类型灌水器,分别代表全紊流、可变流道及全层流3种流态进行试验。灌水器的额定流量见表1。

表1 灌水器的额定流量(10 m工作压力下)

灌水器类型	额定流量(L/h)
内镶式	3.8
微管式	2.9
补偿式	4.3

在室内,将灌水器置于水槽内,人工控制水槽的水位在0.2 m,灌水器的最大淹没深度为1.6 m。水槽上方设2个孔,其中一个可将带有不同灌水器的毛管放入水槽,另一个为溢流孔,用以控制淹没深度和测量灌水器在淹没出流时的出水量。测试过程参考《微灌灌水器》(SL/T 67.1~3—94)进行。

灌水器淹没出流试验在室内进行,试验步骤如下:①试验前,按照《微灌灌水器》(SL/T 67.1~3—94)对试验用灌水器进行标定。②装好试验装置,同时对一种类型的66个灌水器进行试验。为保证试验数据准确、可靠,先将系统排气,再把毛管放入水槽中,待水槽出流稳定后,再用秒表计时,并计量出水量。试验中观测并记录系统的首部流量、首部压力、灌水器入口压力、淹没深度及水温等。③试验数据整理。试验结束后,计算不同压力和不同淹没深度下的灌水器出流量。

2 试验结果及分析

2.1 淹没深度对灌水器流量影响

内镶式灌水器在10 m工作压力下,淹没深度从1 m降到0.6 m,灌水器的流量均增加,66个灌水器的流量平均增加了3.48%。根据在室内对该滴头滤定的结果,回归出该灌水器的压力—流量关系式为:

$$q = 0.811\,8h^{0.681\,6} \quad (r^2 = 0.997) \tag{2}$$

式中:q为微管流量,L/h;h为工作水头,m。

以灌水器的入口压力与淹没深度之差作为灌水器的工作压力,代入式(1)计算得,当灌水器的工作水头在9、9.4 m时,灌水器流量分别为3.63、3.74 L/h,其流量增加了3.0%。对比以上结果,说明在淹没出流时灌水器工作水头可视为其入口与出口压力近似,流量偏差率为16%。

2.2 灌水器淹没出流的流量变化

根据对3种类型灌水器的淹没出流试验,灌水器(每种66个)淹没出流与自由出流时的平均流量见表2。

表2 不同压力下灌水器自由出流与淹没出流时平均流量对比 (单位:L/h)

工作压力(m)	自由出流			淹没出流		
	内镶式灌水器	微管式灌水器	补偿式灌水器	内镶式灌水器	微管式灌水器	补偿式灌水器
2	1.28	0.87	4.83	1.21	0.79	4.70
4	2.17	1.41	5.13	2.12	1.36	4.98
6	2.73	1.95	4.27	2.77	1.82	4.22
8	3.31	2.40	4.16	3.28	2.31	4.16
10	3.90	2.98	4.28	3.88	2.89	4.24

从表2中可以看出,3种类型的灌水器在淹没出流下灌水器的出流规律与自由出流基本一致,即在10 m以内的工作压力下,内镶式灌水器和微管式灌水器的流量均随压力升高而增大,而补偿式灌水器与之相反。

表3为灌水器淹没出流相对于自由出流中的平均流量(升压过程)变化情况。

表 3　淹没出流对灌水器流量影响结果

工作压力(m)	流量偏差(L/h)			流量变化率(%)		
	内镶式灌水器	微管式灌水器	补偿式灌水器	内镶式灌水器	微管式灌水器	补偿式灌水器
2	0.07	0.08	0.13	5.47	9.20	2.69
4	0.05	0.05	0.15	2.30	3.55	2.92
6	0.03	0.13	0.05	1.10	6.67	1.17
8	0.03	0.09	0.00	0.91	3.75	0.00
10	0.02	0.09	0.04	0.51	3.02	0.93

分析表 3 中的数据可知,3 种类型的灌水器在淹没出流时流量略有降低,灌水器淹没出流的流量偏差率一般在 10% 以内。对于不同的工作压力,流量变化率在低压时比高压时大,即在灌水器额定工作压力(10 m)附近,淹没出流对其影响较小。引起这种差别的主要原因:一是灌水器在低于额定工作压力工作时,内镶式灌水器和微管式灌水器的流道尺寸不变,但由于过流量减小,沿程损失也就相应减少,因此其消能达不到设计要求;其次是在试验中发现,个别灌水器在低压淹没出流时不出水,说明灌水器在淹没状态下排气不畅,即使在试验初期对灌水器进行排气,试验中仍存在必须排除积累在灌水器内部的气体,方能完全出流,这种影响在低压下更加明显。

2.3　统计特征分析

与自由出流时相比,不同类型的灌水器淹没后,其流量的统计特征有所不同。对 3 种类型灌水器自由出流及淹没出流时的流量统计特征进行计算,计算结果(升压过程)见表 4。

表 4　灌水器自由出流及淹没出流时的流量统计特征

出流状态			自由出流					淹没出流				
工作压力(m)			2	4	6	8	10	2	4	6	8	10
灌水器类型	内镶式灌水器	平均流量(L/h)	1.28	2.17	2.73	3.31	3.90	1.21	2.12	2.77	3.28	3.88
		标准偏差	0.13	0.13	0.22	0.15	0.19	0.22	0.15	0.14	0.15	0.19
		样本方差	0.02	0.02	0.05	0.02	0.04	0.05	0.02	0.02	0.02	0.03
	微管式灌水器	平均流量(L/h)	0.87	1.41	1.95	2.40	2.98	0.79	1.36	1.82	2.31	2.89
		标准偏差	0.24	0.30	0.38	0.42	0.50	0.09	0.16	0.17	0.30	0.39
		样本方差	0.06	0.09	0.14	0.17	0.25	0.01	0.03	0.03	0.09	0.15
	补偿式灌水器	平均流量(L/h)	4.83	5.13	4.27	4.16	4.24	4.70	4.98	4.22	4.16	4.28
		标准偏差	0.53	0.56	0.50	0.35	0.24	0.88	0.63	0.50	0.36	0.26
		样本方差	0.28	0.31	0.25	0.13	0.06	0.78	0.40	0.25	0.13	0.07

灌水器淹没出流统计特征值与对应的自由出流时的流量统计特征值比较,二者变化不明显,但总体趋势是:灌水器淹没后,其出流更加均匀。从灌水器类型上看,由于3种类型的灌水器采用的消能方式不同,微管式灌水器以层流为主,主要靠沿程损失进行消能;内镶式灌水器靠水流在灌水器内的紊流进行消能,而补偿式灌水器则用弹性膜片通过调节流道断面尺寸实现出流稳定。因而,以上3种灌水器对淹没与否的反应虽然相似,但敏感程度还是有所差异。微管灌水器最为明显,其次是内镶式、补偿式灌水器变化很小。

2.4　降压过程对淹没出流的影响

以上分析均为灌水器在升压过程中淹没出流对灌水器流量的影响,表5为降压过程中淹没出流对灌水器流量影响计算结果(以淹没出流升压过程为基准)。

表5　降压过程中淹没出流对灌水器流量影响结果

工作压力(m)	流量偏差(L/h)			流量变化率(%)		
	内镶式灌水器	微管式灌水器	补偿式灌水器	内镶式灌水器	微管式灌水器	补偿式灌水器
2	0.06	0.04	0.16	4.96	5.06	3.40
4	0.04	0.11	0.47	1.89	8.09	9.44
6	0.01	0.10	0.27	0.36	5.49	6.40
8	0.00	0.13	0.13	0.00	5.63	3.13
10	0.03	0.19	0.11	0.77	6.57	2.57

对比表3和表5,与自由出流的降压过程相比,二者规律一致,即灌水器在降压过程中的流量均匀性均高于升压过程。

(宰松梅,仵峰,范永申,等.原载于《灌溉排水学报》2004年第5期)

新型微压滴灌灌水器水力性能试验研究

1　工作原理与试验方法

滴灌作为一种先进的灌溉方式,其灌水器的好坏直接影响到灌水均匀度和整个系统运行的可靠性。在滴灌系统的研究重点向低压方向发展的趋势下,研制出了一种新型微压灌水器,并生产出两种型号的这种灌水器。

新型微压灌水器结构简单,即在外径为4 mm的PE管上挖孔口,孔口外部罩一内壁附有弹性海绵体的外套。外套环抱PE管,接口处为插嵌式插扣,可紧紧将外套连接成环状。水流经过PE管时,通过孔口进入流道,经过弹性体的消能后从外套四周流出。试验在水利部、中国农业科学院农田灌溉研究所微灌实验室内进行。

试验时,首先按照《微灌灌水器》(ST/T 67.1～3—94)对试验用微压灌水器的水力性能进行标定;然后装好试验装置,调整至设定的工作压力,待出流稳定后再计时测定出水量，保证试验数据的准确可靠。试验中要观测并记录系统的工作压力、流量及水温等。试验结束后进行数据整理，并计算不同工作压力下的出水量。

2 试验结果与分析

2.1 试验结果

以两种不同流量的新型微压滴灌灌水器为试验对象，随机各选取 5 个灌水器作为试验分析样品，测得不同压力下灌水器的流量，结果见表 1、表 2。

表 1 Ⅰ型微压灌水器压力—流量关系 （单位：mL/h）

样品	不同工作压力下的灌水器流量								
	0.01 MPa	0.02 MPa	0.025 MPa	0.03 MPa	0.035 MPa	0.04 MPa	0.045 MPa	0.05 MPa	0.06 MPa
灌水器 1	680	720	726	728	736	738	738	745	780
灌水器 2	698	722	725	729	734	740	746	750	778
灌水器 3	701	735	740	742	744	748	752	760	796
灌水器 4	681	718	720	726	731	735	738	746	787
灌水器 5	677	709	712	716	721	724	726	729	745

表 2 Ⅱ型微压灌水器压力—流量关系 （单位：mL/h）

样品	工作压力（MPa）								
	0.01	0.02	0.025	0.03	0.035	0.04	0.045	0.05	0.06
灌水器 11	488	490	491	493	496	501	508	515	525
灌水器 12	486	491	496	502	509	513	517	524	533
灌水器 13	479	488	491	495	499	502	508	516	522
灌水器 14	486	488	491	496	502	506	509	514	521
灌水器 15	490	493	498	504	509	513	519	525	531

为进一步验证微压灌水器在长时间工作后水力性能是否改变，同时检验灌水器的抗堵塞能力，用未经过滤的地下水（井水）作为试验用水，经测定，该水含有微量细小颗粒。微压灌水器在连续工作 1 周后，流量略有下降，但变化都在 3% 之内，未发现灌水器有堵塞现象。试验证明，灌水器的抗堵塞能力很强，同时分析得出，造成灌水器流量下降的原因是由于水中的部分微细颗粒吸附在了弹性体的内壁上。

另外,经过对水温的测定和分析,水温的变化(5～35 ℃)对灌水器的流量几乎没有影响,因此微压灌水器的出流量与水温关系不大。

2.2　试验分析

根据试验所得的数值绘出微压灌水器压力—流量关系曲线,由关系曲线得出微压灌水器的压力—流量关系回归公式:

$$Q = kH^{x} \tag{1}$$

式中:Q 为流量,mL/h;k 为流量指数;H 为工作压力,MPa;x 为流态指数。

代入数值得:

Ⅰ型微压灌水器压力—流量关系回归公式:

$$Q = 682H^{0.0406} \tag{2}$$

Ⅱ型微压灌水器压力—流量关系回归公式:

$$Q = 484H^{0.0349} \tag{3}$$

由上述公式得出,微压灌水器压力—流量关系符合滴头流量出流规律,在工作压力范围内,流量随压力的升高而增大,但曲线平缓,流量均匀稳定,达到设计要求。

灌水器在连续工作1周后,流量基本趋于稳定,与初始流量相比略有变化,但变化量都在6%之内,两条曲线基本吻合。因此,新型微压灌水器的性能较好,使用可靠性高。连续工作1周后的流量与初始流量比较见图1、图2。

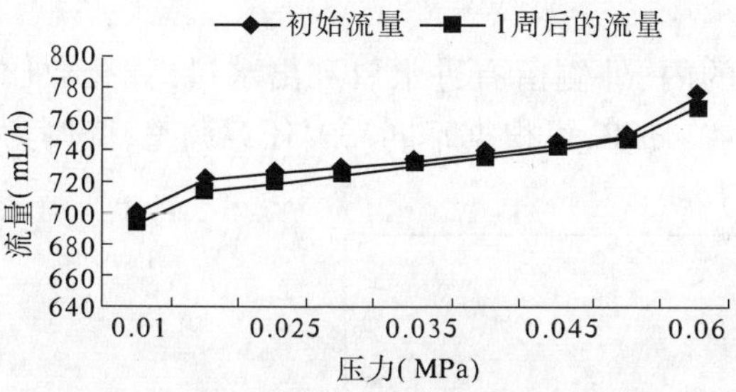

图1　Ⅰ型微压灌水器流量对比

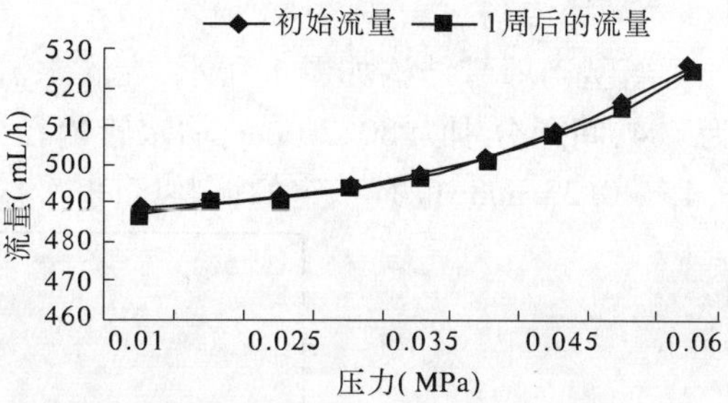

图2　Ⅱ型微压灌水器流量对比

3　结语

通过分析上述试验结果,可以看出微压灌水器的压力—流量关系曲线符合灌水器出流规律,流量基本均匀稳定。个别灌水器流量与其他灌水器略有差异,经分析可能是因为所附弹性体的厚度与其他微压灌水器稍有不同。由于制作微压滴灌灌水器时可能对弹性体的处理不够完善,造成了个别灌水器流量有偏差,但偏差很小,均在3%以内。同时,灌水器在连续工作1周后,流量变化不大,而且流量更加均匀,未发现堵塞现象,可见新型微压滴灌灌水器的性能比较稳定,抗堵塞能力强,使用可靠性高。

(范永申,仵峰,宰松梅,等.原载于《灌溉排水学报》2006年第5期)

复合流道薄壁滴灌带的特性分析

滴灌管(带)是指在制造塑料管(带)的过程中依靠专门的生产工艺,在其上加工有孔眼或其他出流装置所形成的兼具配水和滴水功能的塑料管(带)。一般情况下,当加工的管壁较厚、卷盘后仍呈管状的称为滴灌管;管壁较薄、卷盘后压扁呈带状的称为滴灌带,主要是用来对农作物实施滴灌功能。滴灌带包括双上孔滴灌带、迷宫式滴灌带、双腔滴灌带和内镶式滴灌带等多种形式,与滴灌管相比,其管壁较薄(一般小于0.63 mm),用料较少,生产效率较高,产品具有成本低、包装运输方便、铺设应用简单的优点。正是这些特点使得滴灌带能够大面积地应用于棉花、玉米、瓜类等大田作物。

滴灌带按成型工艺分为两种:内镶式滴灌带和热合式滴灌带。内镶式滴灌带是在挤出塑料管的过程中,将预先制造好的滴头镶嵌在管的内壁,其内嵌滴头厚度一般在2 mm左右,多为片式结构,水流的消能方式多采用涡流迷宫式流道或齿形流道。热合式滴灌带是在加热、挤出、补气和吹塑等制造薄壁带的工序过程中,通过专用模具,靠挤压热合,由定膜铜轮的真空吸附腔体进行吸附成型,直接在管壁或侧边上热合出滴水流道,流道一般为直流道或迷宫流道。

1 复合流道薄壁滴灌带的设计

1.1 产品结构

新型滴灌带结构如图1所示,在滴水流道的内、外侧留有进水口和出水口,其孔数比为1:4,间距分别为80、20 cm,输水管内径为$\phi4\sim\phi20$,可根据不同需要任意调整,壁厚为0.15~0.25 mm,也有一定的调整区间。

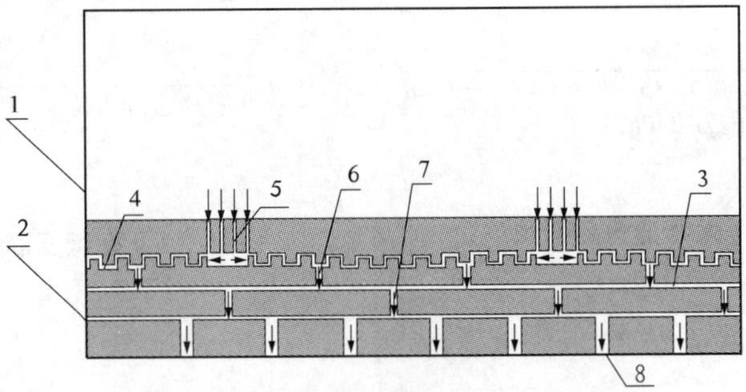

图1 复合流道薄壁滴灌带示意图

1—输水管;2—滴水流道;3—直流道;4—迷宫流道;5—进水口;6—二级通水口;7—三级通水口;8—出水口

新型薄壁滴灌带的流道形状、流道级数及其配水方式都发生了变化,采用了直流道和迷宫流道相组合的3级流道结构,按配水先后的顺序,依次为第1、2、3级流道,其中第1级流道为迷宫形,第2、3级流道为直流道,不同级别的相邻流道间用一定数量的通水口连接,以保持上级流道向下级流道均匀供水。在相邻两个进水口的长度内,第1级流道与第2级流道之间用2个通水口相连,间距40 cm;第2级流道与第3级流道用3个通水口相连接，间距 40 cm。另外，同级流道为整段连通，改变了以前的分段供水形式，有效地提高了滴灌带的实际利用长度，并增添了流量的互补功能。

1.2　技术指标

复合流道薄壁滴灌带的技术参数如表 1 所示，其流道结构的特殊设计，相邻两个进水口和出水口具有相当的流量互补作用，提高了产品的抗堵性能，使新型滴灌带产品具有较好的滴水均匀性。

表 1　复合流道薄壁滴灌带技术参数

产品名称	内径 (mm)	壁厚 (mm)	流道级数	流道形状和组合方式	内孔间距 (cm)	外孔间距 (cm)	单出水口流量(L/h)	单位长度质量 (g/m)
复合流道薄壁滴灌带	4 ~ 20	0.15 ~ 0.25	3	迷宫流道 + 直流道	80	20	1.04	13

注：出水口流量为在 100 kPa 的工作压力下测得。

1.3　工作原理

在正常工作状态下，当滴灌系统中的有压水流进入滴灌带的输水管时，由流道内侧的进水口先把有压水流分配，并依次送入经过压边技术处理过的 3 级滴水流道，在此过程中完成整个水流消能，最终以滴流的形式从出水口排出。由于第 1 级流道为迷宫型，水流在其内部折弯较多，再加上线路较长，使其消能效果良好，成为主消能流道，进水口来的有压水流一旦经过此流道后，能量就基本消失。第 2 级和第 3 级流道均为直流道，从上级流道来的水流在其内部流动通畅，损失较小，并完成水流的彻底消能。由于水流在同级流道是全程贯通的，所以在一定程度上增强了流量互补功能。

新型薄壁滴灌带采用了多级流道、全程连通的供水方式，出水口的滴水量更为均匀，在输水、配水和消能的一系列过程中，增强了流道间的相互补充供水功能，使滴灌带各级流道的水量分配合理、水流更加稳定，很好地解决了因个别通水口堵塞而改变流道的水量分配和供水方式的问题，以至于影响对作物的灌溉效果。

2　复合流道薄壁滴灌带的特点

复合流道薄壁滴灌带的设计从流道的结构、形状和布置方式等方面进行了合理的更新、设计，使新产品具有以下主要特点。

2.1　滴水均匀性

新型薄壁滴灌带的结构设计主要从流道形状、流道级数两方面考虑，变单级流道为多级流道，变单一流道形状为不同形状的组合，即复合流道薄壁滴灌带采用了 1 级迷宫流道和 2 级直型流道相组合的 3 级复合型流道结构，水流先经过第 1 级迷宫流道，并在其内部呈涡流状态，完成主要的能量消耗，再依次经过第 2 级、第 3 级直型流道，做进一步的彻底消能，使水流更加均匀、稳定。此外，缩小末级出水口的间距，使单位长度的出水口数量增多，保证了水分在土壤中的分布效果。

针对复合流道薄壁滴灌带的出水均匀性指标，采用了随机从新生产的滴灌带(ϕ16)产品挑出 8 m 作为试样(含有 32 个出水口)做了滴水量测定，测得在不同压力下多个单出水口的滴水流量数据，并计算出流量偏差系数，如表 2 所示。

表 2　复合流道薄壁滴灌带流量及偏差数据

压力 (kPa)	额定流量 q_0 (L/h)	平均流量 q (L/h)	单口流量偏差系数 C_v (%)	平均流量相对偏差 C (%)
50	0.69	0.65	5.65	5.84
65	0.86	0.91	6.60	5.34
100	1.04	0.98	6.96	6.25
125	1.33	1.26	6.51	5.47
150	1.60	1.66	6.78	3.84

综合分析，薄壁滴灌带在正常工作状态下，当进水口压力达到 50 kPa 以上时，其平均流量相对额定流量的偏差及其单出水口的流量偏差系数在 7% 的范围之内，符合国内“微灌灌水器——微灌管、微灌带”的行业标准不大于 7% 的规定，显然该滴灌带产品具有较好的滴水均匀性。

2.2　流道及出水口流量的互补性能

现有薄壁滴灌带的流道多为单一的迷宫式或直线式，就国产滴灌带来说，多数热合式滴灌带不具备流量补偿功能，在实际应用过程中常因出现个别出水口不出水产生漏灌等现象。

复合流道薄壁滴灌带流道设计，流道由原来的单级变为多级，且同级流道为全程贯通的方式，使配水性能明显地改进，具备一定的流量互补功能。在实际工程中，即便有个别通水口或某段流道受堵塞，其邻近的通水口或流道可以为其弥补一定的供水量，达到补充供水的效果。针对此项互补功能，开展了试验，测得含有多个进水口的一定长度滴灌带在 50、100、150 kPa 等不同压力下各级流道的某一个通水口受堵前后的滴水量及其变化，其中 100 kPa 压力下的测试数据如表 3 所示。根据表中数据，绘出其簇状柱形图（见图 2）。

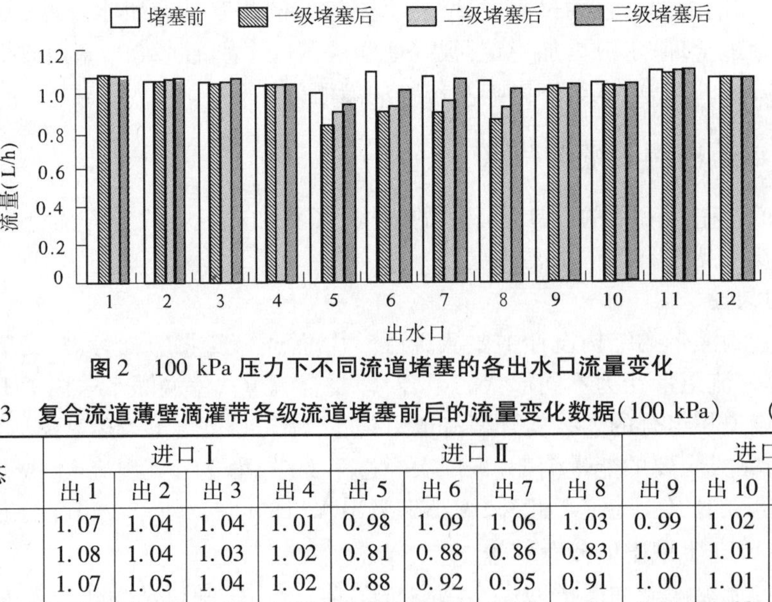

图 2　100 kPa 压力下不同流道堵塞的各出水口流量变化

表 3　复合流道薄壁滴灌带各级流道堵塞前后的流量变化数据(100 kPa)　　（单位:L/h）

出水口状态	进口Ⅰ				进口Ⅱ				进口Ⅲ			
	出 1	出 2	出 3	出 4	出 5	出 6	出 7	出 8	出 9	出 10	出 11	出 12
堵塞前	1.07	1.04	1.04	1.01	0.98	1.09	1.06	1.03	0.99	1.02	1.08	1.05
1 级堵塞	1.08	1.04	1.03	1.02	0.81	0.88	0.86	0.83	1.01	1.01	1.07	1.05
2 级堵塞	1.07	1.05	1.04	1.02	0.88	0.92	0.95	0.91	1.00	1.01	1.08	1.05
3 级堵塞	1.07	1.05	1.05	1.02	0.93	0.99	1.05	1.00	1.01	1.02	1.08	1.05

注：表中数据是在进口Ⅱ所属区流道的某一位置受堵塞的情况下测得的。表中“出 1”指出水口 1，“出 2”指出水口 2，依次类推。

从图2看出,受堵塞区(进水口Ⅱ)的出水口滴水流量变化较明显,且随着堵塞点所在流道级数的延后,其对各出水口滴水量的影响逐渐减小,但减少量有限,不会产生灌水盲点。新型薄壁滴灌带的出水口的间距较小(20 cm),灌溉过程中,土壤的湿润点较密,且湿润线有一定的交结,即便有些出水口受堵、不能正常为其位置的土体供水时,相邻出水口的水量也可以部分湿润受堵位置的土体,满足作物维持正常生长的需水。这充分体现了产品在结构设计上的流量互补功能。

2.3　增强抗堵性

复合流道薄壁滴灌带流道的进水孔的通道数量增加,尺寸变小,既能保证有充足的供水量,又能起到初步的过滤、冲洗的作用,同时又大大减少了堵塞的几率。即便输水管内有一些杂质,也不易堵塞尺寸较小的内进水孔,更不可能进入以下的各级滴水流道中,在一定程度上降低了流道及滴水口的堵塞几率,提高了产品的抗堵塞性能。

3　结语

(1)复合流道薄壁滴灌带是一种结构独特的滴灌设备,与现有的同类产品相比,减小了滴灌带的进水口、流道和出水口等位置的堵塞几率,增加了流量互补功能,从而提高了灌水均匀度和抗堵塞性能。

(2)从近几年的微灌发展来说,薄壁滴灌带的应用水平逐渐取代了管上滴头或滴灌管,成为大田农作物滴灌的主流产品,如何进一步提高滴灌带的抗堵塞性、出水均匀度和可靠性已成为滴灌带研究的主攻方向,复合流道薄壁滴灌带的研制成功,开创了一个改进滴灌带性能的新路子。

(翟国亮,冯俊杰.原载于《节水灌溉》2004年第6期)

三级流道结构滴灌带的水力性能试验

滴灌带主要包括边缝式和内镶式两种。边缝式滴灌带按其流道结构划分为单级、双级和多级流道滴灌带,目前在中国新疆等地大面积应用的是单级流道结构滴灌带,多级流道结构滴灌带的应用相对较少,并且国内外只有极少数厂家能够生产此类产品。多级流道结构滴灌带是在单级流道结构滴灌带的基础上研制出来的,与单级式相比,它具有抗堵塞、流量互补和小流量等特点,水利部、中国农业科学院农田灌溉研究所近几年研制出了三级直流道滴灌带(DL-1型)和三级复合流道滴灌带(DL-2型)两种新型滴灌带,本文是对这两种新研制的多级流道结构滴灌带水力性能和模拟堵塞试验的总结。

1　试验设计

1.1　试验目的

通过试验观测,得出DL-1型和DL-2型两种滴灌带在“正常状态”和“堵塞状态”两种情况下的出水口滴水流量及压力等一系列数据,计算其压力—流量关系及流量偏差系数等水力性能指标，重点研究在各级流道某一点发生堵塞时，下游受影响的流道或出水口之间的水量变化规律，分析不同的流道结构对堵塞产生的不同效果，为流道结构设计提供技术资料。

1.2　试验仪器设备与试验材料

试验仪器设备：流量计、过滤器、精密压力表（0.4 级）、量筒（100 mL）、秒表、量杯、温度计、弹性夹等。

试验材料：DL-1 型直流道滴灌带和 DL-2 型复合流道滴灌带各 2 条，每条 50 m；堵头；滴灌带卡箍；接头；生料带；循环过滤处理后的清水。

1.3　测试内容

（1）测定 DL-1 型滴灌带和 DL-2 型滴灌带的压力—流量关系。

（2）测定 DL-1 型滴灌带和 DL-2 型滴灌带在每一级流道某一点完全堵塞时，对下游出水口滴水量的影响变化规律。

2　DL-1 型滴灌带和 DL-2 型滴灌带简介

2.1　结构特点

DL-1 型滴灌带和 DL-2 型滴灌带均是真空成型边缝式薄壁滴灌带，其结构示意图分别见图 1 和图 2。滴灌带包括输水管和配水流道两部分，其中输水管类似于毛管起输水作用；配水流道类似于滴头具有消能和配水功能。配水流道由三级组成，从进水口到出水口依次为第Ⅰ级、第Ⅱ级和第Ⅲ级，进水口和出水口数量比例为 1∶4，进水口间距为 80 cm，出水口间距为 20 cm。第Ⅰ级流道上游通过进水口与输水管连接，下游通过通水口连通第Ⅱ级流道，第Ⅲ级流道则上接第Ⅱ级流道、下接出水口。两者流道截面为矩形且尺寸相同，为 1 mm × 1 mm。DL-1 型滴灌带的所有流道均采用直线型，且第Ⅰ级、第Ⅱ级流道分段独立，第Ⅲ级流道全程贯通；DL-2 型滴灌带的流道采用迷宫型与直线型相组合的复合结构，每级流道均是全程贯通，相邻级的流道通过固定间距的通水口连通。

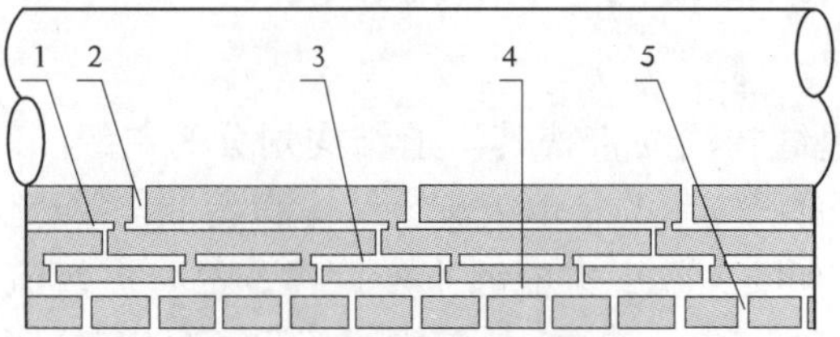

图 1　DL-1 型滴灌带示意图

1—Ⅰ级直流道；2—Ⅰ级进水口；3—Ⅱ级流道；4—Ⅲ级流道；5—出水口

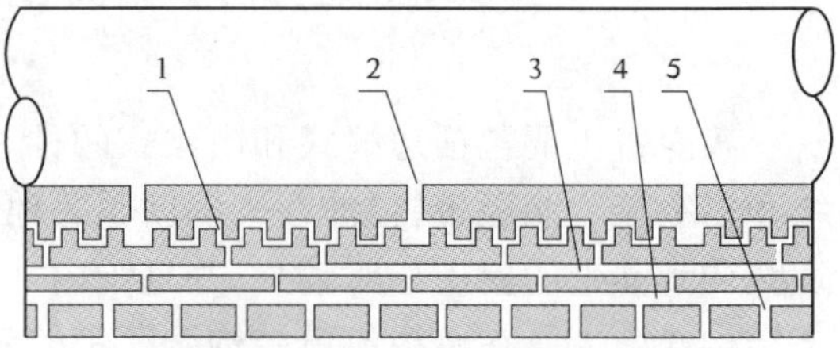

图 2　DL-2 型滴灌带示意图

1—Ⅰ级直流道；2—Ⅰ级进水口；3—Ⅱ级流道；4—Ⅲ级流道；5—出水口

2.2　技术指标

DL-1 型滴灌带用三级直流道消能，DL-2 型滴灌带用迷宫流道和直流道相组合的复合型流道消能，由于各自的流道结构尺寸、连接方式和消能长度不同，二者有着不同配水效果和滴水流量，DL-1 型滴灌带和 DL-2 型滴灌带设计工作压力为 100 kPa，其他设计技术指标如表 1 所示。

表 1　DL-1 型滴灌带和 DL-2 型滴灌带设计技术指标

产品型号	规格(mm)	壁厚(mm)	流道级数	流道形状和组合方式	进水口间距(cm)	出水口间距(cm)	单出水口流量(L/h)	单位长度质量(g/m)	备注
DL-1	ϕ16	0.25	3	直线型	80	20	1.80	13	流道分段连通
DL-2	ϕ16	0.25	3	迷宫 + 直线型	80	20	1.00	13	流道全程贯通

3　试验方案设计

试验是在“正常状态”和“堵塞状态”两种情况下进行的，通过重复试验和分析比较的方法研究流道类型、结构对各出水口流量、滴水均匀度等水力性能的影响。试验中的“堵塞状态”不是由流道内水体含有固体杂质、微生物积累引起的物理、化学和生物堵塞，而是采用人工控制使其产生堵塞，即利用一定的手段和工具使流道堵死，达到完全堵塞的效果。

试验场地选在水利部、中国农业科学院农田灌溉研究所水力试验大厅，其水源为 200 目过滤器过滤处理后的循环池水。选定 DL-1 型滴灌带和 DL-2 型滴灌带各两条，取其长度均为 50 m 作为试验样品，并在滴灌带水力性能测试台上一次性安装成型，测试顺序按 DL-1 型滴灌带和 DL-2 型滴灌带依次进行。测试时，首先测定“正常状态”下不同压力(50 ~ 150 kPa)时出水口滴水量，然后对第Ⅰ级流道、第Ⅱ级流道和第Ⅲ级流道分别设置模拟堵塞。试验过程中，每隔 30 min 进行定时测量试验水温，以便能把各次测试数据进行修正。整个试验数据测试完成后，再随机选择每种型号中的任一条滴灌带的测量数据进行压力、流量和出水均匀度等水力性能的计算和分析。

3.1　压力—流量关系试验

取被测 DL-1 型滴灌带和 DL-2 型滴灌带试样上的各 25 个出水口，在一定压力下测试每个出水口的单口滴水量，为减小试验过程中由于各种因素引起的测量误差，出水口流量测试要重复 3 次，每次测试滴水时间为 3 min，并取其平均值作为最终的试验值，并依此计算流量制造偏差系数。然后根据所测的 25 个出水口流量数据，按从小到大的顺序对出水口进行编号，从 25 个编号的出水口中再分别选出第 3、12、13 号和第 23 号，在 50 ~ 150 kPa 的工作压力范围内按由小到大的顺序，均匀分布了 10 个压力点，测试各出水口的流量和压力数据，各个压力点的数据依然连续重复测 3 次，并取其平均值来分析，再按指数模型回归出压力—流量关系式。

3.2　模拟堵塞试验

从结构上分析，DL-2 型滴灌带的特点是采用全贯通式流道结构，即每级贯通和上下两级多点贯通；从理论上分析，相邻流道之间流量可以互补。堵塞试验的目的是验证上述互补的效果，试验的方法如下：分别从已被测试过的 DL-1 型和 DL-2 型滴灌带中选定在 3 个进水口控制的范围内的 12 个相邻出水口，出水口编号：1、2、…、11、12，进水口编号：①、

②、③，为了便于对比，选择对各级流道中最能明显影响第4、5、6号出水口的出流效果的最不利位置点作为堵塞点。先测出正常状态下的DL-1型和DL-2型两种滴灌带的每个出水口滴水量，然后分别对第Ⅰ级、第Ⅱ级和第Ⅲ级流道按顺序进行堵塞测试，试验采用人工设堵的模拟堵塞方式。图3和图4分别为DL-1型滴灌带和DL-2型滴灌带的第Ⅰ级流道堵塞位置示意图。

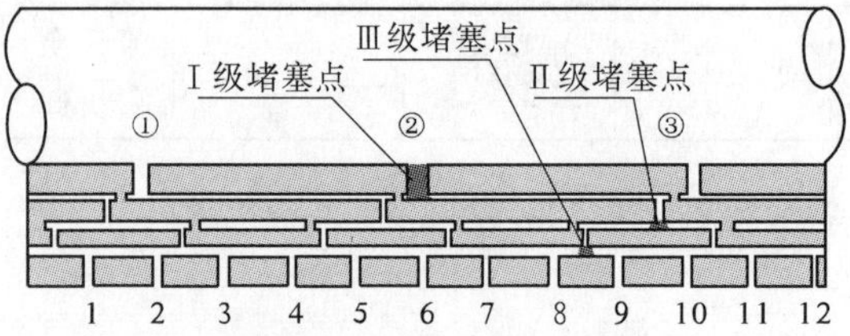

图3 DL-1型堵塞位置示意图

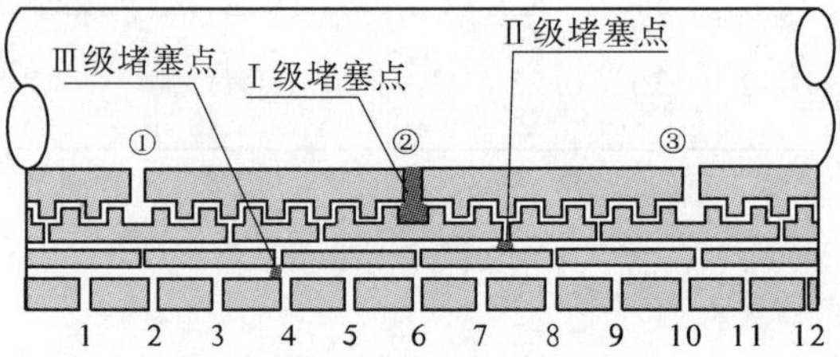

图4 DL-2型堵塞位置示意图

4 试验数据与分析

4.1 两种滴灌带压力—流量关系

按照流量均匀性试验的设计方案测试平均流量、计算流量偏差系数；对压力和流量数据进行回归分析，得出二者之间的关系式和曲线，如图5和图6所示。

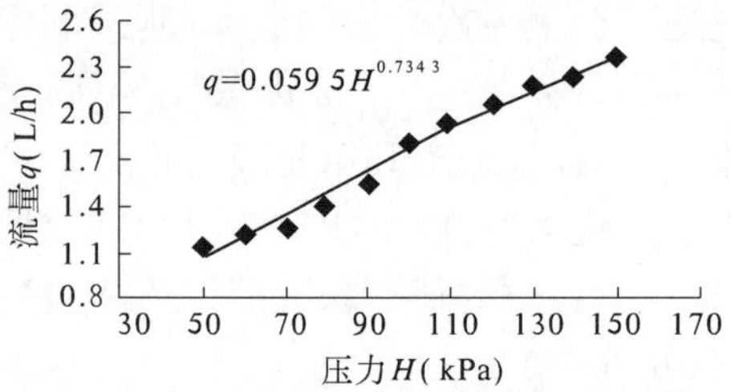

图5 DL-1型滴灌带压力—流量关系曲线

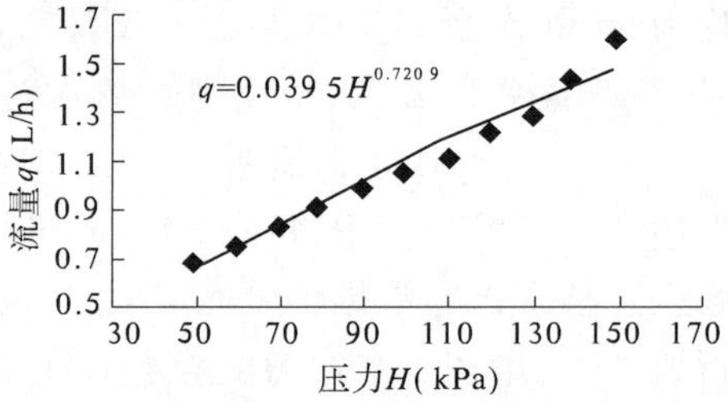

图6 DL-2型滴灌带压力—流量关系曲线

从图5、图6可以看出DL-2型滴灌带比DL-1型滴灌带的流量和流态指数小，这说明在相同的流道断面下，不同的流道结构设计对出水口流量和流态指数影响较大。显然，DL-1型滴灌带流道为3级直流道，其消能效果与DL-2型滴灌带迷宫复合型流道相比差别较大，使得DL-1型滴灌带的流量明显大于DL-2型滴灌带，并且流态指数偏大。

4.2 堵塞时各出水口流量变化规律分析

按试验设计方案，仅对DL-1型滴灌带和DL-2型滴灌带各12个出水口流量进行观测，测出各个出水口在“正常状态”和“堵塞状态”下的滴水量数据，并且计算因堵塞减少的流量相对于正常流量的百分率即下表中的减少率，测量时工作压力为100 kPa，如表2所示。从DL-1型滴灌带和DL-2型滴灌带在各级流道通畅的“正常状态”下，各出水口的出水均匀度较高，经计算，两种型号滴灌带产品的出水口流量偏差C_v均小于7%。在不同级流道受堵时的流量减少率数据，如表2所示：①DL-2型滴灌带采用全程贯通流道，具有明显的流量互补效果，即当流道某一点堵塞时，相邻流道可以提供部分水给堵塞点出水口。如Ⅲ级流道堵塞时,流量减少率仅为30%,基本上不影响灌溉效果。②第Ⅰ级流道堵塞影响出水口数较多,为6~7个,流量减少率较高,最高达80%以上;第Ⅲ级流道堵塞影响较小,出水口个数为3~4个,流量减少率在70%以下;第Ⅱ级流道堵塞,其影响介于两者之间。③当第Ⅱ级或第Ⅲ级流道堵塞时,邻近个别出水口的流量可能增加,如表2所示,其流量减少率为负值,但其增幅有限。

表2　各级流道堵塞前后出水口滴水量减少率　（单位:L/h）

进水口编号	出水口编号	DL-1 型滴灌带							DL-2 型滴灌带						
		正常流量	Ⅰ级堵塞		Ⅱ级堵塞		Ⅲ级堵塞		正常流量	Ⅰ级堵塞		Ⅱ级堵塞		Ⅲ级堵塞	
			流量	减少率(%)	流量	减少率(%)	流量	减少率(%)		流量	减少率(%)	流量	减少率(%)	流量	减少率(%)
①	1	1.78	1.78	0	1.78	0	1.78	0	1.07	1.08	0	1.08	0	1.07	0
	2	1.82	1.61	11.5	1.76	3.3	1.61	11.5	1.04	1.04	0	1.02	0	1.04	0
	3	1.81	1.21	33.1	1.40	22.7	1.24	31.5	1.04	0.75	27.9	0.75	27.9	0.95	8.7
	4	1.76	0.57	67.6	0.32	81.8	0.56	68.2	1.01	0.42	58.4	0.58	42.6	0.70	30.7
②	5	1.77	0.20	88.7	0.60	66.1	1.93	-9.0	0.98	0.21	78.6	0.60	38.8	0.99	-1
	6	1.84	0.15	91.8	1.71	7.1	1.86	0	1.09	0.25	77.1	0.95	12.8	1.09	0
	7	1.84	0.60	67.4	2.01	-8.2	1.84	0	1.06	0.44	58.5	1.05	0	1.05	0
	8	1.79	1.60	10.6	1.81	0	1.79	0	1.03	0.80	22.3	1.03	0	1.03	0
③	9	1.81	1.80	0	1.80	0	1.80	0	0.99	1.00	0	1.00	0	0.99	0
	10	1.80	1.80	0	1.80	0	1.80	0	1.02	1.02	0	1.02	0	1.02	0
	11	1.75	1.75	0	1.75	0	1.75	0	1.08	1.08	0	1.08	0	1.08	0
	12	1.77	1.77	0	1.78	0	1.77	0	1.05	1.07	0	1.07	0	1.07	0

注:下画线数据表示受影响范围。

5　结果与讨论

（1）DL-2型滴灌带和DL-1型滴灌带相比较,其流量和流态指数均较小,这说明在相同的流道断面,相同的出水口间距条件下,不同的流道结构设计对出水口流量和流态指数影响较大。另外,多级流道结构滴灌带堵塞时,其相邻流道或通水口具有流量互补效果,单级流道结构滴灌带则没有此特点。

（2）采用全程贯通式多级流道结构时,其相邻流道或出水口之间流量互补效果较好。即使流道的某点完全堵塞,出水口也能有一定出水量。

（3）Ⅰ级流道堵塞影响范围较大,流量减少率最高,Ⅱ级次之。因此,设计时宜适当加大上游流道断面尺寸,提高其抗堵性能。

（4）迷宫流道的消能效果明显大于直流道,设计小流量滴灌带宜采用迷宫流道。

（翟国亮,陈刚,冯俊杰,等.原载于《农业工程学报》2006年第5期）

补偿式灌水器制造偏差分析及补偿区间的确定

常见的补偿式灌水器包括补偿式滴头、微喷头和用于微喷头或渗灌灌水器的稳流器等。随着我国微灌技术的不断发展，补偿式灌水器的研制和应用会愈来愈普遍。本文针对国内研究较少的补偿式灌水器特征参数之一——补偿区间进行了初步探讨。

1 补偿式灌水器的特点及水力特征曲线

补偿式灌水器一般由壳体、调节件和补偿芯3部分组成。壳体的作用是密封和为调节件移动提供空间，调节件是专门用于调整灌水器的过流断面形状和大小的，随着压力的增加调节件能自动地压缩过流断面尺寸，补偿芯的作用是与调节件配合构成理想的可变流道断面，以达到较好的补偿效果。

补偿灌水器壳体和补偿芯一般采用树脂材料制造，调节件多采用橡胶制品如橡胶片、橡胶圈和橡胶筒等。

水力特征曲线是指补偿式灌水器的流量—压力关系曲线，常简称 $q \sim P$ 曲线，决定 $q \sim P$ 曲线趋势的关键是补偿芯的工作断面尺寸形状及调节件的弹性性能。常见的几种 $q \sim P$ 关系曲线见图1。

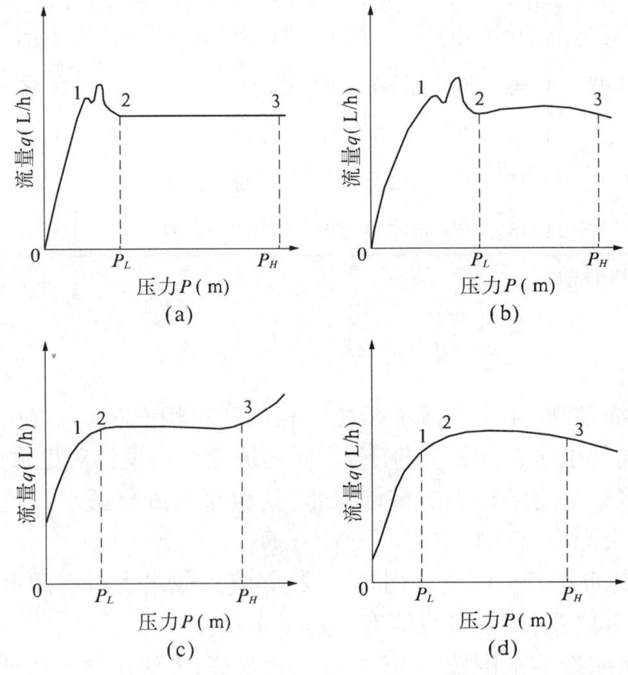

图1 常见的几种补偿式灌水器 $q \sim P$ 曲线示意图

图中 P_L 表示补偿区间下限，P_H 则表示上限。

图1(a)中,1点的左边流量 q 和压力 P 相关显著,近似直线,说明调节件未发挥调节作用,1～2之间为过渡区,此时调节件的工作状态不稳,产生振动,堵塞物此时容易排出。2～3区间调节件进入稳定工作状态,$q \sim P$ 曲线趋于水平,达到理想的工作状态。3点的右边曲线开始弯曲,说明此后调节件和补偿芯的配合失衡。图1(b)、(c)和(d)的趋势虽各不相同,而原理与图1(a)是相通的。我国《微灌灌水器》(SL/T 67.1～3—94)的第4.8.3.2款仅对图1(c)曲线型补偿式滴头作了规定,没有列入另3种曲线,其标准对补偿式微喷头也没有列入。

2　补偿式灌水器制造偏差分析

2.1　表示灌水器制造质量的方法

2.1.1　流量偏差系数法

从一批产品中抽取若干个样本(标准规定25个),在同样工作压力下对其进行流量测试,然后计算流量偏差系数。

$$C_{vm} = \frac{S}{\bar{q}}$$

$$\bar{q} = \frac{1}{n}\sum_{i=1}^{n} q_i \qquad S = \sqrt{\frac{1}{n-1}\sum_{i=1}^{n}(q_i - \bar{q})}$$

式中:C_{vm} 表示流量偏差系数;S 表示样本流量方差;q_i 表示单个样本的流量;$\bar{q}$ 表示样本平均流量;n 指样品的总个数。

2.1.2　均匀度系数法(克尔斯琴森法)

$$C_{vn} = 1 - \frac{\Delta\bar{q}}{\bar{q}} \qquad \Delta\bar{q} = \frac{1}{n}\sum_{i=1}^{n}|q_i - \bar{q}|$$

式中:C_{vn}表示均匀度系数;$\Delta\bar{q}$ 表示样本流量偏差绝对值的平均值。

2.1.3　C_{vn}和 C_{vm}的关系

$$1 - C_{vn} < C_{vm} \qquad C_{vm} \propto 1 - C_{vn}$$

2.2　影响补偿式灌水器制造质量的因素分析

影响灌水器制造质量的因素很多,同非补偿式灌水器相比,补偿式灌水器制造质量更加难以控制,其主要原因有以下4种。

2.2.1　构件的制造偏差

补偿式灌水器一般由3件以上构件组装而成,由于受到模具的精度、加工条件、材料质量和操作人员的技能等因素影响,生产出的每一个构件都存在一定偏差。

2.2.2　构件组装误差

即使合格的构件(满足质量标准要求)经过组装工序后也会产生一定的误差,从而影响补偿式灌水器出流量的稳定性。

2.2.3　灌水器内部结构设计不良

补偿式灌水器制造偏差系数的一个主要因素是调节件的工作状况不稳定。调节件在壳体内既要留有一定的活动空间,又要求具有相对的稳定性,活动空间过大其稳定性就较差,产生的误差也较大。

2.2.4 压力变化对灌水器制造偏差系数的影响

试验表明,在不同压力下测得的补偿式灌水器制造偏差系数相差很大。表 1 是由水利部、中国农业科学院农田灌溉研究所测定的自制补偿式滴头制造偏差系数资料,其制造偏差系数随测定压力的变化情况如图 2 所示。

表 1 补偿式滴头的流量制造偏差测试数据

序号	P(m)										
	2	4	6	8	10	12	14	16	18	20	24
1	363	460	425	390	323	310	305	285	285	225	190
2	355	455	403	360	395	365	363	350	345	315	300
3	112	593	630	640	568	465	445	425	410	290	285
4	338	415	420	433	455	470	485	495	495	485	500
5	347	430	465	495	510	520	503	545	555	558	560
6	355	400	453	430	438	445	418	413	418	397	375
7	363	455	460	388	450	460	438	433	430	398	378
8	343	390	405	403	413	415	408	410	405	375	378
9	345	455	410	370	360	340	320	380	290	275	225
10	372	495	448	440	430	420	423	425	408	400	360
11	325	383	403	420	433	455	448	445	438	420	395
12	103	150	183	215	238	255	280	300	320	335	360
13	345	400	425	448	450	465	480	480	480	475	465
14	327	373	395	413	423	430	435	430	430	425	400
15	350	415	443	425	433	430	428	425	423	410	395
16	323	400	423	440	453	460	460	480	470	470	470
17	328	388	415	430	448	450	455	455	450	440	435
18	345	393	410	435	448	455	458	460	465	450	460
W(mL)	319	414	423	421	426	423	420	424	418	397	385
C_v(%)	24.5	20.4	18.2	18.4	16.6	15.5	15.0	15.4	16.9	19.7	24.2

注:表中数据为 3 min 滴水量。

从图 2 可看出,C_{vm}随着压力增加呈 U 形变化,这说明无论是压力过低还是过高,调节件的工作状态都不是理想的,于是就造成了灌水器制造偏差的不稳定。而在 8 ~ 20 m 的压力区间上,C_{vm}值相对变化较小,假如我们把这一区间作为灌水器的工作压力区间,这一区间可以作为补偿式灌水器的补偿区间。这一新的思路为补偿区间的确定提供了理论基础。

3　补偿区间的确定方法

3.1　偏差系数法

前面提到补偿式灌水器的制造偏差系数与其测试压力有着密切的关系，在一定的压力区间上。C_{vm}的值呈 U 形分布趋势（见图 2）。现采用抛物线模型把图上的点拟合成一条光滑曲线，在图上绘出另一条 $C_{vm}=[C_{vm}]$ 直线，该直线与 $P\sim C_{vm}$ 曲线有两个交点，两点对应的压力区间，就是采用此法确定的补偿区间。这种确定补偿区间的方法叫做偏差系数法。

用 R 表示区间，C 表示$[C_{vm}]$的百分比数，P_L 表示下限，P_H 表示上限，压力单位为米水柱，补偿区间可简化表示为：$R_C(P_L,P_H)$。例如取$[C_{vm}]=20\%$，上限为 25 mH_2O，下限为 8 mH_2O，补偿区间的简化表示方法为：$R_{20}(8,25)$。

实例：如图 3 所示的补偿式滴头，当$[C_{vm}]$等于 20% 和 18% 时补偿区间值分别为 $R_{20}(5,21)$ 和 $R_{18}(7.1,18.7)$。

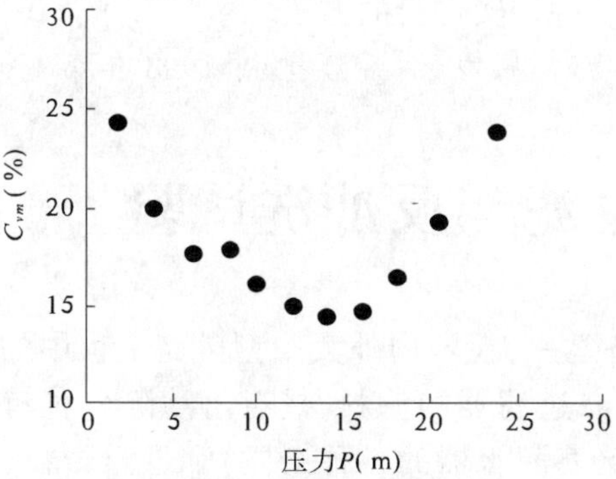

图 2　$P\sim C_{vm}$ 关系图

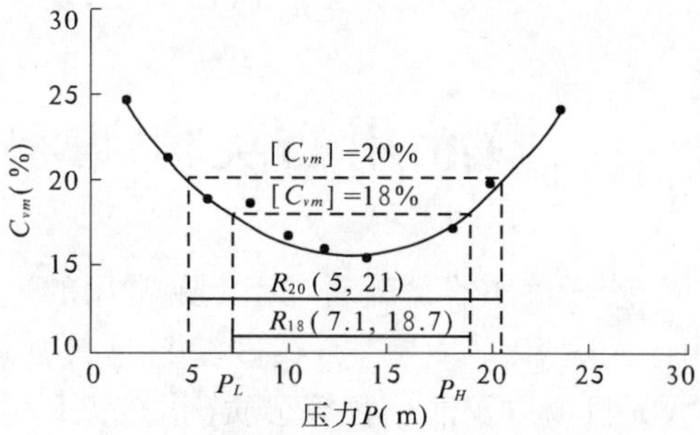

图 3　补偿式滴头补偿区间确定图

3.2　$q\sim P$ 关系曲线法

3.2.1　定义及实施步骤

我国灌水器标准中对补偿区间作了定义，定义指出："曲线上两个曲率半径最小点的横坐标（压力坐标）之间的范围，就是该灌水器的补偿区间"，根据这一定义确定补偿区间的方法就称为 $q\sim P$ 关系曲线法。该方法针对图 1(c)曲线而定。

用该方法确定补偿区间的具体步骤是：随机抽取 4 个样品，每个压力重复 1 次，取平均值，作出各个样品的 $q\sim P$ 关系曲线，找出每一个样品的 $R(P_L,P_H)$。取 4 个样品 P_L，P_H 的平均值作为灌水器补偿区间的上限和下限。

3.2.2　关于 P_L、P_H 保证率的分析

从统计学的观点看，用 $q\sim P$ 关系曲线方法确定的 P_L 和 P_H 值是一个保证率为 0.5 的均值，也就是说在 P_L、P_H 的压力下有 1/2 的灌水器不能正常工作，即工作压力超出灌水器自身应有的补偿区间。在实际应用中 P_L 的保证率为 50% 显然是不合理的。由毛管上压力分布的规律知道，愈接近毛管末端，压力分布愈趋于水平，经验证明毛管末端 1/4 处灌水器的工作压力非常接近，所以若采用上述方法确定的 P_L 值作为毛管尾端灌水器的设计

工作压力时,大约有 1/8 灌水器不能在其正常的补偿区间内工作。建议采用下式对 P_L 值进行修正。

$$P_L = \overline{P}_L + \mu_p \cdot S$$

式中:P_L 指保证率为 p 时的 P_L 值;μ_p 指标准正态分布的分位数;$\overline{P}_L$ 为样本的均值;S 指 P_L 值的样本方差;p 为保证率的值。

由上式可知当 $p=50\%$ 时,$\mu_{50}=0$,与用标准中确定的效果相同;当 $p=90\%$ 时,$\mu_{90}=1.28$,$P_L=\overline{P}_L+1.28S$,其中 S 由测试而定。

与 P_L 相比 P_H 的保证率可以适当放宽,因为 P_H 保证率的高低对整个毛管的灌水器工作状态影响不大。

4 结语

对补偿式灌水器性能参数及应用方法的研究国内开展得很少,而补偿式灌水器的研制、试验和应用已较普遍,加强理论研究工作对研制厂家和用户是非常必要的。本文对补偿区间的定义和确定方法作了初步探讨,提出了一种切实可行的方法。

(翟国亮,董文楚,瞿扬清.原载于《灌溉排水》1998 年第 1 期)

微灌用石英砂滤料的过滤与反冲洗试验

砂石过滤器是微灌工程上最常用的过滤设备之一,在国内外大中型微灌工程中的应用比例达 70% 以上。石英砂滤料是最常用的微灌过滤器的滤料,具有可滤除各种有机物、无机物以及油质物等杂质(指较大尺寸能够堵塞灌水器的各种杂质)和悬浮颗粒(指漂浮在水中不易沉淀的微小颗粒)功效,并且反冲洗简单、冲洗彻底和实现自动控制方便,因此对石英砂滤料的过滤和冲洗研究非常重要。

20 世纪 80 年代,Bucks 和 Nakayama 首先将滴灌堵塞类型分为物理堵塞、化学堵塞和生物堵塞 3 种,同时将造成堵塞的各类物质进行分类,后又相继推出了滴灌水质分类体系和多项指标评价滴灌水质方法,上述研究成果为微灌系统堵塞防治和水质处理研究奠定了坚实的基础。意大利人 Capra 和 Scicolone 利用污水处理厂处理后的生活污水开展了灌水器和过滤器堵塞试验,结果显示,砂过滤器(graval media filter)应用效果(防止灌水器堵塞)最好,叠片式过滤器(desk filter)次之,网式过滤器(screen filter)则不能作为主过滤器,并同时建议砂过滤器反冲洗时间在 1 h 左右,最好使用自动反冲洗过滤器。以色列专家 Ravina,Paz E,Sofer 等一直从事污水滴灌过滤和堵塞的试验研究,认为过滤器的堵塞与过滤器的种类和过滤材料的规格有关,应该在下游增设二级过滤设施。关于石英砂滤料过滤要素的研究,水处理专家已经进行了近百年,与微灌过滤条件相近似的研究是近年来张建锋和景有海对均质滤料直接进行过滤试验,前者采用示踪剂试验,研究了滤层过滤阻力计算方法,后者提出了计算均质滤料水头损失的毛细管模型。董文楚是中国最早从事微灌砂石过滤器研究的学者之一,他提出了微灌过滤器的设计原理和方法,对石英砂滤料的参数测定和分析方法进行了总结。另外,董文楚和周慧芳等致力于滤料反冲洗试验研究,探讨滤料的反冲洗性能特征,提出反冲洗参数的确定方法。笔者于"十五"期间开始进行自动反冲洗砂石过滤器的研究工作,对过滤器自动反冲洗机构进行研制与开发,样机试验发现过滤器的反冲洗性能参数受滤料参数的影响显著,不同的滤料结构反冲洗时间不相同。由于微灌用过滤器的滤速高(是给水处理速度的10倍以上),滤层堵塞较频繁,所以其反冲洗过程与过滤过程具有同样重要的作用。本试验借鉴水处理行业的试验方法,目的是研究过滤参数和反冲洗参数之间的相互关系及变化规律,找出影响过滤效果和反冲洗用水量的关键因素,从而为进一步开展过滤和反冲洗机理性试验奠定基础。本文以出水浊度为水质指标来研究过滤参数与反冲洗参数的变化规律。

1　试验方法

1.1　试验装置

试验装置如图1所示,采用内径200 mm、高度2 000 mm的透明有机玻璃管为主过滤室,有机玻璃管上每100 mm高度设计有测压取料孔,两端采用特制的封头密封,设计耐压0.6 MPa;下端封头安装3个0.5 m^3/h 滤头(或称滤帽),缝隙宽度0.3 mm;采用两个水池分别供给配制原水和反冲洗用清水,涡轮流量计显示过滤流量和反冲洗流量,U形压差计测定滤层内部压差。

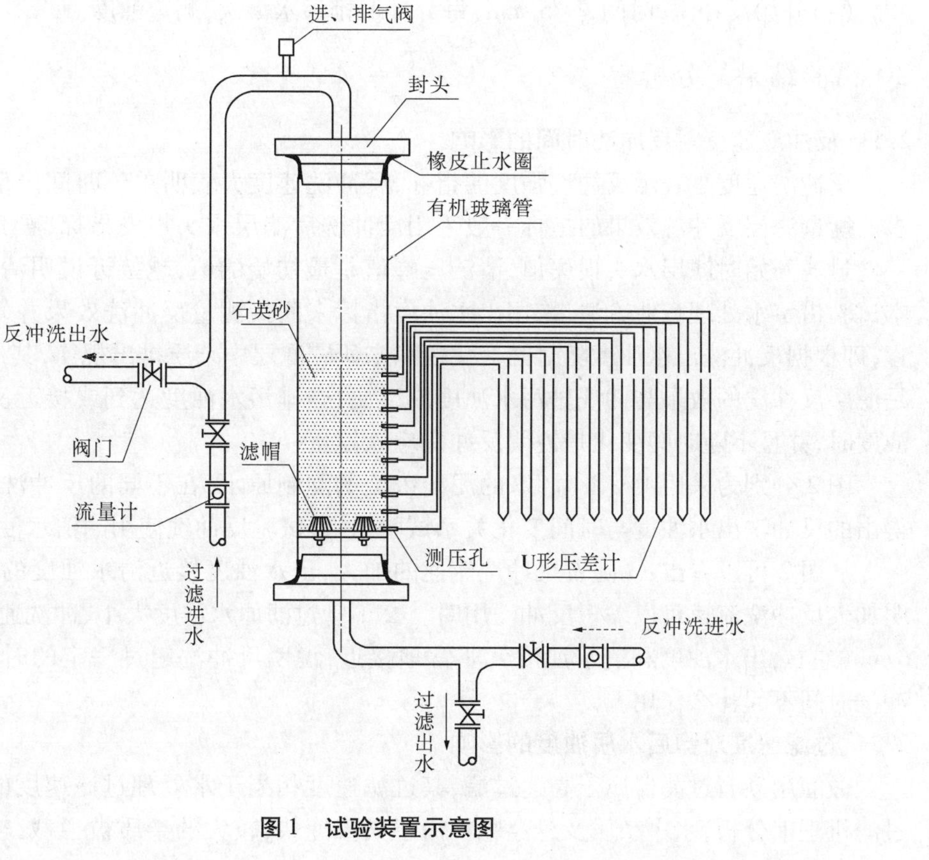

图1　试验装置示意图

1.2 试验方法

选择河南巩义市丁东水处理滤料厂生产的石英砂作为试验滤料，平均粒径 0.59 mm，滤层厚 1 000 mm，配制原水浓度分别为：1‰，0.8‰，0.5‰，0.3‰和 0.1‰，过滤和反冲洗流速分别为：0.009、0.012、0.013、0.015、0.017 m/s，过滤和反冲洗时间均为 15 min。测定数据包括：原水浊度、滤后水浊度、反冲洗排污水浊度、滤层压差、进出口压力和水温，原水浊度测定 2 次以上，滤后水浊度和反冲洗排污水浊度每分钟测定 1 次。

1.3 仪器设备和配套设施

使用的仪器分别是：涡轮流量计（LWGY-25）、水银柱测压管、浊度计（YZD-1A）、0.4 精度压力表和秒表等。潜水泵 3 台，原水水池 2 m^3，反冲洗清水水池 1 m^3，供水水池 50 m^3，另有一眼水井提供清水补充给供水水池，原水水池安装有搅拌机构，能确保原水浓度随时间变化的稳定性。

1.4 试验步骤

（1）分别把原水水池和反冲洗清水池放满清水，把定量的沙土加入原水水池中，打开搅拌结构，搅拌 5 min 后开始过滤。

（2）调整过滤速度后测定原水的浊度和温度。

（3）过滤时间为 15 min，对滤后水每分钟取样 1 次，测出浊度值。

（4）开始反冲洗，时间是 15 min，每分钟取排污水 1 次，测定浊度。

2 试验结果与分析

2.1 反冲洗速度对反冲洗时间的影响

反冲洗速度是表示反冲洗强度的指标，反冲洗速度大表明单位时间内反冲洗用水量多。衡量滤层反冲洗效果的指标一般采用反冲洗后滤层水头损失指标，看其是否接近上一轮过滤开始时滤层水头损失值，清洁压降值是最初始的值，越接近说明清洗效果越好。本试验借鉴水处理行业方法，采用出水浊度指标来间接测量反冲洗效果并研究反冲洗过程，即根据反冲洗出水浊度随时间变化规律来研究滤层中杂质排出规律，其最基本的假定是滤层反冲洗的效果与冲洗排污水浊度成反比，当排污水浊度达到或接近反冲洗用清水浊度时，并且不随时间变化是说明反冲洗应该停止。

图 2 分别为采用 1‰和 0.8‰的泥沙浓度的配制原水，在不同的反冲洗速度条件下，得出的反冲洗出水浊度与时间变化关系试验结果，试验反冲洗使用的清水浊度 0.4 NTU。

从图 2 可以看出：①随着反冲洗流速的加大，出水浊度接近清水浊度的时间缩短，说明加大反冲洗流速可以缩短反冲洗用时。②不管过滤原水浓度大小、冲洗速度快慢，冲洗 6 min 左右，出水浊度和清水浊度就非常地接近，说明反冲洗超过一定的时间后，再延长冲洗时间不起什么作用。

2.2 过滤速度对滤后水质浊度的影响

微灌用砂石过滤器属于高速过滤，其过滤速度相当于水处理过滤速度的 10 多倍，从过滤机理上分析，水中杂质及悬浮颗粒由于其流速快，较大的杂质被拦截，较小的杂质及悬浮颗粒一部分随水流穿过滤层，另一部分被滤料所吸附，其中吸附和穿过的颗粒数量比

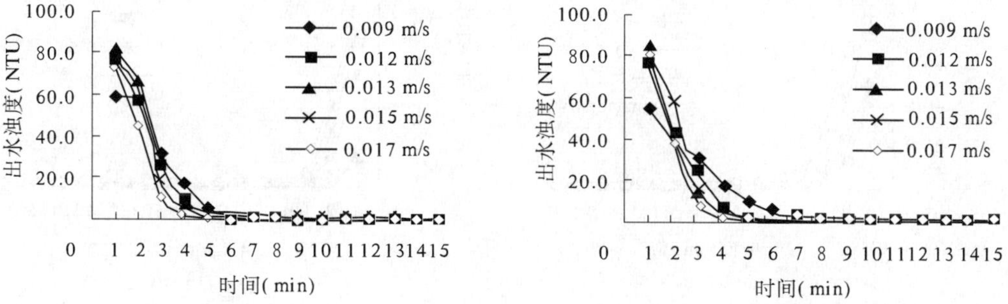

(a) 1‰原水浓度　　(b) 0.8‰原水浓度

图2　不同原水浓度和反冲洗速度下出水浊度与时间关系

例大小与流速关系密切。本试验通过对过滤前后水质浊度的测定,从宏观上对滤后水质变化规律进行分析。

图3分别是0.3‰和0.5‰泥沙浓度原水的试验结果,结果表明:①过滤速度与滤后水的浊度成正比,说明滤层截污能力与过滤速度成反比关系。对于微灌用过滤器而言,既要求较高的过滤速度又要求去除更多的杂质和悬浮颗粒,如何选择过滤速度要综合考虑滤料、水质、灌溉系统等因素,要进行复杂的试验研究。②滤后水浊度在0~15 min区间内呈上升趋势,没有达到稳定状态,这说明与慢速过滤类似,滤层同样有一个成熟期,在此期间滤后水浊度是变化的。

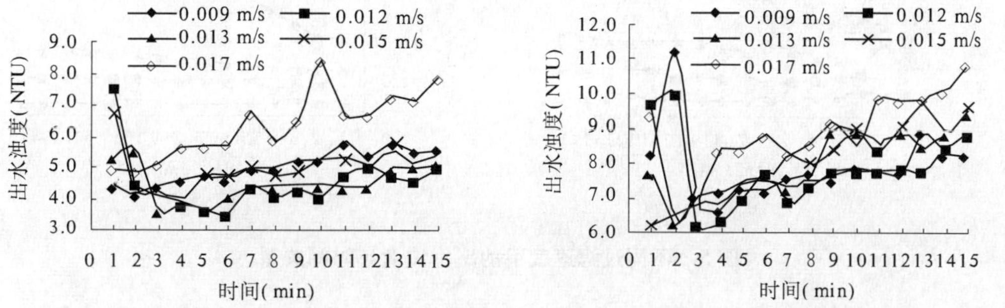

(a) 0.3‰原水浓度　　(b) 0.5‰原水浓度

图3　不同原水浓度下的过滤出水浊度与时间关系

2.3　不同泥沙含量的滤层反冲洗时出水浊度随时间的变化规律

由于过滤时间均是15 min,过滤层截留泥沙量的大小取决于原水泥沙浓度的高低,试验共采用0.1‰、0.3‰、0.5‰、0.8‰、1‰ 5个浓度参数及5个过滤速度指标进行测定,图4分别是在过滤速度为0.017、0.013 m/s时出水浊度随时间的变化趋势。从图4可以看出,原水的浓度高,反冲洗排污水浊度接近清水浊度的用时长,即滤层泥沙含量高,反冲洗用时就多,但是一般情况下3~5 min内出水浊度都趋于稳定。说明减少反冲洗次数是节省冲洗用水量和冲洗时间的最有效途径。

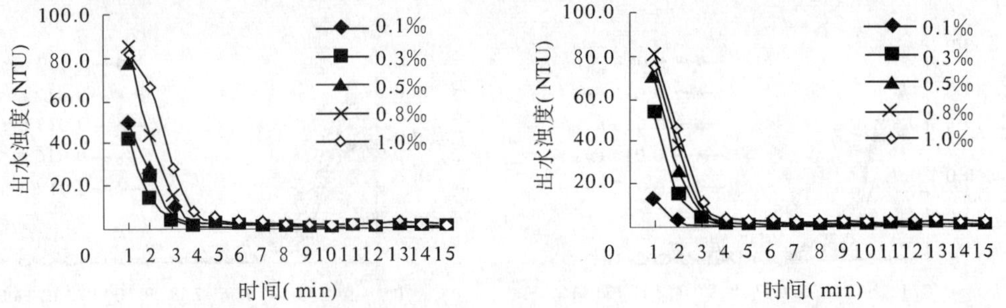

(a) 0.017 m/s　　(b) 0.013 m/s

图 4　不同反冲洗速度下的出水浊度与时间关系

2.4　不同泥沙含量的原水过滤后的出水浊度随时间变化规律

微灌用过滤器规范上没有对滤后水的浊度规定指标要求,本试验通过对滤后水浊度的测量可以为不同浓度的水源应用于微灌时其过滤后水质泥沙含量的影响规律提供证明,试验设计了 5 种浓度的原水和 5 个过滤流速对比,图 5 给出了在过滤速度为 0.012 m/s和 0.015 m/s 的出水浊度随时间的变化趋势。从图 5 可以看出:原水浊度与滤后水浊度成正比,说明石英砂滤料不仅可以滤除较大粒径的泥沙颗粒,同时也能滤除一部分微小的浊度颗粒。

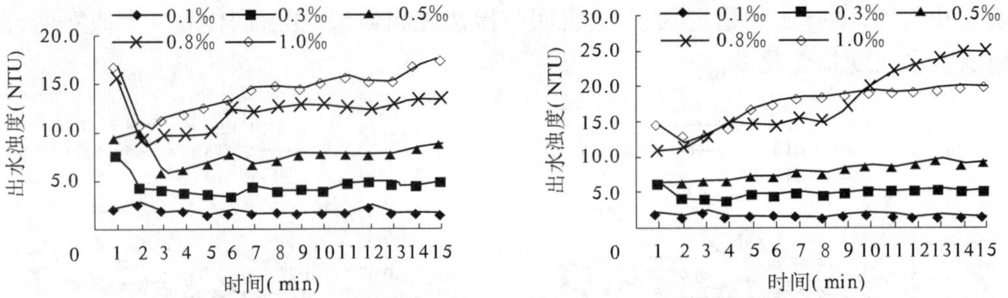

(a) 0.012 m/s　　(b) 0.015 m/s

图 5　不同过滤速度下的出水浊度与时间关系

为了说明原水过滤前后浊度的变化情况,现引入浊度滤除比率的概念,即原水浊度减去出水浊度后与原水浊度的比率,计算结果见表 1。表 1 中滤后浊度是指 15 个测定值的平均值,数据显示与原水浊度比较滤后水的浊度减少比率在 40% ~60%,说明有 40% ~60% 的浊度颗粒被滤除掉。实际应用时应根据水质等诸多因素确定滤除比率大小。

表 1　原水浊度与滤后水浊度比较

原水浊度(NTU)	滤后浊度(NTU)	滤除比率(%)
28	15	46.4
24	12	50.0
14	6.5	53.6
9	4.0	55.6
3.5	2.0	42.9

3　结论与讨论

(1)随着反冲洗速度的加大,出水浊度接近清水浊度的时间缩短,冲洗速度在0.009～0.017 m/s 范围内时,分别在冲洗4～7 min 时间内出水浊度和清水浊度已相接近。

(2)原水的浓度高,反冲洗排污水浊度接近清水浊度用时长,即滤层泥沙含量高,反冲洗用时就多,但是一般情况下3～5 min 内出水浊度趋于稳定。

(3)过滤速度与滤后水的浊度成正比,原水浊度与滤后水浊度成正比,泥沙浓度在0.1‰～1‰范围内,浊度的滤除比率在40%～60%。

(4)滤后水浊度在0～15 min 区间内处于不稳定状态,并且呈上升趋势,这说明与慢速过滤类似,快速过滤滤层同样在开始时候有一个成熟期,在此期间滤后水浊度是变化的。

(5)对于微灌用过滤器而言,既要求较高的过滤速度又要求去除更多的杂质和悬浮颗粒,如何选择过滤速度要综合考虑滤料、水质、灌溉系统等因素,一些参数要通过专门的试验才能确定。

(6)随着中国水资源短缺的加剧,各种再生水源陆续被运用于灌溉中,微灌是最节水和最易控制的灌溉技术,应用再生水源微灌有很多优势,但如何处理水质、解决堵塞问题是这项技术推广的关键,本试验研究可为进一步开展劣质水过滤和反冲洗机理性试验奠定基础。

(翟国亮,陈刚,赵武,等.原载于《农业工程学报》2007年第12期)

第二篇　设备研制

补偿式稳流器的研究及应用

1　简述

新兴的微灌技术逐渐为人们所了解并接受,微灌的主要特点是节水、节能、增产、灌水均匀,但对系统设计以及设备的性能质量要求较高。为此,我国微灌界的同仁们对微灌系统的水力计算作了大量的研究并取得了一些突破性的成果,在微灌设备方面也进行了反复的研制,生产出了一批质量较好的灌水设备。这些工作极大地促进了微灌在我国的推广和发展,但仍有不尽人意之处,还需要不断地研究改进。如滴灌使用常规滴头时为了保证必要的灌水均匀度,水力设计就要受压力偏差和流量偏差的制约;使用补偿式滴头较好一些,但滴灌易堵塞的问题仍未得到较好的解决。为此有人提出放大灌水器的孔径以提高抗堵塞能力,但又带来了流量随之增大,引起管路系统投资升高的问题。为解决这些矛盾我们设想研制一种既能加大灌水器孔径,又能随着运行压力的变化自动调节流量的补偿式稳流器,经过几年的努力这一设想现已变成现实。

2　稳流器设计原理

灌水器的流量取决于两个因素:工作压力和过流断面,二者改变任何一个都会使流量发生变化。在微灌系统中,由于存在摩阻损失以及地形的变化,灌水毛管自首端至尾端每一点的工作压力都不同,即使灌水器过流断面不变,其过水量也是不同的。我们设想使灌水器的过流断面随着工作压力的变化而变化,二者保持一定的关系,这样就有可能使灌水器的流量稳定在一定值上。我们设想的依据为伯努利方程,众所周知,液体在流动时,各种能量随着边界条件的不同各有消长,但其单位机械能量是维持不变的(暂不考虑损失水头),也就是说 3 种形式的能量可以互相转换,但总能量不会有所增减。根据这一原理,我们设计出了几种微灌灌水器,其中之一的构造如图 1 所示。

水由毛管流入稳流器,断面突然放大,流速水头接近于 0,压力水头$\frac{P_1}{\gamma}$升高,此处的能量为:

$$Z_1+\frac{P_1}{\gamma}+\frac{v_1^2}{2g}$$

部分水通过稳流器芯体流向出口,芯体喉道处的流速为 v_2,流速水头为$\frac{v_2^2}{2g}$,压力水头为

$\dfrac{P_2}{\gamma}$,此处的能量为:

$$Z_2+\frac{P_2}{\gamma}+\frac{v_2^2}{2g}$$

能量平衡式为:

$$Z_2+\frac{P_2}{\gamma}+\frac{v_2^2}{2g}=Z_1+\frac{P_1}{\gamma}+\frac{v_1^2}{2g} \tag{1}$$

因稳流器腔体处流速 $v_1\approx0$,故动能$\dfrac{v_1^2}{2g}\approx0$;又因位能 $Z_1=Z_2$,所以平衡式(1)整理后为:

$$\frac{P_1}{\gamma}=\frac{P_2}{\gamma}+\frac{v_2^2}{2g} \tag{1'}$$

因为 $v_2\neq0$,所以 $P_1>P_2$,说明腔体与喉道存在压差 $\Delta P=P_1-P_2$。安装在毛管上不同压力区的稳流器随着腔体内的压力水头和芯体内流速的变化,弹性膜上的合力 ΔP 也随之变化,弹性膜产生不同程度的变形调节着喉道处的过流断面,使过流量保持稳定。

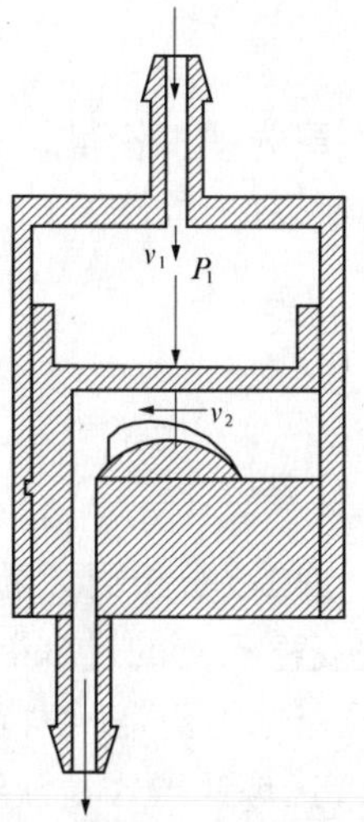

图1　灌水器结构示意图

设想过水断面 $a\times b=\omega$,由于压差 ΔP 的作用,变形后减少的断面积为 ω_0,变形后稳流器的过水断面积为 $A=\omega-\omega_0$,求得 ω_0 后就可以求得 A。根据工程力学得知,弹性膜在 ΔP 的作用下,其变形曲线应为圆弧形(见图2)。

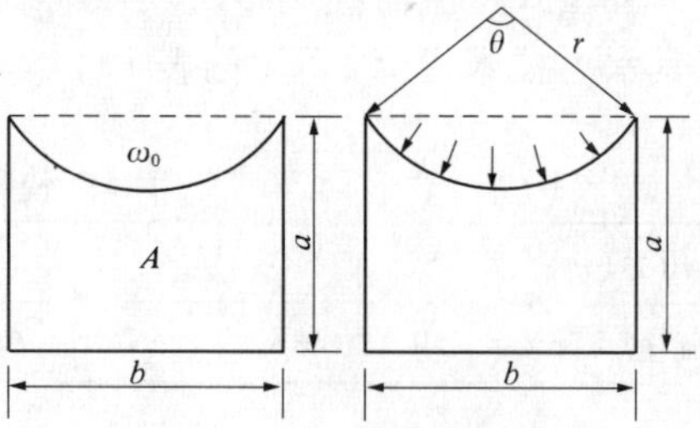

图2　弹性膜变形分析图

弓形面积

$$\omega_0=\frac{1}{2}\left[r^2\theta-b\sqrt{r^2-\left(\frac{b}{2}\right)^2}\right]$$

弦长　　$b=2r\sin\dfrac{\theta}{2}$

弓形弧长　　$L=r\theta$

所以

$$\omega_0=\frac{1}{2}\left[rL-b\sqrt{r^2-\left(\frac{b}{2}\right)^2}\right] \tag{2}$$

弹性膜中轴力见下面隔离体图(见图3):

$$\sum y=0$$

$$\Delta P\times\frac{b}{2}=N\cos\left(90^\circ-\frac{\theta}{2}\right)=N\sin\frac{\theta}{2} \tag{3}$$

所以

$$N=\frac{b\Delta P}{2\sin\dfrac{\theta}{2}}$$

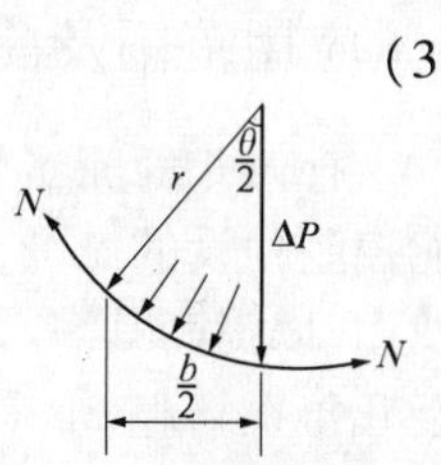

图3　弹性膜受力分析

由工程力学得知,轴向力应使弹性膜拉长

$$\frac{N}{e}=E'\times\frac{L-b}{b}=E'\left(\frac{L}{b}-1\right) \tag{4}$$

式中:E'为弹性模量;e为弹性膜厚度。

所以

$$L=b\left(\frac{N}{E'e}+1\right)=b\left[\left(\frac{b\Delta P}{2E'e\sin\frac{\theta}{2}}\right)+1\right] \tag{5}$$
$$=b\left(\frac{r\Delta P}{E'e}+1\right)$$

由以上分析可以看出,如想使在毛管压力变化时,通过稳流器的流量稳定不变,就必须改变稳流器的过水断面。随水压力改变的断面积为 ω_0,从式(3)、式(4)、式(5)来看,ω_0 的变化主要是压力差 ΔP 在起作用,其次是弹性膜的弹性模量 E'和厚度 e,三者有机的配合,就是补偿式稳流器成功的关键。据此分析,我们选择了多种形式和各种弹性膜进行试验,最后得到现在的样品。

3 水力性能测试结果与分析

补偿式稳流器经过多次反复研制改进,终于得到了满意结果,达到了预期目的。经测试其水力技术指标如下(见表1)。

表1 补偿式稳流器的水力技术指标

压力(m)	8	10	13	16	18	20	23	26	28	30	33
流量(L/h)	59	61	66	66	64	65	68	70	68	67	64

稳流器的流量与压力关系式为:

$$Q=51.5H^{0.08}$$

从试验结果可以看到,稳流器的工作压力范围大(8 ~ 35 m)、稳流性能好、流态指数$x=0.08$,远远超过国际标准 $x=0.2$ 的规定,接近完全补偿的范围。其压力流量关系曲线见图4。

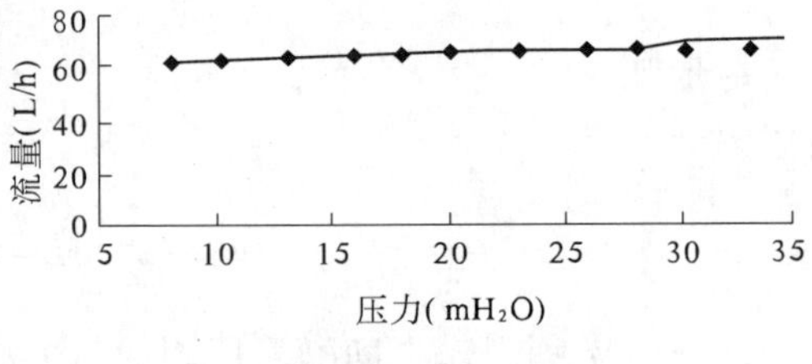

图4 稳流器水力性能曲线

本项成果已获国家专利,专利号为 ZL 97214517.6。

4 应用范围及前景

补偿式稳流器是涌泉灌的关键部件,它的过流断面大、补偿性能好、工作压力范围大、能控制预设的流量,提高了灌水器的抗堵塞能力和灌水均匀度,同时还可以与微喷头匹配使用,以提高其灌水均匀度。在微灌系统中采用补偿式稳流器还可简化毛管的水力设计。近几年在新疆、山东、山西等省进行生产考核,反馈材料证明利用补偿式稳流器控制流量的果树涌泉灌,节水70%以上,节能50%,抗堵塞性能强,运行可靠,管理方便,受到群众欢迎，新疆计划进行较大面积的试点推广，同时也提出目前应用的试验型稳流器制造偏差较大，对田间灌水均匀度有所影响应加以改进提高。我们还在进一步探索研究，期望将此种设备应用在大田宽行作物的灌溉上。

5　问题探讨

（1）补偿式稳流器是由3个部件组装而成的，在每个部件的制造中都要受到模具精度、注塑压力、温度以及人员等因素影响，C_v 值不一定能维持一个定值。但只要制造偏差 C_v 值在国家标准0.07以内，流态指数 x 值在0.2以内，均应视为合格产品。

此外，我们再探讨一下灌水均匀度的问题。众所周知，微灌灌水均匀度在使用常规灌水器的情况下受水力设计和灌水器制造偏差的影响。国家规范规定灌水均匀度应在80%以上，由此可见采用补偿式灌水器要优越些。同时也可考虑应用补偿式灌水器时可将制造偏差值适当放大一些。目前进行生产考核的稳流器是研制样品，其模具是试验模，精度不够高，直接影响到制造偏差值，今后正式进入批量生产时应重新开发出质量高的生产模具，以保证产品质量。

（2）关于补偿式稳流器使用寿命的问题是用户十分关心的事，补偿式稳流器起关键作用的是弹性补偿片，此片随着时间的推移会出现老化或疲劳现象，补偿性能也随之减弱，以致失去补偿作用。这一过程究竟需要几年时间，现在还很难回答，只有通过生产考核才能得到可靠的结果。

（傅琳，王晖．原载于《节水灌溉》2000年第3期）

全补偿微灌系统灌水均匀度参数之间的关系分析

灌水均匀度参数是表示微灌工程灌水质量的重要指标之一，常用的表示灌水均匀度参数有流量均匀度系数 C_u、流量偏差系数 C_v 和流量偏差率 q_v，3个系数之间的关系式是微灌系统设计和灌水质量评估的基本公式。灌水均匀度参数的研究一直是研究热点之一，早在1993年，美国科学家I-Pai Wu教授就对灌水均匀度参数进行过深入系统的研究，提出了考虑水头损失和制造偏差情况下，滴灌系统灌水均匀度的计算方法，中国学者张国祥、陈渠昌等在20世纪90年代也做了大量的研究工作，研究成果写入了水利部制定的微灌工程技术行业标准。近年来相关的研究一直在继续，西北农林科技大学的牛文全在综合考虑制造偏差、水力偏差和地面高程偏差3个因素下，推导了不同偏差影响下的流量偏差率计算公式。此外，谭明等对非补偿式灌水器的滴灌工程设计中存在灌水均匀度较低的问题，提出了安装调压管和补偿式流量调节器等解决方法。

全补偿微灌系统是近几年出现的一种新型系统，其基本特征是系统中各个灌水器出流量不受水力要素和地形变化的影响，仅与灌水器的制造偏差有关。这种全补偿微灌系统可以显著简化工程设计和施工，降低工程成本，并且更有利于实现自动控制管理。近几年来，在中国的生产实际中，由于补偿式灌水器和流量调节器等补偿设备的成功开发与应用，全补偿微灌系统已形成成熟的应用模式，应用规模也在逐年增加。对全补偿微灌系统灌水均匀度参数进行的研究较少,郑耀泉等采用随机模拟研究方法,提出了 $C_u \sim C_v$ 的关系式:$C_u = 1 - 0.85C_v$;翟国亮针对补偿式灌水器的流量偏差系数开展了研究,认为 C_v 的大小与测试的压力有一定的关系,并提出了补偿区间的确定方法。本文采用数理统计学方差估计理论,对全补偿微灌系统条件下的 $C_u \sim C_v$ 的基本关系式进行了推导验证,并对 q_v 和 C_u 之间关系进行了探讨。

1 C_u、C_v 和 q_v 的计算方法

1.1 Christiansen 均匀度系数公式

$$C_u = 1 - \frac{\Delta \bar{q}}{\bar{q}} \tag{1}$$

$$\bar{q} = \frac{1}{n}\sum_{i=1}^{n} q_i \tag{2}$$

$$\Delta \bar{q} = \frac{1}{n}\sum_{i=1}^{n} |q_i - \bar{q}| \tag{3}$$

式中:C_u 为灌水均匀度系数(%);$\Delta \bar{q}$ 为灌水器平均流量偏差,L/h;$\bar{q}$ 为灌水器的流量均值,L/h;q_i 为每个灌水器的流量,L/h;n 为测定的灌水器个数。一般来说 Christiansen 公式常用于表示微灌点水源灌水器流量均匀度。

1.2 流量偏差系数 C_v 计算式

$$C_v = \frac{S}{\bar{q}} \tag{4}$$

式中:S 为均方差,$S = \sqrt{\frac{1}{n-1}\sum_{i=1}^{n}(q_i - \bar{q})^2}$。

1.3 流量偏差率 q_v 的计算式

$$q_v = \frac{q_{\max} - q_{\min}}{q_{\max}} \tag{5}$$

式中:$q_{\max}$、$q_{\min}$分别为 q_i 的最大、最小流量值。

2 C_v 和 C_u 之间关系式的推导

微灌系统是一种小流量且无数点水源同时供水的灌溉系统,单个轮灌小区内就有成千上万个灌水器同时向作物配水,现假定各个灌水器的流量($q_1, q_2, q_3, \cdots, q_n$)是正态分布整体 $N(\bar{q}, \sigma^2)$的一个样本,由数理统计学方差估计理论,$\hat{\sigma}$可以作为 σ 的无偏估计值,于是有下式:

$$\hat{\sigma} = \frac{1}{\sqrt{n(n-1)}}\sqrt{\frac{\pi}{2}}\sum_{i=1}^{n} |q_i - \bar{q}| \tag{6}$$

式(6)的证明过程如下:

由于 $q_i - \bar{q} = (1 - \frac{1}{n})q_i - \frac{1}{n}\sum_{j=1, j\neq i}^{n} q_j$,且 $q_1, q_2, q_3, \cdots, q_n$ 是相互独立的,服从 $N(\bar{q}, \sigma^2)$,故

$$q_i - \bar{q} \sim N(0, \frac{n^2 - n}{n^2}\sigma^2)$$

于是有

$$E(|q_i - q|) = \sqrt{\frac{2}{\pi}}\frac{\sqrt{n(n-1)}}{n}\sigma$$

$$\begin{aligned}
&E\left(\frac{1}{\sqrt{n(n-1)}}\sqrt{\frac{\pi}{2}}\sum_{i=1}^{n}|q_i - q|\right)\\
&=\frac{1}{\sqrt{n(n-1)}}E\left(\sum_{i=1}^{n}|q_i - q|\right)\\
&=\frac{1}{\sqrt{n(n-1)}}\sqrt{\frac{\pi}{2}}\times n\times\sqrt{\frac{2}{\pi}}\frac{\sqrt{n(n-1)}}{n}\sigma\\
&=\sigma
\end{aligned}$$

故式(6)成立。

由于 S 的平方是 σ 平方的无偏估计量，所以可用 S 来估计 σ，于是得出下面的等式

$$S = \hat{\sigma} = \sqrt{\frac{n}{n-1}}\frac{1}{n}\sqrt{\frac{\pi}{2}}\sum_{i=1}^{n}|q_i - \bar{q}| \tag{7}$$

将式(7)带入式(4)可得：

$$C_v = \sqrt{\frac{n}{n-1}}\frac{1}{n\bar{q}}\sqrt{\frac{\pi}{2}}\sum_{i=1}^{n}|q_i - \bar{q}| \tag{8}$$

上式可转换为：

$$\frac{1}{n}\sum_{i=1}^{n}|q_i - \bar{q}| = \sqrt{\frac{n-1}{n}}\sqrt{\frac{2}{\pi}}\bar{q}C_v \tag{9}$$

联立式(1)、式(2)、式(3)、式(9)可得关系式：

$$C_u = 1 - \sqrt{\frac{n-1}{n}}\sqrt{\frac{2}{\pi}}C_v \tag{10}$$

当 n 值较大时可近似得到：

$$C_u = 1 - 0.8C_v \tag{11}$$

式(10)、式(11)即为采用统计理论推导出来的 C_v、C_u 之间的关系式，下面采用随机数字模拟方法对公式进行验证。

3　关系式的验证与比较

3.1　验证方法

本文采用随机数字模拟验证方法。首先选定 3 个灌水器流量均值为 $\bar{q}$，6 个流量偏差率 C_{v0} 共计 18 对参数要素（模拟灌水器厂家提供给用户的流量均值和流量制造偏差系数），每对参数要素对应地生成服从正态分布 $N(\bar{q},S^2)$ 的 50 个随机数，用这些数字来模拟全补偿微灌系统 50 个灌水器的出流量，对这 50 个数字统计分析，进而验证式(10)的正确性。具体的模拟过程如下：

由于模拟灌水器的流量数据服从于正态分布，于是有下面基本公式：

$$S = C_{v0}\bar{q} \tag{12}$$

式中：S 为灌水器流量方差值；C_{v0} 为流量偏差系数；$\bar{q}$ 为灌水器的流量均值，L/h。

假定灌水器的流量为服从正态分布 $N(\bar{q},S^2)$ 随机变量，选定流量均值 $\bar{q}$(分别为 10、50、100 L/h 3 个级别)和偏差系数 C_{v0}(分别为 6%、8%、10%、12%、14%、16%)后，通过计算机模拟生成 18 个(见表 1)同时包含 50 个样本的数字集合，用它模拟同方差、等均值的全补偿微灌系统的 50 个灌水器流量值。由数理统计学原理知，这些数字集合仍服从正态分布。分别计算出 18 个数字集合的 C_v、C_u 和 q_v 值，列入表 2 中，并且回归出经验公式，然后根据经验公式来比较、验证式(10)的正确性。

表 1 设定的模拟参数

$\bar{q}$ (L/h)	不同 C_{v0} 对应的 S 值					
	6%	8%	10%	12%	14%	16%
10.0	0.6	0.8	1.0	1.2	1.4	1.6
50.0	3.0	4.0	5.0	6.0	7.0	8.0
100.0	6.0	8.0	10.0	12.0	14.0	16.0

表 2 随机数字统计模拟的 C_v、C_u 和 q_v 计算结果

C_{v0}(%)	6	8	10	12	14	16	母体均值 $\bar{q}$(L/h)
$\bar{q}$(L/h)	9.92	10.09	9.85	10.06	10.01	10.28	10
q_v(%)	<u>22.65</u>	<u>27.17</u>	<u>28.33</u>	39.98	45.12	68.66	
C_u(%)	<u>94.76</u>	<u>93.29</u>	<u>93.11</u>	90.89	88.92	86.08	
C_v(%)	6.27	7.95	8.42	11.13	13.95	18.02	
$\bar{q}$(L/h)	49.80	50.00	49.84	49.27	49.17	49.45	50
q_v(%)	<u>23.42</u>	<u>25.86</u>	41.33	47.74	56.84	53.36	
C_u(%)	<u>95.12</u>	<u>93.85</u>	91.20	90.76	87.34	87.25	
C_v(%)	6.10	7.18	10.97	11.59	15.98	15.87	
$\bar{q}$(L/h)	102.07	98.81	98.48	99.55	99.72	99.60	100
q_v(%)	<u>21.42</u>	<u>28.74</u>	41.98	36.87	42.97	56.75	
C_u(%)	<u>96.32</u>	<u>93.34</u>	92.05	90.47	89.70	85.07	
C_v(%)	4.67	8.17	10.24	11.57	12.75	18.34	

注：下画线的数据为图 2 所用数据。

3.2 关系式的验证

对表 2 中的 18 组 C_{v0} 与 C_u 值进行回归计算，得到 $C_{v0}\sim C_u$ 关系式(13)，同样对 18 组 C_v 与 C_u 值进行回归，得到 $C_v\sim C_u$ 关系式(14)。

$$C_u = 1.002 - 0.847C_{v0} \tag{13}$$

$$C_u = 1.000 - 0.780C_v \tag{14}$$

式中：C_{v0} 为母本流量偏差系数；C_v 为实际模拟流量值计算出的偏差系数。

在上述随机模拟过程中，由于生成数据为50个，于是有 $n=50$，代入式(10)得到采用方差估计理论推导出的公式。

$$C_u = 1 - 0.790C_v \tag{15}$$

式(14)是模拟实际流量值通过回归分析得出的反映实际的经验公式，它可以用来检验公式(15)的准确性和精度。比较上述几个公式，很显然式(15)与式(14)非常接近，验证了式(10)是可靠的通用公式。

3.3　计算结果比较

同郑耀泉推导的公式($C_u = 1 - 0.85C_v$)比较，式(10)是采用数理统计学方差估计理论推导出来的，虽然有一些假定因素存在，但仍具有说服力。郑耀泉的公式是通过上万个随机数字统计计算得来的，在随机数的产生和统计中难免具有一定偏差量。其次，两公式的相同点是 C_v、C_u 之间都为直线关系，只是其斜率不同，式(10)斜率极大值为0.8，明显小于0.85。另外，式(13)与 $C_u = 1 - 0.85C_v$ 公式非常相似，说明二者的导出具有相似的步骤。最后为了更加明确说明问题现取不同的3个 C_v 值，运用式(13)～式(15)和郑耀泉公式分别计算 C_u 值，计算结果见表3。

表3　不同 C_v、C_u 关系式计算结果比较　(%)

C_v	C_u			
	式(10)或式(15)	式(13)	式(14)	郑耀泉公式
5	96.1	96.0	96.1	95.8
10	92.1	91.7	92.2	91.5
15	88.2	87.5	88.3	87.3

比较表3中数据可以看出：C_v 和 C_u 之间关系式(10)或式(15)的计算结果最接近模拟关系式(14)，误差控制在千分位数；式(13)和郑耀泉公式计算结果相差不大，但与式(14)差距较明显，大约在百分位数；由此可以更加证明式(10)的计算结果精确可靠。

4　q_v 和 C_u、C_v 之间的关系分析

在《微灌工程技术指南》和《微灌工程技术规范》(SL 103—95)中，对流量偏差率 q_v 和均匀度系数 C_u 具有明确的规定：$q_v < 20\%$，$C_u > 80\%$，对于全补偿微灌系统灌水均匀度参数来讲，q_v 和 C_u 之间是密切相关的，上述 q_v 和 C_u 值的规定是否正确值得研究。另外，微灌灌水器国家标准明确规定了流量制造偏差率 C_v 的合格标准为10%，它同样限制着 q_v 和 C_u 标准值的制定，为此必须研究三者之间的关系。下面对 q_v 和 C_u 之间的关系进行分析。

对表2中18组 q_v 与 C_u 值按平均流量分别作图，由图1可以看出，q_v 与 C_u 大致成反比例直线关系，这些点集中在一个斜三角形区域内，当流量偏差率 $q_v < 30\%$ 或 $C_u > 92\%$ 时，q_v 与 C_u 的关系密切近似直线；相反当 $q_v > 30\%$ 或 $C_u < 92\%$ 时，q_v 与 C_u 对应坐标点开

始分散，说明 q_v 与 C_u 关系不确定性增加。由于 $C_v \sim C_u$ 为直线关系，可以推断 $q_v \sim C_v$ 关系趋势线与图 1 基本相类似。显然对于全补偿微灌系统的灌水均匀度参数设计，应该控制在 $q_v < 30\%$ 或 $C_u > 92\%$ 范围内较为合理，规范中的 $q_v < 20\%$ 和 $C_u > 80\%$ 规定是不适合的。

综上分析，本文研究了 $q_v < 30\%$ 或 $C_u > 92\%$ 范围内 q_v 与 C_u 的关系。对表 2 中 $q_v < 30\%$ 或 $C_u > 92\%$ 范围内的 7 对数据（表 2 中下画线的数据），进行回归分析得出图 2 关系直线和式（16）。

$$C_u = 104.13 - 0.3894 q_v \tag{16}$$

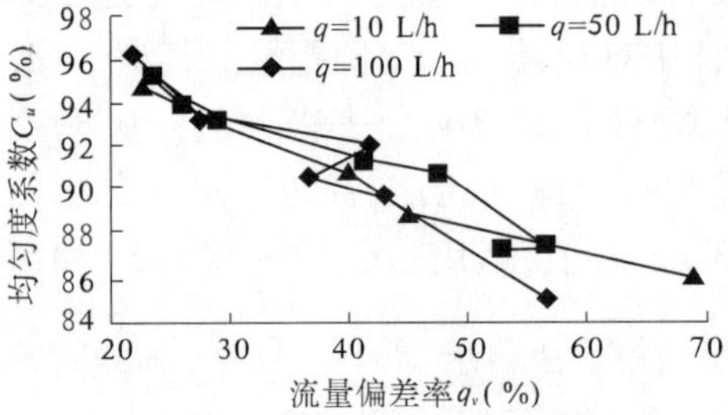

图 1　$q_v \sim C_u$ 折线关系

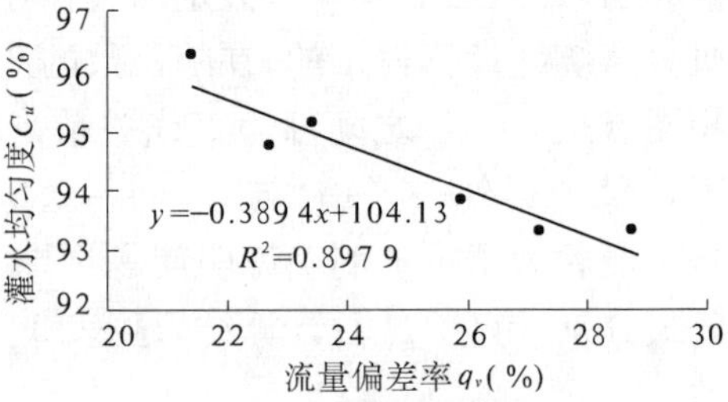

图 2　$q_v \sim C_u$ 线性关系

5　公式应用示例

某微灌系统采用全补偿灌水器，其流量均值为 10 L/h，流量制造偏差系数为 8%，试估算该全补偿系统的灌水均匀度系数和流量偏差率的大小，并判断该微灌系统是否满足水利行业标准要求。

由式（11）计算得到灌水均匀度为 93.6%；由式（16）计算得流量偏差率为 26.7%。

首先，根据水利部农田灌溉研究所 1995 年主编的《微灌工程技术规范》（SL 103—95）3.0.11 条规定，灌水均匀系数不低于 80%，上述计算结果为 93.6%，可以认定该系统满足均匀度指标要求。其次，根据 3.0.9 条规定，灌水器流量偏差率应不大于 20%，上述计算的流量偏差率为 26.7%，虽然式（16）和《微灌工程技术规范》（SL 103—95）的公式略有区别，看起来该系统不满足规范规定的流量偏差率指标。笔者认为 3.0.11 条款和 3.0.9 条款存在着实质上的矛盾，本文的研究结果可供规范修订参考。

6　结论

本文运用数理统计学方差估计理论推导出了全补偿微灌系统的 C_u 和 C_v 之间的关系式，并采用随机数字模拟方法对所建立公式进行了验证分析，验证结果显示式（10）的计算数据更加精确可靠。另外，本文还探讨了 q_v 和 C_u 之间的关系式，并通过示例说明了该公式的运用价值。上述研究成果为全补偿微灌系统设计参数的确定提供了计算方法，同时也为微灌工程的验收评价和补偿式灌水器的研制、生产提供了理论依据。

（翟国亮，陈刚，鞠花，等. 原载于《农业工程学报》2007 年第 6 期）

KD 型大流量系列孔口滴头的研制

KD 型大流量系列孔口滴头于 1988 年 12 月通过部级鉴定，1989 年获水利部科技进步四等奖。从试制至今，已生产了 100 余万只，对于干旱、半干旱地区的平原、丘陵坡地、沙地、滩地的果树、瓜类、蔬菜和大田作物的灌溉，经济效益显著，深受用户欢迎。

1　滴头的设计原理

孔口滴头的流态为紊流，流态指数为 0.5，出流公式为：

$$q = AC\sqrt{2gH} \tag{1}$$

式中：q 为滴头出流量，m^3/s；A 为出口断面面积，m^2；C 为流量系数；g 为重力加速度，$g = 9.81\ m/s^2$；H 为工作水头，m。

初步设计时，q 按 10 ~ 25 L/h 考虑，C 按 0.9 考虑，H 按 10 m 水头计，按式(1)分别求出相应 q 时的 A 值($A = \pi d^2/4$，d 为孔口直径，mm)，我们选用的进口直径为 1.5 mm，出口直径为 0.53 ~ 0.85 mm，其结构图如图 1 所示。

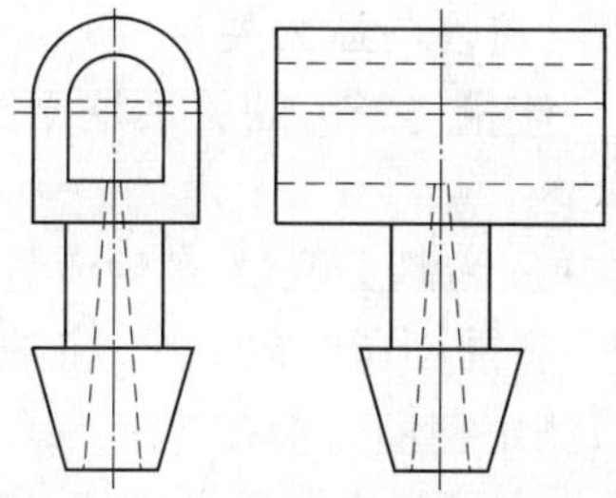

图 1　孔口滴头结构示意图

2　产品特点

(1)结构简单合理，流道采用渐变形式，水流条件好，模具加工制造容易。目前已有 5 种规格的滴头，形成一个系列，基本能适应各种土壤和作物的要求。

(2)体积小、重量轻，每只重约 0.1 g，体积约 0.2 cm^3，可以一模四具生产，提高了生产效率。

(3)选用优质的 ABS 塑料材质，抗老化性能强，高、低温季节不会变形，光洁度好。

(4)为了减少堵塞的机会，加大了出口直径($d = 0.53 \sim 0.85$ mm)，在 10 m 压力水头下，滴头出流量为 10 ~ 26 L/h，一旦发生堵塞，排除也较容易。

(5)滴头进水口采用倒钩形式，安装方便，大田使用时反复移动毛管，滴头也不易脱落，运行可靠。

(6)因选用材质好，产品坚固耐用，使用寿命长，价格低廉。平价原料每只售价 0.03 元，议价原料每只售价 0.06 元，用户买得起。

3　滴头的制造偏差

从生产的产品中随机取出 25 个滴头，在 10 m 压力水头下，测出各个滴头的出水量，读两次数，取其平均值，并按下式进行计算：

$$C_v = \frac{S}{\bar{q}} \tag{2}$$

$$S = \sqrt{\frac{1}{n-1}\sum_{i=1}^{n}(q_i - \bar{q})^2} \tag{3}$$

$$\bar{q} = \frac{1}{n}\sum_{i=1}^{n} q_i \tag{4}$$

式中：C_v 为滴头的流量偏差系数；S 为流量标准偏差；$\bar{q}$ 为所测滴头的平均流量，L/h；q_i 为所测每个滴头的流量，L/h；n 为所测滴头个数。

本系列滴头的 5 种规格产品的 C_v 值最小为 0.051，最大为 0.088，5 种平均值为 0.067，美国同类产品 $C_v = 0.07 \sim 0.08$，国内原有产品 $C_v = 0.98$，相比之下，本系列滴头的制造质量较高，属良好水平。

滴头流量均匀系数

$$C_u = (1 - C_v) \times 100\% \tag{5}$$

系列滴头的最高 $C_u = 94.9\%$，最低 $C_u = 91.2\%$，5 种平均 $C_u = 93.3\%$。美国产品 $C_u = 92\% \sim 93\%$，国内原有产品 $C_u = 50\% \sim 60\%$，这也表明本系列滴头的制造质量好。

4 水力特性

4.1 流量与压力关系

流量与压力的关系是评价滴头的重要指标之一，对于孔口滴头的表达式为：

$$q = CH^X \tag{6}$$

式中：q 为滴头流量；C 为流量系数；H 为工作水头；X 为液态指数。

将前面所测的25个滴头流量按从小到大顺序排列。选出第 3、12、13、23 号 4 个滴头，测出它们分别在 2、9、6、8、10、12、15 m 压力水头下的流量值。取其两次读数的平均值，4 个滴头再取其平均值，即为该种滴头在该压力下的流量值。所得结果符合式(6)的关系式，经回归分析，得出系数 C 与 X 值（见表 1），流量与压力的关系曲线见图 2。

表 1 系列孔口滴头流量—压力关系及制造偏差系数汇总

型 号	$q \sim H$ 关系式	相关系数 R	C_v	C_u(%)	X
KD-1	$q = 3.046H^{0.528}$	0.999 95	0.074 3	92.57	0.528
KD-2	$q = 3.379H^{0.505}$	0.999 95	0.088 0	91.20	0.505
KD-3	$q = 4.637H^{0.509}$	0.999 95	0.051 0	94.90	0.509
KD-4	$q = 6.370H^{0.512}$	0.999 96	0.062 8	93.72	0.512
KD-5	$q = 8.049H^{0.514}$	0.999 93	0.060 6	93.94	0.514

对于孔口滴头 $X = 0.5$，为紊流流态，它反映了流量对压力变化的敏感程度。X 值越大，说明流量对压力变化越敏感。美国产品 $X = 0.52$。本系列滴头 $X = 0.505 \sim 0.528$。

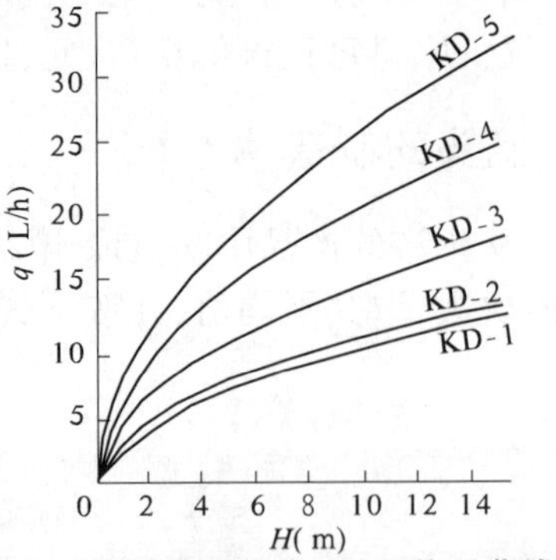

图 2 系列孔口滴头 $q \sim H$ 关系曲线

4.2 滴头的等效长度

对 $\phi 8$、$\phi 10$、$\phi 12$、$\phi 15$ 等 4 种毛管进行测定。通过量测水温、毛管进口流量和局部水头损失 h_{jd}，再利用勃拉休斯公式计算：

$$L_e = 10^9 h_{jd} D^{4.75} / 2.62 N Q^{1.75} \gamma^{0.25} \quad (7)$$

式中：L_e 为孔口滴头的等效长度，m；h_{jd} 为滴头的局部水头损失之和，m；D 为毛管内径，cm；Q 为毛管进口流量，L/h；γ 为水流运动黏滞系数，cm^2/s，与水温有关。

资料整理计算结果见表2。

表2　系列滴头等效长度

毛管内径(mm)	8	10	12	15
等效长度 L_e(m)	0.308	0.177	0.134	0.096

由表2可以看出，孔口滴头的 L_e 不容忽视，设计时必须予以考虑，L_e 与安装的内径有关，D 越大，L_e 变小。

考虑了 L_e 后，按下列公式计算总水头损失，即

$$h_j = \frac{2.62 \times 10^{-5} (L + NL_e) Q^{1.75} \gamma^{0.25}}{D^{4.75}} C_s \quad (8)$$

式中：h_j 为毛管总水头损失，m；C_s 为多孔系数，可查有关表；其余符号意义同式(7)。

按式(8)计算毛管的总水头损失(安装单一滴头和组合安装滴头)与实测值进行比较，二者较接近，平均相差为3.7%，最大相差为8.7%。其中相对差<5%的占64%，相对差在5%~7%的占28%，相对差>7%的仅占8%。

4.3　毛管的适宜长度

为使采用本系列滴头的滴灌系统规划设计更符合实际，对安装系列滴头的毛管适宜长度进行了水力测试。测试考虑水力和制造两方面因素的影响，从产品中随机取样。对安装同一型号的滴头，是在10 m压力水头和0.5 m滴头间距下，对常用的ϕ10、ϕ12毛管，按流量变化为10%、20%、30% 3种情况，进行了测试计算，得出毛管适宜长度 L 和流量均匀系数 C_u。为了提高毛管出流量的均匀度，对系列滴头在5~15 m首部压力水头和0.5 m滴头间距下，对常用的ϕ10、ϕ12毛管，上段安装小流量滴头，下段安装大流量滴头，进行了组合测试计算(目前国内尚未进行此项工作)，得出组合后的毛管适宜长度 L 和流量均匀系数 C_u。

从测试结果来看，对安装同一型号滴头的毛管适宜长度与滴头类型、毛管内径和流量变化有关。滴头出口直径变大，其适宜长度 L 减小；毛管内径变大，其 L 也变大；同一内径 D 的毛管 q_{var} 小，其 L 小；q_{var} 大，其 L 大；C_u 随 q_{var} 变大而变小，但变化不大，一般 q_{var} 值增大10%，而 C_u 值才降低2%左右。因此，可适当增大 q_{var} 值来增加 L 的长度。

滴头组合后的毛管适宜长度与滴头类型和毛管内径有关。随着滴头出口直径的变大，L 变小；随着毛管内径的变大，L 也变大；C_u 随着首端压力水头的变小，略有减小趋势，但变化不大。因此，为降低能耗，可以适当降低首端压力运行，一般首端压力降低5 m，而 C_u 值降低<1%。

4.4　滴头的流量系数

为了给孔口滴头的研制工作提供理论依据，对KD型系列孔口滴头的流量系数 C_v 进

行了测试。根据式(1),将实测的 q、H 值代入,计算出 5 种型号的滴头在一定压力水头下的 C 值,共计 35 组。由计算可看出,C 值的变化幅度很小,为 0.892 4 ~ 0.926 6,平均值为 0.91,经单位换算后,式(1)可改写成下式:

$$q = 11.392d^2\sqrt{H} \tag{9}$$

式中:q 为滴头流量,L/h;d 为孔口滴头的出口直径,mm;H 为压力水头,m。

用式(9)计算系列滴头在特定压力水头 H 下的 q 值,并与实测值进行比较,二者平均相对误差仅 1.45%,误差大于3%的占 5.7%,式(9)表示了 KD 型系列孔口滴头的水力特性,对于孔口滴头新产品的研制,有实用价值。

5　结语

(1)本系列滴头吸取国内外孔口滴头的优点,在结构型式、材质和抗堵塞方面加以优选,研制出一种结构简单,制造容易,抗堵塞性能好,体积小,重量轻,施工安装方便,坚固耐用,价格低廉的大流量系列滴头(5 种规格),目前已生产 100 多万只,并已经转变为生产力,为农业生产服务,已在全国 10 多个省、市、自治区推广应用。

(2)除对系列滴头的制造偏差和流量与压力关系进行正常测试外,还对系列滴头的等效长度、毛管适宜长度(包括滴头组合后的适宜长度)以及流量系数进行了测定,为采用大流量滴头的滴灌系统设计和新滴头产品研制提供了水力参数,有较大的实用价值。

(3)本系列滴头在瓜类、果树、蔬菜和大田作物上,都进行了应用考核,效果良好,经济效益较显著,深受用户欢迎。通过试点的实践,我们认为应优先发展干旱、半干旱地区的丘陵、坡地、山地、沙地、滩地等不适合地面灌的地形和经济价值高的作物上的灌溉,以取得更大的经济效益。

(4)根据生产的发展要求,还需要增加新的测试内容,需要研制与之配套的施肥设备等。

(张祖新,岳荣贵.原载于《喷灌技术》1992 年第 1 期)

补偿式滴头的研制

补偿式滴头是 20 世纪 70 年代中期出现的滴水设备。它具有减缓堵塞,简化计算,适用性强等优点。目前,以色列和美国已生产出多种形式的补偿式滴头,在滴灌设备的生产应用方面处于领先地位。

我国从 1979 年开始进行滴灌的研究应用以来,已生产出诸如发丝滴头、系列孔口滴头以及各种型号的微喷头,并在生产中得到广泛的应用。然而,在补偿式滴头的研究方面直到 1986 年尚属空白。为了填补这一空白,我们于 1986 年申请了水利部水利开发基金项目——补偿式滴水设备的研制。

1　简介

根据国际标准化组织(ISO)的规定,补偿式滴头是指安装于毛管之上,以滴或连续出流的方式滴洒水,流量不大于15 L/h,且入口压力在规定范围内变化时,流量相对为一常数的滴水设备。

补偿式滴头具有的减缓堵塞、自身清洗之功能,是基于其流道可变的几何形状。在压力较低时,水自由流动,冲洗孔口;当压力增加时,弹性片在水压力作用下,压迫水流通道,缩小过流断面,使流量保持稳定。

随着滴灌技术的发展,补偿式滴头由开始到现在,人们对其补偿标准要求越来越高。

1974年,吴义伯把滴头流量 q 与压力 H 关系式:

$$q = KaH^X \tag{1}$$

中的流道断面积 a 看做水压力 H 的函数,即:

$$a = H^{-Y} \tag{2}$$

于是式(1)变为:

$$q = KH^{X-Y} \tag{3}$$

并认为当 $X - Y < 0.5$ 时,该滴头为补偿式滴头。

1985年,联邦德国的陶贝将流量指数为0.39~0.92的涡流滴头归为补偿式滴头。而1989年我国翻译的ISO标准将补偿式滴头的流量指数规定为 $X < 0.2$。

1990年,我们经过4年的反复试验研究,试制出完全补偿式滴头,即 $X = 0$,并于1991年通过了水利基金委员会的鉴定。

2　国产补偿式滴头的性能

我们研制的滴头为自动可变断面式补偿滴头,又叫弹性片式补偿滴头,该滴头由三部分组成,即插座、弹性片和芯槽盖。插座带有倒钩,插入毛管以防脱落,插座的腔室内放置弹性片,弹性片由橡胶片冲压而成。芯槽盖插入插座的腔室,使三部分配合紧密,形成补偿式滴头。

在补偿式滴头的研制过程中,首先遇到的是补偿式滴头的选型问题,在此方面,我们考虑了以下10个因素:①水力性能好些,要求尽可能使其流量指数 X 等于或接近于0;②工作压力起点低些,工作压力范围大些,节能而工作稳定;③滴头个体小、节省材料;④选材优、耐老化;⑤具有自冲洗和抗堵塞功能;⑥对毛管造成的局部水头损失尽可能小些,插入毛管中的部分尽可能小些;⑦流量不超过15 L/h;⑧价格适宜;⑨工作可靠、不泄漏、不脱落;⑩易安装运输。

补偿式滴头研制出来以后,我们根据ISO标准对其性能进行了全面测定,测定项目如下。

2.1　压力—流量关系

压力流量关系,即滴头流量受压力变化的敏感程度,是衡量补偿式滴头的水力学性能的一个主要指标。该敏感程度用($q = KH^X$)滴头流量指数 X 来表达。一般认为 X 越大,滴头水力学性能越差,$X = 0$ 时,滴头的水力性能最好。随机取18个滴头,插装于 ϕ10的毛管上。进口压力水头为2、4、6、8、10、12、14、16、18、20、24、26.5 m,分别测得3 min水量,重复升压和降压过程,然后求出18个滴头分别在不同压力条件下的平均流量,见表1。

表1　不同压力条件下的平均流量

H(m)	2	4	6	8	10	12	14	16	18	20	24	26.5
q(L/h)	6.38	8.28	8.47	8.47	8.49	8.46	8.39	8.40	8.35	7.93	7.72	7.56

在压力水头为4~20 m时,进行回归分析得出压力流量关系为:

$$q = 8.35H^{0}$$

相关系数 $r = 0.9802$。

根据ISO规定,该滴头为完全补偿式滴头。

2.2　等效长度测定

等效长度是设计系统的重要参数,对毛管的设计长度有直接影响。本测定采用ϕ10毛管(沙市塑料一厂生产的PE管)。对同一个10 cm长的毛管分别作光管(不安滴头)、等距离安装堵死(不滴水)的10个和50个滴头,进行不同进口压力和通过毛管流量的测定,并在$q \sim H$图上作出光管、10个滴头的毛管和50个滴头毛管的$q \sim H$关系曲线,按照下式计算单个滴头的等效长度。

$$L_e = \frac{h_{光} - h_{安}}{n} \frac{L}{h_{光}} \tag{4}$$

式中:L_e为单个滴头对ϕ10毛管的等效长度,m;L为实测毛管的长度,$L = 10$ m;$h_{光}$、$h_{安}$分别为同一流量q时,光管和安装有n个滴头的毛管的水头损失,m;n为滴头个数。

测定结果见表2、表3。

表2　毛管不同进口压力和通过流量数据($L = 10$ m)

滴头数n	进口水头H(m)	通过流量q(L/h)
0	5	474
	10	672
	15	834
	20	984
10	5	439.5
	10	462.9
	15	798
	20	942
	23	1 002
50	5	357
	10	526
	15	654
	20	762
	22.8	818

表3　单个滴头的等效长度

流量 q(L/h)	等效长度(m)	
	$n=10$	$n=50$
480	0. 18	0. 14
600	0. 15	0. 13
700	0. 13	0. 13
800	0. 12	0. 13
890	0. 09	0. 12
平均	0. 134	0. 13

2. 3　制造偏差系数测定

制造偏差系数是评价滴头制造精度的标准,也是衡量制造工艺水平的重要指标。其计算公式采用克里斯琴式:

$$\overline{W} = \frac{1}{18}\sum_{i=1}^{18} W_i$$

$$\Delta\overline{W} = \frac{1}{18}\sum_{i=1}^{18} |\overline{W} - W_i|$$

$$C_{vm} = \Delta\overline{W}/\overline{W}$$

式中:$\overline{W}$ 为 18 个滴头的平均滴水量;W_i 为某点 3 min 滴水量;$\Delta\overline{W}$ 为滴头的偏差绝对值的平均值;C_{vm} 为滴头的制造偏差系数。

由滴头的制造偏差系数(见表 4)可知,压力在 4 ~ 20 mH_2O 时,平均偏差系数为 0. 126,最大偏差系数为 0. 159,最小偏差系数为 0. 091。

表4　滴头的制造偏差系数

压力水头(m)	2	4	6	8	10	12	14	16	18	20	29	26. 5
偏差系数	0. 147	0. 120	0. 091	0. 107	0. 111	0. 113	0. 112	0. 122	0. 122	0. 159	0. 176	0. 193

2. 4　其他性能指标的测定

2. 4. 1　滴头的静水耐压测定

将滴头样品随机取 16 个,安装于毛管上,压力水通过毛管,按最大工作压力 20 mH_2O 要求,在 1. 2 倍最大工作压力,即 24 mH_2O 压力下,滴头与毛管插接处不产生泄漏现象,在最大工作压力的 2 倍,即 40 mH_2O 压力下,滴头无破坏,无脱落发生。

2. 4. 2　拔出拉力测定

将 9 个滴头分别安装在拉力机上做拔出拉力测定,拉伸速度为 25 mm/min,直至拉出滴头。测试结果为：平均拔出拉力 47.5 N，最小拔出拉力 44 N，均超过 40 N 的规定指标。

3　补偿式滴头与孔口滴头计算实例

有两种滴头 1 和 2，1 为新研制的补偿式滴头，工作压力范围 4 ~ 20 m，$q_1 = 8.35H^0$，等效长度为 0.13 m；2 为孔口滴头，工作压力范围 11.1 ~ 8.89 m（毛管中允许水头偏差 H_v = 20%），$q_2 = 2.64H^{0.5}$，等效长度为 0.17 m。两种滴头额定流量均为 8.35 L/h，均安装在毛管上，毛管平坡布设，滴头间距均为 $s = 0.5$ m，计算各毛管设计长度。

先计算补偿式滴头 1，已知 $\Delta H = 16$ m，$d = 10$ mm，滴头间距 $s = 0.5$ m，$q_1 = 8.35H^0$。

假设毛管可装 n 个滴头，则：$L_1 = 0.5n$

$$Q = 8.35n$$

$$v = \frac{Q}{1/4\pi d^2} = \frac{8.35n}{1/4\pi d^2 \times 3\,600 \times 10^3} = 0.029\,53n$$

采用布拉休斯公式计算

$$\lambda = 0.316\,4/R^{0.25} = 0.763\,2/n^{0.25}$$

$$\Delta H = F \cdot \lambda \frac{L}{d}\frac{v^2}{2g} = 2.139\,2 \times 10^{-4} n^{2.75} F$$

其中 F 为多孔系数，可查表得到。经计算得，$n = 88$，$L_1 = 44$ m。

用同样方法可计算出滴头 2 的孔口滴头个数为 40 个，设计毛管长度为 20 m。

由此可见，安装补偿式滴头的毛管长度是安装孔口滴头毛管长度的 2.2 倍，我们还可以推算出当支管水头损失 ΔH 相等时，补偿式滴头所需支管（1 条）的造价为孔口滴头所需支管（<2 条）造价的 76%。

4　结语

随着世界范围内水资源的紧张，水资源紧缺已成为国民经济发展的制约因素。我国是一个水资源不太丰富的国家，人均占有水量只有世界人均占有量的 1/4，亩均占有水量只有世界亩均占有水量的 1/2，且时空分布很不均匀。我国又是一个农业大国，农业用水量占整个用水量的 80% 以上，而大部分农业用水量用于灌溉，传统的灌溉技术不仅灌水效率低，水资源浪费严重，而且不适宜山区以及沙漠地区的灌溉。滴灌具有管理简便、节约劳力、节省水源等优点，尤其是补偿式滴头的研制成功，简化了计算程序，减缓了堵塞过程，扩大了滴灌的适用范围，对发展山区非均匀坡度移动式滴灌将发挥重要作用。

当然，补偿式滴头的研究在国内才刚起步，新产品还需应用考核，以便进一步改进和完善，以满足我国农业发展的需要。

（马福才，彭贵芳．原载于《喷灌技术》1992 年第 1 期）

微压滴灌灌水器的研制

滴灌作为一种先进的灌溉方式,其滴头被称为滴灌系统的心脏,质量的好坏直接影响到灌水均匀度和整个系统运行的可靠性。目前,灌溉系统的研究重点已转向如何降低工程的运行费用,毫无疑问,降低灌水器的工作压力是可取的一种方式。

现在市场上滴头种类虽多,但大多数工作压力在0.05 MPa以上,而且在其工作压力低限状态下的工作性能极不稳定。针对这一现状,研制微压、价格低廉及使用可靠的滴灌灌水器将会使我国的滴灌水平上一个新的台阶。在国家863计划支持下,通过对国内外滴灌灌水器的调研和分析,根据孔口出流和弹性材料受力可改变工作状态的原理,吸收国内外同类产品的优点,在结构型式、塑料材质和抗堵塞等方面进行优选设计,并经过中间试验,研制出了一种微压滴灌灌水器。

1　微压灌水器的结构与特点

1.1　结构与原理

目前,滴灌灌水器工作压力多在0.05～0.15 MPa,工作中运行费用较高。微压灌水器工作压力在0.002～0.020 MPa,在此压力下都能正常工作,与目前多数滴灌灌水器相比,工作压力降低很多,因此工作中的能源消耗将大大降低。微压灌水器结构相对简单,即在外径为4 mm的管上挖孔,外部罩一内壁附有弹性海绵体的外套。外套环抱PE管,外套接口处为插嵌式插扣,可紧紧将外套连接成环状(微压灌水器结构如图1所示)。

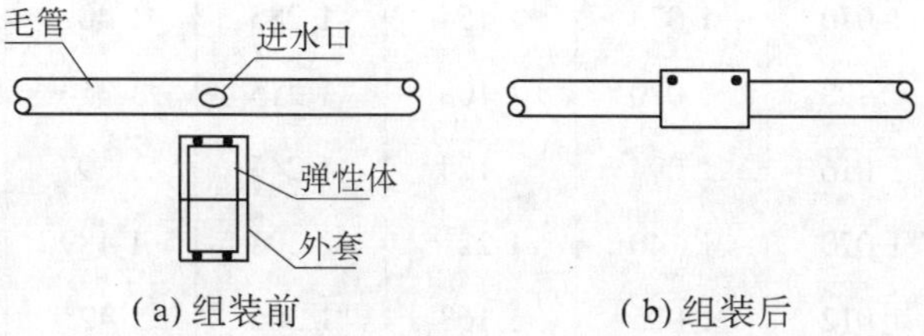

图1　微压滴灌灌水器构造示意图

1.2　主要功能与特点

(1)工作压力较低,在0.002～0.02 MPa都能工作。由于该灌水器结构简单,流道较短,水流在灌水器体内的流程短,故工作压力不易过大。因为微压灌水器的工作压力较低,运行中的能源消耗大大降低。

(2)进出水口较大,使滴灌灌水器不易堵塞。进水口为一圆形开口,口径较大,一般细微颗粒均可通过。出水口为外套与PE管接触面的两侧边缝,出水面积相对较大,亦不易造成堵塞。

(3)结构简单,制作容易。

(4)流量均匀,性能稳定。在灌水器体内由于设置了弹性海绵体,使得水流在经过时损失一定的能量,又因该灌水器工作压力为微压,故在工作压力范围内,水流经过弹性海绵体后的能量相差都不大,故流量较均匀,性能比较稳定。

(5)维护维修方便。由于该灌水器采用了目前比较流行的PE塑料,维护容易,维修也比较简单。如果灌水器堵塞,可把外套打开,取下弹性体,用清水清洗即可。

(6)使用功能多。该灌水器既可在微压状态下工作,也可用作常压下的灌水器,在灌水器组前加一流调器即可。而且用途广泛,既可用于果树滴灌,也可用于温室内的作物灌溉,实现自压灌溉容易。

(7)经久耐用,价格低廉。该灌水器结构简单,制作容易,使得成本降低,而其材质为PE塑料,经久耐用。

2 微压灌水器的水力性能试验分析

2.1 试验内容及结果

试验在水利部农田灌溉研究所喷微灌实验室内进行,试验内容以压力与流量关系、滴头在长时间连续工作后的水力性能变化为主要内容,灌水器随机选出10个。试验结果如表1所示。

表1 微压灌水器压力与流量关系 (单位:mL/h)

灌水器编号	不同压力下的流量							
	0.002 MPa	0.004 MPa	0.006 MPa	0.008 MPa	0.01 MPa	0.012 MPa	0.015 MPa	0.02 MPa
1	970	1 005	1 058	1 116	1 224	1 370	1 530	1 812
2	955	983	1 004	1 106	1 210	1 343	1 498	1 788
3	982	1 010	1 073	1 154	1 285	1 401	1 575	1 880
4	964	998	1 070	1 108	1 215	1 354	1 508	1 803
5	977	1 016	1 094	1 124	1 246	1 397	1 570	1 858
6	960	1 070	1 140	1 221	1 302	1 489	1 622	2 015
7	987	1 012	1 085	1 168	1 306	1 425	1 605	1 909
8	1 003	1 075	1 145	1 232	1 337	1 491	1 688	2 063
9	958	1 002	1 054	1 123	1 233	1 387	1 575	1 862
10	988	1 014	1 113	1 169	1 302	1 431	1 602	1 945

注:水源为恒压水源。

为进一步验证微压灌水器在长时间工作后水力性能是否改变,同时检验灌水器的抗堵塞能力,用未经过滤的地下水(井水)作为试验用水,经测定,该水含有微量细小颗粒。微压灌水器在连续工作1周后,流量略有下降,但变化都在6%之内,且未发现灌水器有堵塞现象。试验证明,灌水器的抗堵塞能力很强,同时分析得出,造成灌水器流量下降的原因是水中的部分微细颗粒吸附在了弹性体的内壁上。

2.2　水力参数分析

根据流量与压力关系曲线，得出微压灌水器性能曲线的回归公式为：

$$Q = KH^x$$

式中：Q 为流量，m^3/s；K 为修正系数，其值为 5.12；H 为工作压力，MPa；x 为压力指数，其值为 0.29。

因此，上式可写为：

$$Q = 5.12H^{0.29}$$

分析上述试验结果，流量与压力的关系曲线符合一般规律，流量基本均匀稳定，造成个别灌水器流量差异的原因是所附弹性体的厚度不均。由于目前制作样品时对弹性体的处理不完善，造成个别灌水器流量偏差。同时，灌水器在连续工作 1 周后，流量变化不大，未发现有堵塞现象，可见灌水器的性能比较稳定，抗堵塞能力强。

3　结语

降低能耗和减少运行费用是滴灌技术今后发展的主要方向，研制和开发微压滴灌设备是促进滴灌健康发展、实现上述要求的重要途径之一。微压灌水器的研制，使滴灌更加节能，运行成本更低。在能源日益紧缺的情况下，该灌水器的研制，拓宽了滴灌发展的空间，应用前景非常乐观。

（范永申，仵峰，李金山，等. 原载于《节水灌溉》2005 年第 4 期）

旋转式微喷头的研制和性能测试

微喷头是微喷灌的关键设备，其优劣直接影响着微喷灌项目的成败。微喷界普遍采用的微喷头主要包括旋转式和折射式两种，其结构区别在于其折射流道是否可以转动，二者相比折射式具有压力低、射程小和雾化高等特点。一般情况下局部灌溉常采用折射式，全面积灌溉采用旋转式，在设施栽培条件下二者均可使用。目前，国内尚无微喷头喷洒方面的技术规范，市场销售的产品，绝大多数微喷头都是仿造国外大公司的产品，质量差异较大，给我国节水灌溉的发展带来了非常不利的影响。因此，研究开发性能优越的微喷头，对提高我国节水产品在国际市场上的竞争力具有非常重要的意义。

1　旋转式微喷头的研制

1.1　旋转式微喷头的设计

旋转式微喷头主要由 4 个部件组成：插杆、接头、微管和喷头。在向上安装时，为了增大射程，可在插杆上安装一段增高管来提高喷头的高度。在设施农业中，为了方便田间管理，微喷头一般采用悬挂式安装，可在微喷头的微管上套装一段重力管来提高微喷头的稳定性。其结构如图 1 所示。

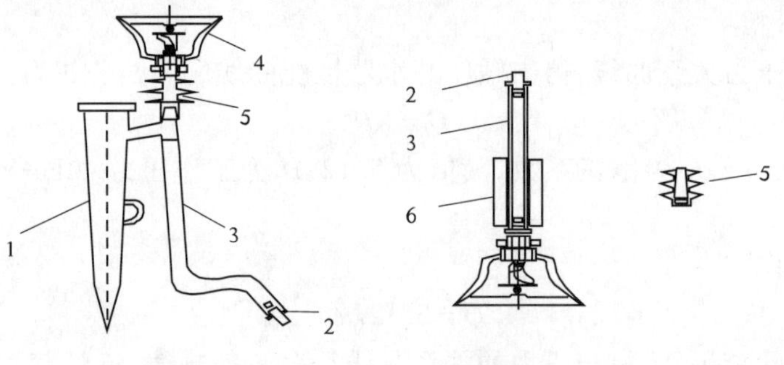

图 1　旋转式微喷头的组装结构示意图

1—插杆;2—接头;3—微管;4—喷头;5—增高管;6—重力管

喷头由喷嘴、支架、转轮 3 部分组成。喷嘴的下端连接在主架的承插接口上,上端连接在喷头支架上。转轮一端连接在喷嘴上,另一端连接在喷头支架上,如图 2 所示。

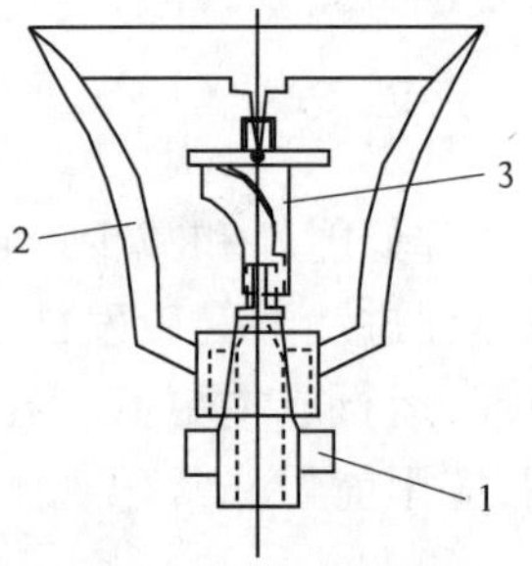

图 2　喷头结构示意图

1—喷嘴;2—支架;3—转轮

1.2　旋转式微喷头工作原理

微喷头旋转体(转轮)采用异形喷洒折射体,喷洒折射体的折射曲面是组合双曲面,当水流从喷嘴呈线状束流射出,进入转轮的导流槽内,水流经转轮的组合双曲面的导流、折射,产生向后的推力,推动转轮高速旋转,折射后的水流沿转轮旋转的切向方向以一定的仰角射出并粉碎,在其有效射程之内均匀地喷洒,使以旋转轴为圆心的圆形区域内水量喷洒满足均匀度要求。

1.3　产品系列

微喷头的各部件均采用标准尺寸连接,各个部件均可更替和改装。改变喷嘴的尺寸可生成多种流量、规格的系列产品;变换转轮的流道设计,可生成多种型号的旋转微喷头。解决了微喷头品种单一、产品配套性差的问题。不同流量的微喷头系列规格性能参数见表 1。

表 1　微喷头系列规格性能参数

喷嘴颜色	额定流量(L/h)	射程(m)	推荐组合间距(m)
红色	85	3.8	3.5
绿色	50	3.6	3.3
蓝色	35	3.3	3.0

2　旋转式微喷头性能测试

2.1　喷洒试验

试验在喷微灌试验大厅内进行,所用旋转式微喷头从大批量微喷头中随机抽取,喷洒方式采用多喷头组合喷洒和点喷洒两种。组合喷洒试验的布置:选用3种不同规格的喷头,同一安装高度,3次不同测试压力,不同组合间距(微喷头正方形布置)共14组试验,具体试验布置见表2;点喷洒试验的布置:选用3种不同颜色喷嘴、3种不同安装高度和3次不同的测试压力相互组合,共27组试验,具体试验布置见表3。

表2 多喷头组合喷洒试验布置

组编号	喷嘴颜色	安装高度(m)	试验压力(MPa)	组合间距(m)
1	红色	0.35	0.15	4.0
2				5.0
3			0.18	4.0
4				5.0
5			0.20	4.0
6				5.0
7	绿色	0.35	0.15	3.5
8				5.0
9			0.18	3.5
10				5.0
11			0.20	5.0
12	蓝色	0.35	0.15	3.5
13			0.18	3.5
14			0.20	3.5

表3 点喷洒试验布置

组编号	喷嘴颜色	安装高度(m)	试验压力(MPa)	流量(L/h)
1	红色	0.30	0.15	87.2
2			0.18	94.3
3			0.20	99.5
4		0.35	0.15	87.2
5			0.18	94.3
6			0.20	99.5
7		0.40	0.15	87.2
8			0.18	94.3
9			0.20	99.5
10	绿色	0.30	0.15	45.5
11			0.18	48.9
12			0.20	51.6
13		0.35	0.15	45.5
14			0.18	48.9
15			0.20	51.6
16		0.40	0.15	45.5
17			0.18	48.9
18			0.20	51.6

续表 3

组编号	喷嘴颜色	安装高度(m)	试验压力(MPa)	流量(L/h)
19			0.15	31.2
20		0.30	0.18	33.8
21			0.20	35.4
22			0.15	31.2
23	蓝色	0.35	0.18	33.8
24			0.20	35.4
25			0.15	31.2
26		0.40	0.18	33.8
27			0.20	35.4

对测试数据进行整理、分析，在工作压力 0.18 MPa、安装高度 0.35 m 时，点喷洒试验水量分布见图 3，多喷头组合喷洒试验水量分布见图 4。从图中可以看出：尽管单个微喷头的水量分布存在不同程度的不均匀性，但在试验组合条件下，所生产的微喷头的组合均匀度可以满足生产要求。

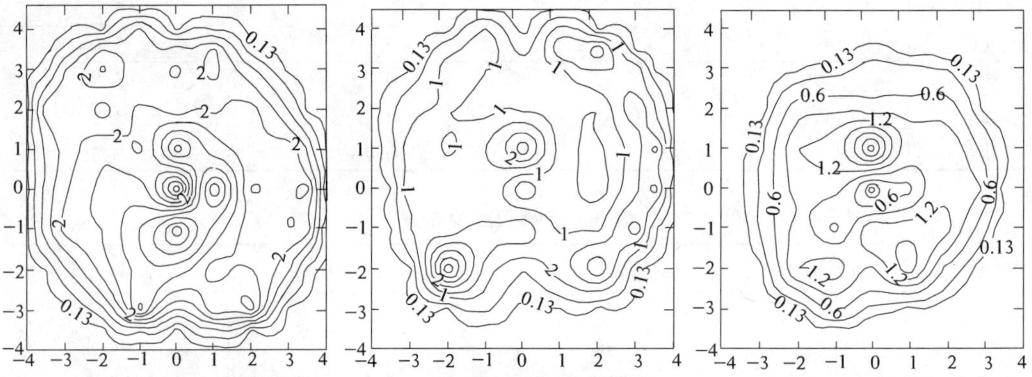

(a) Q=99.5 L/h(红色喷头)　(b) Q=48.9 L/h(绿色喷头)　(c) Q=33.8 L/h(蓝色喷头)

图 3　点喷洒试验水量分布

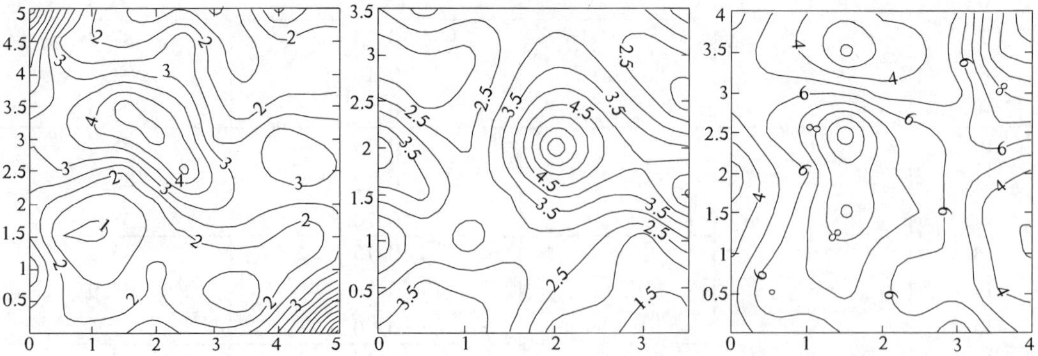

(a) P=0.20 MPa, H=0.35 m 组合间距4 m(红色喷头)　(b) P=0.20 MPa, H=0.35 m 组合间距5 m(绿色喷头)　(c) P=0.15 MPa, H=0.35 m 组合间距3.5 m(蓝色喷头)

图 4　多喷头组合喷洒试验水量分布

2.2　制造偏差试验

随机选取 3 种规格的旋转式微喷头各 25 个，在 0.1 MPa 的工作压力条件下测试各自的流量及变化，计算各种规格微喷头的制造偏差系数。测试时间为 30 s，微喷头的流量结果见表 4。

计算公式：

$$c_v = \frac{s}{\bar{q}} \tag{1}$$

$$s = \sqrt{\frac{1}{n-1}\sum_{i=1}^{n}(q_i - \bar{q})^2} \tag{2}$$

$$\bar{q} = \frac{\sum_{i=1}^{n} q_i}{n} \tag{3}$$

式中：c_v 为微喷头的流量偏差系数；s 为微喷头的流量标准偏差；$\bar{q}$为微喷头的平均流量，L/h；q_i 为每个微喷头的流量，L/h；n 为微喷头个数。

表 4　旋转式微喷头制造偏差数据　（单位：mL）

编号	红色	绿色	蓝色
1	548	339	221
2	589	321	226
3	573	321	222
4	589	319	219
5	612	317	219
6	572	323	223
7	490	321	222
8	512	308	220
9	570	302	224
10	580	306	221
11	596	321	221
12	559	339	222
13	500	321	218
14	482	307	229
15	578	321	221
16	564	329	222
17	583	406	220
18	481	318	218
19	549	320	217
20	480	342	212
21	480	330	226
22	504	317	225
23	501	318	219
24	489	319	221
25	586	312	219

各种规格的微喷头制造偏差系数见表5。从表5可以看出,每种规格的喷头都满足规范要求。

表5 微喷头制造偏差数据

项目	红色	绿色	蓝色
平均流量$\bar{q}$(L/h)	65.12	39.78	26.53
流量标准偏差 S	5.39	4.40	0.41
c_v	0.08	0.06	0.02

2.3 微喷头的压力—流量关系

分别对3种不同喷嘴直径的红、绿、蓝色微喷头进行了压力—流量关系测试,测试压力范围为0.04~0.30 MPa。每个压力设3次重复,求各个压力条件下的流量平均值,并进行回归分析。红色喷嘴的微喷头的压力—流量关系曲线见图5。

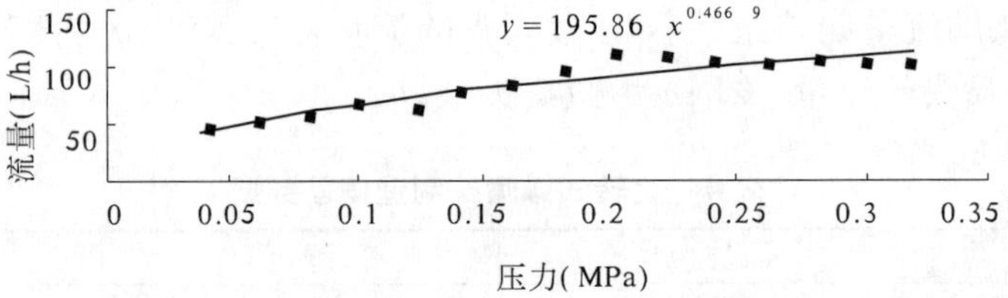

图5 旋转式微喷头(红色)压力—流量关系曲线

在0.20 MPa的工作压力下,旋转式微喷头的流量偏差和压力—流量关系如表6所示。

表6 微喷头性能参数

喷嘴颜色	流量偏差(%)	$Q\sim P$ 关系式
红色	6.8	$Q=4.95P^{0.56}$
绿色	6.9	$Q=4.97P^{0.44}$
蓝色	3.7	$Q=3.45P^{0.44}$

3 结语

研制了具有自主产权旋转式微喷头,并进行了喷洒试验。结果表明,旋转式微喷头喷洒效果良好,性能可靠,扩展性强,耐久性好,使用方式多样化,改变了国内同类产品在其喷洒的有效圆形区域内的水量沿射程方向分布"外多内少"的不均匀性。产品采用多腔模具生产,不仅大大降低了其生产成本,而且也使其产品性能得到了较好地改善,适用于对农作物、果树园、街道绿化带、草坪、花卉等经济作物的全面积灌溉和局部灌溉。

通过试验研究,取得了旋转式微喷头的关键技术参数,受条件限制,尚有个别技术参数如转轮、转速与喷洒参数的关系等,还需进一步的研究和分析。

(宰松梅,翟国亮,温季,等.原载于《节水灌溉》2008年第7期)

齿形迷宫流道滴头消能过程的试验研究

针对滴头内部的水力学性质这一问题，王尚锦采用有限元方法对滴头流道内部的水流流动进行了数值模拟，并根据模拟出的数值计算得出滴头内部的水流流场分布；李永欣借助 CFD 方法模拟滴头内部的水流流态特征；王建东等对原型滴头进行放大，利用放大模型与原型滴头的相似性，用放大模型测得的试验数值验证了 CFD 方法模拟的原型滴头内压力分布状态。但以上几种研究方法都不是直接对滴头齿形流道的压力分布进行测量的，所得结论能否真实反映滴头内部的水流状态和消能过程，有待试验证实。

利用自行设计的试验装置，直接测量齿形迷宫流道中各齿处的压力，并对初始压力下齿形流道中的压力分布状况进行测试和分析，展现齿形迷宫流道的消能过程。

1　试验材料与方法

1.1　试验材料

试验材料主要是由 Netafim 公司为试验而特别制作的半透明 PE 滴灌带，滴灌带内径 20 mm，采用内镶式齿形迷宫流道滴头，滴头间距 0.3 m，按水流从进水口流到出水口的先后顺序给流道齿编号，编号依次是由 1 到 24（见图 1），并选定在第 4、8、12、16、20 齿和第 24 齿位置处进行压力测定（图 1 中黑色圆点为测量压力位置）。

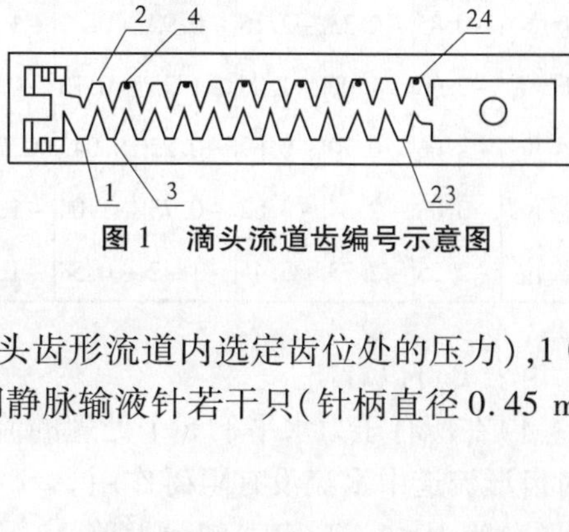

图 1　滴头流道齿编号示意图

试验在滴灌产品检验装置上进行，该装置由加压水泵、储水罐、过滤器、调压阀、检测台、滴灌带悬挂支架等组成，并配有各种连接件、附配件。其他试验仪器有小量程 0.4 级的精密压力表若干块（1 块量程 0.4 MPa 的压力表在首部调整滴灌带工作压力用，2 块量程 0.25 MPa 和 4 块量程 0.16 MPa 的压力表用来测量滴头齿形流道内选定齿位处的压力），1 000 mL 量杯 6 只、500 mL 量筒、秒表以及一次性使用静脉输液针若干只（针柄直径 0.45 mm，针长 13.5 mm），压力表支架 6 只。

1.2　试验设计

首先参照《农业灌溉设备—滴头—技术规范和试验方法》（GB/T 17187—1997）和中华人民共和国行业标准《微灌灌水器》（SL/JT 67.1 ~ 3—94）测定该型号滴灌带滴头的压力—流量关系，求出：

$$Q = KH^{x}$$

式中：Q 为滴头流量，L/h；H 为工作压力水头；K 为系数，$K = 0.570\ 3$ m；x 为流态指数，$x = 0.448\ 8$。

在进行齿形流道内压力分布规律测量时，每次试验在 1 个滴头上只测量 1 个选定齿位置处的压力，6 个选定齿位置共需要 6 个滴头对应即 6 个处理，每个处理均是将一次性使用静脉输液针头从齿形流道边缘的侧壁插入，针头插入量是在流道中刚好看到针尖为宜，尽可能减少对流道中水流的阻碍，然后将静脉输液针的另一端和压力表连接。进口压力记为 H：

$$H = \{20.52\ \text{kPa}, 30.52\ \text{kPa}, 40.52\ \text{kPa}, \cdots, 130.52\ \text{kPa}, 140.52\ \text{kPa}, 150.52\ \text{kPa}\}$$

即压力间隔为 10 kPa，共 14 个压力水平，每个压力下可测得选定的流道内第 4、8、12、16、20 齿位和第 24 齿位置处 6 个压力读数。

将该型号滴灌带截取 3 节即 3 个重复，每节长度不少于 2.4 m，其上有 6 个滴头分别对应上述的 6 个处理。把截取的滴灌带水平安装在滴灌产品检验台的支架上，开启水泵供水加压，待系统稳定时读取并记录压力表读数和各滴头的 10 min 滴水量，把截取的 3 节滴灌带按照上述方法分别在选定的 14 个压力下全部测完即完成 3 个重复。

2　试验结果与分析

2.1　对照分析

计算出相同压力水平下每个处理的流量平均值，把相同压力水平下对照滴头与处理滴头的流量进行比较，比较结果见表 1。

表 1　处理滴头的流量偏差　　(%)

齿位	水头压力(m)													
	2.52	3.52	4.52	5.52	6.52	7.52	8.52	9.52	10.52	11.52	12.52	13.52	14.52	15.52
4 齿位	1.82	-0.70	-1.24	-0.08	1.27	0.32	-0.48	0.45	0.15	0.23	-0.42	0.19	0.79	0
8 齿位	-0.85	-2.33	-2.16	-0.92	-0.89	-1.26	-1.15	-0.32	-1.56	-0.82	-1.54	-0.79	-0.79	-0.61
12 齿位	-2.06	-1.92	-1.06	-1.25	-0.73	-0.68	-0.61	0.32	-1.07	-0.94	-1.32	-0.35	-0.5	-0.41
16 齿位	-2.06	-0.70	-0.69	-0.25	0.04	0.76	-0.07	0.84	0.28	0.23	-0.42	0.08	1.11	0.31
20 齿位	-3.03	-2.34	-3.82	-0.75	-1.04	-1.55	-2.10	-0.84	-1.32	-0.94	-1.77	-1.12	-0.90	-0.92
24 齿位	-2.55	-2.73	-3.45	-1.42	-0.58	-1.55	-1.43	-0.97	-1.8	-0.7	-1.8	-1.1	-1.3	-1.23

由表 1 可以看出：

(1) 在所有压力水平下 6 个处理的流量偏差均是 $\Delta q < 4\% < [\Delta q] = 5\%$，说明该种方法对齿形流道中水流没有阻碍作用。

(2) 当 $H \leqslant 4.52$ m 时，流量偏差 $\Delta q < 4\% < [\Delta q] = 5\%$；当 $H > 4.52$ m 时，除 $H = 8.52$ m 时 20 齿位的流量偏差 Δq 在 2% 和 3% 之间，其余各处理流量偏差都是 $\Delta q < 2\%$。

(3) 计算各压力水平下的处理滴头流量平均值，作出处理滴头和对照滴头的压力—流量关系图（详见图 2），可以看出试验中所有处理滴头和对照滴头的流量偏差都很小。

插入的针头对齿形流道中水流的流态影响不大，可以利用该方法测量齿形流

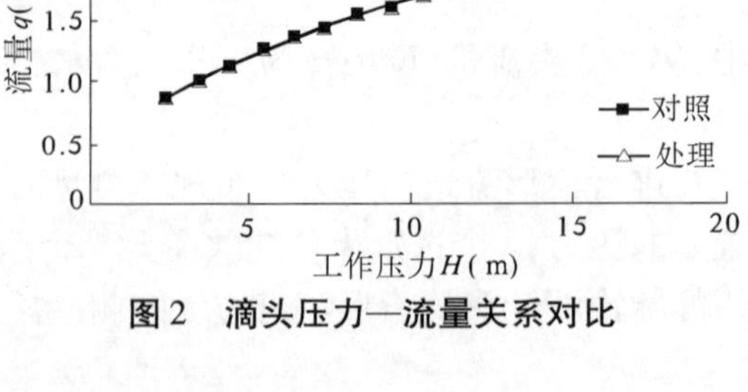

图 2　滴头压力—流量关系对比

道内的压力值。

2.2 消能过程

2.2.1 所测压力范围内水经过齿形流道时总的消能趋势

首先计算出3次重复中相同压力水平下6个选定齿位的实测压力平均值,然后按式(1)计算出整个压力测量范围内水经过齿形流道各个选定齿位置处的压力占工作压力分布百分比:

$$E_i = \left(\frac{1}{4}\sum_{j=1}^{14}\frac{h_i}{H_j}\right)\times 100\% \tag{1}$$

式中:E_i 为第 i 个齿位的压力分布百分比;h_i 为第 i 个齿位的3次重复实测压力平均值;H_j 为 H 中的第 j 个进口工作压力,$i=4,8,12,16,20,24$,$j=1,2,3,\cdots,14$。

计算结果表明,压力在齿形迷宫流道中并非均匀分布,而是呈折线减少趋势;在流道的不同区间段内消能比例并不相同,在所测压力范围内水经过齿形流道时总的消能情况是:在16~20齿之间消能比例最大,然后依次是12~16齿,4~8齿,8~12齿,进口~4齿,最小是20~24齿,其中,4~8齿和8~12齿消能比例相差不大。

2.2.2 不同工作压力对各区间断消能比例的影响

用选定的两相邻测点间的压差(用3次重复中相同压力水平下6个选定齿位的实测压力平均值计算压差)和工作压力作比较,求出不同压力下的相邻齿位间的消能百分比,如图3所示。从图3中可以看出:同一压力下各齿段消能比例并不一样大,有的甚至相差很大。随着压力升高消能比例最大的区间段由12~16齿转向16~20齿,同时这两个区间段随压力升高比例系数变化也较大,其他区间段消能比例系数变化不大。当 $H \leqslant 4.52$ m时,消能比例最大的区间是12~16齿,并且随着压力升高比例系数在逐渐减小;当 $H > 4.52$ m时,消能比例最大的区间是16~20齿,并且随着压力升高比例系数是先增大再减小,在 $H = 8.52$ m时消能比例达到最大24.38%;当 $H \geqslant 12.52$ m以后,随着工作压力的升高各齿段间的消能比例系数基本稳定不变。

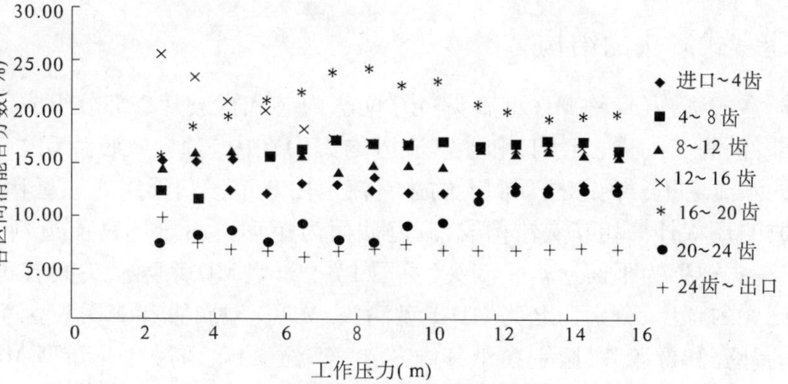

图3 工作压力对各区间消能影响

试验测得的第4、8、12、16、20齿位和第24齿位置处压力即是该处横断面的测压管水头,通过对相邻齿位置处测压管水头的改变量可以看出齿形流道中水头损失的变化,即消能过程,如图3所示滴头工作压力由低到高过程中,进口~4齿段压力减少百分比系数基本稳定不变是因为这段是紊流形成段，在齿形流道的转弯处正逐步形成紊流，紊流作用不大，局部水头损失很小，水头损失主要是沿程水头损失；在4～20齿流道内是紊流作用加强段，齿形流道的转弯处形成强烈的紊流作用，使局部水头损失主要集中在这一段流道内；在20齿～出口处这段是整流段，大部分能量被前一段流道消耗，流道转弯处的紊流作用逐渐消退，该段内主要是沿程水头损失。

3 结论

(1)水在齿形流道中经过时能量并不是均匀减少的，流道中压力分布不是呈直线趋势减少的，并且随着工作压力的变化，各齿段的消能比例也在不断的变化，当压力达到一定高度时，各齿段间的消能比例系数基本稳定不变，不同区间段比例系数所在的范围相差较大。

(2)工作压力升高过程中，流道不同区间段内消能比例不同。其原因主要是在流道转弯处的紊流作用的强弱程度不同，引起不同区间段内局部水头损失大小不同，局部水头损失主要集中在齿形流道中间段，齿形流道两端主要是沿程水头损失。

(刘杨，仵峰，彭贵芳，等.原载于《灌溉排水学报》2008年第2期)

平面迷宫式滴头的研制

滴头是滴灌系统的关键设备，滴头堵塞是滴灌系统运行中遇到的一大难题，制约着滴灌的发展。对于高含沙的黄河水来说更为突出。因此，必须采取综合的净化处理技术，对渠道中的水采取工程和设备处理措施，进一步清除水中的泥沙。除采取对水进行沉淀和组合过滤器过滤的有效方法外，还需选择抗堵塞能力强的灌水器，为此研制一种具有较大的紊流流道和出水口孔径，且结构简单、价格低廉的平面迷宫式滴头。

1 平面迷宫式滴头的结构

平面迷宫式滴头(简称MD型滴头)由外壳、内芯和橡胶片3部分组成，其中内芯是滴头的关键部件，滴头的进、出水口和迷宫流道均集中在内芯上，橡胶片和外壳主要是内芯形成密封的水流通道。内芯柱顶面上的迷宫流道由8个三角形组成的星状内齿和8个矩形凹槽组成的环状外槽相互交错构成，流道截面为矩形。由于迷宫流道刻在内芯顶面之上，因此该滴头被称为平面迷宫式滴头(见图1)。新型MD系列滴头共有3种规格，流量按照由小到大的顺序，分别命名为MD-1型滴头、MD-2型滴头和MD-3型滴头。3种滴头采用统一的外壳和橡胶片，区别在于其内芯迷宫流道的截面尺寸。新型MD系列滴头有下列特点：双进水孔能阻止较大颗粒的堵塞；较大断面的紊流流道(0.7～1.0 mm)；较大出水口孔径(0.8～1.2 mm)；体积小、质量轻(每只体积0.7 cm^3，重1.0 g)；POM材质，内芯外壳结合紧密固定，使用寿命长；倒钩型接头，毛管在田间移动时不易脱落；结构简单，安装方便，价格低廉。

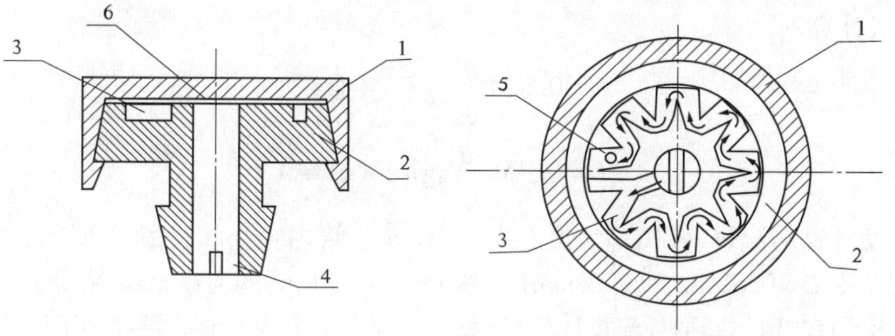

(a) 纵面图　　(b) 平面图

图 1　MD 型滴头结构

1—滴头壳；2—滴头芯；3—流道；4—进水口；5—出水口；6—橡胶片

2　设计原理

滴头的工作原理：MD 型滴头采用的是平面迷宫式流道，流道的断面为矩形，高压水流通过滴头的进水口流入迷宫流道入口，然后沿犬齿交错的流道运动，其能量逐渐被流道壁阻力及涡旋力所消耗，最后以较小的流速从迷宫流道的出口滴出，流道的水流流态为全紊流，流态指数 0.5 左右。决定滴头流量的主要因素是迷宫流道齿槽的结构及尺寸。

3　迷宫式流道水力分析

3.1　消能过程分析

从图 2 中可以明显看出水流在经过迷宫流道时，首先，要克服摩擦阻力的作用；其次，由于流道的转角多且连续拐角容易形成旋涡，这些旋涡也具有一定的消能作用；再次，由于流道呈环状，水流还要克服离心力作用。上述 3 个方面的共同作用，使得水体的能量在较短距离内得到消耗。这样就可以缩小流道的长度，减少堵塞的概率，使滴头的结构更轻巧、体积更小、造价更低。

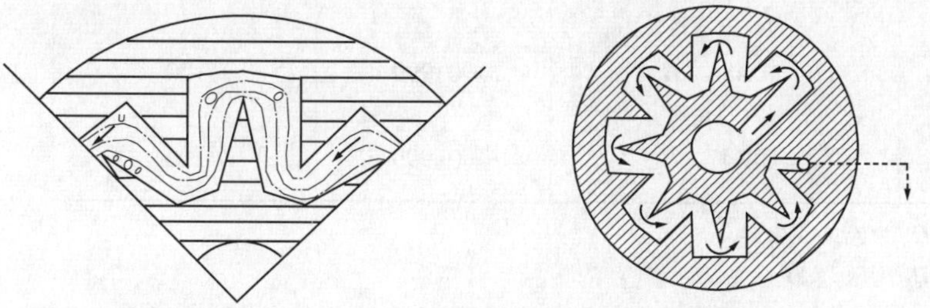

(a) 流道水流分析　　(b) 内芯柱顶面迷宫流道

图 2　MD 型滴头流道水流

3.2　流道消能长度的测算与比较（以 MD-3 型为例）

MD-3 型滴头流道总长 32 mm，流道断面尺寸为 1.0 mm × 0.8 mm 的矩形，流量 6.10 L/h，消能 10 mH_2O。若采用同断面发丝滴头，即 1 mm 内径的发丝管需要的流道长度采用下式计算：

$$L = 0.824\frac{d^{4.352}}{q^{1.274}}h \quad （直线） \tag{1}$$

$$L = 0.454\frac{d^{4.11}}{q^{1.343}}h \quad （缠绕） \tag{2}$$

式中：q 为发丝管出流量，L/h；h 为消能水头，m；d 为管内径，mm；L 为需要的管长，m。

计算结果：$L = 0.82$ m，即 823 mm（直线）；$L = 0.40$ m，即 400 mm（缠绕）。

将上述迷宫流道与圆形长流道比较可以看出，迷宫流道的消能效果提高了许多倍。

4 水力性能

4.1 滴头流量制造偏差系数

由于制造工艺和材料收缩变形等的影响，滴头不可避免地会产生制造误差。一般用制造偏差系数 C_v 来衡量产品的制造精度，C_v 值越小，表示滴头的制造精度越高。滴头制造标准规定，当 $C_v < 0.05$ 时，制造质量为优秀；当 $C_v = 0.05 \sim 0.07$ 时，制造质量为一般；当 $C_v = 0.07 \sim 0.11$ 时，制造质量为勉强合格；当 $C_v = 0.11 \sim 0.15$ 时，制造质量为差；当 $C_v > 0.15$时，其制造质量为不能接受。经水利部灌排设备检测中心测定，新研制的 MD 型滴头流量制造偏差系数为：MD-1 型滴头，$C_v = 0.041$；MD-2 型滴头，$C_v = 0.035$；MD-3 型滴头，$C_v = 0.020\,6$，可见 MD 型滴头的制造质量达到优良水平。

4.2 滴头压力—流量关系

滴头压力的变化影响到流量的变化，对 MD 型滴头压力—流量的实测数据进行整理分析，得出表 1 所列的关系式和图 3 所示的曲线图。

表 1 MD 型滴头 $Q \sim H$ 关系

滴头类型	$Q \sim H$ 关系式	相关系数 r	额定压力(kPa)	额定流量(L/h)
MD-1 型滴头	$Q_1 = 0.203\,7H_1^{0.524}$	$r = 0.999\,4$	100	2.4
MD-2 型滴头	$Q_2 = 0.484\,4H_2^{0.500}$	$r = 0.999\,4$	100	4.9
MD-3 型滴头	$Q_3 = 0.547\,8H_3^{0.515}$	$r = 0.999\,5$	100	6.1

注：1. Q_1、Q_2、Q_3 为流量，L/h；

2. H_1、H_2、H_3 为压力，kPa。

从表 1 和图 3 可以看出，MD 型滴头的流态指数为 0.5 左右，属紊流型滴头，流量的变化仅受工作水头的影响。

4.3 耐水压试验结果

分别在 40、80、200 kPa 压力下保持 5 min，在 120 kPa 压力下保持 60 min，MD-1 型滴头、MD-2 型滴头、MD-3 型滴头均未发现损坏和泄露现象。

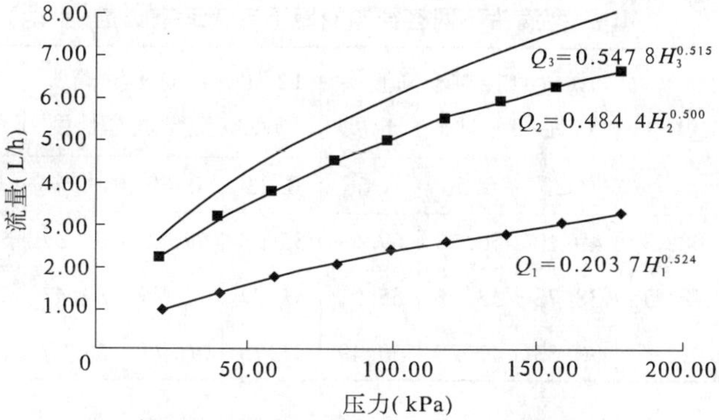

图3 MD型滴头压力—流量关系曲线

5 配置MD型滴头的毛管适宜长度计算

5.1 计算理论

(1)毛管允许的总水头损失计算,采用下式:

$$H_v' = 1 - \left(\frac{E_u}{1 - 1.27C_v/\sqrt{n}}\right)^{\frac{1}{x}} \tag{3}$$

式中:E_u 为考虑水力和制造偏差后的灌水均匀度;C_v 为灌水器的制造偏差系数;n 为一株作物下安装的灌水器数目;x 为灌水器的流态指数;H_v'为灌水器最小工作水头和平均工作水头之间的偏差率。

$$[\Delta H] = \frac{H_a - H_d \pm \dfrac{\Delta EL}{2}}{0.23} \tag{4}$$

式中:$[\Delta H]$为毛管允许的总水头损失,m;H_a 为毛管平均工作压力或设计工作压力,m;H_d 为毛管的最低工作压力,m;ΔEL 为地形高差,m。

(2)毛管允许的长度计算公式:

$$N_{\max} = \mathrm{INT}\left(\frac{5.446[\Delta H]d^{4.75}}{K(\Delta S + S)q^{1.75}}\right)^{0.364} \tag{5}$$

$$L_{\max} = S \cdot N_{\max} + S_0 \tag{6}$$

式中:$N_{\max}$为毛管最大允许灌水器个数;INT()为将括号内实数舍去小数成整数;d 为毛管内径,mm;$[\Delta H]$为毛管允许的总水头损失,m;K 为局部损失扩大系数,$K=1.1\sim1.2$;S 为灌水器间距,m;S_0 为毛管入口到第一个灌水器的距离,此处取 S 的一半,m;ΔS 为灌水器局部损失等效长度,根据水利部农田灌溉研究所同尺寸接头1987年的测试数据(对于$\phi10$、$\phi12$、$\phi15$ 毛管,ΔS 分别为0.35、0.23、0.15 m);q 为单个灌水器的流量,L/h。

5.2 不同管径和灌水器布置间距下毛管的适宜长度

经计算,MD系列滴头在不同管径和灌水器布置间距下,适宜毛管长度如表2~表4所示。

表 2　MD-1 型滴头不同管径和间距下毛管适宜长度(平地)

E_u	H'_v	ΔH	10 m 管径时不同滴头间距的毛管适宜长度			12 m 管径时不同滴头间距的毛管适宜长度			15 m 管径时不同滴头间距的毛管适宜长度		
			0.33	0.50	0.66	0.33	0.50	0.66	0.33	0.50	0.66
0.90	0.139 92	6.083 3	40.10	56.25	69.63	55.28	77.25	95.37	81.02	113.25	140.25
0.92	0.103 07	4.481 5	38.78	53.25	65.01	52.97	72.75	89.43	77.72	107.25	131.67
0.95	0.046 43	2.018 8	30.53	41.25	50.49	41.75	56.75	68.97	61.55	83.75	101.97

表 3　MD-2 型滴头不同管径和间距下毛管适宜长度(平地)

E_u	H'_v	ΔH	10 m 管径时不同滴头间距的毛管适宜长度			12 m 管径时不同滴头间距的毛管适宜长度			15 m 管径时不同滴头间距的毛管适宜长度		
			0.33	0.50	0.66	0.33	0.50	0.66	0.33	0.50	0.66
0.90	0.135 88	5.907 7	25.25	35.25	43.89	34.49	48.25	59.73	50.99	71.25	88.11
0.92	0.097 00	4.217 9	23.93	32.75	40.59	32.84	45.25	55.77	48.35	66.75	81.51
0.95	0.037 11	1.613 6	17.99	24.25	29.37	24.59	33.25	40.59	36.14	48.75	59.73

表 4　MD-3 型滴头不同管径和间距下毛管适宜长度(平地)

E_u	H'_v	ΔH	10 m 管径时不同滴头间距的毛管适宜长度			12 m 管径时不同滴头间距的毛管适宜长度			15 m 管径时不同滴头间距的毛管适宜长度		
			0.33	0.50	0.66	0.33	0.50	0.66	0.33	0.50	0.66
0.90	0.155 03	6.740 5	22.94	32.25	39.93	31.52	44.25	54.45	46.37	64.75	90.19
0.92	0.118 16	5.137 5	22.28	30.75	37.95	30.86	42.25	51.81	45.05	62.25	76.23
0.95	0.061 42	2.670 6	18.65	25.25	30.69	25.58	34.75	42.57	37.79	51.25	62.37

(张祖新,翟国亮,向华安,等. 原载于《滴灌技术研究与示范》)

微灌用砂石过滤器反冲洗参数试验

砂石过滤器是目前微灌工程中使用最广泛的过滤设备之一,其主要特点是具有较强的截获污物能力和方便的滤料清洗功能。砂石过滤器在微灌工程中的使用历经 3 个发展阶段,进行了 3 次较大的改进。最早使用砂石过滤器的是澳大利亚人路易斯,当时采用的是多级配滤料单罐过滤,这种过滤器的缺点是反冲洗时不能向灌溉系统供水,且在反冲洗时若操作不当,会导致整个滤料级配混乱而使过滤失效。第二代砂石过滤器是砂盘式双罐反冲洗砂过滤器,其特点是将罐体下部的承托层做成透水砂盘,这种过滤器克服了单罐过滤器反冲洗时不能向系统供水的不足,但是其承托砂盘易被穿过滤料的污物堵死,反冲洗时很难将截留在砂盘空隙中的污物冲掉。第三代砂石过滤器采用均质砂滤料,在集水箱与滤料之间的隔板上安装塑料缝隙式滤头(又称滤帽),滤头具有集水作用,又能在反冲洗时起到均匀分配反冲洗水功能。第三代砂石过滤器不仅加强了过滤器的反冲洗性能,同时其过滤功能比前两代也更加优越。董文楚是我国最早从事微灌砂石过滤器研究的学者之一,他提出了微灌过滤器的设计原理和方法(1995 年,1996 年),对石英砂滤料的参数测定和分析方法进行了总结分析。作者"十五"期间开始砂石过滤器的研究工作,对过滤器自动反冲洗机构进行了研究与开发,试验发现砂石过滤器的反冲洗和过滤性能参数的确定,受许多种因素的影响,滤料参数影响更加显著。未来过滤器的发展趋势是将自动控制、程控管理和新型过滤材料等新技术应用到微灌过滤设备中,形成更加完善的全自动、多功能、专业化、系列化的过滤设备。

AFS-600 型双罐全自动过滤器是"十五"、863 科技成果之一,它采用新型专利技术,水电一体控制构造,交流或直流双电源工作,水驱动换向反冲洗,多功能可扩展控制电路,过滤和反冲洗功能安全可靠。本文是对研制过程中的一些反冲洗试验数据进行的总结和分析。

1　AFS-600 型过滤器简介

1.1　过滤器性能参数

过滤器性能参数见表 1 和表 2。

表 1　基本性能参数

公称直径(mm)	进出口直径(mm)	三向阀型号	承压能力(kPa)	额定流量(m^3/h)	反冲洗流量(m^3/h)	控制方式	压差流量关系
600	80	SK-50	800	40	12	压差	$Q=13.85h^{0.64}$

表 2　反冲洗性能参数

反冲洗强度(m/s)	单罐冲洗时间(s)	冲洗间隔(s)	最大冲洗周期(s)	冲洗压降比率(%)	冲洗压差指标(kPa)
0.012	300	20	640	40	50

1.2　过滤、反冲洗模式与自动控制原理图

1.2.1　过滤、反冲洗模式示意图

图 1、图 2 分别是过滤、反冲洗模式示意图。图 1、图 2 中带箭头的线表示水流的路线,过滤罐上游安装有水动三向阀,通过调整三向阀的启闭实现过滤和反冲洗的转换。

过滤时两个罐并联工作(见图 1),反冲洗时,由一个罐承担过滤工作,过滤后的一部分水继续流向大田灌溉作物,另一部分水形成反向水流,用于冲洗另一个过滤罐(见图 2)。两个罐交替冲洗,全部冲洗结束后重新回到过滤状态。

1.2.2　自动控制原理图

图 3 中的电磁阀 1 和电磁阀 2 分别控制图 1 或图 2 中的三向反冲洗阀门的启闭操作,实行过滤和反冲洗的转换。

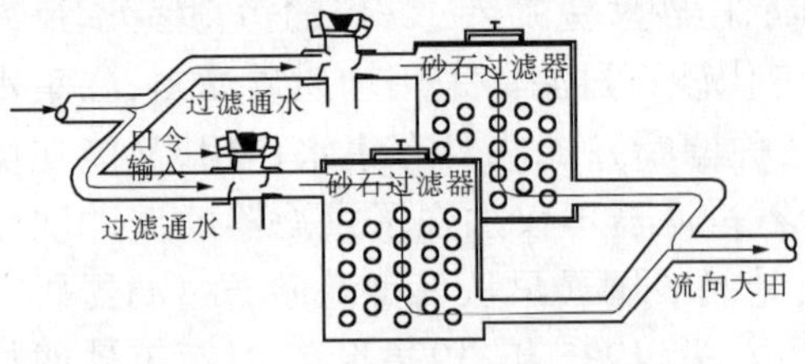

图1 过滤模式水流示意图

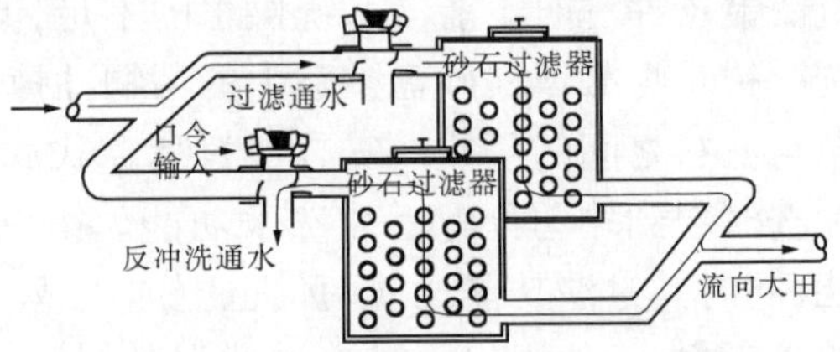

图2 反冲洗模式水流示意图

1.2.3 水动反冲洗三向阀试验

水动反冲洗三向阀是全自动反冲洗过滤器的关键设备,它靠管路自身水压来驱动阀片的上下移动,并实现系统的过滤和反冲洗。AFS-600型过滤器与SDF-50型水动反冲洗三向阀配套使用,其各水力性能参数如下:

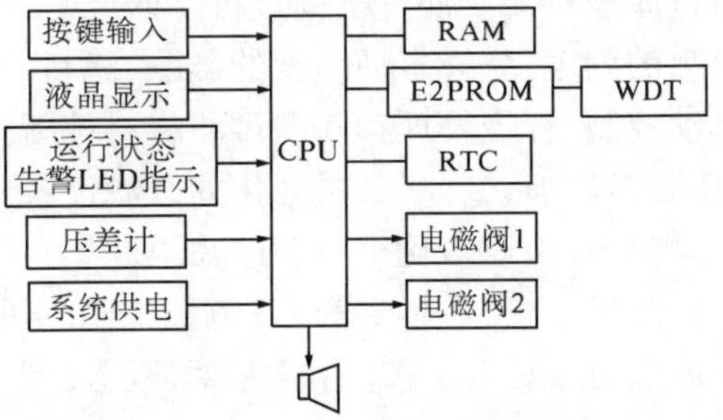

图3 全自动反冲洗控制系统的控制原理框图

(1)耐久性。从三向阀产品库中随机选取2个作为测试样品,进行多次重复试验。任取1组测试数据发现:2个反冲洗三向阀分别在正常启闭1 652次和1 657次后不能正常工作。对所有试验数据进行统计分析得,三向阀的正常启闭次数均在1 650次以上。因此,在过滤器实际应用中如果按每1~2 h反冲洗一次计算,则三向阀的正常启闭次数可保证过滤系统连续正常工作达1 650~3 300 h。

分析三向阀不能正常启闭的原因,多是由于阀门内部的橡胶囊出现裂缝而漏水造成的,经更换橡胶囊后,阀门即可正常启闭。所以在日常使用过程中,如有阀门启闭不灵或不能正常启闭时,可先停止向阀门供水,打开阀门的顶盖,更换橡胶囊,便可使其恢复正常。

(2)启闭时间与压力关系。对三向阀在不同工作压力下的启闭时间进行了试验测试(见表3)。当压力为0.4 MPa时,阀门完全启闭时间平均值在20 s左右。当压力小于0.3 MPa时,阀门完全启闭时间基本在5 s左右。也就是说,阀门的启闭灵敏度与三向阀内水体压力有关系:当压力大时阀门启动速度相对要慢些,而当压力较小时阀门启动速度相对较快(见表3)。

表3 三向阀启闭时间与压力关系测定

压力(MPa)	时间(s)	压力(MPa)	时间(s)
0.4	15	0.4	20
0.4	33	0.3	6
0.4	24	0.3	5
0.4	22	0.3	5
0.4	19	0.2	3
0.4	20	0.2	3

(3)压力—流量关系。分别对三向阀在过滤、反冲洗状态下的压力—流量数据进行测试,并回归、分析二者的相互关系,其关系曲线分别见图4、图5。

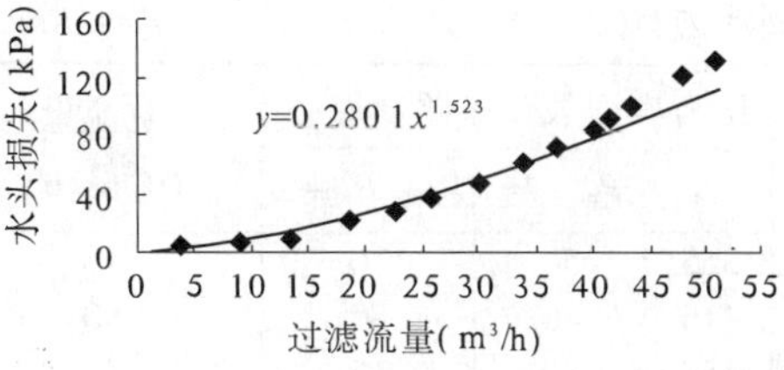

图4　过滤流量与水头损失关系曲线

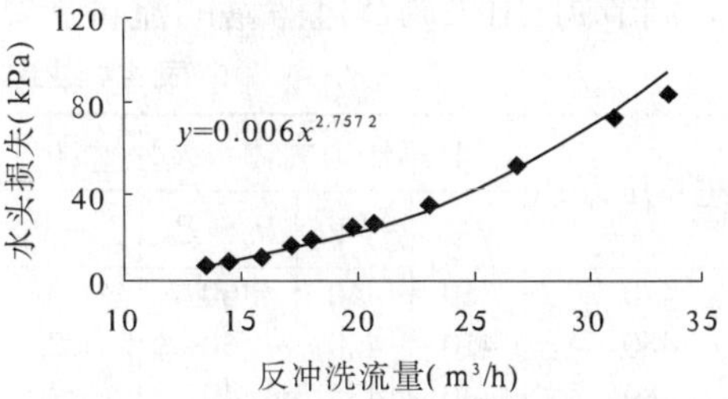

图5　反冲洗流量与水头损失关系曲线

从图4、图5中可以看出：不论是过滤状态，还是反冲洗状态，三向阀在额定流量为20 m^3/h的范围内，其水头损失小于30 kPa，即三向阀的进、出口的压差在3 m以下，与设计指标（小于5 m）相符合。

2　过滤、反冲洗流量压力参数测定

2.1　过滤器试验装置简介

为了测试过滤器的反冲洗参数，分别在过滤器上安装压力表和流量计等测试仪器，具体试验布置见图6。P_0代表进口总压力，P_1、P_2分别表示1[#]、2[#]过滤罐的进口压力，P_3、P_4分别表示1[#]、2[#]过滤罐出口压力。根据以上数据的相互关系，则知P_1-P_3的差值即为1[#]过滤罐的过滤水头损失，P_2-P_4的差值为2[#]过滤罐的过滤水头损失，P_0-P_1、P_0-P_2的差值分别表示1[#]、2[#]过滤罐前水动三向阀的水头损失，P_1-P_3+Z、P_2-P_4+Z表示1[#]、2[#]过滤罐滤层的水头损失（Z为0、1和2号压力表与3、4号压力表的安装高度差，实测值15 kPa）。

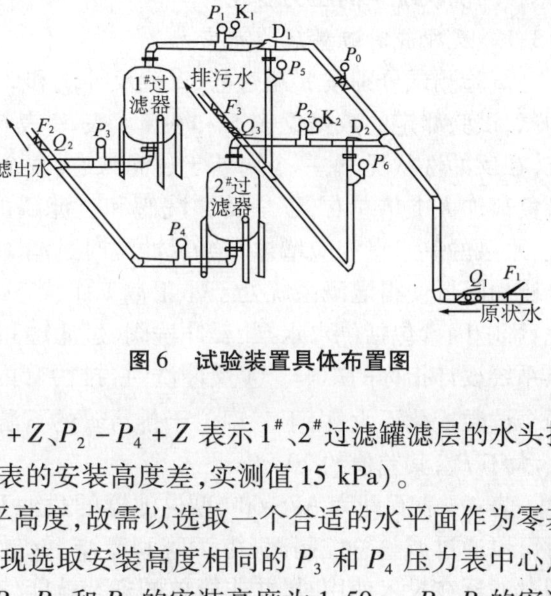

图6　试验装置具体布置图

由于压力表的安装位置不在同一水平高度，故需以选取一个合适的水平面作为零基准面，然后对试验的原始数据进行修正。现选取安装高度相同的P_3和P_4压力表中心点为零基准面，其相对高度为0，测量得出：P_0、P_1和P_2的安装高度为1.50 m，P_5、P_6的安装高度为0.95 m。

2.2　过滤状况下的压力变化

在过滤状态下，过滤流量从30～55 m^3/h，共计11组流量条件下的压力变化进行了测试，由于是靠调整总进水阀来调节流量，所以总进口压力随着流量的减少而变小。试验测定的数据如表4所示。

从表4中看出：①双罐过滤时，1[#]、2[#]过滤罐的压差是不同的，即每个罐通过的流量是不相等的，原因是两个过滤罐是非对称安装，水力分配不平衡，所以对于全自动反冲洗过滤器来说，其安装形式的不同影响它的过滤效果和反冲洗性能。必要时每个过滤罐进口

安装调节阀,用来调节过滤罐的流量。②试验采用进水总阀门来调节流量,显然随着流量

表 4 过滤状况下的各压力测定 (单位:kPa)

总进口压力 P_0	1#罐压力表读数及压差计算				2#罐压力表读数及压差计算				总流量 $Q(m^3/h)$
	P_1	P_3	P_0-P_1	P_1-P_3+Z	P_1	P_3	P_0-P_1	P_1-P_3+Z	
420	360	340	60	35	370	355	50	30	55
460	410	400	50	25	420	415	40	20	50
480	440	435	40	20	450	450	30	15	45
380	350	350	30	15	350	350	30	15	40
270	250	255	20	10	250	255	20	10	35
190	175	180	15	10	170	180	20	5	30

的降低,进口压力也相应下降,在实际应用中过滤流量是一定的,在安装过滤器时应调整好总进水阀和出水阀的开度,使出水口的工作压力和流量调整到满足灌溉系统需要。③由于试验采用的是清水,过滤的水头损失最大为 35 kPa,最小 5 kPa,AFS-600 型过滤器的额定流量 40 m^3/h,其额定水头损失为 15 kPa,过滤器的清洁压降 $\Delta H \leqslant 3.5$ m,AFS-600 型过滤器属于正常允许压降范围。

2.3 冲洗状况下的压力变化

2.3.1 反冲洗时流量压力测定

试验测试分别按 1#罐过滤、2#罐反冲洗和 2#罐过滤、1#罐反冲洗两种情况依次进行了测试,试验测定的数据见表 5 和表 6。表 5、表 6 的数据显示:①对于双罐组合的过滤系统,在反冲洗状况下,一个罐处于过滤状态,一个罐处于反冲洗状态,由于过滤罐的过滤流量负荷加大 1 倍左右,于是反冲洗阀和过滤罐的水头损失加大,过滤罐前后压力明显降低,水泵的供水量相应增加。②反冲洗时过滤罐前后压力大幅降低,提供给灌溉系统的供水压力降低使得灌溉系统处于非正常工作状态。③反冲洗过程是一个复杂的流体力学工程,影响因素包括供水水泵、反冲洗阀、过滤罐和连接管道等设备的水力性能,同时它受灌溉系统设计指标的影响。④反冲洗时,排污管内产生了压力 P_5、P_6,从上表中可以看出,两个读数变化不大,由于 1#罐位于排污管的下游,1#罐反冲洗时 P_5 大于 P_6,2#罐反冲洗时 P_6 大于 P_5,其差值约 20 kPa。

表 4 ~ 表 6 即为 AFS-600 型过滤器的过滤和反冲洗状况下的压力变化参数,在使用时可以通过调整总控制阀、排污阀和灌溉系统供水阀来调节过滤系统的压力。AFS-600 型过滤器在投入使用时,并非简单的安装就能使用,应充分考虑灌溉工程指标要求,严格按照设计对辅助管道进行安装,必须执行调试程序。

表 5 1#罐反冲洗状态过滤器各部分的压力测定 (单位:kPa)

总进口压力 P_0	1#罐压力表读数及压差计算					2#罐压力表读数及压差计算					总流量 Q (m^3/h)
	P_1	P_3	P_5	P_0-P_1	P_1-P_3+Z	P_2	P_4	P_6	P_0-P_2	P_2-P_4+Z	
420	140	140	120	280	15	200	145	115	220	70	55.69
400	175	180	140	225	10	220	185	140	180	50	49.65
300	125	130	110	175	10	160	135	105	140	40	42.92
210	90	95	70	120	10	120	95	70	90	40	36.83

注:Z 为 1、2 号压力表与 3、4 号压力表的安装高度差,实测值 15 kPa。

表6　$2^{\#}$罐反冲洗状态过滤器各部分的压力测定　（单位：kPa）

总进口压力 P_0	$1^{\#}$罐压力表读数及压差计算					$2^{\#}$罐压力表读数及压差计算					总流量 Q (m^3/h)
	P_1	P_3	P_5	P_0-P_1	P_1-P_3+Z	P_2	P_4	P_6	P_0-P_3	P_2-P_4+Z	
420	200	150	110	220	65	140	140	130	280	15	54.8
400	220	180	140	180	55	170	165	160	230	20	48.96
300	160	130	100	140	45	120	120	120	180	15	42.38
230	120	100	60	110	35	90	95	90	140	10	36.83

注：Z 为5、6号压力表与3、4号压力表的安装高度差，实测值9.5 kPa。

2.3.2　反冲洗压降比率

自动反冲洗砂石过滤器的反冲洗，由于采用不间断供水方式，当$1^{\#}$罐反冲洗时，仍处于过滤状况的$2^{\#}$罐过滤负荷显著加大，导致$2^{\#}$过滤罐及三向阀的过流量增大，水头损失成倍增加，进口压力明显降低，为了便于研究这一现象，现用反冲洗压降比率来表示它的下降幅度，其计算方法为：

$$H_v=(P_0-P_2)/P_0 \quad (1\text{号罐反冲洗})$$

$$H_v=(P_0-P_1)/P_0 \quad (2\text{号罐反冲洗})$$

对表5、表6中数据计算，结果见表7。可看出AFS-600型过滤器的压降比率在40%～55%，并且随着流量减少，压降比率 H_v 有逐渐减小的趋势。

表7　反冲洗压降比率计算

$1^{\#}$罐压降比率计算			$2^{\#}$罐压降比率计算		
P_0(kPa)	P_2(kPa)	H_v(%)	P_0(kPa)	P_1(kPa)	H_v(%)
420	200	52.4	420	200	52.4
400	220	45.0	400	220	45.0
300	160	46.7	300	160	46.7
210	120	42.9	230	120	47.8

2.3.3　冲洗时间、周期的确定方法

反冲洗时间是指单个过滤罐冲洗时间，它根据具体的使用条件来确定。在工程中一般是在过滤设备调试阶段，根据调试情况来确定冲洗时间，一般情况为200～300 s。反冲洗周期包括两个过滤罐的冲洗时间、冲洗时间间隔和三向阀的启闭时间，冲洗时间间隔可以自行设置，一般不大于10～20 s。

3　结语

（1）反冲洗三向阀的功能参数是决定过滤器反冲洗控制的关键，它直接影响过滤周期、反冲洗压降比率和其他水力性能指标。

（2）过滤器反冲洗时，系统的压力变化受进出水管道尺寸及其安装方式影响，因此过滤器在应用之前必须进行专门的压力调试，使各个过滤罐平衡过滤和反冲洗。

(3)当自动反冲洗砂石过滤器的1#罐反冲洗时,仍处于过滤状况的2#罐,过滤负荷显著加大,水头损失成倍增加,进口压力明显降低,下降的比率称为反冲洗压降比率H_v,它是一个反映过滤器性能的重要参数之一。

(4)反冲洗周期包括两个过滤罐的冲洗时间、冲洗时间间隔和三向阀的启闭时间。

(翟国亮,冯俊杰,邓忠,等.原载于《水资源与水工程学报》2007年第1期)

第三篇　地下滴灌

国内外地下滴灌研究及应用现状

地下滴灌是在滴灌技术日益完善的基础上发展而成的一种高效、节水的灌水技术，将毛管埋于地下，通过出水口将水或水肥的混合液送到作物根区土壤中，供作物吸收。与地表滴灌相比，它减少了地表的无效蒸发，改善了作物根区的生长条件，同时在方便田间管理，防止毛管丢失、老化，延长毛管的使用寿命等方面具有明显优势。地下滴灌的示范应用表明，其节水节能效果最佳，经济效益显著。因而在温室、果树及免耕的大田作物和水源奇缺地区有着广阔的应用前景。

1　地下滴灌概述

1.1　地下滴灌的优点

与其他灌水方法相比，地下滴灌有显著优点，Phene 等总结了地下滴灌的优点：

(1)节水效果明显。地下滴灌节水主要包括：采用管道输水减少输水损失；灌水器埋在地表以下，不会产生地表径流，最大限度地降低了表层土壤的含水量，减少了棵间蒸发损失；在正确的安装和适宜的运行管理情况下，深层渗漏也可以得到有效控制。

(2)优质、高产。地下滴灌可将水、肥适时适量输送到作物根区，满足作物对水肥的需求。地下滴灌条件下，根区的土壤多呈非饱和状态，有利于形成适合作物健康生长需要的水、肥、气等作物生长微环境，减少了土壤中真菌病害的发生，将有效遏制果树、蔬菜由于过量灌溉而导致的病虫害。

(3)保护环境。地下滴灌系统可安全、有效地将肥料或农药直接输送到作物根区附近，减少了对土壤和地下水的污染。

(4)减少杂草生长。地下滴灌可保持地表相对干燥，抑制了杂草的发芽和生长。

(5)不破坏土壤结构。无地面灌溉对土壤的冲刷和对土体结构的破坏，降低了由于灌溉而造成的土壤紧实度，提高了根系活力。

(6)方便管理，不影响地面的各种活动。即使在地下滴灌灌水期间，由于有干燥的土壤表面，不影响田间劳作和机械化机具的操作。地下滴灌用于草坪灌溉，不会因为灌水而停止草坪的正常使用。

(7)延长使用寿命。埋在地下的管道可以防止紫外线、温度变化、耕作及小动物活动造成的危害，延缓老化，提高系统的使用寿命。

(8)降低费用。地下滴灌可充分利用小流量、低水头工作，节约了运行费用和能源。

(9)节省劳力。地下滴灌系统固定埋设在耕作层以下,不需要经常搬动和铺设,减少了人工投入。肥料的直接输送,较少的杂草,有效控制了病虫害等,都可节约很多人工。

1.2 地下滴灌的缺点

尽管地下滴灌有以上诸多优点,但同其他灌水技术一样,也存在着一些不足:

(1)堵塞问题。地下滴灌条件下,灌水器不仅存在和地表滴灌相同原因引起的堵塞,即灌溉水存在微小颗粒或水质等引起的物理化学堵塞外,而且还存在另外两个造成堵塞的诱因:一是灌溉管道停水后,毛管中产生的负压能够将土壤中微小颗粒吸入灌水器的微孔造成堵塞;二是植物根的向水性生长,可能使根伸入滴水孔引起堵塞。堵塞对于地下滴灌技术来说是一个致命的弱点,多数地下滴灌系统的失败都归结于灌水器出口的堵塞。

(2)灌水均匀度不易控制。地下滴灌系统埋在地下,不能直接观测每个灌水器的出流状况,因此对系统运行的评价和均匀度测定非常困难。地下滴灌的均匀性灌溉不只是像地表滴灌时,受每个灌水器的工作压力均匀性、温度差异和滴头制造偏差的影响,而且由于灌水器出口直接与土壤接触,受土壤(质地、密实度、导水性能等)的影响较大。另外,地下滴灌的灌水器易被堵塞也是造成灌水不均匀的一个重要因素。

(3)不利于种子发芽和苗期生长。地下滴灌应用于大田作物的灌溉时,为了满足田间耕作的要求,滴灌毛管需要埋在一定深度以下,表层土壤的干燥或供水不充分将影响种子的萌发和出苗,因此在作物播种以后,若没有充足的降雨,需要采用另外一种灌溉方式以保证作物整齐出苗,增加了投资。

(4)运行管理要求高。由于地下滴灌系统埋于地下,系统发生故障后,检查、维修时间长,费用高,因此对系统的日常管理要求严格,如要定期冲洗支管和毛管。

2 地下滴灌的研究进展

早在19世纪中叶,国外就出现了用有孔管道进行灌溉的设想和研究。地下滴灌以其无可比拟的优点已成为近几年世界各国科学家研究的热点,并取得了很大的进展。综观国内外关于地下滴灌系统的研究成果,主要集中在土壤水运动、作物反应、运行管理等方面。

在地下滴灌土壤水分运行方面,国内外研究较多。20世纪80年代以来,以美国的A. W. Tomas、C. R. Camp、Phene等为代表的一批灌溉专家,对地下滴灌的土壤水分运动进行了深入细致的研究,促进了地下滴灌技术的发展。A. W. Tomas等分析了模型中的水力传导度与毛细管水势的关系,讨论了地下滴灌中毛管间距、毛管深度的设计问题。A. W. Tomas等以毛细管水势为变量,模拟地下滴灌线水源分布,并进行了验证,以此选择毛管间距和深度。J. R. Philip以地上、地下滴灌点水源为对象,建立了三维非饱和土壤水运行模型,模拟各种无限、半无限区域的水分运动过程。Philip利用球型波函数得到了模型的精确解,但由于在自由界面上线性化,多维模型应用中存在一些不足,为了描述饱和区,Philip将线性化点水源的位置上移,得到较为精确的结果。我国学者张思聪等、李恩羊等就地下滴灌(渗灌)条件下非饱和土壤水的二维流动作了数学模拟。在国家自然科学基金重大项目"华北平原节水农业应用基础研究"(1993~1996年)中,吕谋超等对地下滴灌土壤水运行进行了试验,在此基础上,仵峰等对地下滴灌条件下土壤水分的运动进行了模拟。以上这些研究,为弄清地下滴灌条件下土壤水分运动规律打下了基础。

作物方面的研究主要集中在地下滴灌节水和对产量的影响上。已有的地下滴灌试验研究表明,与其他灌水方法相比,地下滴灌的作物产量均有提高,至少不会降低,其节水效果比较明显。如 Phene 等就地下滴灌和地面灌溉进行了多年的田间试验,结果表明,地下滴灌的节水增产效果明显,甜玉米的产量比喷灌和沟灌高 12% ~14%,西红柿产量比沟灌高 20%。以色列 Plastro 公司多年的棉花田间试验表明,棉花地下滴灌的产量达 2 349 kg/hm^2,而地表滴灌只有 2 100 kg/hm^2;Henggeler 在美国得克萨斯州西部几个县的试验结果也表明,地下滴灌的棉花产量要比沟灌增产 20% 左右。国内这方面的研究也有一些,但总体上讲,缺乏长期性和系统性。

A. F. Povoa、D. S. Caldwell 等对玉米地下滴灌的需水规律作了比较完整的研究。研究表明,地下滴灌的灌水频率从 1 d 到 7 d 不等,对玉米产量没有明显的影响。而埃及的 El Gindy等研究结果为每天灌水的西红柿和黄瓜,其产量比每 3 d 灌水的要高。山西省米海荣等对利用塑料细管进行地下滴灌(渗灌)的节水、节肥、优质、增产机理作了探讨。山西省运城地区水利局对简易地下滴灌的设计、施工等进行了总结,并用以指导当地地下滴灌发展。为改善地下滴灌的土壤浸润状况,在第五次国际微灌大会上,Brown K. W. 等提出了在滴灌带下增加一 U 形的塑料布,以增加地下滴灌中水流在土壤中的水平运动。我国学者王伟等也对此进行了研究。

寻求解决地下滴灌的堵塞问题,也是地下滴灌研究的一个重点,得到了众多学者的关注。如前述的在毛管末端增加冲洗管,定时冲洗等。针对地下滴灌中可能存在的负压吸泥现象,以色列 Plastro 公司发明了一种内镶式压力补偿式滴头,其最显著的特点是当灌溉停止时,滴头出口自动被锁住,可防止负压吸泥。我国在"九五"国家科技攻关计划项目中,也成功研究出了类似的地下滴灌灌水器。对于根系的向水性,有可能致使作物根系入侵灌水器而堵塞出口,Solomon 等对草坪灌溉的各种灌水器进行评估,发现只有两个灌水器没有根系进入;对此,Ruskin 等提出在灌溉水中加入一种化学药剂,从而阻止根系的入侵,并已成功使用近 10 年。

目前,国内外尚无针对地下滴灌管网水力性能的研究,有关地表滴灌管网水力性能的研究比较多。Valiantzas、Wu 等采用水力梯度等方法对管网水力性进行了分析,Amoozergar等采用诺模图进行管网设计,C. Dandy 等从设计和运行管理角度谈了多个灌水单元的微灌系统优化设计。我国学者张国祥采用等流量设计法对微灌管网进行设计,王金如对等比降法和平均水头法在微灌设计中的应用作了深入研究,康跃虎根据微灌设计中对平均灌水流量和灌水均匀度的要求,用水力学解析的设计方法提高了管网(干管、支管、毛管)的水力学设计精度。

3　地下滴灌的发展概况

早在 1913 年,美国的 E. B. House 就开始了地下滴灌的探讨,但由于受当时技术水平的限制,试验中地下滴灌技术不但没有增加根区土壤含水量,同时由于应用成本较高,最终放弃了这项研究。1920 年,加利福尼亚的 Charles Lee 用瓦管使其周围的土壤得以湿润,并获得美国专利,这是地下滴灌(Subsurface Drip Irrigation,SDI)的雏形。随后,许多国家的学者又采用其他材料对该技术做了一定的研究工作。二次世界大战后,随着塑料工业的发展,塑料管开始广泛用于灌溉中,滴灌技术在英国、美国、以色列等国得到发展的同时,也推动了地下滴灌的发展。20 世纪 40 年代后期,德国用塑料管进行了地下灌溉研究。1959 年,地下滴灌作为滴灌的一部分,在美国的加利福尼亚州和夏威夷,开始进行研究和应用。20 世纪 60 年代,直接带有灌水器(如孔、缝式滴头)的 PVC 管和聚乙烯管开始用于地下滴灌系统。Whitney 等对不同类型滴头(包括直接在毛管上打孔的滴头)的堵塞和运行情况进行了评价。20 世纪 70 年代,由于地下滴灌灌水均匀性较差、堵塞严重等问题没有得到有效解决,发展速度缓慢。20 世纪 80 年代以后,随着水资源的紧缺和环保意识的提高,人们对地下滴灌的兴趣再次高涨,许多灌溉专家对此做了大量的研究工作,并且在推广应用中取得了一定成效。

1979 年在美国亚利桑那州 Coolidge 附近安装了第一个棉花地下滴灌系统,面积 0.2 hm^2,至 1985 年已有约 0.8 万 hm^2 棉田安装了地上与地下管道,当地称为"亚利桑那系统",开始了真正意义上的地下滴灌系统应用和研究。该系统采用哈迪公司生产的双壁滴灌管作为毛管,毛管间距 1 m,平均长 182 m,埋深 15 ~ 25 cm,单位长度设计流量为 6 L/(h · m),系统的首部装有砂石过滤器。生产实践中,认识到在有过滤设备的前提下,影响系统寿命的决定因素是毛管定期冲洗与否,为此在毛管下游加设一条冲洗管道。采用免耕法,3 年后原毛管废弃,重新铺埋毛管。应用表明,地下滴灌适用于田间轮作,节省了铺设和回收毛管的用工,有利于田间管理和降低作物垄床中的盐分。

此后,地下滴灌系统在多种作物上得到应用,从大田的棉花、玉米、土豆、蔬菜到果园的柑橘、菠萝、梨树以及草地等均取得了较好的节水、增产效果,系统运行良好。如以色列 Naan 公司的棉花和果树地下滴灌系统已正常运行 3 年多,美国 Lamm 等宣布,他们地下滴灌系统已成功使用 10 年。美国堪萨斯州立大学从 1989 年开始,连续进行了 10 年的大田作物地下滴灌研究,已累计完成 22 个地下滴灌的研究项目,对地下滴灌的设计、维护和经济性及长期效应做了广泛的研究,编写了正确使用地下滴灌的多种技术指导材料。另外,地下滴灌可利用污水进行灌溉,美国堪萨斯州已将地下滴灌作为利用污水进行大田作物灌溉的一种主要灌水技术。据估计,美国地下滴灌面积已达 15.607 万 hm^2,分别占微灌面积和灌溉总面积的 5% 和 0.6%。

我国地下滴灌(渗灌)起源于地下水浸润灌溉。早在 1 000 多年前,山西省临汾龙子祠修建的泉水灌溉工程就是一种地下浸润灌溉工程,在土壤耕层以下铺设厚 0.4 ~ 0.6 m 的卵石,作为灌溉水的蓄、输通道。之后,经过漫长的生产实践,又找到了一种比铺设卵石更简便的方法,即在土壤内埋设"透水管道"进行灌溉。如在几百年前的河南省济源的合瓦地,即是迄今所知的我国最早的地下滴灌(渗灌),其地下滴灌(渗灌)管道系统由透水瓦片扣合而成,具有灌溉和排涝两种功能。

1974 年,现代滴灌技术进入我国,由于地下滴灌不仅具有一般滴灌节水的优点,而且便于耕作,设备不易丢失,所以国内学者也多有尝试。1978 年山西晋东南地区水科所与阳城县水利局、长治农校合作,在阳城上李村进行过 4 年大田作物地下滴灌试验。试验地块面积 0.2 hm^2,在直径 10 mm 毛管连接 1.2 mm 微管进行灌溉,单口流量约 4 L/h,按每 1.5 m^2 和 2.25 m^2 设一出水口的两个方案布设,毛管埋深 40 cm,作物有冬小麦、玉米等。

试验主要认识有：首先，地下滴灌效益逐年递减，第 1 年效益十分显著，第 2 年降低，至第 4 年堵塞严重而失败；其次，地下滴灌条件下，土壤水分在剖面上的分布有下降趋势，第 1 年灌水 10 m^3 可见地面返湿，第 3 年需 30 ~ 40 m^3，土壤中水分分布似有逐年向下偏移之趋势。

山西省水利科学研究所于 1983 年在祁县进行了 12 hm^2 的果树（梨和苹果）地下滴灌；原水利电力部水利水电科学研究院于 1983 年在河北省迁安县建成了上百公顷的板栗地下滴灌等；山西省万荣县南景村农民王高升于 1990 年自发地安装了 0.67 hm^2 的果园地下滴灌，节水增产效果良好，掀起了运城地区地下滴灌建设高潮，据报道已发展地下滴灌约 6 700 hm^2，但由于对地下滴灌技术本身了解不够，采用的塑料管打孔成孔工艺存在缺陷，加上运行管理措施不力，灌水不均、堵塞等问题日益严重，已导致大部分工程的失败。

"九五"期间，中国水利水电科学院在北京市昌平区建成 13.3 hm^2 试验示范区，并开展地下滴灌田间试验研究，考核了自行研制开发的地下滴灌专用灌水器。试验示范区的建设和配套技术的应用，取得了明显的节水增产效果和良好的社会效益。

2001 年，新疆在棉花地安装了 333.3 hm^2 的地下滴灌，使用 2 年，均取得了较好的应用效益。

4　结语

面对有限的水资源和日趋恶化的水环境，高效、节水、有利环境保护的地下滴灌技术日益受到重视。2000 年 10 月，在南非召开的第 6 次国际微灌大会上，地下滴灌技术被列为今后微灌发展的方向之一。美国加利福尼亚州大学灌溉技术中心主任Dvid F. Zoldoske在第 6 次国际微灌大会上预言"灌溉的未来将是地下滴灌"，地下滴灌技术发展前景看好。

地下滴灌的研究大多基于地面滴灌的认识水平，但地下滴灌有其自身的特殊性和复杂性。目前我国地下滴灌的设计主要参照《微灌工程技术规范》（SL 103—95），系统是按照地面滴灌或简单的孔口出流原理进行规划设计的，从已建工程的运行效果来看，设计理论尚不能满足实践要求。因此，需要进一步对地下滴灌系统加以研究，为地下滴灌的设计及运行、管理提供理论依据，这对提高地下滴灌设计的合理性，推动节水灌溉的发展，有着十分重要的意义。

（仵峰，宰松梅，丛佩娟. 原载于《节水灌溉》2004 年第 1 期）

地下和地表滴灌土壤水分运动的室内试验研究

常规地表滴灌由于系统裸露于地表，导致蒸发量增大，而且不便于田间管理。地下滴灌则能克服以上缺点，减少田间蒸发和奢侈蒸腾，具有更好的节水节能效果。

本试验以研究地下滴灌土壤水分运动为目的，并与地表滴灌相比较，为地下滴灌水分运动模型提供验证，进而为地表、地下滴灌的设计提供理论依据。

1　试验方法

试验槽一面槽壁为玻璃，另一面是孔密度为 12 cm × 20 cm 的钢板，规格为 183 cm ×

21 cm×100 cm。均质土体高度 90 cm，干容重为 1.35 g/cm^2，内部以间隔 12 cm×20 cm 均匀布置 50 个土壤水分电测头。土体的一半为地表滴灌，另一半为地下滴灌，滴头为发丝微管，置于各自的中间，其中地下滴灌埋深 15 cm，两种滴灌均模拟成线水源供水。

用 DT-1 型土壤湿度仪测量各测头的初始读数。

灌水：两组试验同时灌水，其中地表滴灌灌水总量 5 392 mL，历时 175 min，流量为 1.848 7 L/h，折合线水源为 8.803 L/(h·m)；地下滴灌灌水总量为 4 510 mL，灌水历时为 608 min，流量为 0.455 1 L/h，折合线水源为 2.12 L/(h·m)。

观测：灌水开始后，每间隔 0.5 h 在试槽玻璃侧画出两种灌水方式的湿润锋线；同时用土壤湿度仪观测各测头的电阻值，并记录。

2 试验结果与分析

2.1 湿润锋运移情况

灌水过程中，湿润锋随时间不断变化，两种灌水方式的湿润锋随时间变化状况见图 1、图 2。

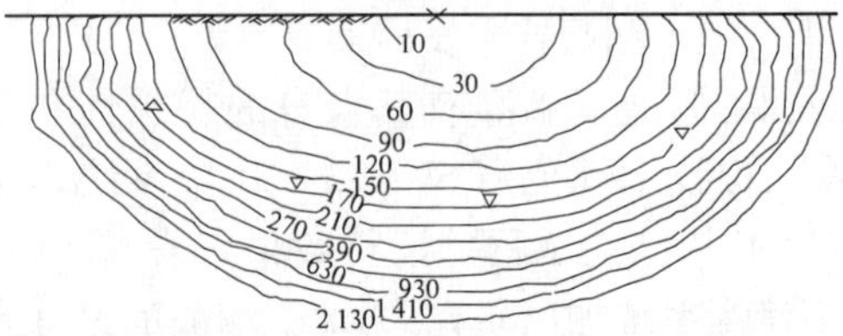

图 1 地表滴灌湿润锋随时间的变化 （单位：min）
△—停灌时的湿润锋线；×—线水源

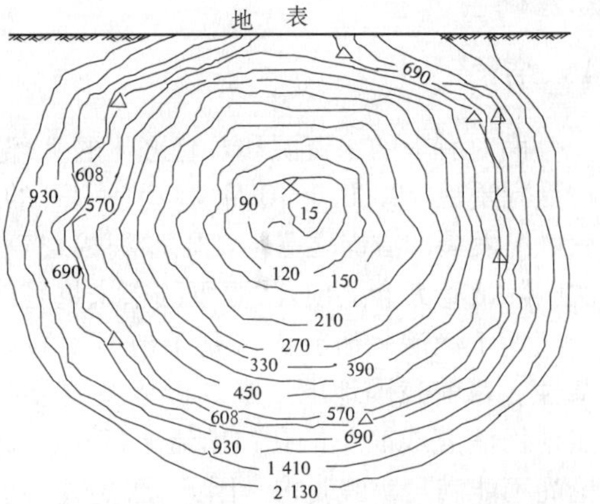

图 2 地下滴灌湿润锋随时间的变化 （单位：min）
△—停灌时的湿润锋线；×—线水源

2.2 模型拟合

为了便于分析湿润锋运移与时间的关系，把图 1、图 2 分解成以线水源为中心，向上、向下、水平、斜下 45°及斜上 45°5 个方向，测得湿润锋多点与中心的距离（L，cm）和时间（T，min），以 T 为自变量，L 为因变量，分别采用 3 次多项式模型 $L=AT^3+BT^2+CT+D$（多项式模型系数见表 1）、对数模型 $L=a\ln T$ 和指数模型 $L=aT^n$，利用最小二乘法，对实测数据进行拟合，计算 3 种模型与原始数据的相关系数，以及各自计算的数据系列的均值、变差和标准差（见表 2）。以水平方向的湿润锋随时间变化为例，从表 2 可以看出：采用多项式模型拟合出的结果不仅相关系数最大，而且所形成的数据系列与原始数据系列的特征参数（均值、变差、标准差）最为相近，说明采用多项式拟合的结果与实测数据最接近。此外，3 种模型的相关度均已达显著相关水平，而应用多项式模型虽然较精确，但其形式复杂，计算工作量远大于其他两种，所以形式简单、计算量较小的对数或指数模型也是可用的，如图 3、图 4 所示。

表 1　多项式模型系数

类别	方向	$A(\times10^{-7})$	$B(\times10^{-4})$	C	D
地表滴灌	水平	61.6	-22.7	0.362 5	2.372 9
	斜下 45°	50.9	-18.1	0.301 5	1.332 3
	垂直向下	25.9	-10.1	0.221 4	-0.456 8
地下滴灌	垂直向上	0.458	-0.718	0.054 5	-1.288 0
	斜上 45°	0.271	-1.45	0.089 4	-3.085 9
	水平	0.109	-1.49	0.086 7	-1.468 5
	斜下 45°	0.760	-1.28	0.088 4	-2.261 6
	垂直向下	0.867	-1.37	0.092 7	-1.934 4

表 2　湿润锋水平距离与时间关系拟合

项目			实测值	多项式模型	对数模型	指数模型
数据或计算式	地表滴灌		见图 1	$L=6.16\times10^{-6}T^3-2.27\times10^{-3}T^2+3.63\times10^{-1}T+2.37$	$L=8.05\ln T-14.4$	$L=1.61T^{0.5659}$
	地下滴灌		见图 2	$L=1.09\times10^{-7}T^3-1.49\times10^{-4}T^2+8.67\times10^{-2}T-1.47$	$L=7.26\ln T-27.1$	$L=0.696T^{0.8615}$
特征参数	地表滴灌	均值	19.2	19.20	19.19	19.25
		变差	68.69	68.51	67.05	74.95
		标准偏差	8.29	8.28	8.19	8.66
		相关系数	1.0	0.998 9	0.987 9	0.996 9
	地下滴灌	均值	12.31	12.31	12.309	12.52
		变差	36.39	36.27	35.91	53.25
		标准偏差	6.03	6.02	5.99	7.3
		相关系数	1.0	0.998 3	0.993 4	0.981 0

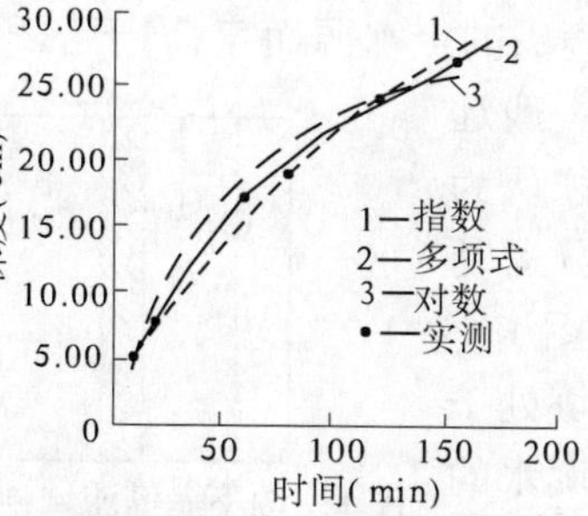

图 3　地表滴灌湿润锋水平运移拟合模型比较

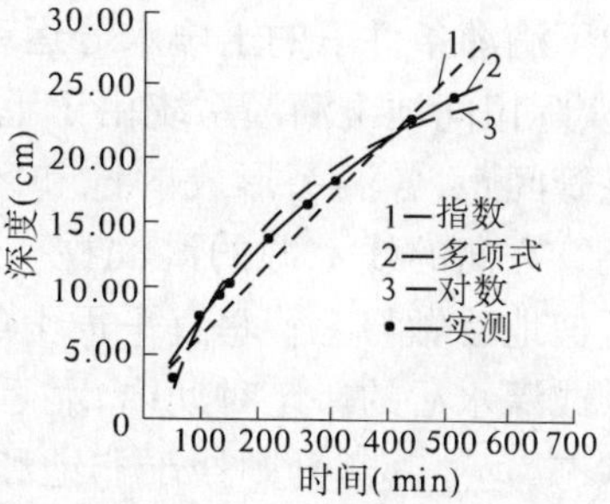

图 4　不同模型对地下滴灌湿润锋水平运移拟合

2.3 滴灌土壤水分变化规律

试验过程中，用土壤湿度仪测定土壤水分变化情况，两种灌水方法都是以滴灌线水源为轴，形状近似椭圆（地表滴灌）或圆形（地下滴灌），并随着灌水时间和灌水量的加大而逐渐扩展。

地表滴灌的线水源流量大于其入渗速度，在地表形成积水，随着灌水历时的增加，在滴头下方形成的饱和区逐渐增大，地表积水带向两侧扩展。形成水平扩散和向下扩散的半椭圆形的饱和及浸润剖面。

地下滴灌的浸润剖面基本上是以线水源为中心向周围扩散，灌水到一定时间后形成的饱和土体较大，在受重力影响时，其向下运动速度略大于水平运动速度，水平运动速度略大于向上浸润速度，基本上为一圆形。

另外，发现相同工作水头作用下，地下滴灌流量明显低于地表滴灌的流量，这可能由于地下线水源以上形成饱和滴水呈淹没出流所致，该现象有待进一步研究。

3 试验小结

（1）分析了地表滴灌及地下滴灌湿润锋随时间变化的规律，用 3 种数学模型拟合，认为多项式模型最接近实测数据，对数模型和指数模型也可用。

（2）分析了地表滴灌及地下滴灌土壤水分变化，得知用半椭圆形及圆形可近似代表地表及地下滴灌线水源形成的饱和区和湿润区。

（3）依据模型拟合结果，结合作物灌溉制度，在微灌工程设计中可合理确定滴头间距和毛管间距，满足作物需水，提高水的利用率和利用效率。

（4）如试验电测头埋设密度更大一些，则试验数据更充实可靠，模型拟合的精度会更高。

（吕谋超，仵峰，彭贵芳，等. 原载于《灌溉排水》1996 年第 1 期）

地下滴灌条件下土壤水分运动模型

1 理论模型

地下滴灌条件下的土壤水分运动，对于每一个滴头的点水源而言，属于空间上的三维流动，实际田间地下滴灌系统由于毛管上滴头间距一般远小于毛管间距，各滴头形成的饱和区交叉重叠，往往认为是沿毛管方向的线水源的湿润柱。此时的土壤水分运动可以近似地看做与毛管垂直平面上的二维流动（见图 1）。在灌水或灌水后的一定时期内，靠近滴灌毛管的土壤处于饱和状态，远离其部分则处于非饱和状态。因而土壤水的运动是一种饱和—非饱和流动。对于每一条线水源（滴灌毛管），土壤水运动在相邻毛管之间，由于其对称性，只研究图 1 中阴影部分的水流运动。

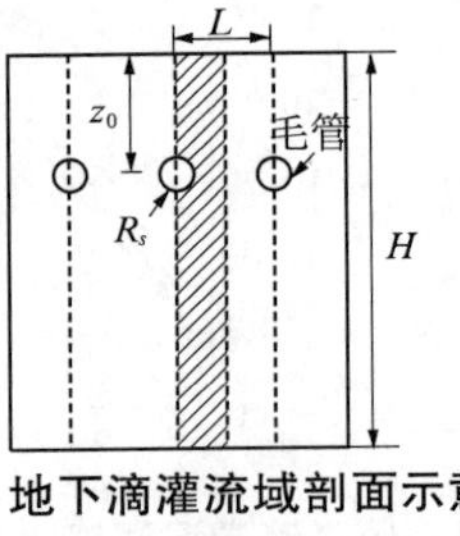

图 1　地下滴灌流域剖面示意图

1.1　线水源条件下的地下滴灌土壤水分运动基本方程

根据达西定律,结合土壤水分流动的连续方程,便可导出线水源条件下地下滴灌饱和—非饱和土壤水二维运动的基本方程,形式如下:

$$C(\psi)\frac{\partial\psi}{\partial t}=\frac{\partial}{\partial x}\left[K_x(\psi)\frac{\partial\psi}{\partial x}\right]+\frac{\partial}{\partial z}\left[K_z(\psi)\frac{\partial\psi}{\partial z}-1\right]-S_r(\psi) \tag{1}$$

式中:ψ 为用压力水头表示的土壤水基质势,饱和土壤的基质势 $\psi=0$,非饱和土壤的基质势 $\psi<0$;$C(\psi)$ 为单位基质势的变化引起的含水量变化,称为比水容量、容水度或给水度,可以近似为土壤水分特征曲线上各点的斜率的倒数;$K_x(\psi)$、$K_z(\psi)$ 分别表示水平和垂直方向上的水力传导度,均质、各向同性土壤,$K_x(\psi)=K_z(\psi)=K(\psi)$;$t$ 为时间坐标;x,z 分别是水平和垂直方向的距离,其中 z 坐标向下为负;$S_r(\psi)$ 为考虑根吸水的源汇项。

1.2　初始条件和边界条件

$$\psi(x,z,t)=\psi_0 \quad (0\leqslant x\leqslant L/2,\quad 0\leqslant z\leqslant H,\quad t=0) \tag{2}$$

$$\psi(x,z,t)=\psi_c \quad (0\leqslant x\leqslant L/2,\quad z=0,\quad t>0) \tag{3}$$

$$\psi(x,z,t)=\psi_0 \quad (0\leqslant x\leqslant L/2,\quad z=H,\quad t>0) \tag{4}$$

$$\frac{\partial\psi}{\partial z}=0 \quad (x=0,x=L/2,\quad 0\leqslant z\leqslant H,\quad t>0) \tag{5}$$

$$\psi(x,z,t)=0 \quad (x\geqslant 0,z\geqslant 0,\quad 且\sqrt{x^2+z^2}=R_s,\quad t>0) \tag{6}$$

式中:ψ_c 为风干含水率;ψ_0 为初始含水率;L 为毛管间距;H 为下边界埋深;R_s 为滴灌带周围的饱和区半径。

1.3　地下滴灌毛管周围边界

非灌溉季节,该边界为左边界的一部分,满足式(5)。开启地下滴灌系统灌溉时,沿毛管周围形成柱状的饱和体,把该柱体的外边缘作为地下滴灌毛管周围边界。该边界把流域划分成两大部分,边界内部土壤饱和,土壤水基质势为零;其余部分处于非饱和状态,土壤水基质势小于零。然而该饱和区在灌水期间并非稳定不变,而是随着灌水历时的增加,灌入土体水量加大,饱和区以滴灌带为中心逐渐向外扩张,因而该边界为一动边界。计算中,近似地把饱和区当做一半径为 R_s 的圆处理(见图2)。

根据水量平衡原理,得:

$$3.14\times(R_s^{p+1})^2\times\left(\frac{Q^p}{2}\right)=3.14\times(R_s^p)^2\times\left(\frac{Q^p+\Delta Q}{2}\right)$$

化成 R_s 的显函数形式:

$$R_s^{p+1}=R_s^p\sqrt{\left(1+\frac{\Delta Q}{Q^p}\right)} \tag{7}$$

式中:Q^p 为 $p\Delta t$ 时刻通过边界的水分通量;ΔQ 为 $p\Delta t$ 到 $(p+1)\Delta t$ 时段滴入土体的水量;R_s^p、R_s^{p+1} 分别表示 $p\Delta t$,$(p+1)\Delta t$ 时刻对应的饱和区半径。

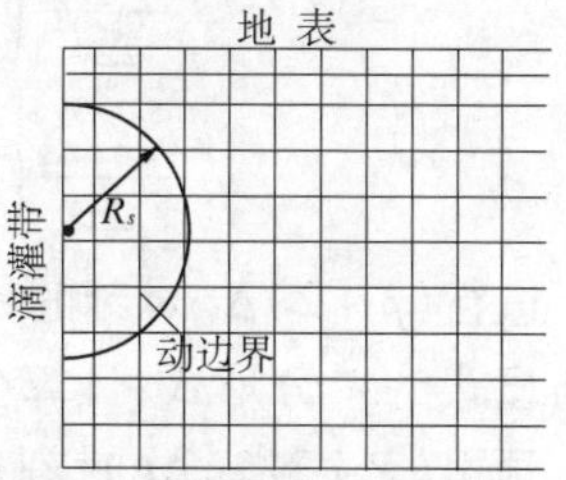

图2　动边界简化计算示意图

利用式(7)即可求出滴灌过程中任一时刻对应的滴灌带周围边界。数值计算中,又把求出的动边界概化为方形(见图2),并认为该计算边界及其内部的所有节点的土壤水基质势为零。

2 数值计算

方程(1)是一非线性二次偏微分方程,可采用有限差分法求解。对图 2 所示的流域离散化,以 Δx 和 Δz 分别表示沿 x 和 z 方向的空间步长,把流域分成矩形网格,其中沿 x 方向节点编号为 $i=0,1,2,\cdots,i,\cdots,n+1$;沿 z 方向节点编号为 $j=0,1,2,\cdots,j,\cdots,m+1$;又以 Δt 为时间步长将时间划分为 $0,\Delta t,2\Delta t,\cdots,p\Delta t,\cdots,k\Delta t$。时空上的任一点$(x,z,t)$对应于网格中节点$(i,j,p)$,即:

$$x=i\Delta x,z=j\Delta z,t=p\Delta t$$

离散后,节点(i,j,p)处的土壤基质势记作 $\psi_{i,j,p}$,即:

$$\psi(x,z,t)=\psi(i\Delta x,j\Delta z,p\Delta t)=\psi_{i,j,p}$$

采用交替隐式差分法建立方程的差分形式。对于流域中节点(i,j),用 x 方向隐式、z 方向显式的差分格式计算$(p+1)\Delta t$。由于方程中的 $c(\psi)$ 和 $k(\psi)$ 是 ψ 的函数,其值依赖于待求的土壤水势,所以差分方程为非线性的格式。用预报—校正法使其线性化,具体做法是:先利用预报方程求出半个时间步长时对应的参数值,再用校正方程求出时段末的值。此时,对应于方程(1)的差分形式如下 x 方向隐式,z 方向显式。

计算$(p+1/2)\Delta t$ 时刻的预报方程:

$$\begin{aligned}2C_{i,j}^{p}\frac{\psi_{i,j}^{p+1/2}-\psi_{i,j}^{p}}{\Delta t}=&\frac{K_{i+1/2,j}^{p}}{\Delta x}\left(\frac{\psi_{i+1,j}^{p+1/2}-\psi_{i,j}^{p+1/2}+\psi_{i+1,j}^{p}-\psi_{i,j}^{p}}{2\Delta x}\right)-\\&\frac{K_{i-1/2,j}^{p}}{\Delta x}\left(\frac{\psi_{i,j}^{p+1/2}-\psi_{i-1,j}^{p+1/2}+\psi_{i,j}^{p}-\psi_{i-1,j}^{p}}{2\Delta x}\right)+\\&\frac{K_{i,j+1/2}^{p}}{\Delta z}\left(\frac{\psi_{i,j+1}^{p}-\psi_{i,j}^{p}}{\Delta z}-1\right)-\frac{K_{i,j-1/2}^{p}}{\Delta z}\left(\frac{\psi_{i,j}^{p}-\psi_{i,j-1}^{p}}{\Delta z}-1\right)-S_{ri,j}^{p}\end{aligned}\tag{8}$$

计算$(p+1)\Delta t$ 时刻的校正方程:

$$\begin{aligned}C_{i,j}^{p+1/2}\frac{\psi_{i,j}^{p+1}-\psi_{i,j}^{p}}{\Delta t}=&\frac{K_{i+1/2,j}^{p+1/2}}{\Delta x}\left(\frac{\psi_{i+1,j}^{p+1}-\psi_{i,j}^{p+1}+\psi_{i+1,j}^{p}-\psi_{i,j}^{p}}{2\Delta x}\right)-\\&\frac{K_{i-1/2,j}^{p+1/2}}{\Delta x}\left(\frac{\psi_{i,j}^{p+1}-\psi_{i-1,j}^{p+1}+\psi_{i,j}^{p}-\psi_{i-1,j}^{p}}{2\Delta x}\right)+\\&\frac{K_{i,j+1/2}^{p+1/2}}{\Delta z}\left(\frac{\psi_{i,j+1}^{p}-\psi_{i,j}^{p}}{\Delta z}-1\right)-\frac{K_{i,j-1/2}^{p+1/2}}{\Delta z}\left(\frac{\psi_{i,j}^{p}-\psi_{i,j-1}^{p}}{\Delta z}-1\right)-S_{ri,j}^{p}\end{aligned}\tag{9}$$

进行$(p+2)\Delta t$ 时刻的计算是以$(p+1)\Delta t$ 时刻的计算结果为基础,改用 z 方向隐式、x 方向显式的差分形式,计算公式如下。

预报$(P+3/2)\Delta t$ 时刻差分公式:

$$\begin{aligned}2C_{i,j}^{p+1}\frac{\psi_{i,j}^{p+3/2}-\psi_{i,j}^{p+1}}{\Delta t}=&\frac{K_{i+1/2,j}^{p+1}}{\Delta x}\left(\frac{\psi_{i+1,j}^{p+1}-\psi_{i,j}^{p+1}}{\Delta x}\right)-\frac{K_{i-1/2,j}^{p+1}}{\Delta x}\left(\frac{\psi_{i,j}^{p+1}-\psi_{i-1,j}^{p+1}}{\Delta x}\right)+\\&\frac{K_{i,j+1/2}^{p+1}}{\Delta z}\left(\frac{\psi_{i,j+1}^{p+3/2}-\psi_{i,j}^{p+3/2}+\psi_{i,j+1}^{p+1}-\psi_{i,j}^{p+1}}{2\Delta x}-1\right)-\\&\frac{K_{i,j-1/2}^{p+1}}{\Delta z}\left(\frac{\psi_{i,j}^{p+3/2}-\psi_{i,j-1}^{p+3/2}+\psi_{i,j}^{p+1}-\psi_{i,j-1}^{p+1}}{2\Delta x}-1\right)-S_{ri,j}^{p+1}\end{aligned}\tag{10}$$

校正$(p+2)\Delta t$时刻：

$$C_{i,j}^{p+3/2}\frac{\psi_{i,j}^{p+2}-\psi_{i,j}^{p+1}}{\Delta t}=\frac{K_{i+1/2,j}^{p+3/2}}{\Delta x}\left(\frac{\psi_{i+1,j}^{p+1}-\psi_{i,j}^{p+1}}{\Delta x}\right)-\frac{K_{i-1/2,j}^{p+3/2}}{\Delta x}\left(\frac{\psi_{i,j}^{p+1}-\psi_{i-1,j}^{p+1}}{\Delta x}\right)+$$
$$\frac{K_{i,j+1/2}^{p+3/2}}{\Delta z}\left(\frac{\psi_{i,j+1}^{p+2}-\psi_{i,j}^{p+2}+\psi_{i,j+1}^{p+1}-\psi_{i,j}^{p+1}}{2\Delta z}-1\right)-$$
$$\frac{K_{i,j-1/2}^{p+3/2}}{\Delta z}\left(\frac{\psi_{i,j}^{p+2}-\psi_{i,j-1}^{p+2}+\psi_{i,j}^{p+1}-\psi_{i,j-1}^{p+1}}{2\Delta z}-1\right)-S_{ri,j}^{p+1} \tag{11}$$

若假定以$p\Delta t$时刻为初始时刻，对应的方程参数已知，利用方程(8)，在j行沿x方向依次列出各节点的$(p+1/2)\Delta t$时刻差分方程，构成如下的三对角矩阵方程：

$$\begin{bmatrix} b_{0,j} & d_{0,j} & 0 & 0 \\ a_{1,j} & b_{1,j} & d_{1,j} & 0 \\ \vdots & \vdots & \vdots & \vdots \\ 0 & a_{i,j} & b_{i,j} & d_{i,j} \\ \vdots & \vdots & \vdots & \vdots \\ 0 & a_{n,j} & b_{n,j} & d_{n,j} \\ 0 & 0 & a_{n+1,j} & b_{n+1,j} \end{bmatrix} \begin{bmatrix} \psi_{0,j}^{p+1/2} \\ \psi_{1,j}^{p+1/2} \\ \vdots \\ \psi_{i,j}^{p+1/2} \\ \vdots \\ \psi_{n,j}^{p+1/2} \\ \psi_{n+1,j}^{p+1/2} \end{bmatrix} = \begin{bmatrix} f_{0,j} \\ f_{1,j} \\ \vdots \\ f_{i,j} \\ \vdots \\ f_{n,j} \\ f_{n+1,j} \end{bmatrix} \tag{12}$$

其中：

$$a_{i,j}=\frac{K_{i-1/2,j}^{p}}{2(\Delta x)^2};$$

$$b_{i,j}=-2\frac{C_{i,j}^{p}}{\Delta t}-\frac{K_{i+1/2,j}^{p}}{2(\Delta x)^2}-\frac{K_{i-1/2,j}^{p}}{2(\Delta x)^2};$$

$$d_{i,j}=\frac{K_{i+1/2,j}^{p}}{2(\Delta x)^2};$$

$$f_{i,j}=-a_{i,j}\psi_{i-1,j}^{p}-d_{i,j}\psi_{i+1,j}^{p}-\left(2\frac{C_{i,j}^{p}}{\Delta t}-\frac{K_{i+1/2,j}^{p}}{2(\Delta x)^2}-\frac{K_{i-1/2,j}^{p}}{2(\Delta x)^2}-\frac{K_{i,j+1/2}^{p}}{(\Delta x)^2}-\frac{K_{i,j-1/2}^{p}}{(\Delta x)^2}\right)\psi_{i,j}^{p}-$$
$$\frac{K_{i,j-1/2}^{p}}{(\Delta x)^2}\psi_{i,j-1}^{p}-\frac{K_{i,j+1/2}^{p}}{(\Delta x)^2}\psi_{i,j+1}^{p}+\frac{K_{i,j+1/2}^{p}}{\Delta z}-\frac{K_{i,j-1/2}^{p}}{\Delta z}-S_{ri,j}^{p}$$

用追赶法求解此三对角矩阵方程，可得$(p+1/2)\Delta t$时刻各节点的土水势，用该值计算出对应的$C_{i,j}^{p+1/2}$、$K_{i,j}^{p+1/2}$值；改用方程(9)可求得$(p+1)\Delta t$时刻网格中j行所有节点的土水势，检验其精度若不满足要求，返回式(8)重新计算，直到满足精度为止。

同理，依次解出$j=1,2,\cdots,m$所构成的三对角矩阵方程，便可得到网格中所有节点在$(p+1)\Delta t$时刻的土水势。

同$(p+1)\Delta t$时刻计算一样，利用方程(10)、方程(11)依次在$i=1,2,\cdots,i,\cdots,n$行上，沿z方向列出其矩阵方程并求解，即得网格$(p+2)\Delta t$时刻的土水势。

交替使用以上两对方程，即可计算出网格中所有节点在各时段末的土水势，直到结束为止。

离散后时空上半结点处土壤水分参数的计算：在使用差分方程求解方程时，差分式中引入了两节点之间——半节点的参数值,如 $\psi_{i\pm1/2,j}$、$K_{i\pm1/2,j}$、$C_{i\pm1/2,j}$ 等。由于土壤水分的这些运动参数并不是土壤水势的线性函数,只能采用近似的值代替。这里取相邻两节点的几何平均值作为半节点处的参数值,对于 x 方向上的半节点,有:

$$\psi_{i\pm1/2,j}=\sqrt{\psi_{i,j}\cdot\psi_{i\pm1,j}};\ K_{i\pm1/2,j}=\sqrt{K_{i,j}\cdot K_{i\pm1,j}};\ C_{i\pm1/2,j}=\sqrt{C_{i,j}\cdot C_{i\pm1,j}}$$

关于 z 方向和时间上半节点处的处理同上。

3 模型验证

3.1 室内试验

为了验证地下滴灌条件下土壤水分运动模型的正确性,于 1995 年 4 月中旬在水利部、中国农业科学院农田灌溉研究所做了室内线水源条件下的地下滴灌灌水试验。试验在一长×宽×高为 1.83 m×0.21 m×1.0 m 的土槽中进行,土槽一面装有有机玻璃,以观察湿润锋(浸润线)在土壤剖面上的变化;另一面按高为 0.12 m、宽为 0.2 m 的间距均匀布设水分测头(实测电阻值),监测土壤中水分运动状况。试验土壤取自水利部、中国农业科学院农田灌溉研究所院内的试验田,土壤干容重为 1.35 g/cm³,将土壤风干、过筛、拌匀后,按容重控制、分层填入槽内并夯实。滴头采用发丝管,将其出水口插入一段多孔微管,埋入地表下 15 cm,模拟线水源供水时的地下滴灌。灌水时,采用稳定的低压(0.8 m 水头)供水装置,灌水总量为 4.51 L,历时 608 min,折合平均滴灌强度 0.445 1 L/h,折合线水源为 3.21 L/(h · m),灌水同时,在有机玻璃上描划出湿润锋位置,并标注对应的时间,试验结果见图 3;利用预埋的水分探头,观察土壤中水分变化,实测探头电阻值(土壤水分与电阻换算分式为 $\theta=7.031R^{-0.367}$),变化结果见表 1。

表 1 滴灌室内试验结果(摘录) (单位:kΩ)

时间(min)	距中心距离不同时的试验结果					
	6.40 cm	9.43 cm	15.52 cm	16.76 cm	17.00 cm	21.93 cm
0	39.0	39.0	40.0	36.0	40.0	37.0
240	3.90	4.50	38.0	36.0	40.0	37.0
360	3.6	2.7	2.4	2.3	38.0	36.0

3.2 土壤水分特征参数的计算

土壤水分特征曲线拟合:取部分试验用土,在室内分别利用负压计和压力水分薄膜仪测出吸力小于 0.6×10^5 Pa 及 $0.6\times10^5\sim15\times10^5$ Pa 时吸力和体积水分含量,结果见表 2。

表 2 土壤水分特征曲线室内测定结果

吸力($\times10^5$ Pa)	0.07	0.20	0.32	0.60	1.0	5.0	10.0	15.0
含水量(%)	40.01	36.33	28.82	25.76	22.42	17.11	14.50	12.88

利用 Van Gennuchter(1980)提出的模型：$\frac{\theta-\theta_r}{\theta_s-\theta_r}=\frac{1}{[(1+(\alpha h)^n]^m}$对室内测得的水分特征曲线进行拟合，拟合结果见表 3。

表 3　土壤水分特征参数拟合结果

剩余含水率 θ_r	饱和含水率 θ_s	饱和导水度 K_s(cm/h)	α	m	n
0.148 8	0.418 8	2.51	0.004 5	0.511 1	2.045 5

3.3　计算机模拟计算

利用以上计算的水分参数结果，对室内试验进行模拟。模拟中设定的主要数据参数有：时间步长 $\Delta t=1$ min，空间步长 $\Delta x=\Delta z=2$ cm，剖面上初始土壤基质势 $\varphi_0=0.001$，模拟结果见图 4。

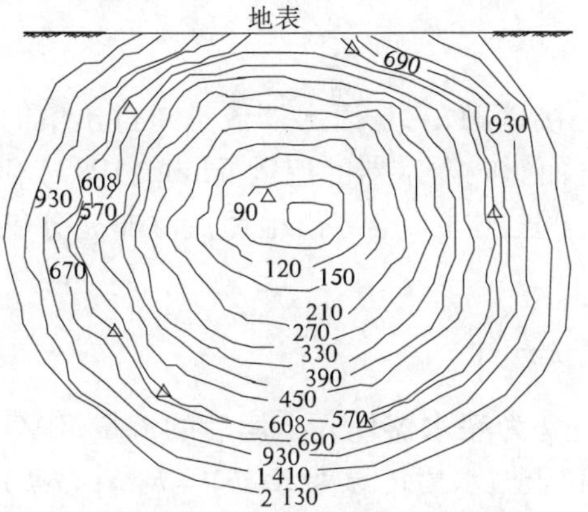

图 3　地下滴灌湿润锋随时间变化

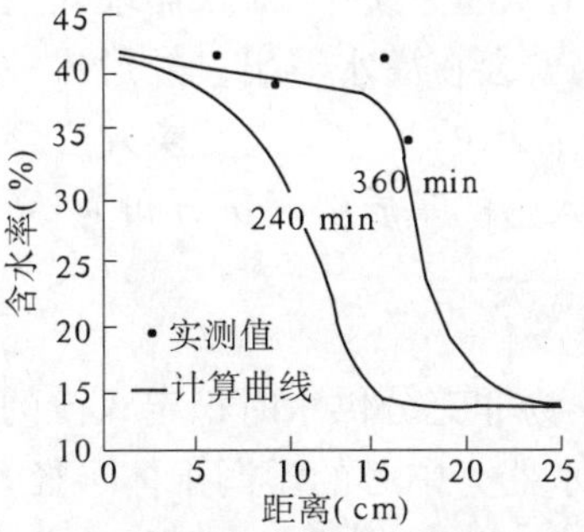

图 4　地下滴灌湿润锋沿径向含水率变化

3.4　结果分析

从模型模拟与室内试验结果对比中可以看出：二者的结论基本一致，说明模型能够反映地下滴灌条件下土壤水分的运动规律，但从结果分析中我们发现二者之间还存在有一定的误差，其原因主要有几个方面：

(1)室内试验中，观测点空间分布稀疏和观测时间间隔较长；

(2)室内试验采用水分测定，而模型是以土水势计算，需经所拟合的土壤水分特征曲线进行二者间转换，产生了一定的转换误差；

(3)所使用水分测头的滞后效应，与土壤中水分实际状况存在一定的时间误差。

(仵峰，彭贵芳，吕谋超，等. 原载于《灌溉排水》1996 年第 3 期)

地下滴灌灌水器出口正压试验研究

地下滴灌的设计虽然与常规的滴灌有一定程度的类同，但地表滴灌中灌水器暴露在空气中,灌水器出口属自由出流,其流量不受灌溉土壤的影响,一定的工作压力下是一个相对稳定的数值;地下滴灌由于滴灌毛管埋于地下,毛管及出水口均被土壤包围,土壤类型和土壤水分状况影响着出水口出流环境,一般来说,地下滴灌在灌水初期,由于土壤含水量较低,在出水口周围存在一定的负压,出水口的出流量大;随着灌水时间的延长,出水口周围土壤的含水量增加,由于受土壤水分扩散能力和土壤中排气过程的影响,灌入的水量可能来不及扩散到土壤中,在出水口周围形成饱和区,进而产生一定的正压,有学者说地下滴灌条件下出水口的流量是一个变值,这是地下滴灌与地表滴灌存在的根本差异所在。地下滴灌灌水器的出水口在有压状态下工作,易受灌水器自身流量及其所处环境的影响。然而从查阅的资料看,国内外对此研究较少,因此有必要对地下滴灌条件下灌水器出口正压加以研究,分析影响出口正压的因素,为探讨地下滴灌条件灌水器的水力性能奠定基础。

1 试验原理与方法

1.1 试验原理

地下滴灌系统中,灌水器埋入土壤,与土壤直接接触,一旦灌水器流量超过土壤的扩散能力,就会在灌水器出口处形成一定的正压,进而影响灌水器的流量,Philip(1992)利用Gardner 提出的基尔霍夫变换方法,采用无因次空间柱坐标,推导出地埋点源非充分供水时稳定入渗的基质势通量分布为:

$$\Phi = \frac{Q}{4\pi\rho}\exp\left[\frac{\alpha(z-p)}{2}\right] \tag{1}$$

式中:Φ 为非充分供水时稳定入渗的基质势通量;Q 为灌水器埋入土壤后的流量,L^3/T;ρ 为以灌水器为中心的湿润土体半径,L;α 为非饱和土壤水力传导度 $K(\psi)=K_s\exp(\alpha\psi)$ 中的指数,L^{-1};z 为滴头中心距地表的距离,L。

假定土壤的导水率为一常数并忽略重力势的影响,Warrick(1974)也得到类似的表达式。在此基础上,U. Shani 等(1996)导出了灌水器出口处正压计算公式:

$$\psi_s = \left(\frac{2-\alpha r_0}{8\pi K_s r_0}\right)Q - \frac{1}{\alpha} \tag{2}$$

式中:ψ_s 为灌水器出口处正压,L;K_s 为土壤饱和水力传导度,L/T;r_0 为与灌水器流量及土壤特性有关的特征半径,L;其余符号意义同前。

以该正压与灌水器进口压力差作为灌水器的工作压对灌水器的流量进行修正。

上述计算公式适用于非充分供水时的稳定入渗过程,能否用于充水供水,尤其是有压入渗情况还有待探讨。但以上分析表明,灌水器埋入土壤后,由于灌水流量大于土壤的入渗能力,在灌水器出口处将会有正压出现。一方面,灌水器出口正压通过灌水器与供水系统连通,影响灌水器的出流量;另一方面,该正压作用于与之相接触的土壤,形成有压入渗。这里拟采用室内试验的方法,对不同条件下灌水器出口处正压形成过程进行试验,分析影响灌水器出口正压的主要因素。

1.2 试验方法

试验在土槽中进行,灌水器出口正压采用在灌水器出口处埋一水分探头并与U形压差计相连进行量测。试验前,先将壤土(取自水利部、中国农业科学院农田灌溉研究所试验地)初始含水量预先调到设计水平,然后按容重分层装填到土槽内,到达预定位置时,把滤定好的补偿式、微管式和内镶式3种类型的灌水器,分别埋入对应的土槽中,试验装置如图1所示。

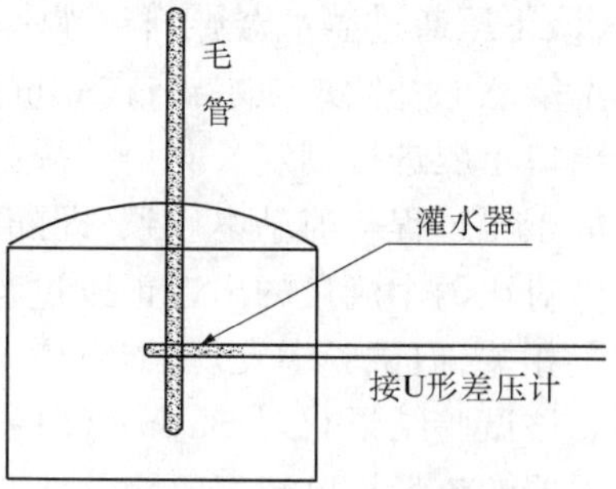

图1　灌水器出口正压测定装置

试验时,同时向各土桶供水,测量灌水器出口处正压随时间的变化,直到湿润锋到达土桶边沿结束,并同时记录系统首部流量(L/h)、入口压力(m)、灌水器出口压力(cm)及水温等。

2　试验结果及分析

2.1　灌水器类型对灌水器周围正压的影响

在相同的压力(4 m)和土壤初始含水量(8.25%)条件下,在室内对灌水器出口正压进行测量,补偿式、内镶式及微管式3种类型的灌水器埋入土壤后,在灌水器出口处均有一定的正压出现,并随着灌水时间的延长而升高,最终达到一个相对稳定的正压。

由于3种类型的灌水器各自的消能机制,在其出口处产生正压的过程不同,采用二次多项式对灌水器出口处正压随时间变化过程进行回归,均具有较高的相关度。

拟合结果如下(h_{01}为出口正压,cm;t为时间,min):

补偿式灌水器

$$h_{01} = -0.0063t^2 + 2.4966t - 8.6866 \quad (r^2 = 0.9992) \tag{3}$$

内镶式灌水器

$$h_{01} = -0.0032t^2 + 1.4241t - 1.6782 \quad (r^2 = 0.9997) \tag{4}$$

发丝管灌水器

$$h_{01} = -0.0055t^2 + 1.6804t + 13.031 \quad (r^2 = 0.9857) \tag{5}$$

以上各式对时间求导,即有:

补偿式灌水器

$$\frac{\partial h_{01}}{\partial t} = -0.0126t + 2.4966 \tag{6}$$

内镶式灌水器

$$\frac{\partial h_{01}}{\partial t} = -0.0064t + 1.4241 \tag{7}$$

发丝管灌水器

$$\frac{\partial h_{01}}{\partial t} = -0.0110t + 1.6804 \tag{8}$$

式(6)~式(8)均为弱负线性方程,说明3种类型的灌水器在其出口正压产生过程中,灌水器出口正压均以一个相对稳定的速率增加。

2.2　灌水器流量对灌水器周围正压的影响

不同类型的灌水器出口正压试验表明,灌水器埋入土壤后,在灌水器出口处出现了正压,该正压通过灌水器影响到灌水器的流量。为保证灌水器流量的稳定性,试验中用对压力不敏感的补偿式灌水器,在 6 m 工作压力、10.8% 含水量条件下,采用上述方法对灌水器出口正压进行测定。测得结果如图 2 所示。从图 2 中可以看出:在灌水初期,灌水器出口的正压过程与前基本一致,即随时间的延长而增大,当达到最大值后,保持稳定。

对比两个流量的出口正压过程线,可以看出:灌水器出口的正压与灌水器的额定流量成正相关,但试验中发现,继续增大灌水器流量时,灌水器出口处的正压不再增加,反而减小。该试验结果与 U. Shani 等(1996)的试验有所差异,这可能是由于上述所采用的两种灌水器的流量均已超过土壤的入渗能力,而大流量灌水器易于在土壤中形成通道,从而缩短了土壤排气过程。

对上述过程采用二次多项式进行拟合,结果如下:

$q_0 = 2.3$ L/h

$$h_{02} = -0.0171t^2 + 4.1178t - 4.4385 \quad (r^2 = 0.9988) \tag{9}$$

$q_0 = 3.75$ L/h

$$h_{02} = -0.0096t^2 + 2.7728t - 13.161 \quad (r^2 = 0.9964) \tag{10}$$

式(9)、式(10)说明在灌水器出口正压形成过程中,也是以一个较为稳定的速度增长,至最大值后稳定。

2.3 灌水器工作压力对灌水器周围正压的影响

工作压力对微管灌水器的出流影响较大,试验用微管灌水器在 4、6、8 m 工作压力下的自由出流流量分别为 1.08、1.27、2.27 L/h。对微管灌水器在不同工作压力下的出水口处正压过程进行监测,试验结果如图 3 所示。从图 3 中可以看出:微管出口处的正压与其工作压力关系并不密切。即灌水器工作压力变化,对其出口处的正压形成过程影响不大。压力变幅达 2 m 时,自由出流的流量变幅分别为 17.6% 和 44.1%,但灌水器出口正压变化并不大。

由灌水器的压力流量关系知,随着灌水器工作压力的增加,其流量增大。对比图 3 中 3 条压力过程线可以看出,在同一土壤中,当增加灌水器工作压力,灌水器流量超过一定范围后,灌水器流量继续增加,其出口正压不升反而有所降低,这与灌水器流量试验中结论一致。

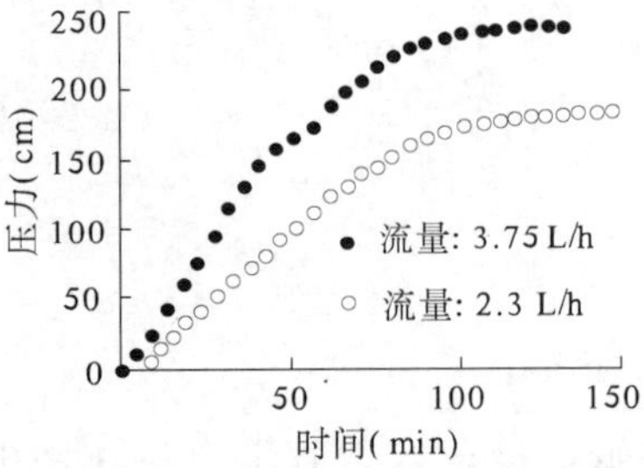

图 2 灌水器流量对灌水器出口压力的影响

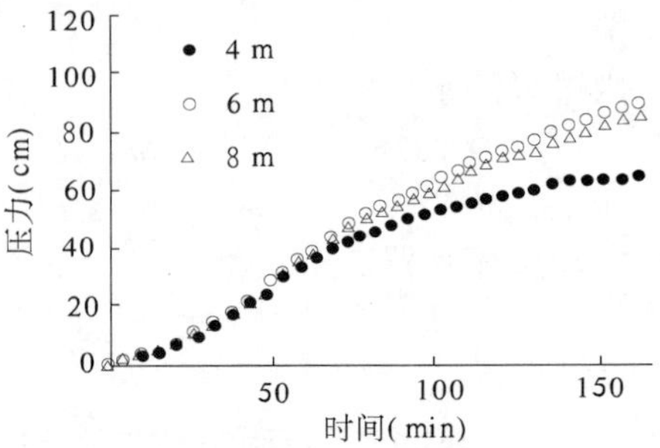

图 3 不同工作压力时微管灌水器出水口处正压

2.4 土壤初始含水量对灌水器出口正压的影响

水分在土壤中的扩散速度与土壤初始含水量关系密切,同时土壤的排气过程也受土壤初始含水量的影响。灌水器出口处的正压随着土壤初始含水量的增大而降低。土壤初始含水量越低，灌水器出口处的正压升高越快，达到最大正压所需的时间越短；在高含水量时，灌水器出口正压呈线性上升。

经回归分析，灌水器出口正压随时间变化关系如下：

初始含水量为8.25%

$$h_{03} = -0.0489t^2 + 4.9864t - 1.8455 \quad (r^2 = 0.9987) \tag{11}$$

初始含水量为10.8%

$$h_{03} = 0.5464t + 38.886 \quad (r^2 = 0.9270) \tag{12}$$

初始含水量为16.11%

$$h_{03} = 0.6003t + 11.082 \quad (r^2 = 0.9534) \tag{13}$$

3　结论

(1)在地下滴灌中，由于受土壤等因素的限制，在灌水器出口处产生了一定的正压。在灌水初期，该正压以较为稳定的速度随着灌水历时的延长而增大，直到达最大值。

(2)试验结果表明，影响地下滴灌灌水器出口正压的主要因素是：灌水器的额定流量和土壤初始含水量总体趋势是在一定的流量范围内，随着灌水器额定流量增大，出口的稳定正压增加；超过该范围后，与之相反。土壤初始含水量直接影响着地下滴灌灌水器出口正压的形成，土壤初始含水量越高，越易在土壤中形成水、气通道，灌水器出口正压也就越低。

(3)由于受试验仪器精度的限制，灌水器出口正压对灌水器流量的影响规律并不明显，从试验结果来看，灌水器出口正压多在1.5 m之内，可以将灌水器出口正压与灌水器入口间的压力差作为灌水器的工作水头加以分析，并将其视为影响地下滴灌灌水器流量的因素之一。

(仵峰，李王成，范永申，等.原载于《灌溉排水学报》2003年第2期)

地下滴灌灌水器水力性能试验研究

地下滴灌是在滴灌技术日益完善的基础上发展而成的一种高效、节水的灌水技术，将毛管埋于地下，通过出水口将水或水肥的混合液送到作物根区土壤中，供作物吸收。与地表滴灌相比，地下滴灌进一步减少了地表的无效蒸发，改善了作物根区的生长条件，同时在方便田间管理，防止毛管丢失、老化，延长毛管的使用寿命等方面具有明显优势。因而，在温室果树及免耕的大田作物和水源奇缺地区有着广阔的应用前景。2000年在南非召开的第6次国际微灌大会上，地下滴灌技术被列为今后微灌发展的主要方向之一。美国加利福尼亚州大学灌溉技术中心主任 Dvid F. Zoldoske 预言："灌溉的未来将是地下滴灌"。地下滴灌技术发展前景被看好。

目前，我国地下滴灌的设计主要参照《微灌工程技术规范》(SL 103—95)，系统是按照地表滴灌进行规划设计的。地下滴灌的设计虽然与地表滴灌有一定程度的类同，但也有其自身的特殊性和复杂性。由于滴灌毛管埋于地下，毛管及出水口均被土壤包围，受土壤的影响极大。一般来说,地下滴灌在灌水初期,由于土壤含水率小,在出水口周围存在一定的负压,出水口的出流量较大,随着灌水时间的延长,出水口周围土壤的含水率增大,出水口周围由负压向无压,甚至正压变化,出水口流量趋于减小,这是地下滴灌与地表滴灌存在的根本差异所在,而以往对此研究较少。因此,探讨地下滴灌灌水器的水力特性,为分析地下滴灌系统水力性能奠定基础,进而为地下滴灌的设计及运行、管理提供理论依据。对提高地下滴灌设计的合理性有着十分重要的现实意义。

1 材料方法

1.1 试验设计

供试土壤取自水利部、中国农业科学院农田灌溉研究所试验地,土壤类型为壤土,土壤容重为1.47 g/cm^3,田间持水量为25%(质量含水率,下同)。

地下滴灌条件下,影响灌水器水力性能的因素主要包括:灌水器类型、自由出流时的流量、工作压力、土壤初始含水率等。在室内采用正交试验法,由于同一灌水器类型中流量受生产厂家的限制,难以选取到流量水平一致的3个因素水平,因而选用正交表$L_9(3^4)$,暂不考虑3个因素间的交互作用,对以上因素进行试验。根据试验设备的能力,按主因素将试验分为以下3组正交试验。

1.1.1 影响灌水器因素的正交试验

参考已有的研究成果,为了解影响地下滴灌灌水器流量的主要因素,考虑了不同灌水器类型(额定流量有所差别)、不同土壤初始含水率及不同工作压力等因素对地下滴灌灌水器流量的影响进行试验。

试验是在壤土中进行的,试验中以灌水器自由出流时流量为参考,以灌水器类型、工作水头、土壤初始含水率作为试验因素。分别考虑内镶式灌水器、补偿式灌水器、微管灌水器(又称发丝管)3种类型的灌水器,作为灌水器的3个因素水平;工作水头分别按8、6、4 m;土壤初始含水率按占田间持水量的90%~95%、70%~75%、45%~50%,作为高、中、低3个水平。对应的正交试验因素设计见表1。

表1 试验因素水平

试验号	灌水器类型 A	外部水头 B	土壤初始含水率 C
1	A_1(内镶式)	B_1(高:10 m)	C_1(高含水率)
2	A_1(内镶式)	B_2(中:6 m)	C_2(中含水率)
3	A_1(内镶式)	B_3(低:4 m)	C_3(低含水率)
4	A_2(补偿式)	B_1(高:10 m)	C_2(中含水率)
5	A_2(补偿式)	B_2(中:6 m)	C_3(低含水率)
6	A_2(补偿式)	B_3(低:4 m)	C_1(高含水率)
7	A_3(微管)	B_1(高:10 m)	C_3(低含水率)
8	A_3(微管)	B_2(中:6 m)	C_1(高含水率)
9	A_3(微管)	B_3(低:4 m)	C_2(中含水率)

1.1.2　以灌水器类型为主因素的正交试验

试验条件与试验(1)类似,不同的是控制灌水器在自由出流量(6 m)基本一致的情况下进行试验。

1.1.3　以灌水器流量为主因素的正交试验

由于补偿式灌水器和内镶式灌水器的流量多由生产厂家设定,因而不易改变;而微管灌水器的流量由采用的微管长度决定,可以通过调节微管长度的方法获得设计流量下的灌水器。因此,以灌水器流量为主因素的正交试验采用微管灌水器,流量分别为 5.54、3.14、1.91 L/h 代表对应的 A_1、A_2、A_3 3 个水平,其余各因素的水平控制同前。

1.2　试验方法和观测内容

试验按组进行,每组试验安排 9 个试验号,重复两次。将试验土壤风干过筛后,调整其含水率,达到预先设定的水平后,按容重分层均匀装土。数据的收集主要以相同时间内的灌水量为主,同时记录水温、气温等资料。灌水结束后观察和记录湿润锋边界,并对土壤含水率进行测定。

为保证试验正常进行,开始试验前,对各灌水器进行人工灌水排气。试验以湿润锋到达土桶边沿时终止。

2　结果与分析

2.1　地下滴灌灌水器出流过程

地下滴灌条件下,灌水器直接与土壤接触,灌水器的出流规律与其自身的水力性能有关。由于在试验前灌水排气,灌水器出口处局部湿润或饱和,试验中,灌水器在土壤中的流量均不能达到其对应的自由出流时的流量,地埋灌水器的出流明显受到土壤因素的制约。各次正交试验中,实测地埋灌水器的流量随时间变化过程如图 1 ~ 图 3 所示。

从图 1 ~ 图 3 可以看出,试验的 3 种灌水器,埋入土壤后,其流量随时间有所变化。在灌水初期,由于灌水器周围土壤含水率较低,灌水器出流速率与工作水头关系密切;较短时间以后,灌水器周围形成饱和圈,土壤的扩散速率开始限制出流速率,灌水器的流量波动下降;随着时间的推移,灌水器周围饱和区增大,水分向土壤四周的扩散速率逐渐减小,并趋于稳定。

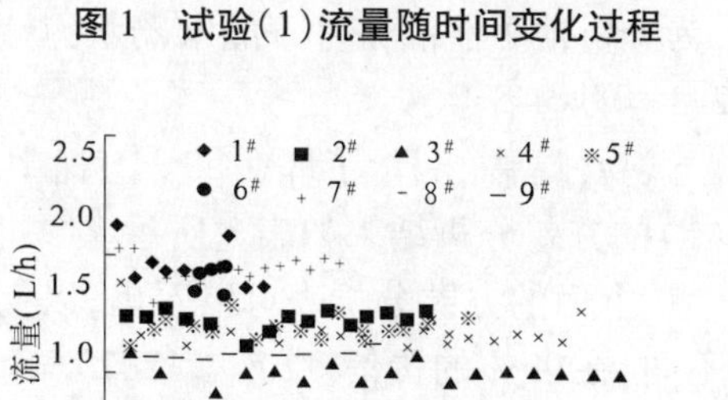

图 1　试验(1)流量随时间变化过程

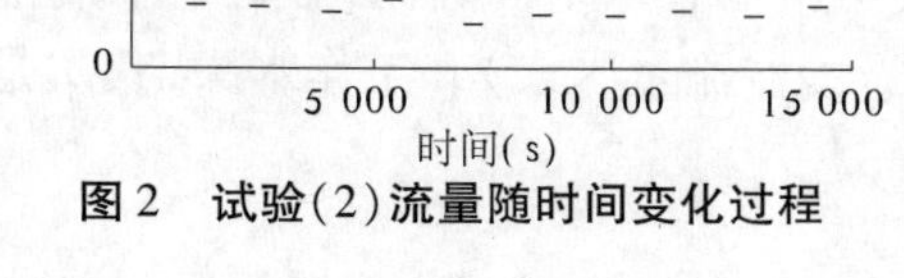

图 2　试验(2)流量随时间变化过程

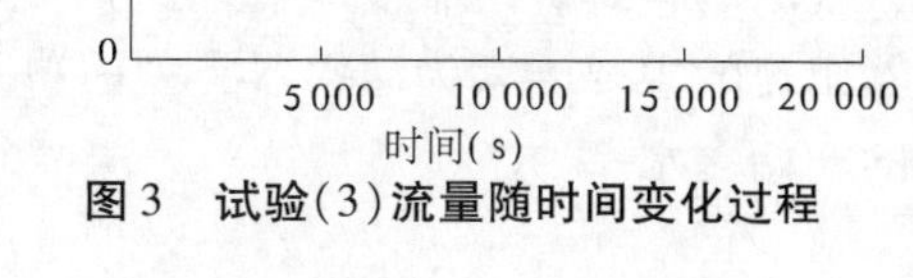

图 3　试验(3)流量随时间变化过程

从以上试验结果,发现灌水器的流量随时间变化过程中,灌水器流量变化段相对较短,试验条件下,多在 10 min 以内,远小于地下滴灌的 1 次灌水时间,在绝大部分灌溉中,灌水器的流量相对稳定。因而,在地下滴灌条件下,可以认为灌水器在土壤中的出流为一定值,灌水器流量按其在土壤中稳定出流时的流量进行计算。

此外,试验中发现,灌水器额定流量和土壤初始含水率直接影响着湿润峰在土壤中的推进速度。在较大的灌水器流量和较高土壤初始含水率条件下,湿润峰推进较快。

2.2 影响地下滴灌灌水器出流因素分析

表2为3次正交试验前后实测的灌水器流量。从表2中可以看出,灌水器埋入土壤后,其流量比自由出流小得多,一般为其自由出流的 1/2 ~1/4 倍。

表2 地下滴灌灌水器流量与自由出流流量对比 (单位:L/h)

入口压力(m)			8.00	6.00	4.00	8.00	6.00	4.00	8.00	6.00	4.00
土壤含水率			高	中	低	中	低	高	低	高	中
试验号	试验(1)	灌水器	内大	内大	内大	补大	补大	补大	微管	微管	微管
		土壤中流量	0.95	0.89	0.53	1.19	1.09	1.03	0.64	0.94	0.43
		空气中流量	3.37	2.81	—	4.02	3.70	3.98	1.83	1.47	0.92
	试验(2)	灌水器	内大	内大	内大	补小	补小	补小	微管	微管	微管
		土壤中流量	0.95	0.73	0.41	0.67	0.69	0.94	0.94	0.32	0.48
		空气中流量	3.37	2.81	—	2.39	2.54	3.18	3.74	2.91	1.99
	试验(3)	灌水器	微管	微管	微管	微管	微管	微管	微管	微管	微管
		土壤中流量	1.88	1.39	1.14	1.16	0.74	0.66	0.66	0.52	0.35
		空气中流量	7.44	5.54	3.49	4.01	3.14	1.96	2.57	1.91	1.29

为了解地下滴灌条件下,灌水器类型、流量、工作水头、土壤初始含水率等因素对地下滴灌灌水器出流的影响及其影响程度,采用方差分析的方法,对以上各因素的方差平方和、均方差等进行计算,分析误差的来源,并把计算结果与不同置信度下的 F 值进行比较,分析各组试验中的因素水平,从而说明以上各因素对地下滴灌灌水器出流的影响程度,为分析地下滴灌条件下灌水器水力性能做准备。

2.2.1 影响因素

试验(1)中,测量了埋在每个土桶中灌水器的流量,通过对流量的误差来源计算,试验(1)的方差分析结果如表3所示。

从上面的方差分析表可以看出,以上3个因素对地下滴灌灌水器水力性能的影响程度不同,在90%的置信度($F_{0.90}(2,2)=9$)下,以上3个因素均呈显著水平;在95%置信度($F_{0.95}(2,2)=19$)下,滴头类型、工作水头两因素均呈显著水平。因而,影响地下滴灌灌水器出流的主要因素为灌水器类型(这里包含了灌水器流量因素)和工作水头,其次是土壤的初始含水率。

表3　试验(1)正交试验结果方差分析

方差来源	平方和	自由度	均方差	F
滴头类型	0.325	2	0.162	57.520
工作水头	0.184	2	0.092	32.587
初含水率	0.064	2	0.032	11.324
误差	0.006	2	0.003	

2.2.2　灌水器类型对滴灌灌水器出流的影响

表4是试验(2)的方差分析结果。从表中可以看出:在灌水器额定流量一致的情况下,灌水器类型在90%的置信度时不显著,同时其他两因素也呈不显著水平。

表4　以灌水器类型为主因素的正交方差分析

方差来源	平方和	自由度	均方差	F
滴头类型	0.031	2	0.016	0.148
工作水头	0.118	2	0.059	0.559
初含水率	0.006	2	0.003	0.030
误差	0.070	2	0.035	

2.2.3　灌水器自由出流流量对滴灌灌水器出流的影响

表5为不同流量的微管灌水器的正交试验方差分析结果,从表中可以看出:灌水器额定流量因素在95%的置信度下呈显著水平,说明影响地下滴灌灌水器出流的主要因素为灌水器的初始流量。同时由于微管灌水器的流量与压力关系密切,因而工作压力也呈较高的显著水平(90%)。

表5　不同流量的正交试验结果方差分析

方差来源	平方和	自由度	均方差	F
流量	0.471	2	0.236	59.002
工作水头	0.139	2	0.069	17.375
初含水率	0.017	2	0.008	2.071 2
误差	0.008	2	0.004	

2.3　地下滴灌灌水器出流规律

从以上试验结果及分析知:灌水器埋入土壤后,其流量比自由出流小得多。究其原因,主要是由于土壤的限制,由灌水器灌入土壤的水量不能迅速扩散,在灌水器出口处形成有压水流,进而影响灌水器的出流。地下滴灌灌水器的流量与灌水器自由出流时的流量关系最大,其次是工作水头。

通过对地下滴灌灌水器在不同工作压力和对应的流量分析,并与地表滴灌比较,得出地下滴灌条件下,灌水器的流量计算可采用以下修正关系式。

$$q_s = q/K_{soil}$$

式中:q_s 为地下滴灌灌水器的流量,L/h;q 为灌水器自由出流时的流量,L/h;K_{soil}为地下滴灌灌水器的流量修正系数。地下滴灌灌水器的流量修正系数(K_{soil})主要与土壤因素有关,试验土壤的流量修正系数为2.0~4.0。对于微管灌水器,其流量修正系数为3.75~3.85。

3 结论

(1)地下滴灌条件下,灌水器的流量随时间而变化,在灌水的初期,灌水器的流量接近其自由出流时流量,此后灌水器的流量波动下降,最终达到稳定值。因而,在地下滴灌条件下,灌水器流量可以以其在土壤中稳定出流时的流量作为地下滴灌灌水器的设计流量。

(2)灌水器埋入土壤后,流量是其自由出流时的1/2~1/4。地下滴灌灌水器正交试验表明,影响地下滴灌灌水器出流的主要因素是灌水器的初始流量,此外土壤因素也是影响灌水器出流的主要因素之一。

(3)地下滴灌条件下,灌水器流量的修正关系式为:$q_s = q/K_{soil}$。灌水器的流量修正系数(K_{soil})主要与土壤因素有关,试验土壤的流量修正系数为2.0~4.0。

(仵峰,李王成,李金山,等.原载于《农业工程学报》2003年第2期)

地下滴灌灌水器堵塞研究

地下滴灌的毛管和灌水器埋于地下,灌溉水、肥可直接送到作物根区,有效地减少了地表蒸发和深层渗漏,提高了水的利用率,是今后微灌发展的方向之一。美国加利福尼亚州大学灌溉技术中心主任 Dvid F. Zoldoske 曾预言:"灌溉的未来将是地下滴灌"。地下滴灌技术发展前景广阔,但迄今为止,地下滴灌的堵塞问题仍未完全解决,除与地表滴灌相同的堵塞原因外,还增加了根系入侵和负压吸泥等因素,因而地下滴灌比地表滴灌更易引起堵塞。地表滴灌的堵塞易于观察,灌水器更换相对容易,尤其是一次性滴灌带的兴起,大大地缓解了其堵塞问题。而地下滴灌的堵塞自始至终困扰着研究人员和应用者,如何解决地下滴灌的堵塞问题成为地下滴灌研究的一个重点,得到了众多学者的关注,目前主要采用无纺布包裹滴头、向系统加入化学药剂、在毛管末端增加冲洗管等方法。针对地下滴灌中可能存在的负压吸泥现象,以色列 Plastro 公司发明了一种滴头出口在灌水停止时可自动锁闭的内镶式压力补偿式滴头,以防止负压吸泥;"九五"末,我国也成功研制了类似的地下滴灌灌水器。灌水器出口处土壤含水量较高,由于根系具有向水性,有可能入侵灌水器而堵塞出口,Solomon 等(1992)对草坪灌溉的各种灌水器进行评估,发现只有两个灌水器没有根系进入。Ruskin 等(1990)曾提出在灌溉水中加入一种化学药剂从而阻止根系的入侵,并已成功使用近 10 年。

随着节水灌溉事业的发展,我国的地下滴灌正在兴起。通过对运行近 8 年的地下滴灌系统的堵塞状况进行实地调查,分析引起灌水器堵塞的原因,寻求解决地下滴灌堵塞的对策,以促进地下滴灌的健康发展。

1　试验条件

地下滴灌系统采用生活用自来水,通过高 6 m 的自动水位控制水箱(水位波动在 0.1 m以内)向系统供水、并在系统的入口加设 120 目的网式过滤器(10 m^3/h)、流量表、压力表、阀门等控制和量测设备。

田间系统共有 8 个南北向的试验池(2.4 m×3.2 m)及相应的试验地块(2.8 m×7.4 m),每个小区的首部各设一阀门及水表,可单独向小区供水。每个小区埋设 3 根 $\phi15$ 毛管,并将毛管尾部串联,集中冲洗。毛管埋深 0.3 m,间距 0.8 m;滴头间距 0.5 m,本次着重调查了 1995 年 6 月埋设的 3 个小区,调查的地下滴灌系统平面布置图见图 1。自西向东依次布置内镶式滴灌带、微管滴头及孔口式滴头。内镶式滴灌带采用以色列产的Typhon管,滴头的额定流量为 2.3 L/h。孔口式滴头采用水利部、中国农业科学院农田灌溉研究所生产的 KD-3 型滴头,制造偏差系数 0.063,压力—流量关系为:$q=6.370H^{0.512}$。微管内径 1 mm、长度为 0.95 m,缠绕在毛管上,压力—流量关系为:

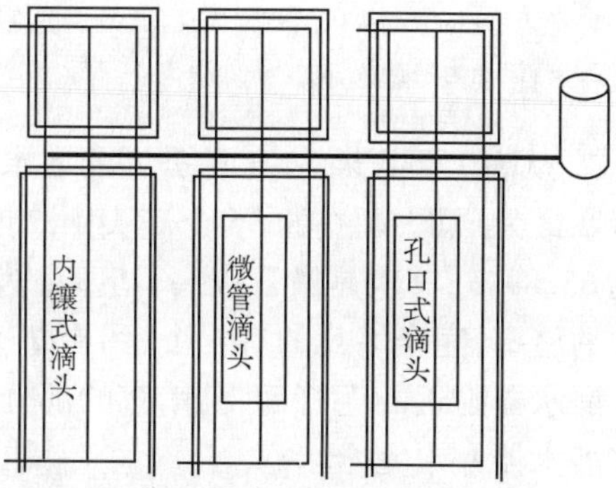

图 1　地下滴灌试验系统布置示意图

$$q=0.556\ H^{0.745}d^{3.06}L^{-0.745}$$

以上 3 个小区,在试验初期(1995 年、1996 年)以小麦—西红柿轮作,1997 年进行了棉花地下滴灌试验,此后全部为小麦—玉米轮作。为保证作物出苗和苗期的正常生长,在种植前采用地面灌灌 1 次大水,灌水定额 450 m^3/hm^2;作物生长过程中,全部采用地下滴灌,地下滴灌的灌水是以埋设在测坑内的石膏块为基准(-40 cm)的,当所测的土壤水分达到田间持水量的 70% 时,即开始灌水,灌水定额 150 m^3/hm^2。年最少灌溉次数(1996 年)8 次,最多灌水 14 次(2000 年、2001 年),多年平均灌水次数 12.6 次。

2　结果与分析

在灌水过程中发现:以上 3 个小区的灌水量明显小于设计流量,灌水后土壤水分调查过程中,沿毛管的局部土壤仍然干燥,因此决定挖开毛管,调查以上滴头的堵塞情况。

2.1　调查结果

2.1.1　不同类型滴头堵塞调查

毛管是从尾部依次挖开,每条毛管均挖出 12 个滴头,从毛管尾部向上游依次对滴头编号,在空气中观察其出流状况。调查结果见表 1。

表 1　地下滴灌滴头堵塞调查结果

滴头类型	滴头位置	1	2	3	4	5	6	7	8	9	10	11	12
内镶式滴头	西	堵塞	堵塞			半堵塞	半堵塞						
	中				★								
	东			堵塞	堵塞								
微管式滴头	西	堵塞	堵塞	堵塞									堵塞
	中						半堵塞						
	东	堵塞					半堵塞					堵塞	堵塞
孔口式滴头	西		堵塞	堵塞	堵塞	堵塞			堵塞		堵塞		
	中	堵塞	堵塞	堵塞	堵塞	堵塞		堵塞	堵塞				堵塞
	东	堵塞	堵塞		堵塞	堵塞	堵塞			堵塞	堵塞	堵塞	堵塞

注:1. 半堵塞:是指滴头仍然有出流现象,但其出流量小于其他滴头;

2. ★:该处为一接头,缺少一处滴头。

从表 1 可以看出,3 种类型的灌水器运行 8 年后均有不同程度的堵塞,其中孔口滴头堵塞最为严重,调查的 36 个滴头中,有 23 个滴头已完全堵塞,挖出后基本不出流,堵塞率达 63.89%;其次是微管滴头,堵塞率为 25%;内镶式灌水器运行状况最好,但也有不同程度的堵塞,完全堵死的有 4 个,另有 2 个出流明显减少,堵塞率为 16.67%。用手反复挤压灌水器附近的毛管后,已堵塞的部分内镶式和微管式滴头的出流状况明显改善,说明这些灌水器并未完全堵塞。

2.1.2　堵塞滴头沿毛管分布

为研究滴头堵塞沿毛管分布状况,将调查的每根毛管上的 12 个滴头按 4 个一组,分成前、中、尾 3 个部分,分别统计滴头在以上 3 个区域的堵塞情况,统计结果见表 2。

表 2　地下滴灌灌水器堵塞沿毛管分布

滴头类型	堵塞数				堵塞率(%)			
	尾部	中部	前部	合计	尾部	中部	前部	合计
内镶式	4	2	0	6	66.67	33.33	0	16.67
微管	4	2	3	9	44.44	22.22	33.33	25.00
孔口式	10	7	6	23	43.48	30.43	26.09	63.89

分析表 2 知,3 种类型灌水器的堵塞沿毛管分布不同,其中内镶式滴头和孔口式滴头主要是毛管尾部的堵塞,分别占同类灌水器堵塞的 66.67%、43.48%;其次是中部,在毛管前部无堵塞或堵塞率相对较低,而微管灌水器的堵塞基本沿毛管平均分布。

2.2　不同滴头的堵塞部位调查结果

2.2.1　内镶式滴头

用小刀将封闭内镶式滴头的 PE 管切去,露出滴头流道,观察内镶式滴头堵塞部位。通过剖析,图 2 为两个典型内镶式滴头堵塞情况。

(a)第一齿堵塞　　(b)进水口堵塞

图2　内壤式滴头堵塞情形图

从图2中可以看出:内镶式滴头的堵塞主要发生在进口处,尤其是进口第一弯道处,在调查的4个完全堵塞的滴头中,细小黏粒形成的泥团在进口第一弯道处形成的堵塞有3个,其中1个不仅第1齿弯道处堵塞,且在流道进水口可见明显的泥团,见图2(b),该类堵塞占调查滴头的75%。另有1个堵塞发生在第4齿。2个半堵塞均是出口处的堵塞,用手反复挤压灌水器附近的毛管后,滴灌出流明显提高。

2.2.2　微管灌水器

由于微管滴头的流道较长,不易取得完整的剖面,因而只对其进出口部分进行解剖。在解剖的6个滴头中,有3个是在进口处有泥栓完全堵塞流道,剖开对应滴头的毛管,见微管在毛管壁上有明显的痕迹,说明这些微管的进口与毛管壁紧贴,该处水流存在死角,进入系统的微粒易于附着,进而发育成泥团,堵塞在微管进口。2个滴头的堵塞发生在微管由毛管交接处,由于该处的微管受毛管的挤压,流道明显变小。1个是在出口处有块状泥土如图3所示,滴头并未完全堵塞。

图3　微管滴头出口堵塞

2.2.3　孔口式滴头

在调查的3个小区中,孔口式滴头的堵塞最为严重,且均为完全堵塞。孔口式滴头的堵塞全部是在进口处由泥土形成的栓柱引起的。这主要是由于孔口滴头是采用变流道进行消能,流道最小断面不足1 mm,加之流道内壁光洁度不高,这样进入流道的细小颗粒极易附着在流道壁上,形成栓柱核,与进入滴头的其他微小颗粒结合,发育成栓柱状的泥团完全将其出口堵塞(见图4)。

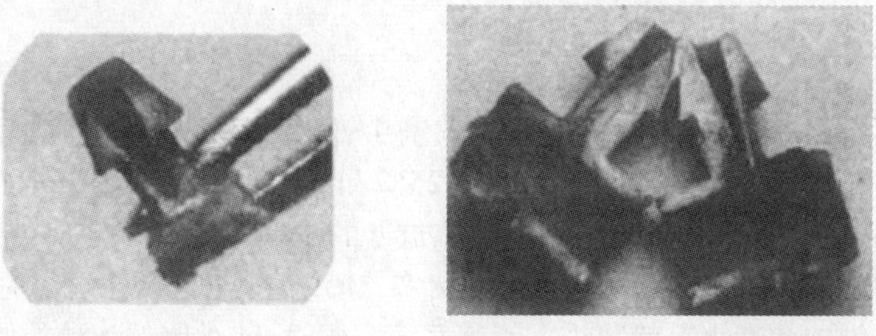

(a) 安全堵塞　　(b) 正在发育的堵塞

图4　孔口式滴头堵塞

3 地下滴灌堵塞的原因分析

在8年的试验中,并未在系统中使用任何化学药品,但调查中并未发现有根系进入上述3种滴头内,根系入侵问题并不显著。由于该地下滴灌系统采用开敞式稳压供水装置,且供水压力不高(6 m),因而毛管中水流速度较小,尚未见到由于负压吸泥引起的严重堵塞,即使在滴头出口处的堵塞也多为半堵塞,即滴头仍能出流,但其流量与设计流量相比,有不同程度的降低。

调查表明,尽管该地下滴灌系统采用生活用自来水并在首部加上120目的网式过滤装置,但由于水中仍有小微粒和细小毛状物(自来水中的线状纤维),通过过滤器进入滴灌系统,图5是取出孔口式滴头堵塞物的放大图,从图中明显可见细小毛状物。这些毛状物一旦附着在滴头流道内,其与进入系统的微小颗粒进一步发育长大,最终将堵塞流道,是形成堵塞的主要原因。

图5 孔口式滴头堵塞物

由于滴头流道内壁光洁度不够,这样进入流道的细小颗粒极易附着在流道壁上,形成栓柱核,与进入滴头的其他微小颗粒结合,发育成栓柱状的泥团,完全将其出口堵塞,也是引起滴头堵塞的一个主要原因。

分析3种类型的滴头堵塞情况,采用局部消能的孔口式滴头堵塞最多,长流道和逐级消能的迷宫式流道堵塞较少。由此可以看出:利用局部水头损失的消能方式,由于减小了滴头流道中的最小过流断面面积,进入系统的微粒一旦附着在流道壁上,极易在该处形成半堵塞,进而发育成完全堵塞,因而增加了滴头的堵塞几率。微管式长流道滴头的内壁较为光滑,微粒不易附着,其堵塞主要是由于微管安装不当引起的(如微管入口贴壁、毛管挤压微管等)。迷宫流道滴头在其流道内部一般无堵塞现象,其堵塞多因迷宫的齿形结构转弯处水流突变形成死角,致使微粒在此沉积并发育。此外,水流在滴头流道流动过程中,在流道尾部,由于滴头的消能作用,水流速度减小,调查中发现,一些微粒在滴头流道尾部的驻点沉积。虽然在此次调查中,尚未有此类堵塞,但部分滴头的过流断面已有所变小,将是滴头堵塞的潜在隐患。

4 结论与建议

(1)运行8年的地下滴灌,无论是孔口式滴头、微管滴头,还是内壤式滴头,均有较为严重的堵塞出现,堵塞率分别达到16.67%、25%和63.89%。引起以上堵塞的主要原因是进入系统的微粒(或细小毛状物)在滴头流道壁的吸附、沉积和发育。

(2)针对调查结果,为防止地下滴灌的堵塞,建议加强过滤,有条件时尽可能采用砂石过滤器,减少微粒和细小毛状物进入滴灌系统。同时,针对地下滴灌的堵塞多发生在毛管尾部,最好在毛管尾部加设冲洗管,并勤加冲洗,定时冲洗将是缓解毛管尾部滴头堵塞的一个重要措施。

(3)从调查的堵塞滴头看,绝大多数是进口处堵塞。改造现有滴头流道的设计,在采用分级消能的基础上,扩大进口断面尺寸,采用变流道进行消能。变换流道齿角,采用圆弧形或流线性流齿,防止滴头流道内局部出现水流死角的同时增加滴头流道的光洁度,减少微粒及毛状物在滴头内附着的几率,将是解决地下滴灌堵塞问题的根本措施。

此外,近年来出现的地下滴灌专用滴头,目前已铺设两年且运行状况良好,但由于时间较短,相关试验仍在继续之中,这些地下滴灌的专用灌水器能否完全解决其堵塞问题还有待验证。

(仵峰,范永申,李辉,等.原载于《农业工程学报》2004 年第 1 期)

地下滴灌条件下灌水器出口土壤水能态研究

在自然界中,能量总是由高能态向低能态转化,最终达到平衡,能态的分布决定着物质的运动状况,因此分析和研究土壤水能态成为研究土壤水分运动的基础。地下滴灌与其他灌溉方式不同,在地下滴灌中,有压水流通过灌水器消能后直接送到根区的土壤中,土壤水分的能态通过灌水器与灌水系统形成一个连续的能量分布系统。通常在灌水初期,由于土壤含水量较低,即在出口周围存在一定的负压;随着灌水时间的延长,出水口周围土壤的含水量增加到饱和状态,土壤水势由负压变为零;一旦灌水器流量超过土壤的扩散能力,由于受土壤水分扩散能力和土壤中排气过程的影响,灌入的水量可能来不及扩散到土壤中,将在土壤中产生一定的正压。该正压一方面通过灌水器与供水系统连通,影响灌水器乃至系统的工作状况;另一方面,该正压作用于与之相接触的土壤,影响土壤水分入渗过程。然而从查阅的资料看,国内外对此研究较少,因此研究地下滴灌条件下土壤水能态的分布,分析影响能态分布的主要影响因素,为研究地下滴灌条件下系统的水力性能和土壤水分的运动规律奠定基础。

1　理论分析

以往有关地下滴灌系统的水力性能和土壤水分运动的研究中,常把二者分别作为一个独立的系统进行研究,实际上,系统的能态状况和土壤水势的分布通过灌水器出口处的能态将二者形成一个连续的整体,因此,研究灌水器出口处的能量状态成为该研究的核心。灌水过程中,灌水器出口处的能态取决于灌水速度和土壤水的扩散能力(与土壤含水量有关),在同一土壤中,土壤的入渗能力相对稳定,因而灌水器的流量大小直接影响着灌水器出口处土壤能量状态。

1.1　供水流量小于土壤扩散能力时,灌水器出口土壤水能态

日本曾有人把低透水性的多孔管埋在透水性较强的土壤中,在管中充满水,利用土壤负压进行灌溉,灌水器的供水流量小于土壤的扩散能力(试验用透水管的透水系数为 $1\times10^{-6}\sim1\times10^{-5}$ cm/s,土壤透水系数为 3.6×10^{-4} cm/s)。在灌水初期,管中的水靠管道内壁的正压和作用在管道外壁的土壤负压(吸力)使管中的水分湿润其周围的土体,土壤水分运动为非饱和入渗,在灌水器出口处不会产生正压;随着灌水量的增加,管壁外的负

压逐渐减少，直到与管内压力相同，灌溉即停止；等土壤水分消耗后，即开始下一次灌溉。因此，在整个灌溉过程中，土壤始终处于不饱和状态，在灌水器出口处一般为负压，即：

$$\psi_e = \psi_s \leqslant 0 \tag{1}$$

式中：ψ_e、ψ_s 分别表示灌水器出口压力和灌水器出口土水势，L。

1.2 供水流量与土壤扩散能力相当时，灌水器出口土壤水能态

在灌水器流量与土壤扩散能力相当时，在灌水器的出口将产生一个局部饱和区，Philip(1992)利用 Gardner 提出的基尔霍夫变换方法，采用无因次空间柱坐标，推导出地埋点源非充分供水时稳定入渗的基质势通量分布为：

$$\phi = \frac{Q}{4\pi\rho}\exp\left(\frac{\alpha(z-\rho)}{2}\right) \tag{2}$$

式中：ϕ 为非充分供水时稳定入渗的点源处基质势通量；Q 为灌水器埋入土壤后的流量，L^3/T；ρ 为灌水器为中心的湿润土体半径，L；α 为非饱和土壤水力传导度 $K(\psi) = K_s \exp(\alpha\psi)$ 中指数，L^{-1}；z 为滴头中心距地表的距离，L。

由于灌水时在灌水器出口处存在一个局部饱和区，该处的土壤水势大于零，则该处的土壤水分能量为：

$$\varphi = \varphi_0(1+\alpha\psi_s)\ \psi_s > 0 \tag{3}$$

式中：φ、φ_0 分别表示灌水器出口和饱和土壤水分能量；α 为 Grandner 方程 $K(\psi) = K_s \exp(\alpha\psi)$ 中指数，K_s 为土壤饱和水力传导度，L/T。

假定土壤的导水率为一常数并忽略重力势的影响，Warrick(1974)也得到类似的表达式。在此基础上，U. Sham 等(1996)导出了灌水器出口处正压计算公式：

$$\Psi_s = \left(\frac{2-\alpha r_0}{8\pi K_s r_0}\right)Q - \frac{1}{\alpha} \tag{4}$$

式中：r_0 为与灌水器流量及土壤特性有关的特征半径，可采用 $r_0 = (\psi_0 + 1)^{-1}$ 估算，L；其余符号意义同前。

1.3 供水能力远大于土壤扩散能力时灌水器出口压力分析

式(4)适用于非充分供水时的稳定入渗过程，滴灌常用灌水器额定工作压力为 10 m，流量多在 5 L/h 左右，若将该类灌水器用于地下滴灌，则灌水过程属于充分供水，由于灌水流量大于土壤的入渗能力，灌入土壤中的水量来不及入渗到土壤中，在灌水器出口处将会有较大的正压出现。

研究表明，土壤水分符合达西定律，即：

$$q = -k_s \cdot \mathrm{grad}H \tag{5}$$

式中：q 为单位时间通过柱面的水量；负号表示水流方向与水势力梯度方向相反；k_s 为土壤的导水度；grad$H$ 为土壤水势梯度。

由水流运动的连续方程知，通过以灌水器出口为中心、半径为 r 的各同心球面的水量相同(略去重力势的影响)，则各单位球面的水分通量的微分形式为：

$$q_i = -4\pi r^2 K_s \frac{\mathrm{d}h}{\mathrm{d}r} \tag{6}$$

将上式积分，并写成 h 的显式格式如下：

$$h=\frac{q_i}{4\pi K_s}\cdot\frac{1}{r}+c \tag{7}$$

由于地下滴灌仍是局部灌溉,即在灌水时,只是毛管周围局部土壤湿润,因此各灌水器之间的土壤仍为其初始状态,设地下滴灌中土壤水运动的饱和边界处距灌水器出口的距离为 r_0,即在 r_0 处土壤水势为初始土壤水势(ψ_0),代入上式,得:

$$c=\psi_0-\frac{q_i}{4\pi K}\cdot\frac{1}{r_0} \tag{8}$$

将式(8)代入式(7),得:

$$h=\frac{q_i}{4\pi K_s}(\frac{1}{r}-\frac{1}{r_0})+\psi_0 \tag{9}$$

式中:r_0 可计算得出。

实际灌水时,土壤水分的流动将优先在大孔隙中形成通道,有可能与地表联通,这时灌水器出口的正压将下降到与该点重力势相等。即:

$$\psi_e=h_g \tag{10}$$

以上各式中符号意义同前。

1.4　地下滴灌土壤水能态分布

由前面分析可知,地下滴灌土壤水能态分布概况是在灌水器出口至饱和区的边界处存在正压区(ψ_e),其外层为一水分扩散的负压区,最外层是土壤水的初始能量状态。土壤水分运动是在前两区域内饱和—非饱和二维的流动,遵循达西定律和连续流方程。因此,地下滴灌条件下土壤水能态分布服从式(9)。

式(9)表明,在采用地下滴灌时,土壤水的能态分布为一非线性方程,主要与灌水器出口处土壤水势与灌水器的流量和土壤的初始水分状况有关,只要知道灌水器出口处的土壤水势,即可利用式(9)求得地下滴灌条件下土壤水势的分布状况。

但有研究表明,不同类型的土壤中,如黏土中存在起始水力坡降和偏离达西定律现象,这种现象在分层土壤中表现得更加明显,加之土壤中大孔隙流的存在,因而在实际土壤中,正压的分布规律较为复杂,可能与上述分析有所偏差,但上述分析可为宏观上分析地下滴灌灌水器出流状况奠定基础。

2　试验方法

土壤水的能态通常可用陶土头进行量测。试验在自制的圆形土槽($D\times H=0.5$ m × 0.5 m)中进行,试验土壤取自水利部、中国农业科学院农田灌溉研究所试验地,经室内测定,该土壤的主要物理特性指标如表 1 所示。

表 1　试验土壤物理参数

θ_r	θ_s	k_s	α	m	n
0.011	0.32	2.51 cm/h	0.004 5	0.51	2.05

试验前,先将土壤初始含水量预先调到设计土水势,然后按容重分层装填到土槽内,到达预定位置时,把率定好的不同流量的灌水器,分别埋入对应的土槽中央,并在灌水器

出口处埋一陶土头($D \times L = 0.01\ m \times 0.03\ m$),并与 U 形压差计相连进行量测,以观测灌水器出口正压的变化过程。

为保证各灌水器正常工作,开始试验前,先用水将灌水器内的空气排除。试验时,同时向各土槽供水测量灌水器出口处正压随时间的变化,直到湿润锋到达土槽边沿结束。

3 试验结果及分析

3.1 灌水器流量对其出口处土壤水势状态的影响

3.1.1 滴头出口处土壤水势随时间变化过程

不同类型的灌水器出口正压试验表明,灌水器埋入土壤后,在灌水器出口处出现了正压,该正压通过灌水器影响到灌水器的流量。为保证灌水器流量的稳定性,试验中用对压力不敏感的补偿式灌水器,在 6 m 工作压力、10.8% 含水量条件下,采用上述方法对灌水器出口正压进行测定。测得结果如图 1 所示。

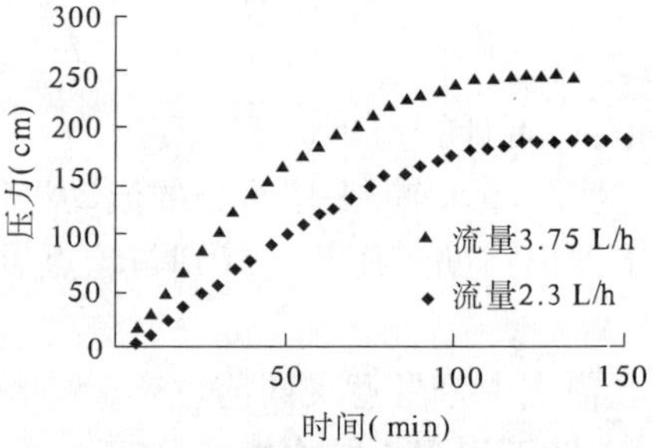

图 1 滴头流量对灌水器出口处土壤水势的影响

从图 1 中可以看出,在灌水初期,灌水器出口的正压过程与前基本一致,即随时间的延长而增大,当达到最大值后,保持稳定。

对比两个流量的出口正压过程线可以看出,灌水器出口的正压与灌水器的额定流量成负相关,即流量越大,在灌水器出口处形成的正压反而较低。该试验结果与 U. Shani 等(1996)的试验有所差异,这可能是由于上述所采用的两种灌水器的流量均已超过土壤的入渗能力,而大流量灌水器易于在土壤中形成通道,从而缩短了土壤排气过程。

对上述过程采用二次多项式进行拟合,结果如下:

$q_0 = 2.3\ L/h$

$$h_1 = -0.0171t^2 + 4.1178t - 4.4385 \quad (r^2 = 0.9988) \tag{11}$$

$q_0 = 3.75\ L/h$

$$h_1 = -0.0096t^2 + 2.7728t - 13.161 \quad (r^2 = 0.9964) \tag{12}$$

式中:h_1 为灌水器出口正压,m;t 为时间,min。

式(11)、式(12)均为弱负线性方程,说明在灌水器出口正压形成过程中是以一个相对稳定的速率增加的,但其上升速度与流量呈负相关,直到达到稳定。

以上两式对时间求导,即有:

$$v_{h1} = -0.0340t + 4.12 \tag{13}$$

$$v_{h1} = -0.0192t + 2.77 \tag{14}$$

式中:v_{h1} 为灌水器出口正压变化速率,m/s。

3.1.2 流量对出口稳定正压土水势的影响

由前述分析得知,灌水器出口正压的形成主要是由于灌入土壤中的水量来不及扩散到土壤中,因而灌水器的流量大小直接影响到灌水器出口正压的形成。利用上述试验装置对不同流量的灌水器出口正压进行测试,试验结果如图 2 所示。

由图 2 可以看出,同一土壤中在一定的灌水流量范围内(试验土壤对应的流量为 2.8 L/h)时,灌水器出口的稳定正压随流量的增大而增加;超过该流量范围后,出口处的稳定正压与流量成负相关。

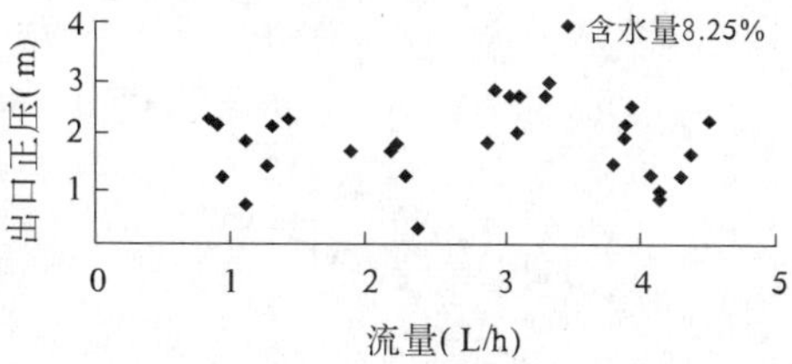

图 2 滴头流量与其出口稳定土壤水势试验结果

经回归得:

$$h_1 = -0.1388q^2 + 0.7561q + 0.9888 \quad (r^2 = 0.0603) \tag{15}$$

式中:h_1 为灌水器出口稳定正压,m;q 为流量,L/h。

3.2 土壤初始水势对灌水器出口正压的影响

3.2.1 土壤初始水势对灌水器出口水势变化过程的影响

水分在土壤中的扩散速度与土壤初始含水量关系密切,同时土壤的排气过程也受土壤初始含水量的影响。图 3 为补偿式灌水器在不同土壤初始含水量下,灌水器出口处正压过程线。

从图中可以看出:灌水器出口处的正压,随着土壤初始含水量的增大而降低。土壤初始含水量越低,灌水器出口处的正压升高越快,达到最大正压所需的时间越短(图中土壤含水量 8.25% 时的压力下降是由于在试验中受土槽的限制,湿润锋到达边界,灌水器出口处压力与外界连通)。在高含水量时,灌水器出口正压成线性上升。

经回归,不同土壤初始含水量条件下,灌水器出口正压随时间变化关系如下:

土壤初始含水量 8.25%

$$h_2 = -0.0489t^2 + 4.9864t - 1.8455 \quad (r^2 = 0.9987) \tag{16}$$

土壤初始含水量 10.8%

$$h_2 = 0.5464t + 38.886 \quad (r^2 = 0.9270) \tag{17}$$

土壤初始含水量 16.11%

$$h_2 = 0.6003t + 11.082 \quad (r^2 = 0.9534) \tag{18}$$

式中:h_2 为灌水器出口正压,m;t 为时间,min。

以上 3 式说明灌水器出口处的土壤水势的变化过程与土壤的初始含水量相关,随着灌水历时的延长,灌水器出口处的土壤水势线性增加,不同的初始土壤水能态,影响着直线的斜率,即灌水器出口处土壤水势的增长梯度。

3.2.2 土壤初始水势对灌水器出口稳定土水势的影响

由式(10)知,土壤的初始水分能态不仅直接影响着地下滴灌灌水器出口处的土壤水势,同时由于非饱和土壤导水率 K 值随土壤水分的不同而变化,进而影响到土壤中水分的扩散。土壤的含水量越高,水分在土壤中运移的速度越快,K 值越大,灌水器出口处土壤水势越低。在室内利用上述试验装置,对不同土壤初始含水量(水势)进行试验,试验结果如图 4 所示。

从图 4 中可以看出,二者成负线性关系,即随着土壤初始含水量的增大,灌水器出口的稳定正压线性下降。

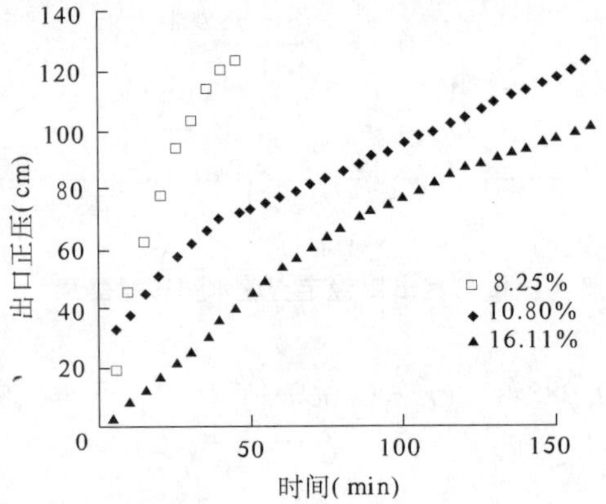

图 3 土壤初始水势与出水口处土壤水势变化过程

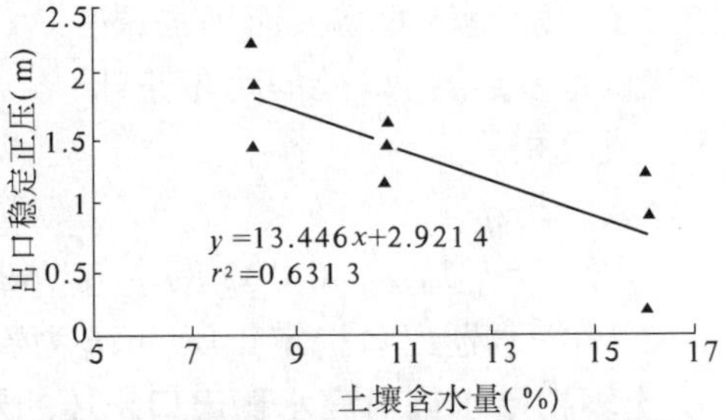

图 4 土壤初始含水量与灌水器出口稳定土水势试验结果

回归方程如下：

$$h_2' = -13.446\theta + 2.921\,4 \tag{19}$$

式中：h_2'为灌水器出口稳定正压，m；θ 为土壤初始含水量(%)。

4 结论与讨论

(1)灌水器的流量和土壤入渗速度的配合，决定了地下滴灌灌水器出口处土壤水势状态。

(2)同一土壤中，影响地下滴灌土壤水势分布的主要因素是灌水器的额定流量和土壤初始含水量。在灌水初期，该正压以较为稳定的速度随着灌水历时的延长而增大，直至达到最大值。

(3)灌水时，通常把田间持水量作为上限，这时土壤水势为 1 ~ 3 m，因此建议地下滴灌条件下灌水器的工作压力以此为参考，进行地下滴灌系统的设计。

(仵峰，李王成，范永申，等. 原载于《科技、工程与经济社会协调发展——河南省第四届青年学术年会论文集》2004 年)

地下滴灌条件下棉花土壤水分运移田间试验研究

地下滴灌(Subsurface Drip Irrigation)是在滴灌基础上发展起来的一种先进的节水灌溉技术。地下滴灌减少了表面水分蒸发和深层渗漏，便于农田耕作和管理，与其他灌溉方式相比，具有不可替代的优势，地下滴灌技术被认为是最有前途的节水灌溉方式。近年来棉花地下滴灌技术发展较快，目前我国新疆地区棉花地下滴灌技术应用较多，但都处于试验阶段，基础研究仍不能满足实践要求，尤其是地下滴灌土壤水分变化规律和灌溉效应的研究。以大田棉花地下滴灌试验为基础，通过对棉花不同生育期内土壤水分变化进行测定和应用效果监测分析，研究了棉花地下滴灌土壤水分变化规律和地下滴灌技术对棉花产量的影响。

1　试验材料与试验方法

试验地点选在新疆博乐市，地处新疆西北部的天山北麓，在乌鲁木齐市西北向 524 km。博乐市属中温带荒漠、半荒漠气候区，夏季炎热，冬季寒冷，降雨少。根据近 33 年气象资料，年平均气温 5.8 ℃，年均降水量 187.4 mm，年均蒸发量 1 558.5 mm，积温 3 116 ℃，平均无霜期 170 d，全年日照 2 515.8 h，年平均风速 1.9 m/s，风向多为西北向。博乐市辖区地表水径流量 12.2 亿 m^3，地下水动储量 2.89 亿 m^3，灌溉面积达 57 626.67 hm^2。试验布置在建设兵团农五师九十团九连，棉花是当地的主要种植作物，其种植面积约 800 hm^2，现全部采用滴灌技术灌溉。2002 年开始发展地下滴灌技术，现灌溉面积约为 200 hm^2。

试验区地下毛管铺设间距 0.9 m，滴头间距 0.5 m，毛管长度 100 m，滴头流量为 1.5 L/h。每次灌水时间 6 h，灌水周期为 6～8 d。

试验内容主要是测定试验区内土壤含水量和跟踪监测棉花生长发育状况。在棉花大田中选取试验点 200 处，在灌水前、灌水后、灌水后 24 h、灌水后 48 h、灌水后 72 h 分别测量测点土壤含水量，测量时间从第 1 次滴灌开始，一直持续至灌水末期，棉花生育期内跟踪监测从现蕾期开始，测量试验区植株数、株高和每株铃数，并和常规地面沟灌（资料以 2004 年为准）、膜下滴灌相比较，分析地下滴灌灌溉效应。

2　土壤水分变化试验结果分析

2.1　地下滴灌结果分析

1 次灌水后不同深度下土壤含水量变化曲线见图 1。由图 1 可知，土壤含水量变化主要集中在 20～80 cm，80 cm 以下土壤含水量变化较小，说明地下滴灌减少了深层渗漏，灌水效果好。由于地下滴灌灌水定额较小，灌水次数多，土壤含水量变幅较小，且均处于棉花适宜的土壤含水率范围内，有利于棉花的生长。

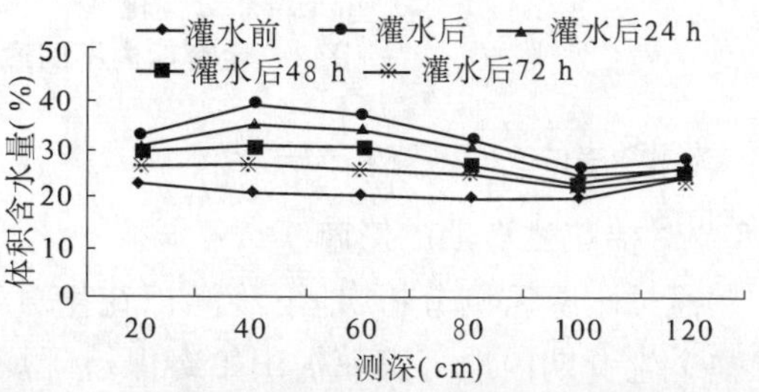

图 1　1 次灌水不同时间的土壤含水量变化曲线

对于棉花生育期内土壤水分变化情况，测量间隔时间为灌水周期的整倍数。表 1 为棉花生育期内各阶段的土壤水分含量。

表 1　棉花生育期内土壤水分变化　（%）

生育期		播种期	出苗期	显蕾期	现蕾期	开花期	花铃期	吐絮期	吐絮盛期
灌水日期(月－日)		04－19	04－29	05－24	06－02	06－02	07－02	09－02	09－12
测定日期(月－日)		04－21	05－01	05－26	06－04	06－24	07－04	09－04	09－14
不同测深的土壤水分变化	20 cm	35.2	36.8	29.2	28.8	26.9	27.4	29.4	28.6
	40 cm	33.0	34.6	30.4	30.2	29.6	30.5	31.1	29.9
	60 cm	32.5	30.9	30.7	30.4	28.8	30.3	30.8	29.8
	80 cm	29.3	28.8	27.5	26.7	25.9	27.1	27.0	26.5
	100 cm	28.4	27.6	24.9	22.9	21.9	22.7	23.1	22.4
	120 cm	27.6	27.2	26.5	24.5	26.2	24.3	25.0	24.7

注：由于苗小无法利用地下滴灌水分，5 月 24 日之前采用喷灌方式。

由此可见,地下滴灌土壤水分主要集中在 20 ~ 80 cm,0 ~ 20 cm 土壤较干,由上至下逐渐变湿,80 cm 以下土壤含水量变小。棉花的根系由于受灌水湿润层的影响,根系主要集中在 10 ~ 80 cm 以内,15 ~ 30 cm 为根系最密集区域。由于地下滴灌出苗和苗期棉花生长所需水分一般靠冬、春灌后保墒播种或喷灌等方式解决,所以 15 cm 以上区域有部分根系,而在 15 ~ 30 cm 区域内棉花根系生长所需滴灌水量充足,所以根系最发达。

2.2 地下滴灌与膜下滴灌、常规地面沟灌结果分析比较

棉花常规地面沟灌、膜下滴灌和地下滴灌水分变化是不同的(见图 2),膜下滴灌在 0 ~ 60 cm土壤水分变幅不大,且由于膜下滴灌灌水定额小、灌水次数多而土壤水分始终处于适宜棉花生长的范围内。常规地面沟灌灌水定额大,在 0 ~ 60 cm 范围内土壤水分接近或超过田间持水量,变幅较大,且在灌水前土壤含水率一般低于棉花生长所需土壤含水率的底限,不同程度地影响了棉花的生长。地下滴灌土壤水分主要集中于 20 ~ 60 cm,也是棉花根系最发达的土层,对棉花生长最有利。

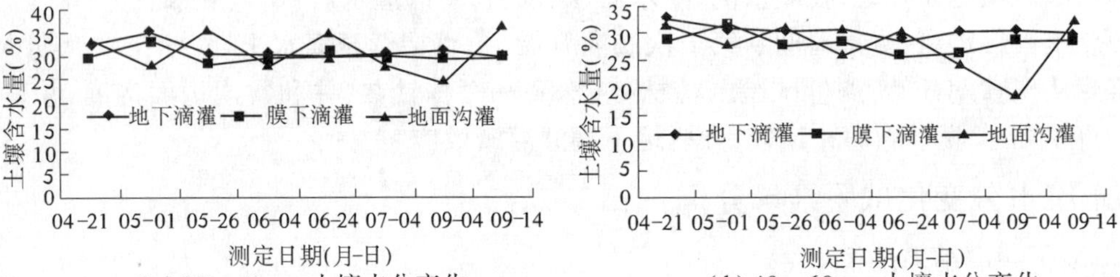

(a) 20~ 40 cm土壤水分变化　　(b) 40~ 60 cm土壤水分变化

图 2　生育期内不同灌溉方式下土壤水分变化

3　灌溉效应结果分析

3.1 对棉花生育期的影响

通过跟踪监测分析,地下滴灌棉花生育期比膜下滴灌短 4 d,比常规地面沟灌短 6 d。在整个生育期内地下滴灌棉田始终保持干燥,田间通风透光性好,湿度小,减少了病虫害的发生和杂草的滋长,地下滴灌棉花比膜下滴灌和常规地面灌棉花生长发育快而健壮,有利于提高棉花的质量和产量。

3.2 对棉花株高的影响比较

地下滴灌的棉花在株高上一直略低于膜下滴灌,但和常规地面沟灌相比,前期低于地面沟灌,自现蕾期以后高于地面沟灌且越来越明显(见图 3)。地下滴灌棉花的子叶节高度分别比膜下滴灌和地面沟灌低 2.5 cm 和 5.1 cm。

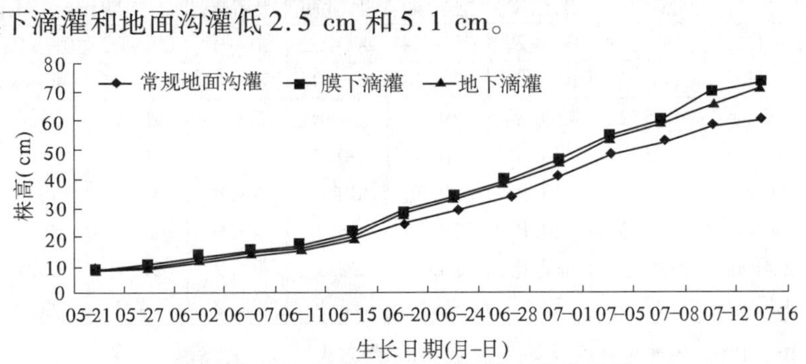

图 3　不同灌溉方式下棉花株高变化曲线

3.3　对棉花生育性状影响

地下滴灌的棉花果枝苔数和单株铃数均高于常规地面沟灌和膜下滴灌，果枝苔数比常规地面沟灌和膜下滴灌分别多27.4%和9.2%，单株铃数分别比常规地面沟灌和膜下滴灌多36.8%和4.42%，单铃重分别比常规地面沟灌和膜下滴灌重9.2%和2.4%，籽棉单产分别比常规地面沟灌和膜下滴灌高62.0%和9.2%，可见地下滴灌增产效果较好(见表2)。

表2　不同灌水方式下棉花生理性状比较

灌水方式	始节高度(cm)	果枝苔数	子叶节高度(cm)	株数(株/hm²)	单株铃数	单铃重(g)	灌水量(m³/hm²)	籽棉单产(kg/hm²)
地面沟灌	18.2	8.4	10.4	214 890	3.80	4.66	5 400	3 805.5
膜下滴灌	15.8	9.8	7.6	228 045	4.98	4.97	3 600	5 644.5
地下滴灌	13.9	10.7	5.3	232 980	5.20	5.09	3 450	6 166.5

另外，根据对棉花生长过程中根系的调查，发现地下滴灌的棉花根系主要分布在15~50 cm内，根系粗壮且长又多，增强了棉花的抗旱能力。由于地下滴灌的棉花在生育初期发育的要比常规地面沟灌和膜下滴灌慢，故苗期时不易长为高脚苗。现蕾期地下滴灌棉花长势好、植株健壮、脱蕾率低，为棉花高产奠定了基础。

地下滴灌不仅增产效果好，而且具有较高的节水率。地下滴灌与常规地面沟灌和膜下滴灌相比，分别节水36.1%和4.2%。由此可见，棉花地下滴灌效果最好，具有巨大的发展潜力。

4　结论

地下滴灌是棉花最适宜的灌水方式之一，具有节水增产的良好效果。通过棉花地下滴灌大田试验研究，地下滴灌减少了棵间蒸发，提高了灌溉水利用率。在棉花生育期内共灌水10~12次(前2次为喷灌)，灌溉定额为3 450 m³/hm²左右，节水效果明显。由于地下滴灌水分主要分布在20~80 cm，正好在作物根系附近，有利于根系吸收水分、养分，利于棉花根系发育，根系粗壮，植株长势好。地下滴灌的田地表层干燥，土壤环境好，减少了病、虫、草害的发生，有利于空气的流通，棉花脱蕾率低。通过试验仍有几点值得讨论，如地下滴灌毛管滴头一旦堵塞应如何检查和修复，毛管受冻是否影响其使用寿命等。

(范永申，仵峰，张银炎，等. 原载于《灌溉排水学报》2007年第4期)

渗灌管自由渗流试验分析

1　概述

渗灌是一种具有较大发展潜力的微灌技术，它是利用渗灌管壁上的微小孔隙，使水由管内向管外呈“发汗”的方式渗出，随即通过管壁周围土壤颗粒的吸水作用向土体扩散，达到能连续地对作物根层供水，实施作物生育期的全过程灌溉。国外早就开始了对该技术的试验研究，到20世纪80年代初期，美国灌溉专家就成功地研制出了以聚烯烃、废旧橡胶轮胎为原材料的专用渗灌管。80年代末我国引进过该技术，在以后的30多年内，建设了多个渗灌工程试点，展开大量的试验性研究。但始终对渗灌技术的渗水状况及出流水力性能不能做出准确、合理的定论，未研制出能符合我国国情的渗灌器材及配套设备，使渗灌技术的推广大大受挫。

随着人们节水意识的提高和节水灌溉技术的发展，国内已有几家研究所和企业都相继投入了大量的人力、财力对该项技术进行研究，并在引进国外渗灌技术及相关设备的基础上，生产出了几种渗灌管材，但其渗水流量的稳定性、均匀性及使用寿命等问题仍未根本解决，研究出的相关技术理论也比较抽象，不太成熟。特别是对渗灌管埋入地表以下后真实的渗水出流状况了解更为不明确，渗管微孔易堵塞的问题仅能简单地定性给以模糊推断，不能从实质上具体地确定其渗水性能。这些都严重影响着渗灌技术的推广。为此，仍需要系统地、准确地理解渗管的出流规律、微孔的堵塞原因及相关的水力性能，并提出技术改进思路，才能推动渗灌技术的迅速发展。

2　试验研究方法

从要研究问题的基本点出发，对试验装置经过精心设计，运用较直观的试验手段，测出渗灌管在特定试验条件下的渗水参数，如渗水流量、渗水时间及各参数的相应变化。然后结合试验结果，归纳、整理试验数据，确定相应的渗水规律。同时观察渗灌管渗水前后过程中微孔隙直径大小、数量的变化情况，分析渗水不均、易堵塞的原因，提出相应的解决措施。

2.1　试验材料与试验方法

2.1.1　试验材料

试验选用渗灌管是把废旧橡胶轮胎粉碎成微小的橡胶颗粒，按照一定的特殊工艺过程加工制成，其外壁较为光滑、略有光泽、质地较硬、颜色呈黑色、外径15.3 mm、内径10.5 mm、壁厚为2.4 mm，在不同的工作压力下的额定流量见表1。

表1　不同工作压力下渗灌管额定流量　（单位：L/h）

工作压力(kPa)	不同长度管段长的额定流量					
	1～10 m	11～20 m	21～30 m	31～40 m	41～50 m	51～60 m
29.4	4.92	4.80	4.61	4.33	4.12	4.10
19.8	4.67	4.58	4.30	4.03	3.92	3.61
9.8	3.99	3.93	3.66	3.52	3.40	3.09

2.1.2　试验方法

整个过程采用了“演绎法”的原理，把渗灌管在特殊的试验条件下所观测的简单、直观的试验现象及测得的具体试验结果，分析其渗水现象和规律，并引用到通常条件下来准确模拟其在实际应用情况中的真正渗水机理。试验选取3根微孔渗灌管，分别在10、8、6、4 m的恒定压力下同时进行，在每一工作压力下，分段测出各管节在“自由渗流”状态下的渗流参数。这些设计真正有别于以往常规条件下的普通试验,让渗灌管分别在“高水头”、“自由出流”两个条件下运行,不仅简化了试验过程中测试数据的复杂性、观测试验现象的抽象性,而且也提高了分析问题的准确度。

2.1.3　试验装置

试验装置按照试验思路和要求而自行设计和制作,其中压力装置可提供的最高工作压力为10 m,可根据不同试验要求来随意调整,并保持在某一恒定数值。渗灌管的水力性能测试装置是对水力试验大厅内的试验台进行一定的改造和处理,能把渗灌管伸直并悬挂起来,让其保持“自由渗流”状态,不受埋入土壤时土壤负压及其他抽象因素的影响。

整个试验在水力试验厅内进行,水力试验台长50 m,宽20 m,渗灌管沿长度方向安装在水力试验台上(见图1),宽度方面上能够同时并排布置3条渗灌管。对于渗灌管的选择,随机选取3段50 m长的新渗灌管,编号为管A、管B和管C。水量收集采取自制铝板套管(长1 m),把渗灌管的渗水收集起来,并流入滑动导轨上的水量收集器中,它能避免相邻套管间的水量交换,保证试验数据的准确性。另外,在主干管的首部装有过滤器、水表、压力表,在试验的3根渗灌管首、尾端均装有精密压力表,观察在试验过程中渗灌管的首、尾压力变化情况。

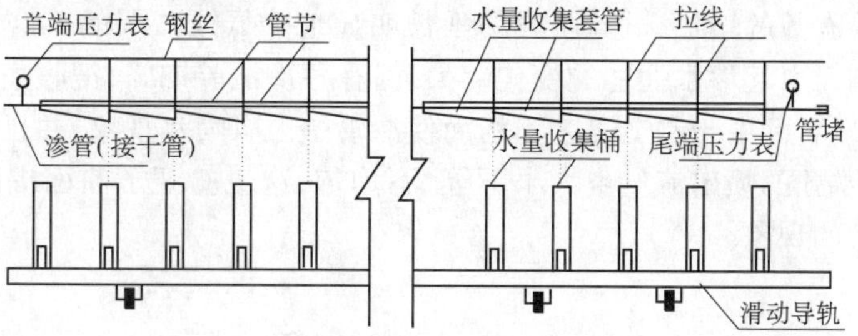

图1　渗灌管水力性能试验装置

2.1.4　试验测试内容

试验所测数据有渗水前后室内的空气温度、水温度、管路压力值、各渗灌管段的渗水量、干管的流量以及各参数的变化量,同时取样定性分析试验管段的外观变化等。

3　试验数据的分析及结果

试验分3个阶段:在恒定水头下,进行第Ⅰ阶段供水试验,对3根渗灌管同时连续地渗水,其间测出各时段的渗水量,并观察其变化情况,直到所测的渗水量保持稳定,即停止供水,这个过程为第Ⅰ阶段试验。过后把渗灌管中的余水放空,让其在室内风晾,尽可能达到最初的干燥状态,便开始第Ⅱ阶段的供水试验。如此反复,完成前后3个阶段的试验测试。

3.1　微孔渗灌管流量均匀性分析

从整个试验的3个试验阶段Ⅰ、Ⅱ、Ⅲ来看,3根被测渗灌管达到稳流时的渗水总流量是随着渗水阶段的延续而不断衰减的,并且衰减得较快,就每个阶段内来说,其渗水量也是随着渗水历时的延长而明显减小的,其渗水流量与时间的关系见图2,这说明渗管的微孔堵塞程度随着试验阶段的延续、渗水历时的延长而逐渐严重。

针对第Ⅰ试验阶段的前后渗水过程分析，绘制成管段流量在沿程的变化情况曲线，其中管A的管节渗水量与时间的关系见图3，在被测渗灌管的有效长度内，其渗水流量在渗管长度方向上变化较为明显，大小不等，具有随机性，突变数目较多，变化幅度也较大，在50 m的被测渗灌管段内，渗水流量的突变点多达6～9处，且其最大值与最小值相差近1～4倍。渗水初始时段内，渗管各管节的流量较大，管节间的流量差值也较小，但随着渗水历时的延长，各管节的渗水流量逐渐变小，管节间的渗水流量差值逐渐变大，同时微孔渗灌管的首、尾端压力值也都比试验初始值有所增加。大约经历24 h后，相同管节的流量及其差值变化基本不变，压力也达到了相应的稳定值。到第Ⅱ阶段的供水试验，测得渗灌管的起始渗水流量与第Ⅰ阶段试验总体趋势仍是相同的，只是相同时段内的总渗水量相对减小。随着渗水时间的持续，渗水量继续时大时小地变化，很不稳定。从该阶段的前后过程看，其渗水流量先不断地增加，增加值为起始渗水流量的1～2倍，再经过几次跳跃式的增加后，达到一个最大流量值，并保持一暂时相对稳定的时段，但该时段持续时间不长，渗水流量就开始逐渐变小，直到又达到一个近似稳定的渗水流量值和压力值，并能继续保持在较长时间内各参数不变，直到第Ⅱ阶段的试验结束。第Ⅲ阶段的试验现象与第Ⅰ阶段、第Ⅱ阶段的试验大体相似，唯有的不同就是渗管的渗水总流量，亦即其渗水能力是随着渗水试验次数的增加、试验阶段的延长明显地降低或减弱的。这说明渗管的微孔受某些原因影响而引起渗水性能的变化。另外，在各次试验期间，把收集渗水量的套管上下片分开时，可以看到由于制造工艺不精而使渗管壁上有喷水现象，并且喷水孔的分布位置无规律，各喷水孔的喷出流量也大小不等，不均匀，这也验证了前面提到的各管节的渗水流量多有突变的现象。

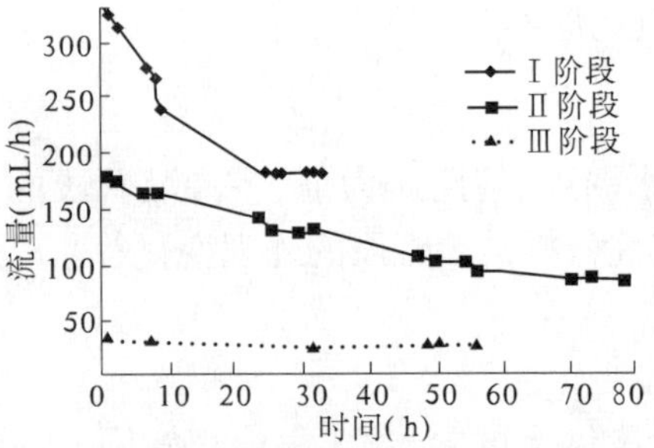

图2 不同试验阶段管段流量与时间关系曲线

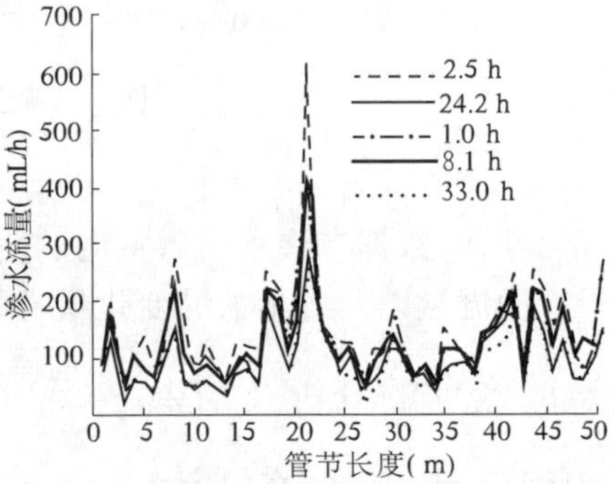

图3 各管节渗水量与时间关系曲线

最后，对所测渗管取样，在电子显微镜下通过简单的观测手段能粗略地看到试验前后微小孔隙的变化，其微孔数量、直径大小和通透性在各次试验阶段及其渗水前后都具有明显的不同，但还不能真正弄清各参数之间的相互关系，需以后进一步的详细试验研究。

3.2 堵塞原因及其分析

针对各阶段相类似的试验现象，可以推测在第Ⅰ阶段的渗水试验中，由于渗灌管是新品，微孔处于扩张(或未堵)状态，其渗水不受影响，流量也就相对较大，但随着渗水时间的持续，可能是由于橡胶颗粒较长时间地受水的湿润、浸泡，使橡胶颗粒发生膨胀，微孔间隙缩小，或者是因水中的微小颗粒堵塞渗管微孔等因素的影响，使渗管渗水流量也逐渐变小,并最终达到一相对稳定的流量值。第Ⅱ阶段的试验,渗水流量有先增大后减小的现象,这有可能是由于第Ⅰ阶段渗水过后渗管变干,其微孔又恢复到原来的状态,孔隙相对较大,引起渗水量偏大,渗水一段时间后,橡胶微细颗粒遇水又发生膨胀变形,使孔隙缩小,进而使其渗水孔径、渗水通道变小。另一种原因可能是在第Ⅰ阶段渗水时微孔中的颗粒堵塞物先被冲走一部分,使微孔相对变大,而后又重新堵塞所致,这两种原因前者可能性极大。在以后阶段的试验测试中,都有与前阶段相似的现象,其渗水流量都在前一阶段渗水结束的基础上得到一定的恢复,只不过是最初阶段内的恢复程度较大,随着渗水阶段的延长,其恢复程度逐渐减小。

4　结语

(1)由试验选用渗灌管段的流量不稳、微孔堵塞变化明显等问题,在一定程度上能反映出国内同类产品的生产工艺、手段等技术条件的相对落后,进而体现在产品质量和水力性能的不稳定。

(2)渗灌管流量不稳的问题需从微孔方面下工夫,主要研究微孔的大小、数量及其分布均匀性与管材、原料配方、生产加工工艺、技术手段等关系。

(3)渗灌管堵塞问题,主要研究渗灌管遇水后其材质、渗水性能、出流状况等变化的原因,同时需考虑水质,并结合正确的灌水技术运行措施,采取一定的防堵措施,以提高渗灌技术的推广应用水平。

(冯俊杰,仵峰,翟国亮.原载于《节水灌溉》2004年第2期)

可移动地下滴灌装置的研制开发

滴灌是最为节水的灌水技术,具有灌水准确、精量等优点,但也存在着滴头易堵塞、投资成本相对较大的缺点。滴灌系统按照滴头的配水位置不同,可以分为地表滴灌和地下滴灌两种形式;按照毛管在田间的布置方式、是否移动等情况的不同,可以分为固定式、移动式和半固定式三种形式。不同的滴灌形式有着各自不同的优缺点和应用范围(见表1和表2)。

表1　地表滴灌和地下滴灌对比

滴灌分类	滴头位置	湿润方式	优点	缺点
地表滴灌	地表	由地表向作物根层	便于检查灌水情况、维修方便	毛管和滴头易损坏和老化,影响田间耕作
地下滴灌	地下	直达作物根层附近	蒸发损失少,利于田间耕作、设备寿命长	滴头易堵塞,检查、维修麻烦

表 2　固定式、半固式定、移动式滴灌对比

滴灌形式	优点	缺点	适用范围	投资(万元/hm^2)	说明
固定式	操作和管理方便,省工、省时,设备寿命长,灌水效果好	设备易老化,影响田间耕作,发生问题时维修困难	多年生作物;果园、温室、大棚和少数大田作物等	1.05～1.80	分地面固定式、地下固定式,各级管道和滴头的位置在灌溉季节是固定的
半固定式	造价低廉,对田间耕作无影响,维修方便	人工搬动劳动强度相对大	大田粮食作物	0.45～0.75	主干管固定,支管、毛管移动
移动式	设备利用率高,投资成本低	操作、管理麻烦,管理和运行费用较高	干旱缺水、经济条件较差地区的大田作物和灌溉次数较少的作物	0.075～0.30	干管、支管、毛管均移动

在总结和分析以上不同滴灌形式优缺点的基础上,变滴灌系统为标准化配套的滴灌装置。开发了兼具移动滴灌和地下滴灌的优点于一体的"可移动地下滴灌装置",它有效地提高了设备的利用率,降低了灌溉系统的单位投资。另外,装置的定型化设计、标准化配套模式省去了在工程应用时需另作专门设计和土方施工的麻烦,并具有操作容易、管理简单、维修方便的特点,如同使用农业机具一样,可适合于一家或多家联合共用。

1　装置的组成结构和工作原理

1.1　组成结构

可移动地下滴灌装置为固定系列成套装置,主要包括首部(由储水器、阀门、进排气阀、过滤器等组成)、管网系统(包括干管、支管、毛管及快接管件等)和灌水器(流量调节器和地下滴灌器)三部分,其组成结构如图 1 所示。

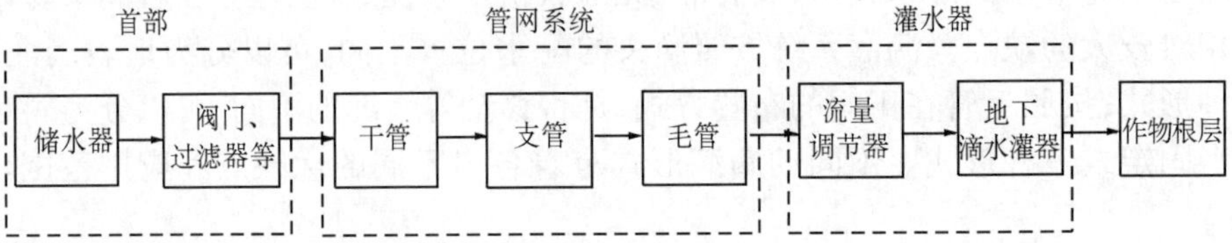

图 1　总体结构

1.2　分类

可移动地下滴灌装置分为大、中、小 3 种规格,不同规格的装置采用不同的管材、管件型号和数量等标准化配套形式,以控制不同的灌溉面积,具体配置如表 3 所示。用户根据灌溉面积的大小,可自由选择装置的合适规格,必要时也可根据自己的地形、水源、种植作物及栽培结构、规模等具体情况,对装置标准化配套中的干管、支管、毛管和灌水器用量作适当调整。

装置安装简易、移动方便、整体节水效果明显、可操作性较强,特别适用于对干旱、缺水山丘区的宽行作物进行抗旱灌溉。

表3　可移动地下滴灌装置的分类及配套标准

规格	控制面积（hm^2）	干管			支管			毛管		
		长度（m）	数量（条）	总长（m）	长度（m）	数量（条）	总长（m）	长度（m）	数量（条）	总长（m）
大	4.00	200	1	200	100	2	200	60	15	900
中	2.67	160	1	160	60	2	120	60	10	600
小	1.33	100	1	100	40	2	80	60	5	300

1.3　工作原理

整套装置采用定型化设计、标准化配套模式，用户可根据实际灌溉地块的形状、大小等因素进行人性化的规格选择和部件装配，充分体现出装置各部件间的组配灵活性和整体移动操作的合理性，方便一家一户单独使用或几户联合使用。装置的首部、管网系统和灌水器部分的工作原理分别如下：

装置的首部配套了过滤器、阀门和空气阀等设备，主要用于过滤、处理水质和调节水量，以达到滴灌用水的要求和系统的需水量。装置所需水源的选择范围较广，可以是小型水池、集水窖或类似储水容器的小车等，并借助于自然坡度，靠水的自身压力即可实施低压灌溉，当不能实施自压灌溉时，可配备加压泵。

装置的管网系统采用了组装式管道，它由若干段不同标准长度的干管、支管和毛管等管路组成，根据实际情况它们之间可以相互连接，并达到所需的应用长度。各管路主要依靠快速管件（三通、弯头和变径等）、自闭式接头等来连接，其安装和操作过程简单、快捷。所用管材为PE管或涂塑软管。装置首部、干管、支管和毛管的连接方式如图2所示。

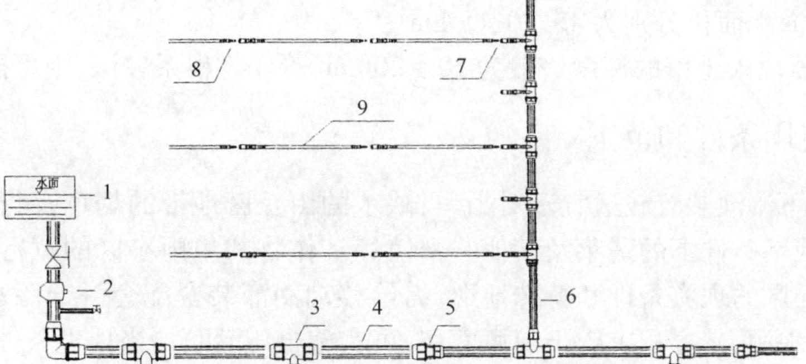

图2　装置首部、各级管网连接方式示意图

1—储水器；2—过滤器；3—快速三通；4—干管段；5—快速变径；6—支管段；7—自闭式快速旁通；8—自闭式快速接头；9—毛管段

灌水器由流量控制器、分水口和插入式地下滴水器三部分组成，相互之间采用承插式结构，其安装和拆卸方便。流量控制器主要用来控制地下滴水器的出流量。插入式地下滴水器是一个锥形且长度可调的灌水装置，它是由微管、迷宫滴头、插管及滴水插头四部分组成。其中，插管由若干节串联而成，每节长5 cm，可以直接插入作物的根部土层，把水送到其最需要的位置。在滴水插头内安装有一个浮球，能防止负压时吸入泥土。在该装置中,灌水器的流量取决于流量控制器,流量控制器具有 2 个流量规格,分别恒定为 4 L/h 或 8 L/h,每个流量控制器可配套 2 个或 4 个地下滴水器,并通过二通或四通接口来保证每个灌水器的均匀配水,它与毛管的安装和使用方式如图 3 所示。

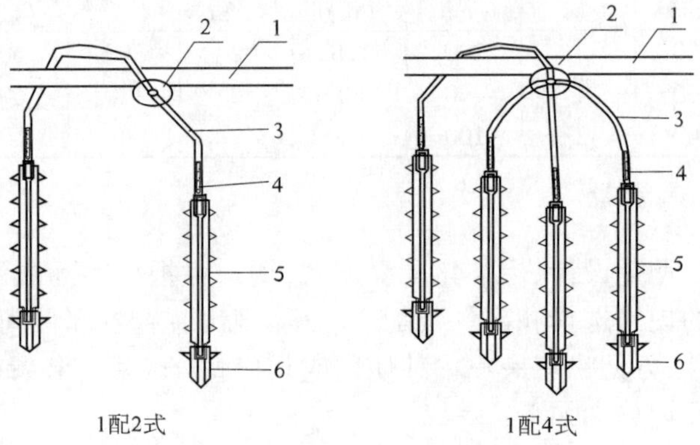

图 3　灌水器与毛管的连接示意图

1—毛管;2—流量控制器;3—微管;4—迷宫式滴头;5—插管;6—滴水插头

1.4　技术指标

(1)工作水头范围为 2 ~ 38 m;

(2)灌水器带补偿功能,流量恒定为 4 L/h 或 8 L/h,地下滴水器额定流量 1 L/h 或 2 L/h;

(3)一次灌水量为 30 ~ 75 m^3/hm^2,需要的储水器容积 30 ~ 75 m^3/hm^2;

(4)灌水周期 4 d,作物灌水量依具体情况而定,如烟叶灌水量为 2.0 ~ 3.0 L/株;

(5)在一个灌水周期内,大、中、小规格的装置中的各条毛管均需平均移动 24 次,每次大约控制的灌溉面积分别为 45、30、15 hm^2;

(6)滴水器插入土壤的深度一般为 10 ~ 20 cm,若作物根系较深,则可插到 30 cm。

2　装置的使用条件和范围

可移动地下滴灌装置较适宜于对干旱、缺水的山丘区地带的烟草及与其相类似栽培的作物、设施栽培条件下的蔬菜及其他非密植经济作物和集雨窖区的宽行作物进行抗旱灌溉,由于山丘区的现实条件和特殊地形,需给移动滴灌装置配套一个储水箱、水池或水车等作为灌溉水源,其容积决定于灌溉面积,可实施自压灌溉。当地理条件不能实施自压灌溉时,另需配备加压泵,水泵的扬程在 10 m 以上就能保证移动滴灌装置的正常工作。

另外,装置采用标准化的配套模式,整体移动功能较强,具有安装简单、操作方便的特点,但是受装置最大控制面积有限的影响,在实际使用过程中势必要进行较多的移动操作次数,其移动周期有可能超过系统的灌水周期,因此它一般不适宜于对密植栽培的作物,如小麦、水稻、玉米等进行灌溉和在具有机械化耕种的大型农场中使用。

3　技术经济指标

3.1　投资分析

单套装置的总投资包括装置的材料投资和间接投资两部分,其中间接投资包括装置中的采购费、配件费及常用工具费等,根据工程的实际经验,计算出 3 种规格装置的各项投资额,如表4所示。

表4　3种规格装置的各项投资　（单位:元/套）

规格	材料投资	间接投资			投资合计
		采购费	配件费	工具费	
大	8 950	600	200	100	9 850
中	5 975	400	125	75	6 575
小	3 335	200	100	50	3 685

与固定装置比较,该装置是一种可移动的地下滴灌装置,干管、支管和毛管的用量大幅减少。一般情况下,干管的用量减少50%～67%,支管减少75%以上,毛管减少90%以上,平均减少投资70%左右,即每公顷投资0.150万～0.225万元。使用该装置可节省设计和施工费用,此项支出每公顷节省450～750元。

3.2　年费用分析

年费用包括工程的折旧费和年运行费两项内容。

3.2.1　工程折旧费

采用平均年限法,计算如下:

$$d=(K-S)/n \tag{1}$$

$$S=K(1-n/N) \tag{2}$$

式中:d为年折旧费;K为装置总投资;S为装置残余价值;n为设备装置折旧年限,取4年;N为设备实际使用年限,取5年。

以投资多的大规格装置为例,经计算:$S=1\ 970$元,$d=1\ 970$元/年,按其控制4 hm^2地块来平均计算,则装置的每公顷年折旧费d'为492.5元。

3.2.2　年运行费

装置的年运行费包括能耗费、维修费、管理费和水费,根据装置运行情况进行计算,大规格装置的年运行费具体数据见表5。

表5　装置的年运行费　（单位:元）

项目	能耗费	维护费	管理费	水费	合计
年费用	600	240	300	120	1 260
每公顷年费用	150	60	75	30	315

装置的年折旧费和年运行费相加,即为装置的总年费用。

4　结语

本装置是一种全新的滴灌设备,具有高效节水、低成本、使用程序简单等特点,非常适合我国农村以农户为主的生产模式,并且顺应了我国推行节水农业的政策,它将地表滴灌与地下滴灌的优点有机地融合为一体,在适宜使用的地域和作物上,具有广泛的推广价值。在所有的滴灌系统中,该移动滴灌装置首次采用了标准化的配套设备,免除了农田水利工程项目需要的设计和施工,使滴灌系统转变为通用的农机具,为农民的生产和农业的丰收提供了技术保障。目前,该装置的配套设备和操作技术正在进一步完善和提高。

（冯俊杰,翟国亮,仵峰,等.原载于《中国农村水利水电》2007年第11期）

第四篇　工程设计

河南省偃师县千亩滴灌试点滴灌系统的规划设计及安装

1　千亩滴灌试点的基本情况

滴灌试点是在河南省洛阳地区偃师县山化公社的关窑大队。由于岭高水低，年降雨量少，历来是个干旱缺水的地方，人畜吃水也有困难。农业生产水平低而不稳，基本上靠天吃饭。

（1）滴灌试区的地形、地貌。地势由北向南呈梯田状，地面平均坡度为1/40左右，自然高差20～30 m，经过规划，区内共有5条机耕路，在路的高处，建有水池4个，地形较为均一，地貌较为完整。

（2）气候特征。属华北半干旱区，年降雨量为500～600 mm，大多集中在7、8、9三个月，冬春缺雨干旱。年蒸发量为1 500～2 000 mm。

（3）土壤。土壤属于黄土类型，土质为粉土，土层较厚可达30～40 m，田间最大持水量21.7%～23.0%，垂直渗水率为0.7～0.84 mm/min，耕作层有机质含量较高，土壤中含氮6.3 mg/kg，磷4.0 mg/kg，钾7.5 mg/kg，肥力中等，pH值为7.0，无地下水补给，没有盐碱化之虑。

（4）作物种植简况及耕作制度。粮食作物以冬小麦为主，试区内小麦面积占试区耕地面积的84.9%，玉米、谷子为夏季复播。红薯占试区耕地面积的7.4%，经济作物以棉花为主，占试区耕地面积的7.7%。大部分耕地是一麦一秋，一年两熟制。

（5）水利（水源）。1979年在滴灌试区打成2眼深井（150～170 m），单井出水量为25～30 m^3/h，出水量稳定，水质良好，可作为千亩滴灌区的主要水源。

2　滴灌区规划和滴灌系统设计

2.1　滴灌区规划

根据当地地形、地物的特点，滴灌系统的布局尽可能照顾已有的水利设施、梯田、道路等情况，以求互相适应。具体到滴灌试区可利用高处的胜利池（容积7 000 m^3）和丰收池（容积6 000 m^3）作为滴灌水源。利用地形的自然落差（胜利池区为23 m，丰收池区21 m）建成位能滴灌系统，自胜利池沿路面向下到关窑村边布置主管道1条，长830 m，双向控制,可灌 596 亩。自丰收池沿路向下到关窑学校后,布置主管道 1 条,长 828 m,双向控制,可灌 318 亩,形成两个独立的位能滴灌系统。灌区内耕地均已整成梯田,田面宽在 40～60 m,长 300 m 左右,上块梯田与下块梯田的高差在 1.0～1.5 m,干管沿梯田外埂布置,双向控制,2 块梯田共用 1 条干管。支管垂直于干管,也是双向控制,支管间距是毛管长度的 2 倍,具体数值视毛管长度而定,一般为 50～60 m。毛管顺垄方向布置,为移动式,间距有 2 种,胜利池位能滴灌区,毛管间距为 6 m,毛管长 25 m,再加辅助毛管长 3 m。丰收池位能滴灌区,毛管间距为 12 m,毛管长 30 m 再加辅助毛管长 6 m。胜利池位能滴灌区的管道系统中主管、干管两级为固定式,支管、毛管为移动式,丰收池位能滴灌区的管道中主管、干管、支管三级管道固定,毛管移动。

灌区内原有许多水囤(旱井)大多分布在道路两旁和田的一头,容积一般为 50～100 m^3,拦蓄地表径流,可以作为滴灌水源,当蓄水不足时,可由蓄水池放水补充,适应这种水源特点,由 3～4 匹小柴油机配带 2 in 水泵,配备 2 in 干管 100 m,1.5 in 支管 250 m,10 mm 毛管 1 500 m,1 个水囤可灌 12～15 亩,1 部机组可负担 50～60 亩,这种机组机动灵活,在位能滴灌区外形成大小不等的许多滴灌片,总面积在 250 亩左右。

2.2　滴灌系统设计

2.2.1　滴灌系统用水量的计算

土壤为粉土,0～60 cm 平均容重为 1.41 g/cm^3,田间持水率为 23%(干土重),不同作物适宜含水率(占干土重的百分比)上、下限分别为:小麦、玉米为 21% 和 16%,棉花为 19% 和 16%。

滴灌区作物以冬小麦为主,面积占试区耕地面积的 84.9%,小麦生长期经常干旱,用水量大,所以灌溉用水量设计皆以小麦为准。

小麦主要根系活动层:40～60 cm。

一次滴水量计算,采用公式如下:

$$m = 667H\gamma(P_{上} - P_{下})$$

式中:m 为一次滴灌定额,m^3/亩;667 为 1 亩地的面积,m^2;H 为计划灌水的土壤层,m;γ 为土壤容量;$P_{上}$ 为土壤适宜含水量上限占干土重百分比;$P_{下}$ 为滴灌前土壤含水量占干土重百分比。

由上式计算所得的滴灌水量是 1 亩地全面受水的滴水定额。但滴灌并不是全部地面受水,而只是浸润作物行间部分土地,因此应将 667 m^2 乘以折湿系数 C。对于机播小麦来说,实测 C 值为 0.7,所以上式应改写为:

$$m = 667CH\gamma(P_{上} - P_{下})$$

小麦播种至返青期根系浅些,一次滴灌水量:

$$m = 667 \times 0.7 \times 0.4 \times 1.41 \times (21\% - 16\%) = 13.17(m^3/亩)$$

按 15 m^3/亩计。

拔节至灌浆期小麦根系扎深 $H = 0.6$ m,此时一次滴灌定额:

$$m = 667 \times 0.7 \times 0.6 \times 1.41 \times (21\% - 16\%) = 19.75 \approx 20(m^3/亩)$$

如将上式计算结果换算成浸润面积的滴水深度，则：

$$n = m \div (667 \times C) \times 1\,000$$

$$h_{冬一返} = \frac{15}{667 \times 0.7} \times 1\,000 \approx 30(\mathrm{mm})$$

$$h_{拔一灌} = \frac{20}{667 \times 0.7} \times 1\,000 \approx 40(\mathrm{mm})$$

2.2.2 滴水时间的确定

选用孔口滴头，经率定后，当压力为 0.5 ~1 kg/cm^2 时出水为 3 ~4 L/h。

滴头间距 S 是根据土壤浸润范围来定的，经试验粉土的有效浸润范围为 0.4 ~0.5 m，决定采用 $S=0.4$ m。

1 条毛管上的滴头数 a：

当毛管长 25 m 时

$$a = \frac{L}{S} = \frac{25}{0.4} = 62.5 \approx 63(个)$$

当毛管长 30 m 时

$$a = \frac{L}{S} = \frac{30}{0.4} = 75(个)$$

1 条毛管的最大供水量：

$$Q_{毛} = a \times q = 75 \times 4 = 300(\mathrm{L/h})$$

1 条毛管浸润的宽度 = 滴头有效浸润宽 =0.4 ~0.5 m，采用 0.4 m，则：

1 条毛管应供的水量 w（按最大用水量计算）

$$w = LBh = 25 \times 0.4 \times 0.04 = 0.4\ (\mathrm{m}^3) = 400(\mathrm{L})$$

式中：L 为毛管长度，m；B 为毛管浸润宽度，m；h 为灌水深度，m。

若毛管长 $L=30$ m 时

$$w = 30 \times 0.4 \times 0.04 = 0.48\ (\mathrm{m}^3) = 480(\mathrm{L})$$

那么 1 条毛管在一个位置上的滴水时间

$$t = w/Q_{毛} = 400/300 = 1.33(\mathrm{h}) \quad (毛管长 25 m 时)$$

$$t = w/Q_{毛} = 480/300 = 1.60(\mathrm{h}) \quad (毛管长 30 m 时)$$

$t \approx 1.5$ h，即每隔 1.5 h 左右毛管应移动一次。

社员 1 d 的工作时间为 t'，一般为 10 h，最大不超过 12 h，那么毛管 1 d 能移动的次数

$$n = t'/t = 10/1.33 = 7.5(次)$$

$$n = t'/t = 12/1.6 = 7.5(次)$$

1 条毛管 1 d 可滴灌的面积为：

$$W = nBL/C$$

式中：n 为日毛管移动的次数（按 7 次计）；B 为毛管在一个位置上的浸润宽度，m；L 为毛管长度，m；C 为折湿系数（小麦为 0.7）。

将以上计算值代入：

当毛管长 25 m 时

$$W = 7 \times 0.4 \times 25 \times 1 \div 0.7 = 100\ (m^2) = 0.15(亩)$$

当毛管长 30 m 时

$$W = 7 \times 0.4 \times 30 \times 1 \div 0.7 = 120\ (m^2) = 0.18(亩)$$

1 条毛管可负担的面积应根据当地具体情况来定,考虑到关窑的地块大小、轮灌期限、队与队之间的受益关系等,认为 1 块地滴完的时间不宜拖的太长,最好在 2 ~ 3 d 滴完。因此,1 条毛管可担负的面积就不一定是最大的,若按 2 d 计算,1 条毛管可能负担的面积为:

$$W = w \times 2 = 0.15 \times 2 = 0.3(亩)$$

或

$$W = w \times 2 = 0.18 \times 2 = 0.36(亩)$$

由以上计算可以概括提出,1 条毛管负担的面积为 0.3 ~ 0.4 亩。

2.2.3 滴灌制度

根据千亩小麦滴灌试验报告得知,小麦的耗水规律不因灌水技术不同而变,仍是“前小后大”,但耗水量和耗水系数却比畦灌少。正常年份,滴灌高产小麦的总耗水量为 250 m^3/亩左右,除降雨外,须滴灌补给水量 100 ~ 130 m^3,关键期滴灌 50 ~ 100 m^3/亩。滴灌次数:前者为 7 ~ 8 次,后者 3 ~ 4 次,每次滴水量 15 ~ 20 m^3/亩。滴水周期:冬播—返青期半个月左右,返青—拔节期 10 ~ 15 d,拔节—灌浆期 7 d 左右。

3 滴灌系统管道水力计算

滴灌系统设计对胜利池自压区和丰收池自压区分别进行水力计算,每一区又根据地形特点、土地面积、压力分布等分为 3 个轮灌区,以每个轮灌区自下而上逐个计算。

为了减少重复计算,以胜利池位能压力区为主,另一区就不再列举了,仅将结果附后,现计算如下。

3.1 毛管水头损失计算

毛管设计按移动式滴灌考虑滴水毛管长 25 m,辅助毛管长 3 m,采用 10 mm 直径的毛管,滴头均采用孔口式,$q = 3$ L/h,毛管流量:

$$Q_{毛} = L/S \cdot q$$

式中:L 为毛管长,$L = 25$ m;S 为滴头间距,$S = 0.4$ m;q 为滴头流量,$q = 3$ L/h。

$$Q_{毛} = 25 \div 0.4 \times 3 = 187.5(L/h)$$

滴灌系统的管道水力计算采用下列公式

$$h = \frac{\lambda L Q^2}{1.569 \times 10^4 d^5} \quad 或 \quad i = \frac{\lambda Q^2}{1.569 \times 10^4 d^5}$$

式中:h 为管道沿程水头损失,m;L 为管道长度,m;Q 为流量,L/h;d 为管道内径,cm;i 为水力坡度(即单位管长上的水头损失);λ 为管道摩阻系数。

根据上述基本计算公式绘制而成的计算图表在进行管道沿程水头损失计算时使用起来比较简便,因此本设计采用查图表进行计算。

多口系数:

$$C_s=\frac{(n+1)(2n+1)}{6n^2}$$

式中:n 为管道上出水口数目。

多口系数 C_s 已有现成的表格可查,不必另行计算。

本设计管道水温均按 20 ℃计。

当 $Q_{毛}=189$ L/h,$d=10$ mm,$L=25$ m,$C_s=0.338(n=63$ 个)时,查图表得 $f=0.08$,则:

$$H'_{f毛}=0.08\times25\times0.338=0.676(\mathrm{m})$$

辅助毛管段的水头损失 $H''_{f毛}=0.08\times3=0.24$(m),因此毛管的水头损失 $H_{f毛}=H'_{f毛}+H''_{f毛}=0.916(\mathrm{m})$。

3.2 支管水头损失计算

支管为两边分水,长度随地块的宽窄而变,一般为 40 ~ 60 m,平均按 50 m 计算,管径 $D=40$ mm,当毛管间距为 6 m 时,1 条支管可带 16 条毛管,则

$$Q_{支}=Q_{毛}\times n$$

式中:$Q_{毛}$为毛管流量,$Q_{毛}=189$ L/h;n 为所带毛管根数。

$$Q_{支}=189\times16=3\ 024(\mathrm{L/h})$$

当 $D=40$ mm,查表得 $f=0.015$,$C_s=0.365$,则:

$$H_{f支}=f\times L\times C_s=0.015\times50\times0.365=0.274(\mathrm{m})$$

根据滴灌管道压力均匀的要求:同一条支管上第 1 条毛管首端第 1 个滴头与最末 1 条毛管末端滴头的压力差,不超过滴头工作压力的 20%,即:

$$H_{f毛}+H_{f支}\leqslant20\%H_p$$

$$H_p=1\text{ 个压力}\approx10\ \mathrm{m\ H_2O}$$

$$0.916+0.274=1.190\leqslant10\times20\%=2(\mathrm{m})$$

支管、毛管设计符合要求。

3.3 干管水头损失计算

干管长 225 m 左右,其上支管的分水口有 5 个,间距为 50 m,末端第 2 分水口后段,管径改为 40 mm,其前为 60 mm。

$$Q_{干}=Q_{支}\times n$$

式中:n 为支管条数,$n=5$。

$$Q_{干}=3\ 024\times5=15\ 120(\mathrm{L/h})$$

查表得 $f=0.025$,$D=60$ mm,$L=175$ m,$C_s=0.469$,则:

$$H_{f干1}=f\times L\times C_s=0.025\times175\times0.469=2.05(\mathrm{m})$$

干管末端 50 m,改为 $D=40$ mm 的管路,水头损失为:

$Q_2=Q_{支}=3\ 024$ L/h,查表得 $f=0.014$,则:

$$H_{f干2}=f\times L=0.014\times50=0.7(\mathrm{m})$$

$$H_{f干}=\sum H_{f干1}+H_{f干2}=2.05+0.7=2.75(\mathrm{m})$$

3.4　主管水头损失计算

滴灌区分为 3 个轮灌区,每个区的面积各不相等,因此流量也各不相同,所以主管的水头损失也必须分段计算。

3.4.1　下游段

胜利池区可灌 596 亩,每亩设备投资 67 元(见表 1、表 2)。流动机组可灌 250 亩,每亩投资 44.6 元。

表 1　胜利池滴灌区主干管、支管、毛管及配件投资

规格(mm)	名称	数量	单价(元)	复价(元)
100	主管	504.5 m	11.00	5 549.5
90	主管	278 m	6.6	1 834.8
90	主管	378 m	4.52	1 708.56
60	支管	1 365 m	2.84	3 876.6
60	支管	1 900 m	3.30	6 270.0
40	支管	3 599.9 m	2.24	8 063.77
25	支管	1 145.5 m	1.00	1 145.5
10	毛管	38 117.8 m	0.20	7 623.56
40	三通	50 个	0.75	37.5
10	三通	679 个	0.08	54.32
40	弯头	83 个	0.36	31.68
40	接头	326 个	0.45	146.7
40	堵头	60 个	0.49	29.4
25	堵头	8 个	0.17	1.36
10	堵头	1 351 个	0.03	40.53
40×25	堵头	41 个	0.24	9.84
孔口滴头		83 696 个	0.03	2 510.88
4 in	水表	1 个	200.0	200.0
4 in	闸阀	2 个	100.0	200.0
3 in	闸阀	4 个	60.00	240.0
2 in	闸阀	18 个	20.00	360.00
合计				39 934.5

$L = 182$ m, $D = 90$ mm

此段有 4 条干管:

$$Q_{毛下}=Q_{干}\times 4=15\ 120\times 4=60\ 480(\mathrm{L/h})$$

查表得$f=0.06$，$C_s=0.469$，则：

$$H_{f主下}=f\times L\times C_s=0.06\times 182\times 0.469=5.12(\mathrm{m})$$

自水源至此段的主管水头损失(3″段 270 m，4″段 486 m)：

$$H'_{f主下}=f\times L\times C_s=0.06\times 270\times 0.469=7.598(\mathrm{m})$$

$$H''_{f主}=0.035\times 486\times 0.469=7.978(\mathrm{m})$$

主管自水源至下部地段的水头损失：

$$H_{主下}=7.598+7.978=15.576(\mathrm{m})$$

表 2　胜利池位能滴灌区滴灌设备配件

规格	名称	数量	每亩用量	规格	名称	数量	每亩用量
100 mm	管	504.5 m	0.846 5	3 in	闸阀	4 个	0.006 7
90 mm	管	656.0 m	1.100 7	2 in	闸阀	18 个	0.030 2
60 mm	管	3 265 m	5.478 2	40 mm	堵头	60 个	0.100 7
40 mm	管	3 599.9 m	6.041	25 mm	堵头	8 个	0.013 4
25 mm	管	1 145.5 m	1.922 0	10 mm	堵头	1 351 个	2.266 8
10 mm	管	38 117.8 m	63.956	40 mm×25 mm	接头	41 个	0.068 8
40 mm	三通	50 个	0.083 9	孔口	滴头	83 696 个	140.429 5
10 mm	三通	679 个	1.139 3	4 in	水表	1 个	0.001 7
40 mm	弯头	88 个	0.147 7	4 in	闸阀	2 个	0.003 4
40 mm	接头	326 个	0.547				

3.4.2　中段

此段负担 5 条干管，$n=5$，则：

$$Q_{主中}=Q_{干中}\times n=15\ 120\times 5=75\ 600(\mathrm{L/h})$$

$$Q_{主中2}=Q_{干中}\times n=15\ 120\times 2=30\ 240(\mathrm{L/h})$$

此段有 88 m 长的 90 mm 主管，其中有 2 条干管，$Q_{主中2}=30\ 240$ L/h，$D=90$ mm，$C_s=0.625$，查表得$f=0.017$，则：

$$H_{f主1}=f\times L\times C_s=0.017\times 88\times 0.625=0.935(\mathrm{m})$$

88 m 以上均为 $D=100$ mm 管，则：

$$Q=75\ 600\ \mathrm{L/h}$$

共负担 5 条干管 $C_s=0.44$，$L=486$ m，自水源至此段的水头损失：

查表得$f=0.05$，则：

$$H_{f主中2}=f\times L\times C_s=0.05\times 486\times 0.44=10.692(\mathrm{m})$$

$$H_{f主中}=H_{f主中1}+H_{f主中2}=0.935+10.692=11.627(\mathrm{m})$$

3.4.3 上游段

自水源至第1节制阀长299 m,共有5条干管,$D=100$ mm,由于此段地形高、压力小,因此将此段内5条干管分为2组。第1组,基本上在一个高程上共3条干管,另外2条为第2组:

$$Q_{主上}=Q_{干}\times n=15\ 120\times 3=45\ 360(\text{L/h})$$
$$Q_{主上}=Q_{干}\times n=15\ 120\times 2=30\ 240(\text{L/h})$$

$D=100$ m,$L=299$,$C_s=0.518$,$f=0.02$,则:

$$H_{f主1}=f\times L\times C_s=0.02\times 299\times 0.518=3.098(\text{m})$$

$f=0.01$,$C_s=0.625$,则:

$$H_{主2}=f\times L\times C_s=0.01\times 299\times 0.625=1.869(\text{m})$$

以第1组损失最大为准,$H=3.098$ m。

经以上计算,位能压力滴灌区的压力变化情况可见图1。

4 滴灌系统的安装

目前国产滴灌设备尚未定型生产,也未全部配套,正在逐步改进,在安装使用上尚感不便。偃师千亩滴灌试点所用的滴灌设备全部由沈阳塑料七厂供应,厂方对试点给予了很大的帮助。虽然如此,但仍不能满足试点安装的需要,而且一些管件造价较高又不太适用。因此,我们安装时不得不针对当地的特点,因地制宜,自己动手制作了部分管件,节省了投资。通过千亩滴灌试点系统的安装摸索了一些经验,现将安装情况及主要经验总结如下。

4.1 首部安装

水源为已建的蓄水池,放水控制阀已安好。为了利用原设备,又不降低水池压力,需要在原200 mm的放水管上接好滴灌压力管道,同时又要照顾原来的明渠放水,因此必须在原压力阀后安上200 mm×100 mm的变径三通或是四通,这一管件一时难以找到,只好采用密封混凝土小水池来代替它。为了减少水头损失将首部简化,过滤设备采用安装在水池内进水口处的过滤纱网代替了厂制过滤器。为了减少放空时的负压,明渠放水阀可用来代替进气阀。首部安装100 mm湿式水表1个,以计水量,另安有压力表1个。

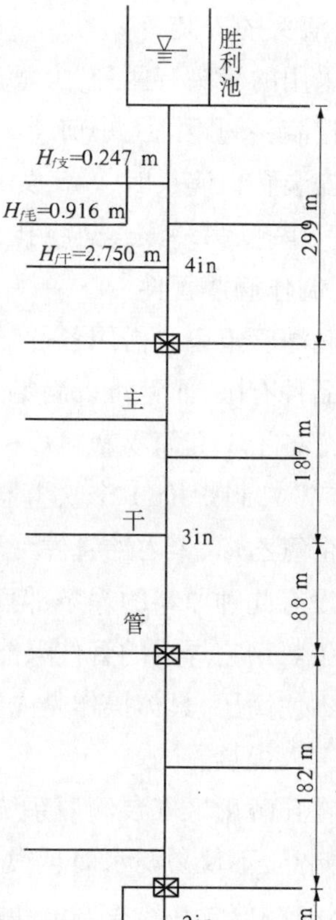

图1 位能压力滴灌区的压力变化

4.2 主管、干管安装

主管采用100 mm和90 mm的聚氯乙烯硬管,干管采用90 mm的高低压混合料聚氯乙烯软管。考虑到水冻和机耕要求，主管、干管均埋设在地面 70 cm 以下。

主管的连接采用软化承插方法代替了厂制接头。具体接法是先将硬管的一端放在温度为 130 ~ 150 ℃的废柴油中浸软，然后立即与另一管的一端套好，用木锤狠击另一端，待两管相套入 15 cm 左右即好，冷却后管壁收缩箍紧内管，即成简单的不漏水的接头。

聚乙烯软管用 100 ℃的开水烫煮即可软化，具体步骤同硬管。

4.3 支管、毛管安装

支管、毛管均为高压聚乙烯软管。支管与干管由变径三通相接，垂直地伸出地面，然后再以三通或弯头与支管相连，变径三通可用厂制的，也可自制。

毛管与支管的相接。我们将工厂生产的旁通改用毛管小三通，不仅价格便宜，还可以一个顶两个用。在安装小三通时，应先在支管上用手摇钻钻出一个比三通直径稍小的孔，然后稍一用力就可将三通按进去。

毛管与三通相接，可以两面分水。在移动式滴灌系统中，毛管应留有辅助部分，其长度是移动毛管控制宽度的 1/2。

4.4 滴头的安装

采用的滴头有两种，少量是管式滴头，绝大部分是孔口滴头。安装管式滴头时，须将毛管按滴头间距的大小剪断，然后从两边把毛管插接于管式滴头两端的接头上。

安装孔口滴头时，一人先用蜡烛或油灯将大号针烧热，然后在毛管上按需要的滴头间距烫一小孔，另一人趁热将孔口滴头按上去，卡紧即可。

4.5 制作滴灌管件

滴灌管道系统需用各种管件相连，要求各种管件经济、适用、不漏水。目前，厂制管件不仅品种有限，而且难以满足上述要求，因此需要找些代用品，或是自己动手制作。为此我们配备了 1 套简易塑料焊机，用它来焊做所需各种管件，简易塑料焊机是由 1 把 500 ~ 1 000 W 塑料焊枪，1 个吹尘器和 1 个 3 kVA 的调压变压器组成，共 250 ~ 300 元。

聚氯乙烯、聚丙烯管件可用同种原料的焊条焊接，高压聚乙烯严格讲是不能焊接的，所以没有此种原料的焊条，但可以将同类管子的零头、短节、用刀割成一条一条的薄片当做焊条。用它焊成的管件只能用在压力不是很高的系统中，因为它不是熔结，而是黏结，经受不住高压，具体操作是先根据需要制成管件的配件，然后是将配件组成管件，由 1 人扶住 1 人焊接。

在丘陵山区安装滴灌系统，地形变化大，陡坎、土墩多，需要大量的弯头和接头，若采用厂制品，不仅易漏水而且很不经济。根据地形情况，先将土墩挖成缓坡，然后将管子用微火烤软，放置在已挖好的缓坡上，趁热弯成需要的弯管，这样的弯管既便宜又适用，不易漏水。

安装阀门。控制阀门皆采用金属制品，当它与塑料相连时需用法兰接头或螺纹接头来连接。厂制塑料法兰接头价高、强度低不能使用，螺纹接头品种不齐全，因此必须自制。

千亩滴灌系统经过两年多的努力，因地制宜，土洋结合，简化了一些不适用的设备，现已安装完毕，投入生产运用以来情况良好，证明施工质量可靠，基本符合设计要求。

采用的主要安装方法是切实可行的，它不仅简便，而且节省了设备费用，从设备比较表（见表3）可以看出，在千亩滴灌系统安装中节省了 6 921.56 元，占全部设备费的 9.18%。

表3　厂制管件与自制管件比较

品名	规格（mm）	单价（元）		相差（元）	数量（个）	节省量（元）	备注
		厂制品	自制品				
接头	100	12.0	3.0	9.0	213	1 917.00	
	90	8.0	2.0	6.0	363	2 178.00	
	60	2.43	0.6	1.83	950	1 738.50	
三通	100×60	15	5	10	2	20.00	
	90×60	8	2	6	5	30.00	
	60×60	7	2	5	2	10.00	
	90×40	7	2	5	6	30.00	
	40×60	2.02	1	1.02	34	34.68	
四通	100×60	18	6	12	3	36.00	2个旁通顶1个小三通
	90×60	13	3	10	7	70.00	
	60×60	10.00	2.0	8.00	7	56.00	
弯头	100	8.00		8.00	20	160.00	
	90	5.24		5.26	18	94.68	
	60	3.43		3.47	10	34.70	
变径	螺纹接头60	2.0	0.5	1.5	66	99.00	
旁通	改毛管三通	0.14	0.08	0.2	20.65	413.00	
合计						6 921.56	

（傅琳，刘云发. 原载于《喷灌技术》1981 年第 4 期）

滴灌毛管适宜长度试验总结

为了探讨国产滴灌设备有关水力参数及其在设计滴灌管路系统时需采纳的毛管适宜长度，使滴灌规划设计更符合于实际，我们进行了毛管适宜长度试验。

1 概述

通常滴灌的管路设计是在已知管道流量,保证毛管出流量足够均匀的前提下计算水头损失,定出毛管的长度和干管、支管的内径。本试验就是在确定了的滴灌均匀系数的情况下,找出设计毛管的适宜长度。滴灌是分散逐点供水,停止滴水后,由于两个滴头之间有一定的距离,土壤水分互相补给受到一定的限制,部分滴水量很小或不出水的地方,作物就会受到干旱的影响。究竟滴灌的均匀系数标准如何定目前国内尚无一致的要求。美国滴灌均匀系数不小于0.95,而我国管状滴头出厂的流量均匀系数为0.9,因此我们暂定沿毛管各滴头流量的均匀系数标准为0.9,以此来确定相应的毛管适宜长度。今后随着我国滴灌设备的改进,此项标准也会随之提高。

毛管是滴灌系统中最末一级输水配水管道,它将支管的来水输送到地块,分配给每个滴头一定的水量。毛管的结构包括两个方面:一是毛管本身管径的大小、管道的长短,二是滴头与毛管的连接方式(插接式、管路式)和滴头在毛管上的分布状况(不同的滴头间距)。毛管是一种管径较小的多孔口出流管道。毛管中的水流状态、能量坡度线和灌水均匀度直接取决于毛管的结构。

2 试验设备及试验方案

试验利用的压力水头最大可达2.5 kg/cm^2,通过调压桶人工控制调至试验所需要的压力,在0~2.5 kg/cm^2 可任意变动。控制压力表(0.4级标准压力表)安装在过滤器下游,试验毛管接于其后。毛管上每10 m置一块压力表,用量筒、秒表测每个滴头的流量,同时测水温。

试验用的毛管管材是沈阳第七塑料厂产的管径为10 mm聚乙烯塑料管,滴头有管状和孔口两种,前者与毛管串联起来,即滴头本身是管路的一部分,后者滴头插入毛管管壁内。

试验依据水力学原理,为了正确分析由于毛管沿程压力变化对滴水的影响必须排除滴头制作上的差异。为此,我们进行了大量率定滴头的工作,挑选出流量一致的滴头供试验用。率定的结果见表1。说明孔口滴头在制作上的差异较大,均匀系数只有0.687,个别滴头流量最小为1.86 L/h,最大可达14.09 L/h,管状滴头制作的比较均匀,其均匀系数为0.933,试验所用滴头流量均匀系数在0.98以上,孔口滴头流量范围为7.6~8.0 L/h,管状滴头流量范围为3.36~3.48 L/h,如表2所示。

表1 滴头率定结果

滴头类型	率定滴头数(个)	选用滴头数(个)	工作压力(kg/cm^2)	最大流量(L/h)	最小流量(L/h)	流量变动度(%)	流量均匀系数 C_u	备注
孔口	4 100	420	1	14.09	1.86	86.8	0.687	C_u 为任选300个滴头进行计算
管状	1 200	420	1	4.94	0.35	92.9	0.933	

表 2　试验选用滴头情况

滴头类型	选用滴头数（个）	工作压力（kg/cm^2）	最大流量（L/h）	最小流量（L/h）	流量变动度（%）	流量均匀系数 C_u	备注
孔口	420	1	8.0	7.6	5.0	0.987	C_u 为从 420 个滴头中任选 100 个进行计算
管状	420	1	3.48	3.36	3.5	0.985	

试验毛管架设在水平架上。考虑到水压力、毛管长度、滴头间距和滴头的种类对毛管沿线出流量均匀度的影响，试验方案采用了 5 种压力水头，分别为 2.0、1.5、1.0、0.5、0.2 kg/cm^2；6 种毛管长度，分别为 50、40、35、30、25、20 m；3 种滴头，分别为间距 0.3、0.5、1.0 m；2 种滴头类型。由此，4 个因素排列组合成 180 条不同的毛管。试验中对每条毛管施测其流量 q_i 和压力水头 H_i，每次试验平行测定两次。两次水量读数差一般不大于 3 mL，两次压力读数差小于 0.005 kg/cm^2（即 5 cm H_2O）。由于整个试验过程较长，所以水温度变化较大，最低水温 10.5 ℃，最高水温 28.9 ℃。

3　试验资料分析

依据上述试验方案，取得每一条组合成的毛管各滴头的出流量 q_i 和沿毛管各点压力水头 H_i。当毛管上各滴头的出流量分布确定后（见图 1（a）），毛管的出流量均匀系数就可以用均匀系数公式（克里斯琴逊公式）计算出来：

$$C_u = 1 - \frac{\Delta \bar{q}_i}{\bar{q}}$$

$$\Delta \bar{q}_i = \sqrt{\frac{\sum (q_i - \bar{q})^2}{n}}$$

$$\bar{q} = \frac{1}{n}\sum_{i=1}^{n} q_i$$

式中：C_u 为毛管出流量均匀系数；$\bar{q}$为毛管上各滴头的平均出流量，L/h；$\Delta \bar{q}_i$ 为距平均出流量的平均偏差量，L/h；n 为毛管上滴头的个数；q_i 为每个滴头的出流量，L/h。

依据实测数据和计算公式列表计算毛管上滴头流量均匀系数，当毛管工作压力为 1 kg/cm^2时，各条毛管出流量均匀系数及相应的毛管水头损失百分数如表 3 所示。

影响毛管上滴头流量均匀度的直接因素是毛管的压力分布（即毛管的能量坡度线），而影响毛管压力分布的因素是毛管上滴头的多少（由滴头的间距和毛管的长短所构成）、滴头的类型、滴头设计流量、毛管的运行压力、毛管的直径等（本试验仅采用一种直径为 10 mm 的毛管）。图 1 是不同滴头、不同管长、不同间距、同一工作压力的 3 条毛管多孔出流分布线及毛管能量坡度线。

表3 毛管出水量均匀系数与水头损失数值(毛管工作压力 = 1 kg/cm^2)

滴头类型	序号	滴头间距 S(m)	毛管长度 L(m)	毛管总流量 Q(L/h)	滴头平均流量 $\bar{q}$(L/h)	距平均流量的平均偏差量 $\Delta\bar{q}_i$(L/h)	比值 $\frac{\Delta\bar{q}_i}{\bar{q}}$	流量均匀系数 C_u	毛管首端水头 H_0(m)	毛管末端水头 H_1(m)	水头损失 H_0-H_1(m)	水头损失百分数(%)
孔口滴头	1	0.3	50	436.55	2.63	1.567	0.596	0.404	7.8	0.25	7.55	96.8
	2		40	405.40	3.05	1.30	0.426	0.574	7.81	0.99	6.82	87.3
	3		35	425.26	3.64	1.204	0.331	0.669	8.00	1.44	6.56	82.0
	4		30	418.49	4.13	1.020	0.247	0.753	8.10	2.14	5.96	73.6
	5		25	400.32	4.77	0.817	0.171	0.829	8.30	3.3	5.00	60.2
	6		20	263.02	5.50	0.524	0.095	0.905	8.5	5.19	3.31	38.9
	7	0.5	50	453.95	4.49	1.101	0.245	0.755	7.95	2.1	5.85	73.6
	8		40	418.06	5.16	0.696	0.135	0.865	8.10	3.6	4.5	55.6
	9		35	394.49	5.56	0.569	0.102	0.898	8.15	4.35	3.8	46.6
	10		30	368.86	6.05	0.542	0.090	0.910	8.29	5.50	2.79	33.7
	11		25	314.32	6.41	0.32	0.050	0.950	8.60	6.65	1.95	22.7
	12		20	269.62	6.74	0.259	0.038	0.962	8.83	7.9	0.93	10.5
	13	1.0	50	291.09	5.71	0.657	0.115	0.885	9.0	4.54	4.46	49.6
	14		40	253.45	6.18	0.687	0.111	0.917	9.0	6.39	2.61	29.0
	15		35	232.36	6.45	0.432	0.067	0.933	9.22	7.30	1.92	20.8
	16		30	206.89	6.67	0.350	0.052	0.948	9.0	7.95	1.05	11.7
	17		25	181.11	6.96	0.341	0.049	0.951	9.5	8.6	0.9	9.47
	18		20	149.78	7.13	0.351	0.049	0.951	9.545	8.95	0.595	6.23
管状滴头	19	0.3	50	272.76	1.64	0.574	0.350	0.650	8.59	1.74	6.85	79.7
	20		40	275.27	2.09	0.500	0.239	0.761	9.36	3.52	5.84	62.4
	21		35	266.53	2.30	0.425	0.185	0.815	9.22	4.32	4.90	53.1
	22		30	252.67	2.53	0.306	0.121	0.879	9.38	5.08	4.30	45.8
	23		25	232.42	2.77	0.232	0.084	0.916	9.56	6.39	3.17	33.2
	24	0.5	50	222.47	2.22	0.384	0.173	0.827	8.72	4.10	4.62	53.0
	25		40	206.68	2.58	0.235	0.091	0.909	8.90	5.80	3.10	34.8
	26		35	191.61	2.78	0.176	0.063	0.937	8.92	6.6	2.32	26.0
	27		30	173.00	2.88	0.146	0.051	0.949	8.92	7.1	1.82	20.4
	28		25	152.85	3.06	0.082	0.027	0.973	9.02	7.93	1.09	12.1
	29	1.0	50	131.81	2.93	0.114	0.039	0.961	9.19	7.39	1.80	19.6
	30		40	122.63	3.07	0.076	0.025	0.975	9.19	8.3	0.89	9.68
	31		35	107.20	3.06	0.070	0.023	0.977	9.24	8.6	0.64	6.93

注:毛管首端的水压力为表中 H_0 的一项所给的数值。

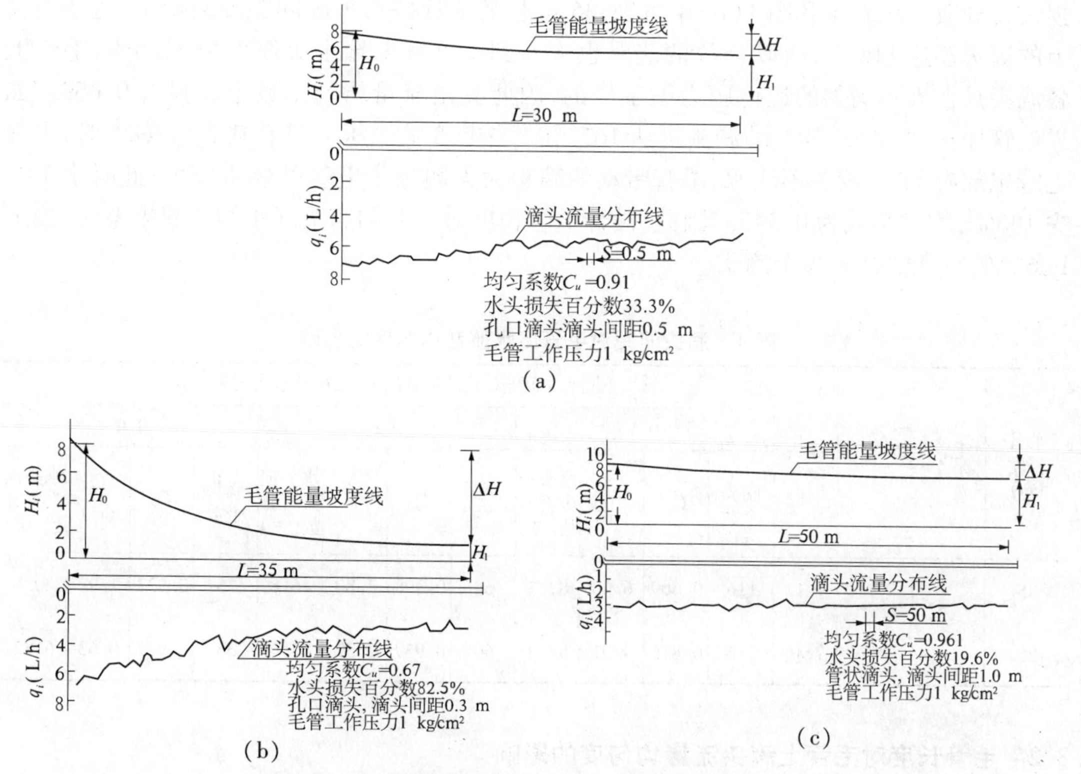

图1　毛管多孔出流分布线及毛管能量坡度线

3.1　滴头间距对毛管出流量的影响

以相同的管长 $L=35$ m,同样的滴头以孔口滴头(见图2)或管状滴头(见图3)为例,滴头间距不同,毛管出流量均匀系数在不同的水平上,滴头间距越小其均匀度越低。

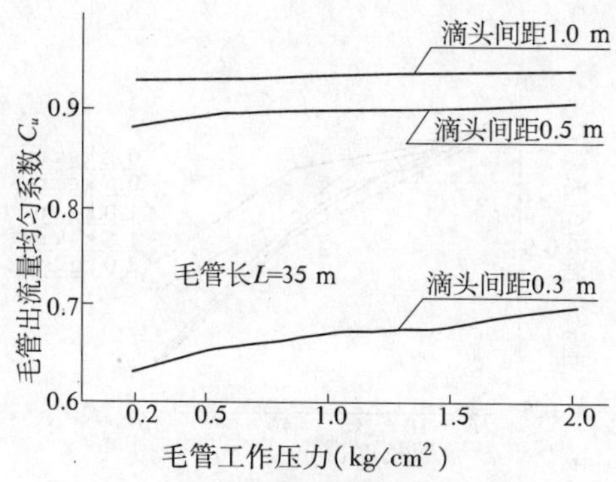

图2　不同间距下的毛管出流量均匀系数(孔口滴头)

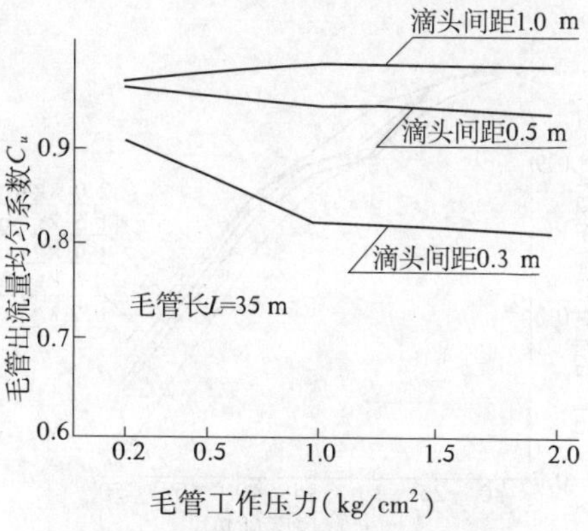

图3　不同间距下的毛管出流量均匀系数(管状滴头)

表4为毛管工作压力1 kg/cm^2 时,三种间距的毛管出流量均匀系数及其相应的水头损失百分数。从表4和图1(b)中可知,35 m长的毛管按0.3 m间距安装滴头,这条毛管上的滴头多达116个,所以释放的能量也大。到了毛管末端水头损失掉82.5%,毛管上各滴头是在极不均匀的运行压力下工作的,因此其出流量均匀系数也就只有0.669。如果毛管加长到50 m,其上的滴头可达167个。当毛管工作压力只有0.2 kg/cm^2 时,出现毛管尾部有11个滴头不滴水,毛管带动的滴头大大超过了毛管的供水能力,此时水头损失100%,均匀系数为0.345。因此,设计毛管长度时需要和滴头间距结合起来考虑,确定1条毛管究竟能带多少个滴头。

表4 滴头间距对毛管出水流量均匀度的影响

毛管长度(m)	毛管工作压力(kg/cm^2)	滴头类型	不同滴头间距(m)的毛管的 C_u、ΔH 及水头损失百分数											
			0.3				0.5				1.0			
			滴头个数	C_u	ΔH(m)	水头损失百分数(%)	滴头个数	C_u	ΔH(m)	水头损失百分数(%)	滴头个数	C_u	ΔH(m)	水头损失百分数(%)
35	1	孔口	116	0.669	6.66	82.5	60	0.898	3.80	46.6	35	0.933	1.92	20.8
25	1	管状	116	0.815	4.91	53.3	60	0.937	2.32	26.0	35	0.977	0.63	6.82

3.2 毛管长度对毛管上滴头流量均匀度的影响

在滴头间距、毛管工作压力、滴头类型一定的条件下,毛管越长其出水量的均匀度越差。图4、图5分别为孔口滴头和管状滴头间距0.5 m时均匀系数随管长的变化情况。从图6、图7更容易看出不同长度对毛管出流量均匀系数的影响。

抽其工作压力为1 kg/cm^{2}的各条不同长度的毛管进行比较,毛管长度对毛管出流量均匀度的影响见表5。

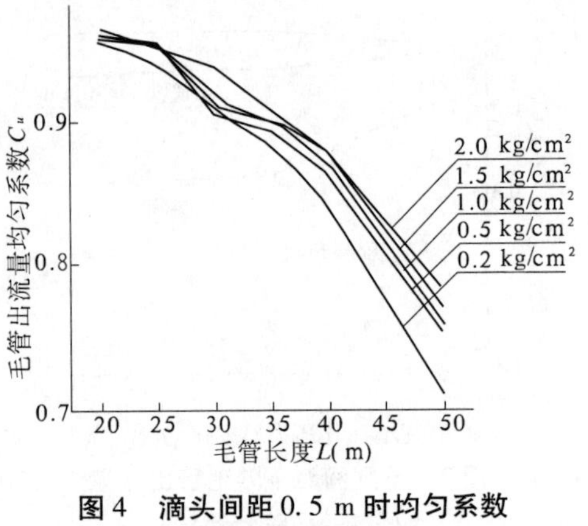

图4 滴头间距0.5 m时均匀系数随管长的变化(孔口滴头)

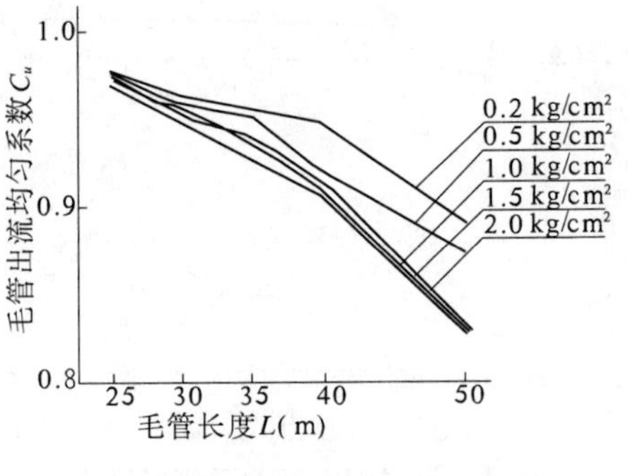

图5 滴头间距0.5 m时均匀系数随管长的变化(管状滴头)

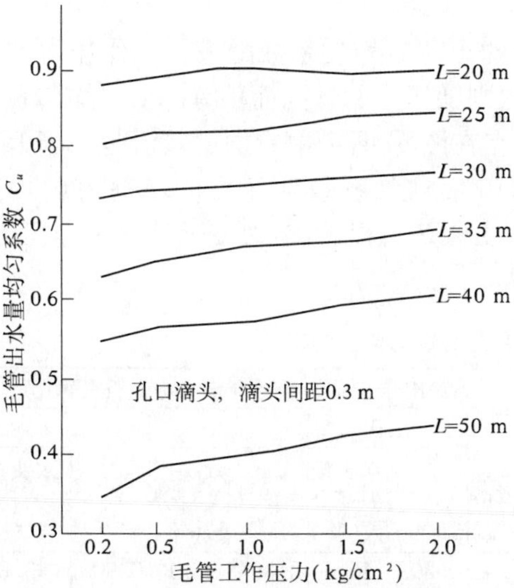

图6　不同毛管长度下毛管出流量均匀系数(孔口滴头)

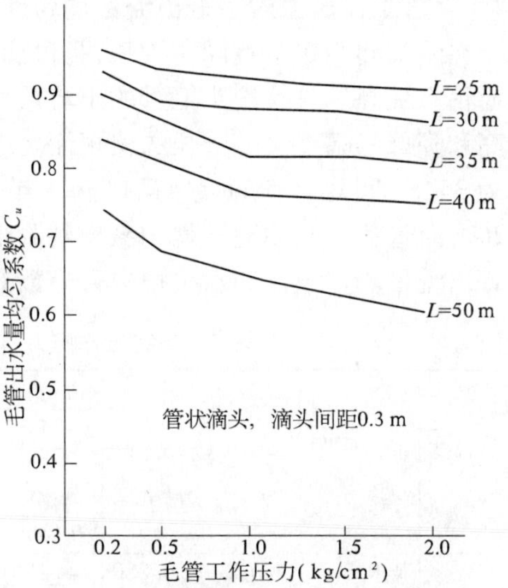

图7　不同毛管长度下毛管出流量均匀系数(管状滴头)

表5　毛管长度对毛管出流量均匀度的影响

工作压力(kg/cm²)	滴头间距(m)	滴头类型	不同毛管长度(m)出流量均匀系数及水头损失百分数									
			50		40		35		30		25	
			C_u	水头损失百分数(%)	C_u	水头损失百分数(%)	C_u	水头损失百分数(%)	C_u	水头损失百分数(%)	C_u	水头损失百分数(%)
1	0.5	孔口	0.755	73.6	0.865	55.6	0.898	46.6	0.910	33.7	0.95	22.7
1	0.5	管状	0.827	53.0	0.909	34.8	0.937	26.0	0.949	20.4	0.973	12.1

25 m长的安装孔口滴头的毛管其均匀系数可较50 m长的管子提高20.5%，安装管状滴头的毛管提高15%。

3.3　滴头类型(不同的设计流量)对毛管出流量均匀度的影响

在同样的管长、工作压力和滴头间距的情况下，两种滴头对毛管出流量均匀度有着明显的影响，以管长35 m，间距0.5 m的毛管为例，如图8所示的管状滴头的毛管较孔口滴头的毛管均匀度高。当工作压力为1 kg/cm² 时，可高达4.2%(见表6)。

表6　不同滴头类型(滴头流量不同)对毛管出流均匀度的影响

管长(m)	运行压力(kg/cm²)	滴头间距(m)	滴头类型(滴头流量(L/h))				孔口滴头与管状滴头均匀系数差值百分数(%)
			孔口(7.6~8.0)		管状(3.30~3.48)		
			C_u	水头损失百分数(%)	C_u	水头损失百分数(%)	
35	1	0.5	0.898	46.6	0.937	20.4	4.2

说明小流量滴头组成的毛管管路释放的能量小，管内的流速也较缓，摩阻损失小，因而管状滴头毛管的水头损失仅为孔口滴头毛管的61%。

3.4　毛管工作压力对毛管出流量均匀度的影响

在滴头间距一定且同一管长，孔口滴头毛管的出流量均匀系数随毛管工作压力的升高而稍有提高。管状滴头毛管的出流量均匀系数则随压力的升高而稍有降低。均匀系数升高和降低的幅度又随管长的缩短而变缓，这一点在图6、图7中看的比较清楚。当毛管长为35 m，间距0.5 m时，孔口滴头毛管的出流量均匀系数随压力的增高大约提高2.2%，而管状滴头的毛管均匀系数约降低3%。由表7可以看出：改变毛管的工作压力，毛管出流量均匀系数和水头损失百分数变化不大。

表7　毛管工作压力不同对毛管出流量均匀度的影响

毛管长度(m)	滴头间距(m)	滴头类型	不同压力(kg/cm^2)下毛管出水量均匀系数和水头损失百分数									
			0.2		0.5		1.0		1.5		2.0	
			C_u	水头损失百分数(%)	C_u	水头损失百分数(%)	C_u	水头损失百分数(%)	C_u	水头损失百分数(%)	C_u	水头损失百分数(%)
35	0.5	孔口	0.880	44.8	0.891	44.4	0.898	46.6	0.894	48.1	0.903	43.8
35	0.5	管状	0.955	11.7	0.949	18.1	0.937	26.0	0.933	30.9	0.926	31.9

3.5　确定毛管出流量均匀系数的简便方法

计算毛管出流量均匀系数比较烦琐，根据我们对国产的两种滴头和10 mm直径的毛管的大量实测资料分析，发现毛管出流量均匀系数的变化与毛管首尾两端滴头之间的最大流量差比值（最大流量变动度）的变化有一定的关系，如图9所示，这样只要我们将一条毛管首尾滴头最大流量变动度计算出来，由该曲线即可查得毛管出流量均匀系数。

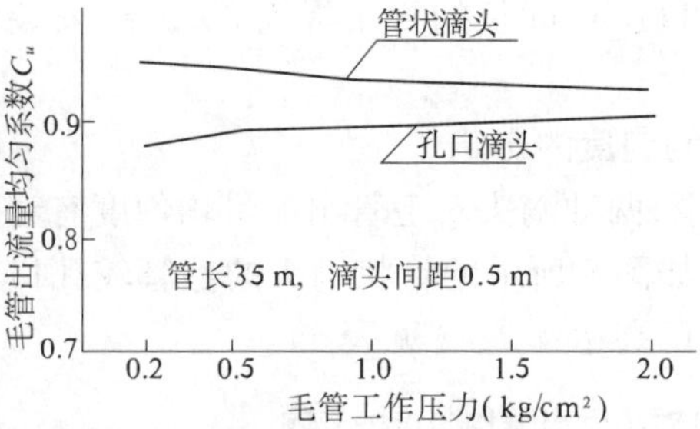

图8　管状滴头与孔口滴头的毛管出流量比较

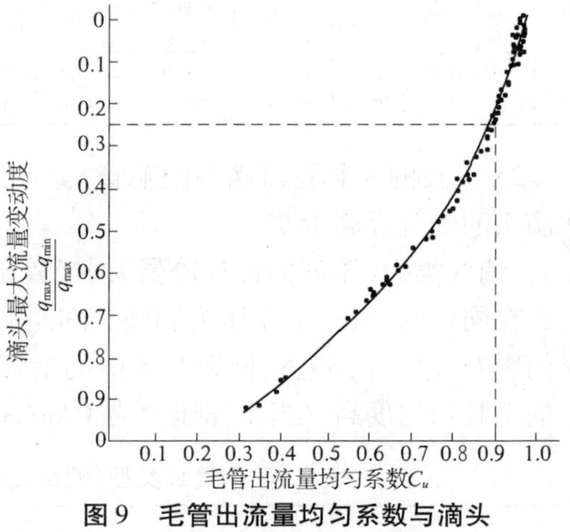

图9　毛管出流量均匀系数与滴头最大流量变动度关系

3.6　滴灌毛管水头损失的限度

以上谈的无论是毛管出流量均匀系数，还是毛管首尾两端流量变动度，最终都是由毛管能量坡度线决定的，每一条毛管都有一条能量坡度线，该线决定了毛管水头损失百分数（压力变动度），毛管流量最大变动度以及相应的出流量均匀系数，如图1所示。据试验资料绘得$\frac{q_{max}-q_{min}}{q_{max}}\sim\frac{H_{max}-H_{min}}{H_{max}}$关系曲线和$C_u\sim\frac{H_{max}-H_{min}}{H_{max}}$关系曲线（见图10）。这样我们就可以在设计滴灌系统时控制毛管的长度，使毛管的水头损失百分数不超过某一数值，而这一数值正对应着毛管出流量均匀系数 0.9，或者说当我们滴灌系统的毛管已经设计完毕，根据设计所规定好的毛管水头损失百分数，可以由图 10 判断出毛管的灌水质量——灌水均匀度。

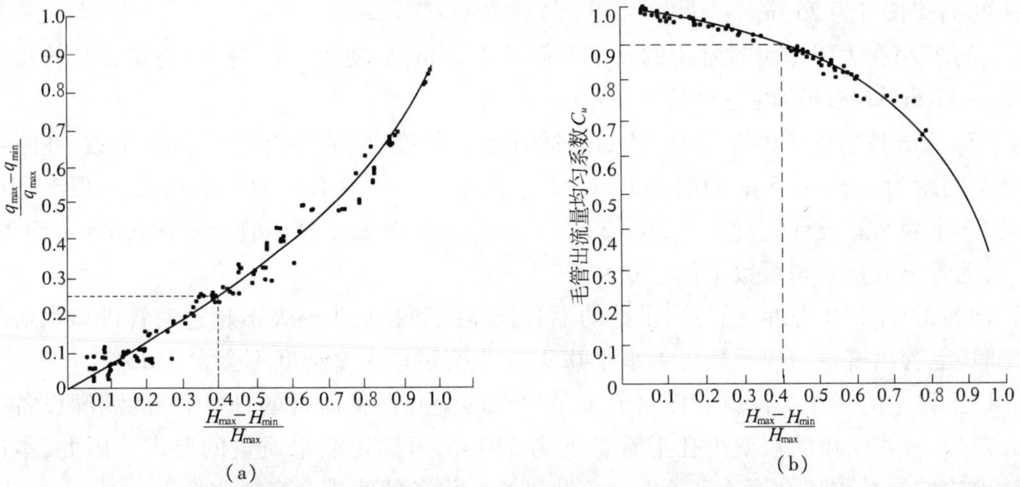

图 10　毛管流量最大变动度及毛管出流量均匀系数

4　结语

综上所述，毛管进口水压的变动对毛管出流量均匀度影响不大，为 2% ~3%，影响其均匀度的主要因素是滴头的间距和毛管的长度，而这两个因素结合起来便是毛管上滴头的个数，其次要影响因素的是滴头的类型及其设计流量。因为滴头越多，毛管中能量释放的越多，沿毛管的水压降越大，使每个滴头的工作压力的差别增大，造成滴水不均匀。滴头的设计流量影响着毛管的总流量和管内流速，流量越大，摩阻损失越大，同样造成毛管水压差增加。该几种主要因素选出毛管工作压力为 1 kg/cm^2 时，不同滴头、不同间距满足均匀系数 0.9 的 6 条毛管适宜管长如表 8 所示。

表 8　满足出流量均匀系数 0.9 的适宜管长

滴头类型	滴头间距（m）	毛管进口压力（kg/cm^2）	毛管总流量（L/h）	滴头平均出流量（L/h）	水头损失（m）	水头损失百分数（%）	出流量均匀系数 C_u	毛管长度（m）	滴头个数（个）
孔口	0.3	1	363.0	5.50	3.31	38.9	0.905	20	66
	0.5	1	368.9	6.05	2.70	33.3	0.910	30	60
	1.0	1	253.5	6.18	2.61	29.0	0.917	40	40
管状	0.3	1	232.5	2.77	3.17	33.2	0.916	25	83
	0.5	1	206.7	2.58	3.10	34.8	0.909	40	80
	1.0	1	131.8	2.93	1.80	19.6	0.961	50	50

可以认为：

(1)滴灌用于蔬菜上时，滴头间距要求较密(比如 $S=0.3$ m)的毛管。在我国现有的设备条件下，设计毛管长度不宜超过20～25 m，即孔口滴头流量大的毛管长为20 m，管状滴头的毛管长可为25 m。

(2)使用在大田作物时常用的管子间距为0.5 m，如使用孔口滴头，毛管设计长度应为30～35 m，管状滴头的毛管长应在40 m以内。

(3)从试验结果还可以看出：讨论的适宜毛管长度，实质是合适的滴头个数，在一般的滴头间距为0.3～0.5 m的前提下，设计流量为7.6～8.0 L/h的孔口滴头，1根毛管可带动66个滴头。设计流量是3.36～3.48 L/h的管状滴头，1根毛管上不超过83个滴头。此时，毛管出流量均匀系数不低于0.9。

(4)图9、图10告诉我们：当设计的毛管长能控制其水头损失不超过毛管进口水头的39%时，毛管出流量均匀系数将不小于0.9，滴头流量最大变动度不会大于25%。

以上讨论的问题是仅就我国目前批量生产的滴灌设备而言的，同国外的滴灌设备有较大差异，日本使用的双壁小孔毛管长度为330 m，可满足灌水质量的要求。因此，本试验讨论的均匀系数和毛管适宜长度随着我国滴灌设备的改进会有所改变。

(朱温如. 原载于《灌溉排水》1983年第1期)

均一下坡压力图形为Ⅱ—C情况的毛管计算

毛管计算是滴灌系统设计的重要组成部分，同时也为支管计算提供方法。

在单进水口毛管的计算中，沿毛管的水压力线可能出现以下5种情况(见图1)，即Ⅰ，Ⅱ—A，Ⅱ—B，Ⅱ—C和Ⅲ的压力图形。

图1中的水平线示意为进口水压力值和毛管长度，曲线分别代表不同情况下的水压力变化趋势。

情况Ⅰ发生在水平或上坡布置时，其沿毛管的水压力逐渐降低。

情况Ⅱ发生在缓下坡布置时，其沿毛管的水压力开始时逐渐下降，但到达一极小值时又开始回升。其中图形Ⅱ—C是回升到某一长度(D)后，管内压力值超过进口处的压力(H_0)。

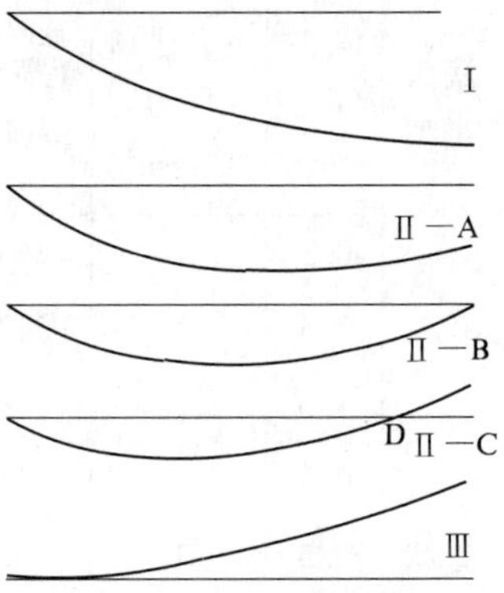

图1 沿毛管的水压力

情况Ⅲ发生于陡下坡布置时，其沿毛管的水压力一直是增加的。

滴灌管道水力计算多采用威廉－哈森(Williams-Hazen)经验公式，其基本形式为：

$$\Delta H=\frac{3.023}{D^{1.167}}\left(\frac{v}{C}\right)^{1.852}\cdot\Delta L \quad (1)$$

式中：D为管道内径；v为断面的平均流速；ΔL为计算段管

长；ΔH 为计算段的水头摩阻损失；C 为管道粗糙系数，在以塑料作为滴灌管材时，取 $C=150$。

根据式(1)所作出的图解法比较明了，易于掌握与使用。

图解法中的流量变化 q_v（或压力变化 H_v）是把毛管上游第 1 个滴头的流量（或压力）作为对比基数的，即

$$q_v=\frac{q_{\max}-q_{\min}}{q_{\max}} \tag{2}$$

式中：$q_{\max}$为毛管上游第 1 个滴头的流量；$q_{\min}$为毛管上滴头中最小的流量。

由此可见，当压力图形处于Ⅱ—C 或Ⅲ的情况下时，用式(2)计算出的结果与实际情况就不相符合了。在此情况下，应将毛管末端滴头的滴水流量（或压力）作为对比基数代入式(2)，才符合实际情况。一个新方法（见图 2）可以具体解决均匀坡降下的上述问题。在此基础上，本文提出解决压力变化处于Ⅱ—C 情况下的比较精确的计算方法。

由图 2 可以看出，当毛管处于Ⅱ—C 压力时，沿毛管的压力变化最大值可以表示为：

$$\Delta h_{\max}=\Delta h_1+\Delta h_2 \tag{3}$$

式中：Δh_1 为毛管中压力比进口压力降低的最大值；Δh_2 为毛管末端压力比进口压力升高的压力值。

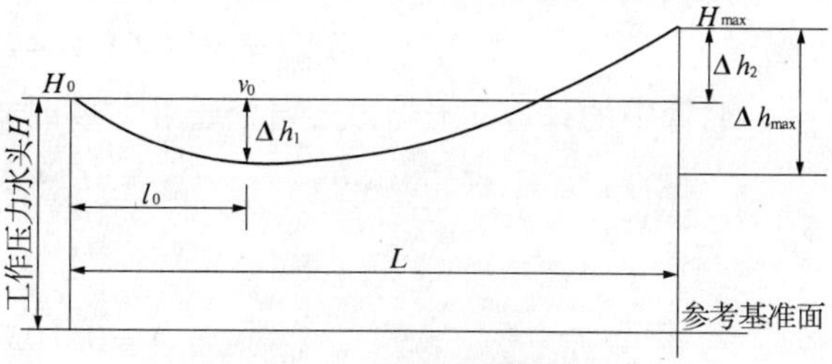

图 2　Ⅱ—C 压力图各部示意

由于毛管沿下坡布置，毛管上任一点的水压力值可以看做是进口压力 H_0 在该点长度内的摩阻损失水头和由于坡度而获得压力水头的代数和。换言之，毛管上任一点与进口处的压力差等于该段水流的摩阻损失和由于下坡而获得水头的差值：

$$\Delta h_1=\Delta H_{i0}-\Delta H'_{i0}$$

式中：Δh_1 是毛管上 i_0 点与进口处的压力差；ΔH_{i0}是水流在 l_0 段内的水头损失；$\Delta H'_{i0}$是由于下坡在 l_0 段内所获得的水头：

$$\Delta H_{i0}=[1.0-(1.0-i_0)^{2.852}]\Delta H$$

并且

$$\Delta H'_{i0}=i_0N\Delta H$$

所以

$$\Delta h_1=[1.0-(1.0-i_0)^{2.852}-i_0N]\Delta H \tag{4}$$

式中：i_0 为段内发生压力降最大值时的长度比，即 $i_0=l_0/L$，或

$$i_0=1.0-\left(\frac{N}{2.825}\right)^{0.54} \tag{5}$$

$$N=\left|\frac{\Delta H'}{\Delta H}\right|$$

式中：N 恒为正值；ΔH 为毛管的总摩阻损失；$\Delta H'$为毛管末端由于下坡而获得的水头。

根据威廉－哈森公式,多孔毛管的水头损失应为:

$$\Delta H = 0.103\frac{Q_s^{1.852}}{D^{4.871}} \cdot L^{2.852} \tag{6}$$

式中:Q_s 为毛管平均单位长度上的滴水流量;D 为毛管内径;0.103 为与所采用单位有关的系数。

同时,由于坡度所获水头 $\Delta H'$ 可写成:

$$\Delta H' = SL \tag{7}$$

式中:S 为毛管布置坡度值;L 为毛管长度。

在毛管末端:

$$\Delta h_2 = \Delta H' - \Delta H$$

或

$$\Delta h_2 = (N-1)\Delta H \tag{8}$$

将式(8)和式(4)代入式(3),并整理得:

$$\Delta h_{max} = [N - (1.0 - i_0)^{2.852} - i_0 N]\Delta H \tag{9}$$

毛管中的计算工作压力,当处于Ⅱ—C 时,不再是 H_0,而应是:

$$H_{max} = H_0 + \Delta H' - \Delta H \tag{10}$$

令

$$A = 0.103\frac{Q_s^{1.852}}{D^{4.871}} \tag{11}$$

则

$$\Delta H = AL^{2.852} \tag{12}$$

根据设计要求,毛管中最大压力变化不得超过允许值 H_v,即 $\Delta h_{max} \leqslant H_v H_{max}$,取等号进行计算。

$$\Delta h_{max} = H_v H_{max} \tag{13}$$

将式(9)和式(10)代入式(13)得:

$$[N - (1 - i_0)^{2.852} - i_0 N]\Delta H = H_v(H_0 + \Delta H' - \Delta H) \tag{14}$$

将式(5)、(7)和式(12)代入式(14),并整理得:

$$\frac{A}{S}L^{2.852} - L - \frac{H_0}{S} + \frac{0.369}{H_v}\left(\frac{S}{A}\right)^{0.54} = 0 \tag{15}$$

式中:L 为毛管长度,m;H_0 为进口工作压力水头,m;H_v 为沿毛管的允许水压力变化;A 为毛管内径 D(mm)和单位长度滴水流量 Q_s(L/(h·m))的函数,它们三者之间关系用诺谟图求解比较方便(见图 3)。

式(15)是当毛管处于Ⅱ—C 状态时的计算式。

利用式(15)计算毛管长度时其步骤为:

(1)根据已知的毛管内径 D 和单位长度滴水流量 Q_s,在诺谟图上连线与 A 轴相交,则此交点为 A 值;

(2)将求得的 A 值连同已知的地形坡度 S、进口工作压力 H_0、允许的压力变化 H_v 代

入式(15),则式(15)就变成了计算未知数 L 的方程;

(3)用试算法解此方程,求得毛管长度 L 值。

在利用式(15)计算毛管内径 D 时,其步骤为:

(1)把已知的布置坡度 S、设计长度 L、进口工作压力 H_0 和允许压力变化值 H_v,代入式(15),则式(15)就变为 A 的方程;

(2)解此方程,求得 A 值;

(3)根据求得的 A 值和已知的单位长度滴水流量 Q_s 值,在诺谟图上连结 AQ_s,并延长与 D 轴相交,则求得毛管的内径 D 值。

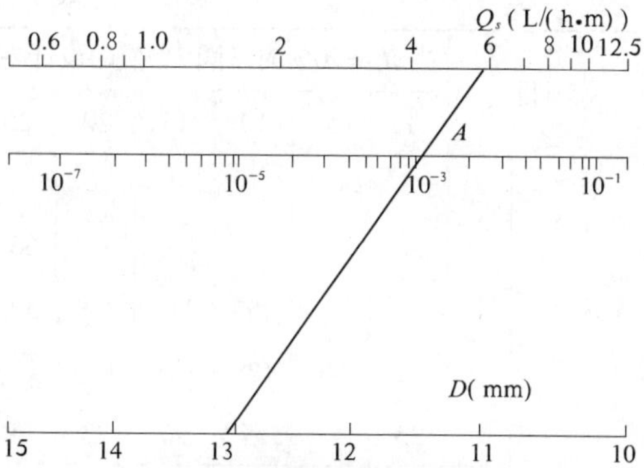

图 3　毛管设计诺谟图

在利用式(15)验算所设计的毛管的滴水均匀度时,其步骤如下:

(1)根据毛管内径 D 和单位长度滴水流量 Q_s 在诺谟图上求得 A 值;

(2)将 A 值连同已知的毛管长度 L、布置坡度 S、进口工作压力 H_0 代入式(15),则式(15)就变为允许压力变化 H_v 的方程;

(3)解此方程,求得 H_v 值;

(4)将 H_v 值代入式 $q_v = 1.0 - (1.0 - H_v)^{0.54}$,求得毛管滴水流量变化值 q_v;

(5)根据求出的 q_v 值,在图 4 中 $q_v \sim C_u$ 关系曲线上找到相应的滴水均匀度 C_u 值。

以毛管长度 L 作为计算对象,式(15)中有 4 个参数:地形坡度 S 在 0.01 ~ 0.20;进口工作压力 H_0 在 1.0 ~ 30 m;允许压力变化在 0.05 ~ 0.40 范围内取不同的值;A 的取值范围为 $10^{-8} \sim 10^{-4}$ 根据毛管内径 D(10 ~ 15 mm)和单位长度滴水流量 Q_s 最大值(12.5 L/(h · m))。利用计算机进行计算的结果是毛管设计长度的可靠参考数据(程序略)。表 1 中的数字是从计算结果中摘录的一部分。

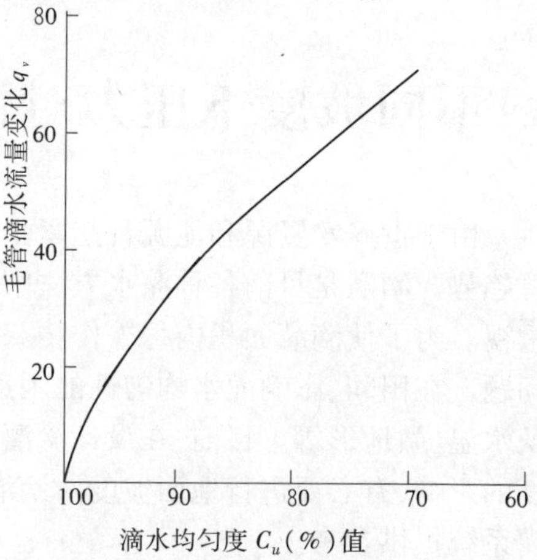

图 4　$q_v \sim C_u$ 关系曲线

例:求毛管长度

已知:毛管内径为 13 mm;单位长度滴水流量 Q_s 为 6 L/(h · m);要求允许水压力变化 H_v 为20%;进口压力为 10 m 水头,分布坡度为 5% 下坡。

解:

(1)根据 $D = 13$ mm 和 $Q_s = 6$ L/(h · m),在诺谟图(见图 3)求得 $A = 10^{-5}$;

(2)根据 A 值和已知的 H_v、S、H_0 各值在表 1 中很快可以找到 107 m 为所选用的毛管长度。

表1　设计毛管长度　　（单位:m）

项目		当 $H_0=20\%$ 时不同 H_0 值的设计毛管长度							当 $H_0=40\%$ 时不同 H_0 值的设计毛管长度							A
		1	5	10	15	20	25	30	1	5	10	15	20	25	30	
$S(\%)$	2														1 813	10^{-8}
							668	801					866	942	1 006	10^{-7}
				255	316	359	393	421		235	305	350	386	415	441	10^{-6}
		57	97	128	148	165	177	190		106	133	152	168	180	192	10^{-5}
		23	45	57	66	73	79	84	26	46	58	67	73	79	84	10^{-4}
	5							323			238	333	382	418	448	10^{-6}
				107	137	158	173	187		103	136	156	172	185	197	10^{-5}
			42	56	65	73	79	84	24	47	59	67	75	81	86	10^{-4}
	10														364	10^{-6}
							36	120			121	152	172	187	200	10^{-5}
				50	63	71	77	84		46	60	69	76	82	87	10^{-4}

（彭贵芳. 原载于《灌溉排水》1984 年第 1 期）

不同坡度下压力对滴灌毛管均匀度的影响试验

由于世界水资源和能源日趋紧张，采用节水、节能的农业灌溉技术是灌溉技术发展的总趋势。滴灌是目前各种灌水方法中用水量最省、灌水效率最高的一种，因此受到各国的重视。为了使滴灌面积内每株作物获得相同的水量，滴灌的均匀性是人们不得不考虑的问题。在田间，影响灌水均匀性的因素很多，如灌水器的工作压力、制造偏差、堵塞情况以及水温、微地形等。目前，在设计滴灌工程时只能考虑压力和制造偏差这两种因素对均匀度的影响，有必要进行地面坡度对滴灌均匀度影响的试验研究，为更准确地计算和设计滴灌系统提供参考。

1　试验设计

1.1　试验目的与试验内容

通过试验，测定两种型号的滴灌带（薄壁滴灌带和内镶式滴灌带）在不同坡度、不同入口压力条件下的总流量和所选定的 25 个滴头的流量等数据，计算滴灌均匀度，并结合滴头的制造偏差，对恰当地调整滴灌毛管的铺设坡度和恰当地调整滴灌入口压力可以提高滴灌均匀度进行验证，从而为田间工程提供技术参考。

1.2　试验材料和仪器设备

试验材料为以色列生产的两种类型的滴灌带（内镶式滴灌带和薄壁滴灌带）及相应

的接头、堵头等配套件，厂商给定的水力性能参数见表1。试验用仪器设备主要包括水泵、流量计、过滤器、稳压罐、精密压力表（0.4级）、量筒（500 mL）、秒表、温度计、雨量桶以及量杯等。

表1　两种滴灌带的水力性能参数

滴灌带类型	内径（mm）	出水口间距（cm）	常数 K	常数 x
薄壁滴灌带	16	30	0.56	0.39
内镶式滴灌带	16	40	0.39	0.45

1.3　试验方案

选用两种型号的滴灌带各1条，长度均为75 m。调整试验台为平坡，将滴灌带固定在试验台上。首部经水泵依次接200目过滤器与稳压罐，滴灌带进口依次接流量表与压力表，尾部接相同型号的压力表，并且使压力表与滴灌带处于同一高度。调整首部压力，待其稳定后观测流量与尾部压力。依据微灌工程的普遍做法，等间距薄壁滴灌带0.3 m，内镶式滴灌带0.28 m，测定25个滴头的流量，每次测量时间为15 min，每隔1 h记录1次水温以便于修正测量数据。每个首部压力值重复试验3次，然后分别调整坡度为±1%和±0.5%，重复上述试验过程。

2　灌水均匀度的表示方法

滴灌的灌水均匀度通常以克里斯琴森（Christiansen）均匀系数 C_u 来表示：

$$C_u = 1 - \frac{\sum_{i=1}^{n} | q_i - \bar{q} |}{n \bar{q}} \tag{1}$$

式中：C_u 为滴灌均匀系数；q_i 为各滴头的流量，L/h；$\bar{q}$为滴头平均流量，L/h；n 为滴头数目。

由式（1）可知，滴灌毛管上的每个滴头的流量越接近平均值，滴灌均匀度越高。

3　试验结果与分析

3.1　滴头制造偏差的影响

由于制造工艺和材料收缩变形等因素，灌水器不可避免地会产生制造误差，一般采用制造偏差系数来衡量产品的制造精度。对于微灌灌水器，则是用流量偏差系数来衡量。在微灌工业界，通常用25个灌水器在相同压力下进行流量测定。测量这两种滴灌带在额定工作压力（P=0.1 MPa）下25个滴头的流量，其结果如表2所示。

流量偏差系数的计算公式如下：

$$C_v = \sqrt{\frac{\sum_{i=1}^{n} (q_i - \bar{q})^2}{(n-1)\bar{q}^2}} \tag{2}$$

式中：C_v 为滴头的流量偏差系数；q_i 为所测第 i 个滴头的流量，L/h；$\bar{q}$为所测滴头的平均流量，L/h；n 为所测滴头个数。

将表 2 中数据代入式(2),计算出薄壁滴灌带的 C_v 为 0.024,内镶式滴灌带的 C_v 为 0.026 5,二者均小于 0.03,由此可以看出两种型号滴灌带的制造质量都属于优等。所以滴头制造偏差对本试验所测均匀度的影响可以忽略不计。

表 2　两种滴灌带各滴头流量　（单位:L/h)

滴头	薄壁滴灌带	内镶式滴灌带	滴头	薄壁滴灌带	内镶式滴灌带
1	1.37	1.13	14	1.36	1.10
2	1.31	1.06	15	1.33	1.12
3	1.34	1.08	16	1.34	1.06
4	1.36	1.06	17	1.32	1.14
5	1.33	1.14	18	1.37	1.07
6	1.33	1.08	19	1.31	1.08
7	1.37	1.11	20	1.39	1.12
8	1.41	1.13	21	1.33	1.12
9	1.39	1.12	22	1.42	1.07
10	1.35	1.08	23	1.29	1.11
11	1.36	1.14	24	1.35	1.13
12	1.34	1.06	25	1.37	1.08
13	1.31	1.13			

3.2　微地形对灌水器流量变化率的影响

任何一块地面,无论如何处理,总是存在高低起伏的现象,张国祥等推求出了由田面高差 ΔZ 引起的流量偏差率 q_{zv}:

$$q_{zv} = \frac{x\Delta Z}{h_d} \tag{3}$$

式中:q_{zv} 为流量偏差率;x 为流态指数;ΔZ 为田面高差,m;h_d 为滴头设计水头,m。

式(3)表明影响流量偏差率的因素有 3 个,即田面高差(反映灌区田面状况)、滴头流态指数(反映滴头水力性能)及滴头设计水头。提高滴头设计水头的实质就是要减少田面高差对流量偏差率的影响,亦即提高滴灌系统对地形的适应能力。所以,当滴灌带入口压力提高时,滴灌均匀度也会提高。

3.3　不同坡度下入口压力对滴灌均匀度的影响

众所周知,灌水器的流量公式为

$$q = K_p h^x \tag{4}$$

式中:q 为滴头流量,L/h;K_p 为流量系数;h 为滴头工作水头,m;x 为流态指数。

根据式(4)可知,滴头流量与其工作压力有关。而各个滴头的工作压力不仅与毛管的沿程水头损失有关,还与毛管的铺设坡度有关,所以有必要讨论一下除去地形因素条件下滴灌毛管的水头损失。

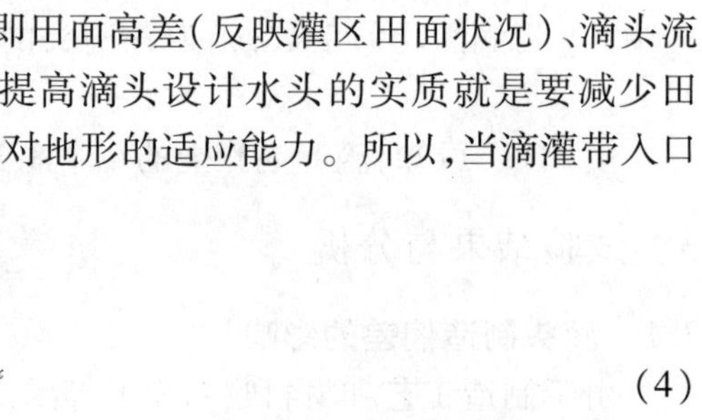

图 1　滴灌毛管总水头损失

两种型号的滴灌带在不同压力下的总水头损失见图 1(平坡)。由图 1 可以看出,当入口压力为 40 kPa 时,总水头损失接近

1.5 kPa；随着压力的升高，总水头损失逐渐增大；当入口压力升高到 120 kPa，水头损失在 4.0 kPa 左右。由此可见，即使灌溉小区的地面是水平的，水头损失对滴灌均匀度还是有一定影响。

由式(4)可知滴头的流量与其工作压力有很大的关系，为了提高滴灌毛管的滴灌均匀度，应尽量使毛管上每个滴头获得相同的工作压力。通过调节滴灌毛管的坡度可以使进口至某个滴头的摩阻损失正好等于该处的高差，从而使每个滴头的工作压力大致相同，为此进行了在不同顺流下坡坡度下的均匀度试验。

通过测定所选定的两种滴灌带的滴头流量，按照式(1)计算出其均匀度，绘制出这两种滴灌带在不同坡度下灌水均匀度与入口压力的关系曲线(见图 2)。从图 2 可以看出：当滴灌带入口压力为 40 kPa 时，滴头的滴水均匀度集中在 95% 左右，且随着入口压力的提高，滴头的滴水均匀度呈上升趋势；入口压力达到 120 kPa 时，均匀度接近 98%。也就是说，入口压力提高了 80 kPa，滴灌均匀度提高了大约 3%。在相同压力下，+1% 的顺流下坡的均匀度比 -1% 顺流上坡的均匀度大约提高了 1%；随着滴灌毛管入口压力的提高，顺流下坡的均匀度与顺流上坡的均匀度之差的增加并不是特别明显。

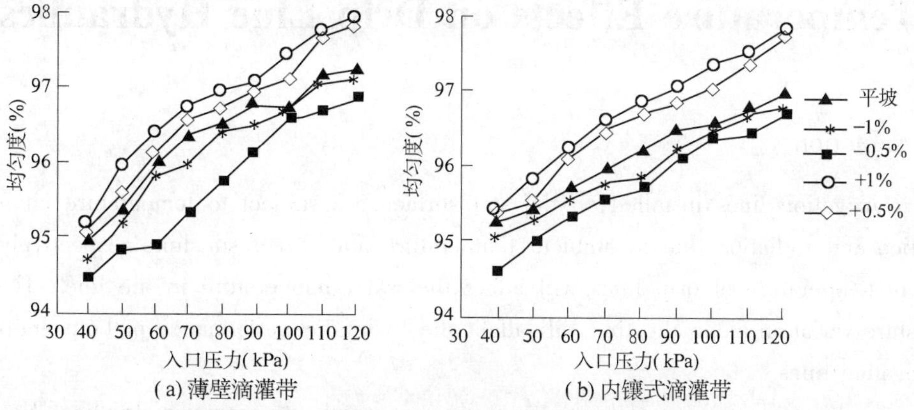

图 2　毛管滴灌均匀度

这种现象可以解释如下：由于滴灌毛管首部入口至第 1 个滴头的距离非常近，这一段的沿程水头损失可以忽略不计，所以可以假定入口压力就是第 1 个滴头的工作压力。设 q_i 为第 i 个滴头的流量，h_1 为第 1 个滴头的工作压力，Δh_i 为由入口至第 i 个滴头的总水头损失，根据式(4)可以得出：

$$q_i = K_p h_1^x \left(1 - \frac{\Delta h_i}{h_1}\right)^x \tag{5}$$

令 $\alpha_i = 1 - \Delta h_i / h_1$，则式(5)可以转化为：

$$q_i = k_p (\alpha_i h_1)^x \tag{6}$$

由式(6)更容易看出顺流下坡时，地形坡降能够抵消一部分水力坡降，从而提高了灌水均匀度。正如试验结果所示，适当地调整滴灌毛管的铺设坡度和提高工作压力均可提高灌水均匀度。

4 结语

本文研究证实了坡度和入口压力对滴灌毛管均匀度有一定的影响:当顺流上坡、压力较低时滴灌的灌水均匀度不到95%;而当顺流下坡、压力较高时滴灌的灌水均匀度接近98%;对于同一坡度,顺坡的均匀度要高于逆坡的均匀度。其原因归根到底是各个滴头的工作压力不同。适当的顺流下坡可以抵消一部分水头损失的影响,而提高工作压力可以减小流量偏差率。

在实际的滴灌工程设计中,应选择制造偏差率较小的滴灌产品,滴灌区内要尽量平整土地,最好能使滴灌毛管铺设时形成一定的顺流下坡来抵消其水头损失,因为依靠提高工作压力提高均匀度的做法会带来更多的能量损耗。同时综合考虑投入产出比最小或净收益最大的原则,选定系统的设计灌水均匀度,确定滴灌的设计压力,以达到减少投资及运行成本的目的。

(张天举,仵峰,邓忠,等. 原载于《水利水电科技进展》2007 年第 3 期)

Temperature Effects on Drip Line Hydraulics

1 Introduction

Drip irrigation lines installed on the soil surface are subject to temperature changes by convention and radiation due to ambient temperature and direct sunshine respectively. This change of temperature of drip lines will affect the water temperature in the line. The water temperature variation along the line will affect the hydraulic performance of both emitter and drip irrigation lines.

Previously conducted research was primarily concerned with emitter hydraulics. Keller and Karmeli (1974) evaluated the emitter flow variations based on viscosity changes for the temperature range 5 ℃ to 40 ℃. Parchomchuk (1976) reported test results for different drip irrigation emitters such as microtube, spiral passage, orifice and vortex emitters. Moser (1979) also conducted tests for orifice and long-path emitter for a temperature range from 8 ℃ to 60 ℃. Zu and Tal (1981) developed a linear relationship between emitter flow and temperature for different types of emitters. They also showed a combined effect of pressure and temperature on emitter discharge.

There are very few research results regarding the effect of temperature on drip irrigation lines. Parchomchuk (1976) showed a temperature variation of 16 ℃ (from 26 ℃ to 42 ℃) along a 37 m (120 ft) long lateral line on a bright sunny day.

This paper presents a theoretical analysis of energy relations in the drip irrigation line caused by the change of viscosity due to water temperature and its effect on friction.

2　A Linearized Friction Function

The kinematic viscosity v, of water changes with respect to temperature. Using the kinematic viscosity at 20 ℃ as a base. The kinematic viscosity for any other temperature T can be shown by the following relation, [Assaf, K. and S. A. Assaf (1974)]

$$v_T = (0.98)^{(T-20)} v_{20} \tag{1}$$

where: v_T is the kinematic viscosity of water at temperature T, m^2/s; v_{20} is the kinematic viscosity of water at temperature 20 ℃; T is water temperature, ℃.

The Reynold's number of pipe flow can be expressed as:

$$N_R = \frac{vD}{v_T} \tag{2}$$

where: v is the mean velocity, m/s; D is inside diameter, m.

For turbulent flow in a smooth pipe, the empirical equation developed by Von Karman-Nikuradse (Rouse, 1949) can be used to determine the friction coefficient:

$$\frac{1}{\sqrt{f}} = 2\lg(N_R\sqrt{f}) - 0.8 \tag{3}$$

Equation (3) can be plotted as shown in Fig. 1 and linearized within a given range of N_R and expressed as a simple power function:

$$f = a\,N_R^b \tag{4}$$

when

$N_R < 10^4$	$a = 0.545$	$b = -0.315$
$10^4 < N_R < 10^5$	$a = 0.295$	$b = -0.245$
$10^5 < N_R < 10^6$	$a = 0.141$	$b = -0.182$
$N_R > 10^6$	$a = 0.0699$	$b = -0.133$

When N_R is in the range $10^4 \sim 10^5$, the power function $f = 0.295N_R^{-0.245}$ agrees closely with the Blasius equation $f = 0.316N_R^{-0.25}$.

The friction coefficient for a given water temperature T can be determined by combining equations (1), (2), (4) and expressed as:

$$f_T = a\left(\frac{vD}{0.98^{(T-20)} v_{20}}\right)^b \tag{5}$$

where: f_T is a friction coefficient for any given temperature T which is different from 20 ℃. The friction coefficient for water temperature at 20 ℃ is:

$$f_{20} = a\left(\frac{vD}{v_{20}}\right)^b \tag{6}$$

The ratio of friction coefficient f_i and f_{20} can be expressed as:

$$\alpha = 0.98^{b(20-T)} \tag{7}$$

Where $\alpha = f_T \div f_{20}$ is a dimensionless ratio determined by equation (7) or Fig. 2 which is plotted to show the relationship between α and T for different b values.

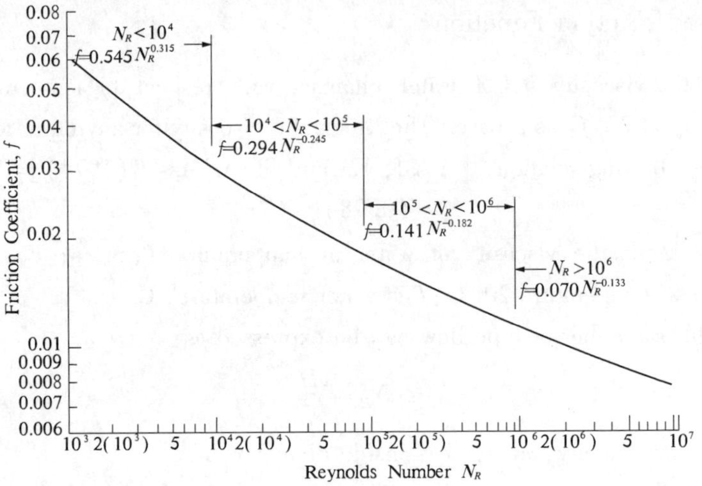

Fig. 1 The relationship between friction coefficient and Reynolds Number using Von Karman-Nikuradse formula

When the temperature varies along a lateral line or submain, the temperture gradient can be approximated by a linear relation (Wu and Phene, 1984):

$$T_\ell = T_0 + \beta\ell \quad (8)$$

where: ℓ is a lateral line length measured from the inlet end; T_ℓ is the water temperature at a length ℓ; T_0 is the inlet water temperature; β is a coefficient of the linear function (equation (8)).

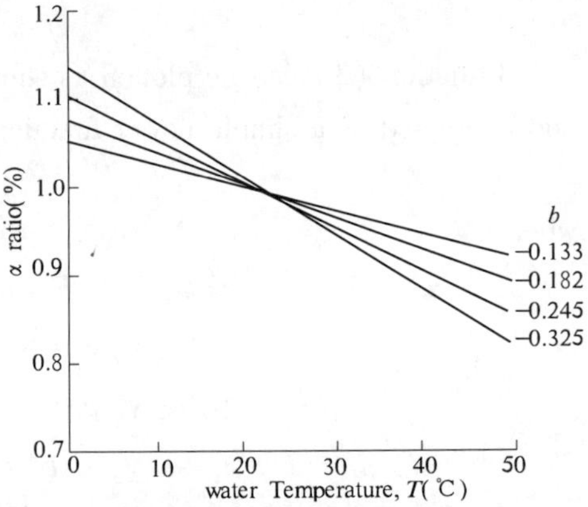

Fig. 2 Relationship among α, b and T

The dimensionless ratio α along the line can be expressed as:

$$\alpha_\ell = 0.98^{b(20-T_\ell)} \quad (9)$$

$$\alpha_\ell = 0.98^{b(20-T_0)} \cdot 0.98^{-b\beta\ell} \quad (10)$$

where: α_ℓ is the dimensionless friction coefficient ratio α at a length ℓ of the lateral line.

3 Hydraulic Analysis of Temperature Effects

As the discharge decreases with respect to the length of a lateral line (or submain) and the temperature changes along the line, the friction drop for a small section dℓ of the lateral line can be expressed as (Wu and Gitlin, 1975):

$$\mathrm{d}H = -\alpha_\ell K_1 \frac{Q_\ell^m}{D^n}\mathrm{d}\ell \quad (11)$$

where: dH is the friction drop for a small length dℓ; α_ℓ is the friction coefficient ratio at length ℓ; Q_ℓ is discharge at length ℓ; m, n are two power coefficients.

Considering the emitter flow is nearly constant or designed with a small variation, Q_ℓ can be approximated by:

$$Q_\ell = (N - \frac{\ell}{s})q \tag{12}$$

where: N is total number of emitters; q is emitter flow; s is emitter spacing.

Combining equations (10), (11) and (12), it yields

$$\mathrm{d}H = \frac{K_1 q^m}{D^n s^m} 0.98^{b(20-T_0)} 0.98^{-b\beta\ell}(L-\ell)^m \mathrm{d}\ell \tag{13}$$

where: L is the total length; another is idem.

Letting

$$A = \frac{K_1 q^m}{D^n s^m} 0.98^{b(20-T_0)} \tag{14}$$

Equation (15) becomes:

$$\mathrm{d}H = -A \cdot 0.98^{-b\beta\ell}(L-\ell)^m \mathrm{d}\ell \tag{15}$$

The total friction drop at any length ℓ can be obtained through integration:

$$\Delta H_\ell = -A\int_0^\ell 0.98^{-b\beta\ell}(L-\ell)^m \mathrm{d}\ell \tag{16}$$

where: ΔH_ℓ is the total friction drop at the length ℓ.

Equation (16) can be integrated as an infinite series:

$$\Delta H_\ell = A \cdot 0.98^{-b\beta\ell}\left(\frac{(L-\ell)^{m+1}}{m+1} + \frac{-b\beta(\ln 0.98)(L-\ell)^{m+2}}{(m+1)(m+2)} + \cdots + \frac{[-b\beta(\ln 0.98)]^{j-1}(L-l)^{m+j}}{(m+1)(m+2)\cdots(m+j)}\right) + C \tag{17}$$

where: j is an integer number expressing the integration carried to j times.

When, $\ell = 0$, $\Delta j_\ell = 0$, then:

$$C = -A\left(\frac{L^{m+1}}{m+1} + \frac{-b\beta(\ln 0.98)L^{m+2}}{(m+1)(m+2)} + \cdots + \frac{[-b\beta(\ln 0.98)]^{j-1}L^{m+j}}{(m+1)(m+2)\cdots(m+j)}\right) + \cdots \tag{18}$$

Therefore:

$$\Delta H_\ell = A\left\{0.98^{-b\beta\ell}\left(\frac{(L-l)^{m+1}}{m+1} + \frac{-b\beta(\ln 0.98)(L-\ell)^{m+2}}{(m+1)(m+2)} + \cdots\right) - \left(\frac{L^{m+1}}{m+1} + \frac{-b\beta(\ln 0.98)L^{m+2}}{(m+1)(m+2)} + \cdots\right)\right\} \tag{19}$$

The total friction drop at the end of the line ($\ell = L$) is determined as:

$$\Delta H_L = -A \cdot L^{m+1}\left(\frac{1}{m+1} + \frac{-b\beta L(\ln 0.98)}{(m+1)(m+2)} + \cdots + \frac{[-b\beta L(\ln 0.98)]^{j-1}}{(m+1)(m+2)\cdots(m+j)}\right) + \cdots \tag{20}$$

Since $\beta L = \Delta T$, which is the temperature difference for the total lateral length L, equation (20) becomes:

$$\Delta H_L = AL^{m+1}\left(\frac{1}{m+1} + \frac{-b\Delta T(\ln 0.98)}{(m+1)(m+2)} + \cdots + \frac{[-b\beta\Delta T(\ln 0.98)]^{j+1}}{(m+1)(m+2)\cdots(m+j)}\right) + \cdots \quad (21)$$

Because the absolute value of b (ln0.98) is smaller than 1 and is larger than 0, the polynomial function in equation (21) is a convergent series. An approximation which may cause less than 1% difference can be used by using only the first two terms, that is:

$$\Delta H_L = AL^{m+1}\left(\frac{1}{m+1} + \frac{-b\Delta T(\ln 0.98)}{(m+1)(m+2)}\right) \quad (22)$$

Equation (22) determines the total friction drop at the end of a lateral line which as a temperature difference ΔT between the inlet and the end of the line.

Substituting equation (14) for A into equation (22), the total friction drop at the end of the lateral line can be expressed as:

$$\Delta H_L = \frac{K_1 q^m}{D^n s^m} 0.98^{b(20-T_0)} L^{m+1}\left(\frac{1}{m+1} - \frac{b\Delta T(\ln 0.98)}{(m+1)(m+2)}\right) \quad (23)$$

Considering a situation where $T_0 = 20$ ℃ and $\Delta T = 0$, then:

$$\Delta H_{L(20\,℃,\Delta T=0)} = \frac{K_1 q^m}{D^n s^m}\frac{L^{m+1}}{(m+1)} \quad (24)$$

The ratio ΔH_L and ΔH_L(20 ℃, $T_0 = 0$) can be expressed as P and shown as:

$$P = \frac{\Delta H_L}{\Delta H_{L(20\,℃,\Delta T=0)}} = 0.98^{b(20-T_0)}\left[1 - \frac{b\Delta T(\ln 0.98)}{m+2}\right] \quad (25)$$

Values of the b and m are required in equations (23) and (25). The values of b and m are related and can be determined by substituting equation (4) into the Darcy-Weisbach equation and simplifying.

$$\Delta H_L = \frac{a4^{2+b}}{2g\pi^{2+b}v^b}\frac{Q^{2+b}}{D^{5+b}} \quad (26)$$

Comparing equation (26) with equation (11), the relationship between m and b can be shown as:

$$m = 2 + b \quad (27)$$

The friction drop at any point $i = \ell/L$ along the line can be determined by the dimensionless ratio $R_i = \Delta H_\ell/\Delta H_L$. Using equations (19) and (22), the dimensionless ratio can be expressed as:

$$R_i = \frac{A\left\{0.98^{-b\beta\ell}\left(\frac{(L-\ell)^{m+1}}{m+1} + \frac{-b\beta(\ln 0.98)(1-\ell)^{m+2}}{(m+1)(m+2)}\right) - \left(\frac{L^{m+1}}{m+1} + \frac{-b\beta(\ln 0.98)L^{m+2}}{(m+1)(m+2)}\right)\right\}}{-AL^{m+1}\left(\frac{1}{m+1} + \frac{-b\beta L(\ln 0.98)}{(m+1)(m+2)}\right)} \quad (28)$$

Equation (28) can be simplified as:

$$R_i = 1 - \frac{0.98^{-b\beta\ell}[(L-\ell)^{m+1}(m+2) - b\beta(\ln 0.98)(L-\ell)^{m+2}]}{L^{m+1}(m+2) - b\beta(\text{Ln}0.98)L^{m+2}} \quad (29)$$

or

$$R_i = 1 - \frac{0.98^{-b\beta\ell}\left[(1-i)^{m+1}(m+2) - b\beta(\ln 0.98)(1-i)^{m+2}\right]}{(m+2) - b\beta(\ln 0.98)} \tag{30}$$

A further simplification and approximation is made by considering the second term in the bracket in equation (30) is small compared with the first term and is neglected. Equation (30) can be reduced to:

$$R_i = 1 - 0.98^{-b\beta l}(1-i)^{m+1} \tag{31}$$

Since $\beta L = \Delta T$ and $\ell = iL$, then:

$$R_i = 1 - 0.98^{-bi\Delta T}(1-i)^{m+1} \tag{32}$$

When $\Delta T = 0$ the equation (32) will reduce to:

$$R_i = 1 - (1-i)^{m+1} \tag{33}$$

Which is the dimensionless energy gradient line derived by Wu and Gitlin (1975).

4 Temperature Effects on Drip Irrigation Line

From the above analysis and the derived equations, the temperature effects on drip irrigation lateral lines can be shown as follows.

4.1 Temperature Effect on Total Friction Drop

The effects of temperature on the total friction drop at the end of a lateral is shown by equation (25). The P-value shows ΔH_L for a given temperature variation along the line relative to a base value of ΔH_L for $T = 20$ ℃ and $\Delta T = 0$. For the condition that $m = 1.75$, $b = -0.25$ (equation (27)), equation (25) can be reduced to:

$$P = 0.98^{-0.25(20-T_0)}[1 - 0.0013\Delta T] \tag{34}$$

Equation (34) is plotted in Fig. 3 which can be used to determine P for an inlet temperature T_0 and a temperature difference ΔT. It can be seen from Fig. 3 that the temperature can affect the total friction drop as much as 10% for a $\Delta T = \pm 50$ ℃ from a base situation $T = 20$ ℃ and $\Delta T = 0$. The use of ± 50 ℃ for ΔT is considered as extreme cases in the calculation. In the practical condition the temperature difference ΔT may be much less than the assumed extreme conditions. Therefore, the temperature effect on total friction will be less than 10%.

It should be noted that equations (25) and (33) are derived by considering that the total discharge Q is constant for both cases for ΔH_L and ΔH_L(20 ℃, $\Delta T = 0$). If the total discharge is either increased or decreased because of the change of emitter flow due to temperature, the total friction using the new drop should be calculated discharge. Assuming a turbulent flow condition and the m value of 1.75, a 10% increase in total discharge may increase total friction by 18%.

4.2 Temperature Effect on Energy Gradient Line

The energy gradient line shows the total friction drop along a lateral line. This can be determined by the total friction drop at the end of the line determined from equation (22) and the dimensionless friction drop ratio given in equation (32). Assuming the m and b values are 1.75 and -0.25 respectively, the dimensionless energy gradient can be expressed as:

$$R_i = 1 - 0.98^{0.25 i \Delta T}(1-i)^{2.75} \tag{35}$$

Equation (35) can be plotted as shown in Fig. 4 for a set of ΔT values ranging from +50 ℃ to −50 ℃. The solid line in Fig. 4 shows the dimensionless energy gradient line for the situation $\Delta T = 0$. The general shape of the dimensionless energy gradient does not change significantly. There is only 1% or 2% difference in R_i values when the temperature difference, ΔT, reaches ±20 ℃ or ±50 ℃ respectively.

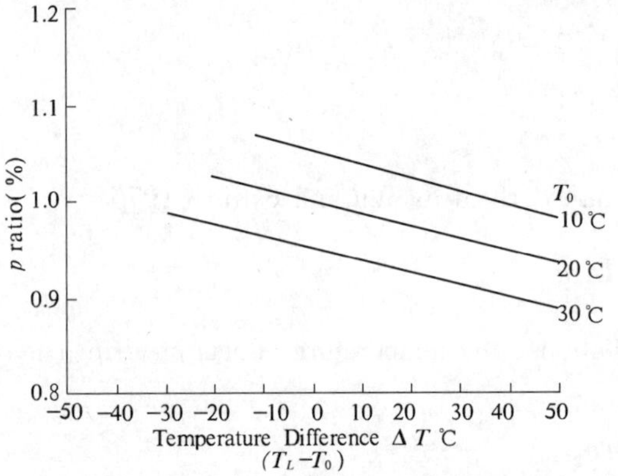

Fig. 3 Relationship among P, ΔT and T_0

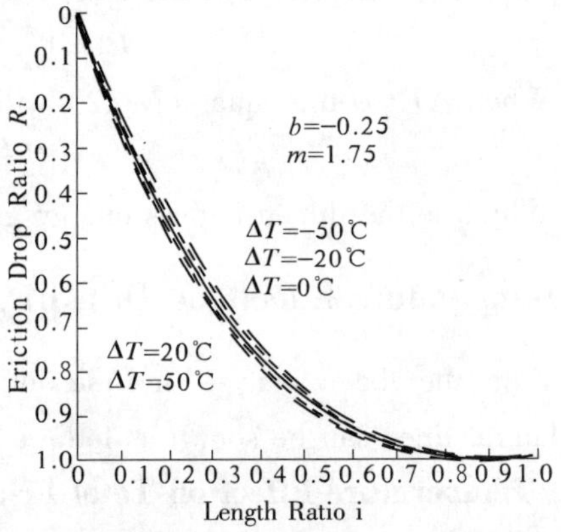

Fig. 4 The dimensionless energy gradient curves for laterals having temperature variation along the line

5 Conclusion and Discussion

(1) The Van Karman – Nikuradse formula is used to determine the friction coefficient for turbulent flow in a smooth pipe. The relationship between the friction coefficient f and the Reynold's Number N_R can be shown by a smooth curve (Fig. 1). This curve can be divided into several segments in which each one can be expressed as a power function. The power expression for f agrees with the Blasins equation when the power coefficient $b = -0.25$ for a Reynold's number ranging from 10^4 to 10^5.

(2) The change of lateral line water temperature are caused by convection and absorption of radiation due to ambient air temperature, soil temperature and solar radiation. It also depends on the materials and thickness of tubing itself. The water temperature change may affect the sizes of tubing and orifice, the density of water, surface tension and viscosity of water. For a temperature variation from 0 ℃ to 50 ℃ the change of density, surface tension and viscosity are 1%, 10% and 300% respectively. Therefore, the viscosity is affected significantly by the change of water temperature. The temperature effect on tubing size is assumed to be small and neglected in the analysis and its effect on emitter shape and size will be evaluated through laboratory tests.

(3) When the tubing size and total discharge are considered as constant the temperature effect on total friction drop at the end of the line can reach up to 10% based on extreme situations ranging from −50 ℃ to +50 ℃ compared with a base condition, T_0 = 20 ℃ and

$\Delta T = 0$ ℃. However, for practical situation, if the temperature difference is only 10 ℃ to 20 ℃, this will create only 5% to 6% difference in total friction at the end of the line.

(4) When the total discharge in a lateral line changes due to temperature effects on certain emitters, the overall effect will be combined. A 10% increase of total discharge will cause an 18% increase in total friction drop at the end of line. This increase of discharge may be caused by either increase or decrease of water temperature in the line due to different types on lines and emitters. Future research will be conducted to evaluate temperature effects on emitter flow for different types of emitters and its combined effect on total friction drop at the end of the line.

(5) An equation showing the relationship between total friction drop and length for any given temperature difference ΔT was determined. The analysis was based on an assumption that the temperature gradient along the line can be considered as a straight line. The temperature effect on the shape of energy gradient is found to be insignificant. Temperature difference along the line from 20 ℃ to 50 ℃ will cause only 1% to 2% difference in relative friction loss at the middle section of the line.

(Peng Guifang, I-Pai Wu. C. J. Phene. Tramstions on the ASAE, 1986,29(1))

Pressure Effects on Hydraulics Uniformity in Lateral Line

1 Introduction

The hydraulic study of drip lines, on which there are many research achievements, is the most important part in design of drip irrigation systems. Using Williams-Hazen empirical formula, J. Keller and D. Karmeli develop a graph to design laterals and another one to help in calculating the various head losses of driplines under 40-meter pressure head (1). I-Pai Wu develop graphs of laterals placing on uniform slopes (2), which is used to find the length of the lateral, by considering the ratio of the head change (loss or obtain) $\Delta H'$, due to slope, to the head loss ΔH, due to friction, i. e., $\Delta H'/\Delta H$, and the allowable pressure difference between inlet and end of the lateral line (3). Using Blasius formula together with Williams-Hazen's, Harry *et al.* develop a system of graphs for lateral line of three diameters, two x values (0.5 and 1.0), three discharge variations (5%, 10%, and 20%) under different operation pressure. There are a lot of factors that may affect the quality of drip irrigation, six of which are considered by Harry. They are the length of lateral L, the inner diameter of lateral line D, the operation pressure at the inlet of lateral H_0, discharge variation along the lateral q_v, dripper discharge exponent x and the smooth coefficient of the drip line C value in W－H formula (4).

Since it is needed to check the uniformity of applieation and the lengths of lateral lines during the process of design drip irrigation systems, this objective, to present a simple method for checking, and to decide, whether the quality of drip irrigation can be improved or the length of lateral can be longer or not according to the hydraulic functions of the dripper loaded, the flow regimes and other factors.

2 Development of the Formula

The head loss of a lateral line due to friction can be calculated by following equation (to simplify, the lateral line is placed on level land):

$$\Delta H = K_0 Q^m = D^{-n} LF \tag{1}$$

where: K_0 is a constant; Q is the discharge at inlet of the lateral line, 1/h; D is the inner diameter of the lateral, mm; L is the lateral length, m; F is the multiple outlet coefficient along the line; m is the flow exponent of the line depending on the regime; n is the diameter exponent of the line.

Note that m, n and K_0 depend on the formula selected. The discharge at inlet of the line is expressed:

$$Q = \frac{L}{S} - q \tag{2}$$

where: q is average discharge of the emitters along the line; S is the dripper spacing.

Substituting equation (2) into equation (1), gives:

$$\Delta H = K_0 (q/S)^m L^{(m+1)} D^{-n} F \tag{3}$$

On the other hand

$$\Delta H = H_0 - H_e \tag{4}$$

where: H_0 and H_e are the hydraulic heads at the inlet and end of the lateral line respectively.

and

$$\left.\begin{aligned} H_0 &= \alpha q_{\max}^{1/x} \\ H_e &= \alpha q_{\min}^{1/x} \end{aligned}\right\} \tag{5}$$

where: α is the dripper constant; $q_{\max}$ (or $q_{\min}$) is the dripper discharge at the beginning (or end) of the line; $x \leqslant 1.0$.

The equation (3), (4) and (5) can be combined as following:

$$K_0 (q/s)^a L^{m+1} D^{-n} F = H_0 [1 - (q_{\min}\ q_{\max})^{1/x}] \tag{6}$$

Then

$$q_{\max}\ q_{\min} = 1 - q_v \tag{7}$$

$$q_v = 4(1 - C_u)/(3 - 2C_u) \tag{8}$$

where: C_u is the uniformity coefficient of application along the lateral line.

Introducing the above two equations into (6), gives:

$$K_0 (q/s)^m \cdot L^{m+1} D^{-n} F = H_0 \{1 - [1 - 4(1 - C_u)/(3 - 2C_u)]^{1/x}\} \tag{9}$$

also

$$H_0 = H(1 + q_v/2x) \tag{10}$$

where: H is the average pressure head along the lateral.

Substituting (8) into (10), changed as:

$$H_0 = H[1 + \frac{2(1 - C_u)}{x(3 - 2C_u)}] \tag{11}$$

and

$$q = \alpha H^x \tag{12}$$

give F value equals 0.374.

Substituting equation(11) and equation(12) into equation(9), obtain:

$$0.374K_0\left(\frac{\alpha}{S}\right)^m H^{mx}L^{m+1}D^{-n} = H[1 + \frac{2(1 - C_u)}{x(3 - 2C_u)}][1 - \left(\frac{2C_u - 1}{3 - 2C_u}\right)^{1/x}] \tag{13}$$

In equation(13) there are nine factors: α, S, H, L, D, m, n, x and C_u, only four of which, H, L, x and C_u, are discussed in the present paper in order to simplify the formula, though the other factors, such as the diameter D and the dripper discharge q are also important to hydraulic design of lateral, as there have been many research achievements on them.

The uniformity coefficient C_u should be decided according to the equipment selected and the various requirements. It is impossible for C_u-value to be 100%, but the larger the value of C_u is, the better distribution of water and fertilizer are. Practically, the value of C_u should also be selected economically.

3 Analysis and Discussion

(1) The relationship among operation pressure H, dripper discharge exponent x, and uniformity coefficient of application C_u, with other factors being unchangeable (L is pointed as a certain value).

Equation(13) Can be changed as:

$$H^{mx-1} = \frac{1}{0.374K_0}(S/\alpha)^m \cdot D^n \cdot L^{-(m+1)}[1 + \frac{2(1 - C_u)}{x(3 - 2C_u)}][1 - (\frac{2C_u - 1}{3 - 2C_u})^{1/x}] \tag{14}$$

Using Blasius Equation and assume water temperature in line 20 ℃, then $K_0 = 0.466$, $m = 1.75$, $n = 4.75$.

Introducing the above expressions into the equation(14), obtain:

$$H^{1.75x-1} = 5.738\left(\frac{S}{\alpha}\right)^{1.75} D^{4.75}L^{-2.75}[1 + \frac{2(1 + C_u)}{x(3 - 2C_u)}][1 - (\frac{2C_u - 1}{3 - 2C_u})^{1/x}] \tag{15}$$

Here three kinds of drippers are taken into account the lateral line together, their $q \sim H$ formulas are follow.

$$\left.\begin{aligned} q_a &= 0.574H^{0.727} \\ q_b &= 2.128H^{0.50} \\ q_c &= 3.80H^{0.08} \end{aligned}\right\} \tag{16}$$

That is, in turn, the α-value in (15) for the three kinds of drippers 0.574, 2.128 and

3. 80; The x-value for them 0. 727, 0. 50 and 0. 08 respectively.

If $D = 10$ mm, $S = 0.5$ m, $L = 40$ m, equation(15) changed as:

$$H = [5.738\left(\frac{S}{\alpha}\right)^{1.75} D^{4.75} L^{-2.75}]^{1/(2.75x-1)} \times$$

$$\{[1 - \frac{2(1 - C_u)}{x(3 - 2C_u)}][1 - (\frac{2C_u - 1}{3 - 2C_u})^{1/x}]\}^{1/(1.75x-1)} \quad (17)$$

difine

$$A_a = [5.738\left(\frac{S}{\alpha_1}\right)^{1.75} D^{4.75} L^{-2.75}]^{3.673} = 4\,638.5$$

$$A_b = [5.738\left(\frac{S}{\alpha_2}\right)^{1.75} D^{4.75} L^{-2.75}]^{-8} = 0.957\,76$$

$$A_c = [5.738\left(\frac{S}{\alpha_3}\right)^{1.75} D^{4.75} L^{-2.75}]^{-1.163} = 3.234\,3$$

Equation(17) can be simplified as:

$$H = \begin{cases} A_a\{[1 - \frac{2(1 - C_u)}{0.727(3 - 2C_u)}][1 - (\frac{2C_u - 1}{3 - 2C_u})^{1.376}]\}^{3.673} \\ A_b\{[1 - \frac{2(1 - C_u)}{0.5(3 - 2C_u)}][1 - (\frac{2C_u - 1}{3 - 2C_u})^{2}]\}^{-8.0} \\ A_c\{[1 - \frac{2(1 - C_u)}{0.08(3 - 2C_u)}][1 - (\frac{2C_u - 1}{3 - 2C_u})^{12.5}]\}^{-1.163} \end{cases} \quad (18)$$

The three $H \sim C_u$ curves in figure are drawn according to equation(18). As can be seen from it, if dripper-a is loaded along the lateral line, a tendency for the uniformity coefficient C_u of application becomes lower with respect to the increase of operation pressure H; if dripper-b loaded, C_u will become larger with increase of the pressure H; if dripper-c loaded, the C_u will increase more steeply with the increase of the pressure H. Using dripper b and c (particularly c), the uniformity coefficient C_u of application can be improved by raising the operation pressure.

(2) $x = 1/m$, is the critical state.

as above, K_0, m, n, S, D, α and x are as the same as in discussion A.

Let

$$B = 1/0.374K_c(S/\alpha)^m D^n L^{-(m+1)} = \text{constant}. \quad (19)$$

Equation(14) can be changed into the form:

$$1.0 = B[1 - \frac{2(1 - C_u)}{x(3 - 2C_u)}][1 - (\frac{2C_u - 1}{3 - 2C_u})^{1/x}] \quad (20)$$

The hydraulics head H, whether higher or lower, the left hand of the equation(20) does not change any more, just equal to 1. 0. For the kind dripper loaded in line, the hydraulics uniformity coefficient C_u does not change either. This state is called critical when the flow regime of the dripper is completely as the same as that of the lateral line loaded be the drippers.

4 Results of Computer Analogue

Fig. 1 is shown in (o)—dash line for the results of computer analogue. The effect of each factor considered in the present paper on the uniformity coefficient of application has the same tendency as shown.

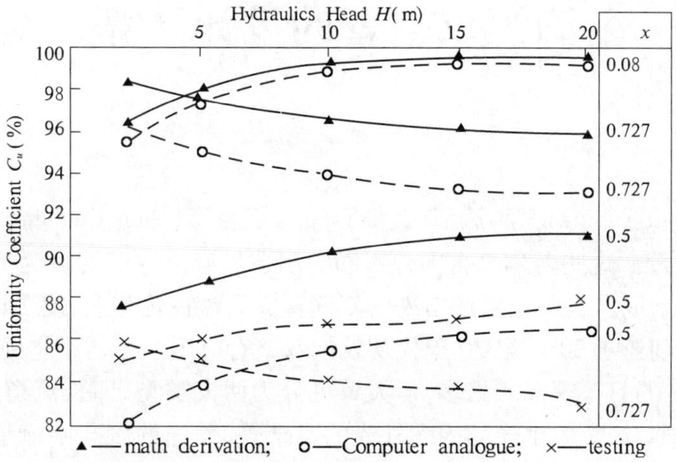

Fig. 1 The change tendency of uniformity coefficient C_u with respect to hydraulics head H

5 The Testing Results

The testing is done with two different drippers which are microtubing dripper with inner diameter 1.0 mm, and the other orifice emitter. The results are in Table 1 below.

Table 1 The testing results

H(m)	C_u(%)	
	microtubing	orifice
2	86	85
5	85	86
10	84	87
15	84	87
20	83	88

The microtubing dripper 70 cm long, discharge exponent x is 0.727.

The x-value of the orifice emitter is 0.5. The results are drawn in (x)—line in the Fig. 1, the same tendency as above.

6 Conclusion

When flow regime in the dripper is completely as the same as that of lateral line, that is,

$x = 1/m$, the uniformity coefficient along the lateral does not vary with respect to the change of operation pressure H. When $x > 1/m$, it becomes lower tendency with increase of pressure H. Conversely, $x < 1/m$, the C_u will become higher with the increase of the operation pressure.

(Peng Guifang, Yue Ronggui. 原文在第2届国际微灌大会上交流)

滴灌双壁管的设计计算

1 简介

双壁管(Biwall Tubing)又称滴灌带(T-Tape)、双腔管(Dual Chamber Tubing)、双层管(Twin-wall hose)等。这些名称来自国外不同的制造厂家。双壁管多为薄壁带状软管,由聚乙烯塑料原料制成。工厂将生产出来的双壁管成品盘在轮盘上,便于运输和机械布设。

美国和澳大利亚于20世纪70年代初就把双壁管应用于行播作物的滴灌上。经过十几年的发展,现有的双壁管样式繁多,但大致可分为两大类型,即长流道双壁管和短流道双壁管。如前西德、加拿大生产的内螺外光的双壁管,美国的多孔限流道双壁管,日本生产的压边城廓形滴灌带,均属前者类型;美国、澳大利亚应用较为广泛的孔口出流式双壁管就属于后者。

以下介绍的双壁管只限于孔口出流的薄壁软管,至于其他类型的双壁管或滴灌带,这里就不一一介绍了。

双壁管是由输水管(又称主管、主腔,Main Chamber)和滴水管(又称辅管,Secondary Chamber)组成。在滴灌系统中,输水管与上级支管相接,将支管来水输送给滴水管。输水管与滴水管之间有共同的管壁,壁上有孔,称内孔。水通过内孔从输水管流入滴水管。滴水管本身的管壁上也有孔,称外孔(或滴水孔)。外孔将水以细流的形式分配给作物。双壁管在系统中属于毛管级,毛管和滴头两种作用兼而有之。

据美国资料:输水管内径约为16 mm,管壁厚为0.1~0.48 mm,一般工作压力小于1个大气压力(0.55~0.82个大气压力),最小孔径0.5 mm,最大外孔距0.6 m,平均每米毛管滴水流量约为2 L/h,工厂制造的流量变差系数 C_v 在10%以内,外、内孔数之比值一般为4~6,有的达到10。早期的双壁管,其内、外孔径是相等的,近期研究结果是内孔径大于外孔径对滴灌质量的稳定性有利。

双壁管适用于行播作物的滴灌,用于蔬菜、果品作物上较为合算,如西红柿、瓜类、甘蔗、菠萝、草莓、棉花等。我国将双壁管放于地表,做滴灌哈密瓜小面积试验,其效果很好。美国西南沙漠边缘,将双壁管顺棉花行布置作地表下滴灌,并结合实行免耕法,毛管可使用7~8年,效果也很显著。夏威夷数十万亩甘蔗园的滴灌有80%是双壁管承担的,那里每年需用双壁管0.75亿m,而且还在增加。双壁管的广泛应用,不但可以省水、省能、省肥、省地、省劳,而且使滴灌一次性亩投资大幅度降低。以中密度作物哈密瓜为例,亩投资可降低20.28元;若密植作物黄瓜,其亩投资降低更多,可达63.86元。

2　水力计算

双壁管的输水管水流属管道水力学，而内外孔水流均为小孔出流。如图 1 所示为双壁管工作示意图。

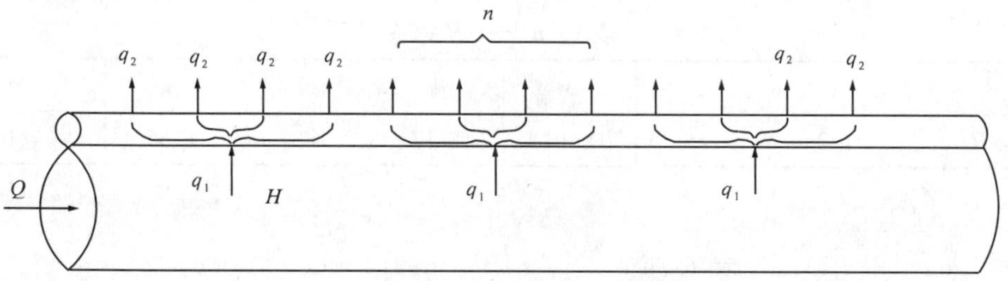

图 1　双壁管工作示意图

由图 1 可以写出内外孔各自出流的一般公式，其形式为：

$$q_1 = \mu\omega_1\sqrt{2g(H-h)} \tag{1}$$

$$q_2 = \mu\omega_2\sqrt{2gh} \tag{2}$$

式中：q_1 为内孔的流量；q_2 为外孔的滴水流量；μ 为孔口出流系数；g 为重力加速度；H 为输水管中的工作水头；h 为外孔的工作水头；ω_1、ω_2 分别为内外孔的过流断面面积，$\omega_1 = \frac{\pi}{4}\phi^2$，$\omega_2 = \frac{\pi}{4}d^2$，其中 ϕ 和 d 分别为内外孔的孔径。

双壁管上外孔数目比内孔数目多，其外内孔数之比为 n，在一根毛管上，一般 n 是个定值，故：

$$q_1 = nq_2 \tag{3}$$

将式(1)、式(2)、式(3)联立，并整理得：

$$\frac{h}{H} = \frac{\phi^4}{\phi^4 + n^2d^4} \tag{4}$$

若内外孔径相等，$\phi = d$，则：

$$\frac{h}{H} = \frac{1}{1+n^2} \quad 或 \quad h = \frac{H}{1+n^2} \tag{5}$$

由式(5)可知，外孔的工作水头 h 是毛管工作水头 H 的 $\frac{1}{1+n^2}$。双壁管主要通过控制 n 值来调节滴水管与输水管间的压力比 h/H，使滴水量达到所需要求，n 与 h/H 关系见表 1。毛管中的工作水头 H 较高（6 ~ 8 m），使输水管的断面不致过大而造成浪费，而外孔的实际滴水的工作水头较小，只有毛管中工作压力的几分之一，十几分之一，甚至几十分之一，使滴水流量不至过大，以达到滴灌的目的。这也是双壁管与单壁管的主要性能区别。

若内外孔径不等，一般是内孔大于外孔，外、内孔径之比为 m，则：

$$m = d/\phi \tag{6}$$

故式(4)可以写成：

$$\frac{h}{H}=\frac{1}{1+n^2m^4} \tag{7}$$

式(7)表明,滴水管与输水管中的压力比 h/H 不但与 n 有关,而且与 m 亦有一定关系。图 2 是根据式(7)在双对数纸上的 $h/H\sim m\sim n$ 关系线。

表 1 n 与 h/H 关系

n	1	2	3	4	6	8	10
h/H	1/2	1/5	1/10	1/17	1/37	1/65	1/101

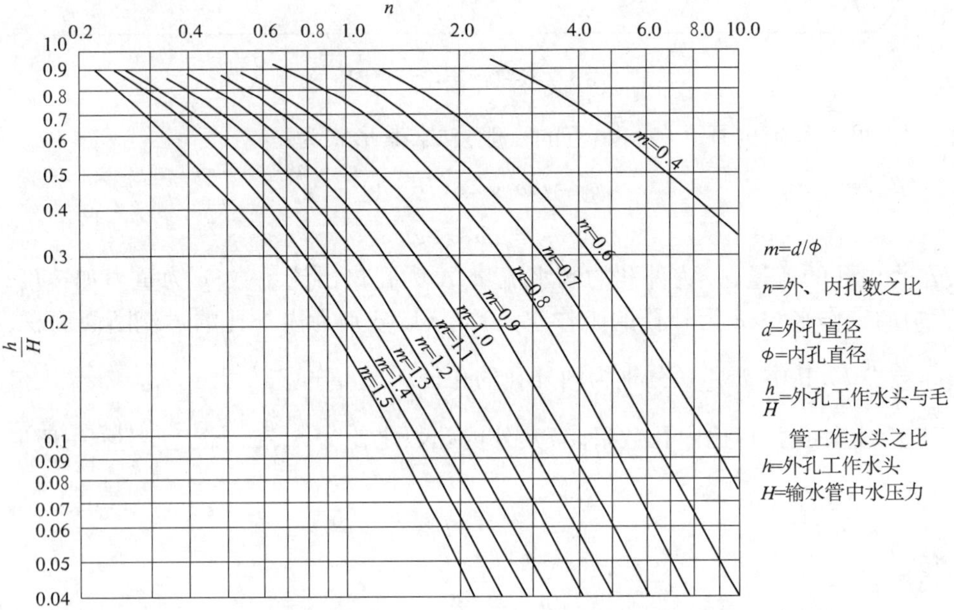

图 2 $h/H\sim m\sim n$ 对数曲线

双壁管内孔水流的工作水头为 $H-h$,外孔的工作水头为 h,两孔工作水头之和为毛管中的工作压力 H。当毛管中水压力 H 为不同值时(如 $H=8$ m、6 m),利用试验已有数据,在同一张图中(见图 3、图 4)作出内、外孔的流量与工作水头关系图。先将式(1)和式(2)分别写成:

$$q_1=\alpha(H-h)^x \tag{8}$$

$$nq_2=n\alpha h^x \tag{9}$$

式中:α、x 分别为表 2 经验式中的系数和指数,其余符号意义同前。

由图 3 可以发现一个有趣的问题,当外、内孔数比 n 大于 1 时,部分外孔数目完全堵塞后,其总的滴水流量的减少并不严重。这是因为一旦部分外孔完全堵塞,滴水管中的压力随即上升,致使未堵塞的那些外孔的流量增大。如图 3($H=8$ m)所示,当内孔径为 0.8 mm,外孔径为 0.7 mm,外内孔数比 $n=4$,正常工作时,4 个外孔的总滴水流量为 6.5 L/h,工作水头 $h=0.78$ m 左右。如果其中 1 个外孔(1/4 的外孔数目)完全堵塞,那么滴水管中的工作压力升至1.26 m水头左右，其余3个(3/4外孔数目)未堵塞外孔的总滴水流量可达6.27 L/h(即相当于$n=3$)，是正常条件下4个外孔总滴水流量的96.5%。如果外孔数2个(1/2的外孔数目)完全堵塞，则滴水管中的工作水头上升到2.32 m，其余2个未堵塞外孔的总滴水流量仍可达5.75 L/h(相当于$n=2$)，是正常条件下4个外孔总滴水流量的88.5%。由此可见，双壁管本身具有调节压力、补偿流量的功能，有一定的防堵效果，以上所指外孔堵塞的发生是规律的。至于双壁管堵塞发生5种可能性对管中水力影响的问题，这里就不专门讨论了。

表2　孔口流量　(单位：L/h)

孔径(mm)	不同工作水头 H_1 孔口流量						经验式
	0.1 m	0.5 m	1.0 m	2.0 m	5.0 m	8.0 m	
0.7	0.6	1.29	1.85	2.66	4.30	5.47	$q=1.854H_1^{0.52}$
0.8	0.76	1.70	2.40	3.42	5.40	6.83	$q=2.416H_1^{0.50}$
0.9	1.36	2.90	4.10	5.74	8.90	11.60	$q=4.113H_1^{0.48}$
1.2	1.90	4.01	5.52	7.59	11.60	14.37	$q=5.52H_1^{0.48}$
1.6	4.85	9.85	13.36	18.12	27.12	33.36	$q=13.36H_1^{0.44}$

注：H_1 为引用符号，计算内孔时 $H_1=H-h$，外孔时 $H_1=h$。

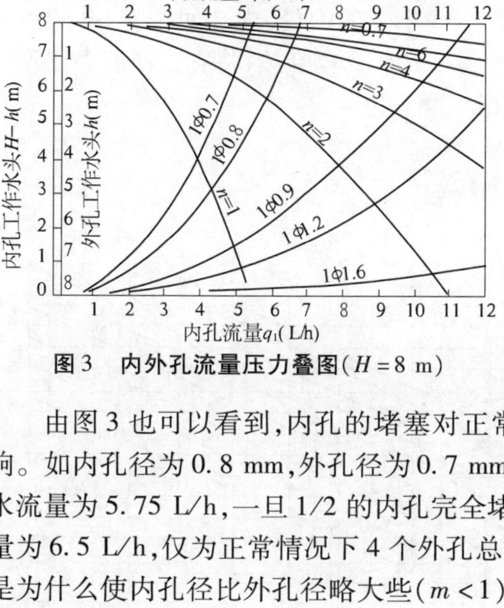

图3　内外孔流量压力叠图($H=8$ m)

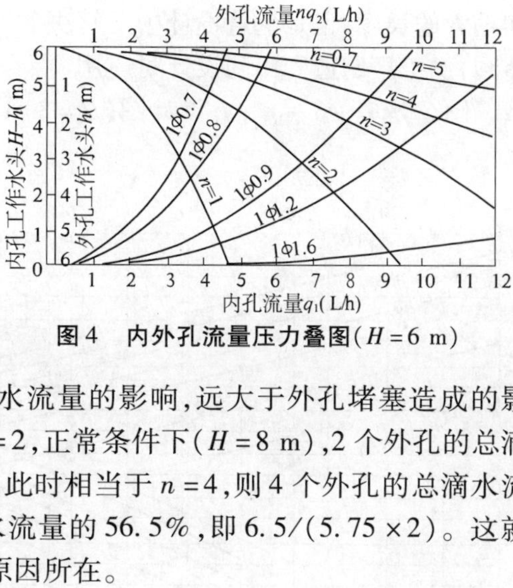

图4　内外孔流量压力叠图($H=6$ m)

由图3也可以看到，内孔的堵塞对正常滴水流量的影响，远大于外孔堵塞造成的影响。如内孔径为0.8 mm，外孔径为0.7 mm，$n=2$，正常条件下($H=8$ m)，2个外孔的总滴水流量为5.75 L/h，一旦1/2的内孔完全堵塞，此时相当于$n=4$，则4个外孔的总滴水流量为6.5 L/h，仅为正常情况下4个外孔总滴水流量的56.5%，即6.5/(5.75×2)。这就是为什么使内孔径比外孔径略大些($m<1$)的原因所在。

3　双壁管的设计

双壁管在一定环境条件中应用。其参数除受工作条件的影响外，还受设计标准的制约，于是在设计之前要确定设计标准，即沿毛管滴水均匀系数。本文采用无坡布置沿一条毛管的水力滴水均匀度 C_u 等于95 %(也可以将标准提高或降低)，工作压力 H 分别为8 m和6 m进行计算(也可以为4 m或其他值)。

3.1　当毛管工作水头 $H=8$ m 时的双壁管设计

由于毛管的水力均匀度 $C_u=95\%$，其首尾两端滴水的流量变差 q_v 为20%(双壁管与单壁管同,证明过程略)。

$$H_v = 1 - (1 - q_v)^{1/x} \tag{10}$$

式中:H_v 为沿毛管的压力变差;x 为孔口出流的流量指数,取 $x = 0.5$ 作计算。

则
$$H_v = 0.36$$

又
$$\Delta H = H_v H \tag{11}$$

式中:ΔH 为沿毛管的压力变化或毛管的水头损失,$\Delta H = 2.88$ m。

输水管的水力计算采用光滑管紊流的布莱休斯经验公式(采用温度为 20 ℃)。

$$\Delta H = 0.170 \frac{Q^{1.75}}{D^{4.75}} L \tag{12}$$

式中:D 为输水管的内径,mm;L 为毛管长度,m;Q 为毛管的进口流量,L/h;0.170 为系数。

$$Q = \frac{L}{S} q_1 \tag{13}$$

式中:S 为内孔间距,m。

将 ΔH 值,式(13)代入式(12),得:

$$D^{4.75} S^{1.75} = 0.059 q_1^{1.75} L^{2.75} \tag{14}$$

上式中的 4 个参数 D、S、q_1 和 L 分别为双壁管输水管的内径、内孔间距、内孔的流量和毛管的长度,也是毛管设计中要解决的问题。因该式计算较麻烦,将它变换后做出设计简图,供工厂制造和田间设计时应用。

图 5 是 $D \sim S \sim q_1 \sim L$ 设计图($H = 8$ m)。

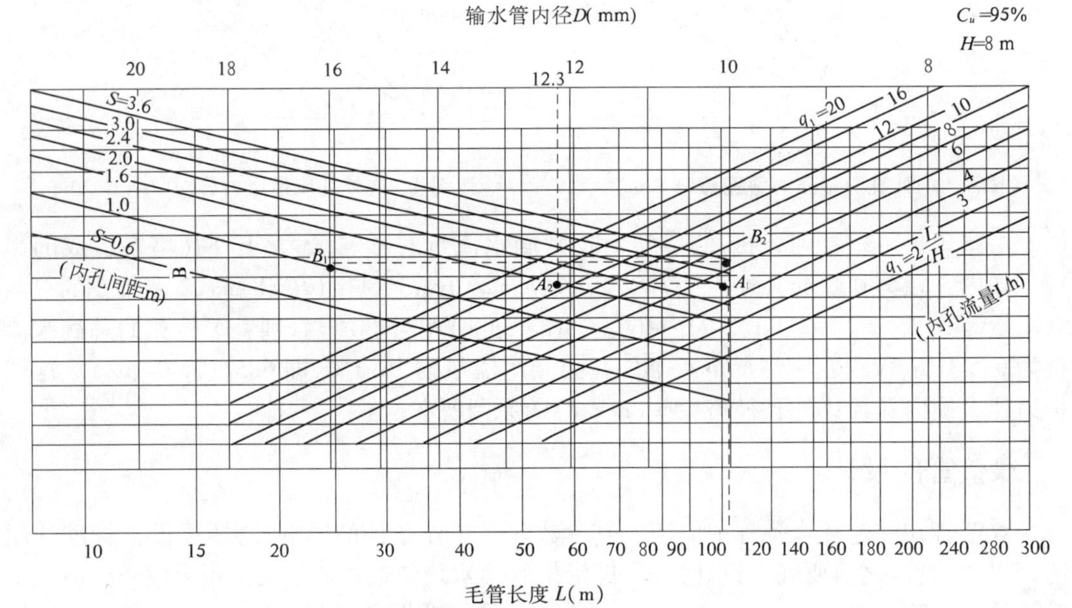

图 5 双壁管设计图($D \sim S \sim q_1 \sim L$ 关系)

设计图的应用:图中的 4 个因素中,q_1 是根据需要从图 3 或图 4 中查得的;内孔间距 S 是由土壤、作物类型和 n 值等条件决定的;输水管内径 D 和毛管长度是互相影响的。当以上 4 因素中已知其中 3 个，求其余 1 个因素是很方便的。

例 1　已知毛管长度 $L = 100$ m，内孔流量 $q_1 = 5.3$ L/h（此值从图 3 查得 $\phi = d = 0.7$ mm，$n = 4$），内孔间距 $S = 1.6$ m，求输水管内径 D，其步骤如下：

（1）利用 $D \sim S \sim q_1 \sim L$ 图（$H = 8$ m），在坐标 $L = 100$ m 处作竖直线向上，与 $q_1 = 5.3$ L/h的斜线（内插）交于 A_1 点；

（2）过 A_1 点作水平线，与 $S = 1.6$ m 的斜线相交于 A_2 点；

（3）过 A_2 点作竖直线向上，与 D 坐标相交于 $D = 12.3$ mm 处，则 $D = 12.3$ mm 为题解（如图 5 所示）。

例 2　已知输水管内径 $D = 16$ mm，内孔间距 $S = 1.0$ m，内孔流量 $q_1 = 6.5$ L/h（由图 3查得 $\phi = 0.8$ mm，$d = 0.7$ mm，$n = 4$），求毛管最大允许长度 L，其步骤为：

（1）在坐标 D 上，由 $D = 16$ mm 向下作竖直线，与 $S = 1.0$ m 的斜线交于 B_1 点；

（2）过 B_1 点作水平线与 $q_1 = 6.5$ L/h 的斜线（内插）交于 B_2 点；

（3）过 B_2 点作竖直线向下，与 L 坐标相交于 $L = 102$ m 处，则毛管的最大允许长度 $L = 102$ m为解（如图 5 所示）。

在应用 $D \sim S \sim q_1 \sim L$ 设计图时，要注意顺序，一步一步地做，且不可由 $D(L)$ 直接与斜线 $q_1(S)$ 相交。要由 $D(L)$ 先通过与斜线 $S(q_1)$ 相交，过该交点作水平线与斜线 $q_1(S)$ 相交，然后求 $L(D)$。图 5 适用于工作水头 $H = 8$ m 的情况。

3.2　当毛管的工作水头 $H = 6$ m 时的双壁管设计

同样，作出 $D \sim S \sim q_1 \sim L$ 计算图（见图 6）。

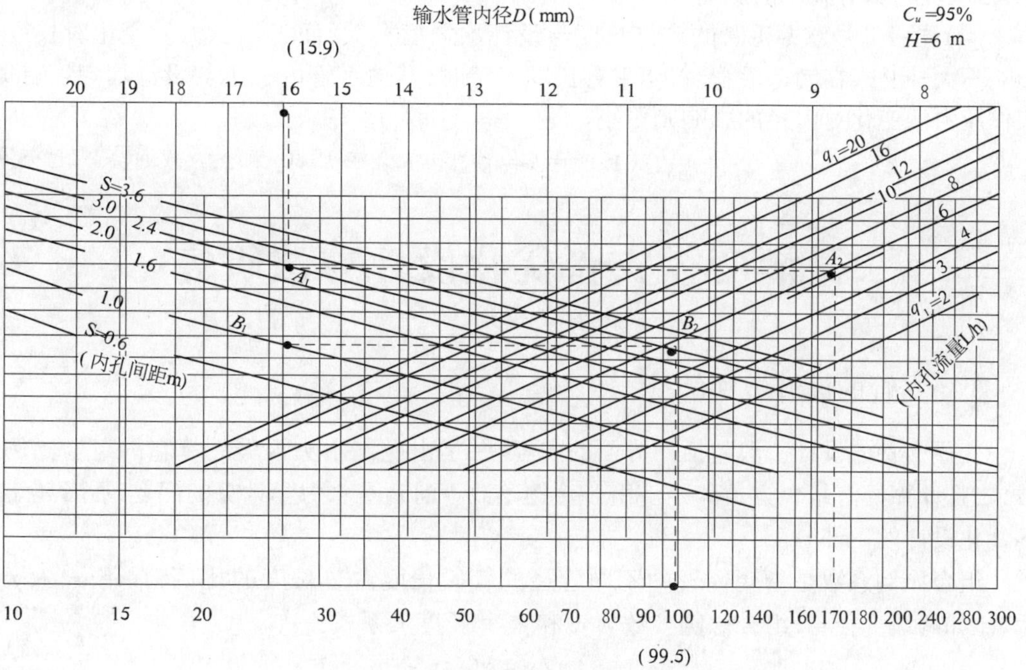

图 6　双壁管设计图（$D \sim S \sim q_1 \sim L$ 关系）

例 3 已知毛管长度 $L=170$ m，内孔流量 $q_1=5.7$ L/h（由图 4 查得，$H=6$ m，$\phi=d=0.7$ mm，$n=6$），内孔间距 $S=2.4$ m，求输水管内径 D 时，利用图 6，其方法步骤与例 1 相同，求得的 $D=15.9$ mm。

例 4 已知输水管内径 $D=16$ mm，内孔间距 $S=1.0$ m，内孔流量 $q_1=5.6$ L/h（由图 4 查得，$\phi=0.8$ mm，$d=0.7$ mm，$n=4$），求毛管的最大允许长度 L 时，利用图 6，其步骤与例 2 同。求得的毛管最大允许长度 $L=99.5$ m（如图 6 所示）。

由以上计算实例可知，当两种情况的 C_u、ϕ、d、n、S、D 相等时，不论它们的工作水头 H 的高（8 m）低（6 m），其允许的最大毛管长度是很接近的（见例 2 和例 4），这是由长度与压力之间的关系所决定的。同样，当两种情况的 C_u、ϕ、d、n、L、S 相等时，随着工作水头 H 的变化，其相应毛管的输水断面积也是很接近的。以上长度与工作压力或者输水管直径与工作压力的变化关系，均符合管道水力学基本原理。

4 讨论与小结

（1）双壁管的水力计算理论是成熟与简单的，其结果是可靠的。

（2）用 $q_1\sim(H-h)$ 与 $nq_2\sim h$ 流量与压力关系叠图，并结合 $D\sim S\sim q_1\sim L$ 设计图的应用，设计计算方法简单易行。根据不同要求，也可以用不同的 C_u 和不同的 H 值，作出系列计算设计图供选用。

（3）双壁管本身具有压力调节和流量补偿作用。外孔部分堵塞对总滴水流量的影响并不严重；内孔堵塞对总滴水流量的影响要严重得多。在实际中，可将内孔做得大于外孔，以减轻堵塞对滴水的影响。

（4）同一型号双壁毛管的允许长度与设计均匀度有关，而工作压力的变化对长度的影响不大；同样，在制造毛管时，当毛管长度一定时，其输水管内径也与设计均匀度有关，工作压力的变化对内径的影响则更小。

（彭贵芳，马福才. 原文在 1986 年全国微灌会议上交流）

微灌变径支管优化设计方法研究

1 变径支管的设计方法简介

变径支管的设计一般包括两方面的内容：一是由允许水头损失计算它的组合比例系数，二是计算经济组合方式和经济组合比例参数。前者是水力学计算的问题，后者属于管网优化设计的一部分。

组合比例系数是指变径管中不同管径的管段长度占总长度的比例，常用 α、β、γ 表示，比如两级变径管，组合比例参数为 α 和 β，其长度关系式为：

$$L_1=\alpha L \tag{1}$$

$$L_2=\beta L \tag{2}$$

式中：L_1 为变径管第 1 段的长度，m；L_2 为变径管第 2 段的长度，m；L 为管道的总长度，m；

α、β 为变径管的组合比例系数。

考虑到施工和购买设备的方便，工程上常常使用两级变径，本文仅对两级变径支管进行研究。

组合方式是指变径管中各管段管径的搭配方式，用 $\phi D_1 \sim \phi D_2$ 表示。

经济组合方式和经济组合比例系数是指使得支管管道年度投资最节省的组合方式和组合比例系数。支管的年费用计算公式为：

$$M = PM_1 + M_2 \tag{3}$$

$$M_1 = LK_dC \tag{4}$$

$$M_2 = K_nQ\Delta H_xT \tag{5}$$

$$k_n = \frac{1}{102} \cdot \frac{K_{动}}{\eta\eta_{转}}C_d \tag{6}$$

式中：M 为管道年度总投资，元；M_1 为管道一次性投资，元；M_2 为年耗能费，元；P 为年折旧率；L 为管道长度，m；C 为管道价格，元/m；K_n 为电费计算系数；Q 为管道进口流量，L/h；$K_{动}$ 为动力扩大系数；η、$\eta_{转}$ 分别为动力效率和传递效率；C_d 为电价，元/(kW·h)；K_d 为管路投资扩大系数；ΔH_x 为支管的水头损失，m；T 为年运行时间，h。

经济组合方式和经济组合比例系数是指 M 取得最小值的组合方式和组合比例系数。

变径管的水头损失计算公式为：

$$\Delta H = \Delta H_1 + \Delta H_2 \tag{7}$$

$$\Delta H_1 = KLFQ^n/D_1^n - KL_2F_2Q_2^m/D_1^n \tag{8}$$

$$\Delta H_2 = KL_2F_2Q_2^m/D_2^n \tag{9}$$

式中：ΔH 为管路的总水头损失，m；ΔH_1 为第 1 段管的水头损失，m；ΔH_2 为本段管的水头损失，m；K 为水力计算换算系数；Q、Q_2 分别为管道的首端流量、末段管的流量，L/h；D_1、D_2 分别为第 1 段管的内径、末段管的内径，mm；F、F_2 分别为整个管路的孔口系数、末段管的孔口系数；n、m 分别为管径指数、流量指数。

上述两组公式是设计变径管的最基本公式。由于组合管的计算公式中参变量较多，很难找出一个简便的方法计算它的经济组合方式和经济组合比例系数，现把它分成两个步骤计算，首先计算出它的经济组合比例参数，然后对多种组合方式进行年投资计算，年费用最小的组织方式就是经济组合方式。

2　支管投资扩大系数的计算方法

式(8)中 K_d 的大小受多种因素的影响，其中较主要的几项因素是运输费、施工安装费、规划设计费和不可预见费等，现分别用 η_y、η_a、η_d 和 η_b 表示上述几项费用的取值标准，于是就有：

$$K_d = (\eta_b + 1)(\eta_y + \eta_d + \eta_a + 1) \tag{10}$$

上式中除 η_a 外，η_y、η_d 和 η_b 可以根据当地情况确定，η_a 是指单位管长的安装费 C_a 与单位长度管材价格 C 之比，用公式表示为：

$$\eta_a = \frac{C_a}{C} \tag{11}$$

当管道的安装方式确定后，C_a 就能估算出来。

3　经济组合比例系数

现假定：

$$Q_2 = \beta Q \tag{12}$$

$$n_2 = \beta N \tag{13}$$

多口系数 F_2 的值采用下面的经验公式计算：

$$F_2 = \frac{1}{m+1}\left(1 + \frac{0.48}{n_2}\right)^{m+1} \tag{14}$$

上式的适应条件是变径点位于分水孔的位置，于是由式(7) ~ 式(14)得出下式：

$$\begin{aligned}\Delta H_x &= FKLQ^n/D_1^m - F_2KL_2Q_2^T/D_2^n + KF_2L_2Q_2^m/D_2 \\ &= KLQ^n[FD_1^{-m} + \frac{1}{m+1}(D_2^{-n} - (D_1^{-n})(\beta + \frac{0.48}{N})^{m+1}]\end{aligned} \tag{15}$$

管路的平均价格 C 可表示为：

$$C = \frac{C_1L_1 + C_2L_2}{L} = C_1\alpha + C_2\beta = C_1 - \beta(C_1 - C_2) \tag{16}$$

式中：C 为管道长度平均价格；C_1 为第 1 段管的价格；C_2 为第 2 段管的价格。

C_1、C_2 的值可以直接由生产厂家提供，也可以采用近似公式计算。下式是根据定型管材的内径和单位重量的对应关系回归出来的经验公式：

$$W = 0.16D^2 + 3.306D \tag{17}$$

式中：W 为单位管长的质量，kg；D 为管材的内径，mm。

所以可以得出单位管长的价格为：

$$C = WC_w \tag{18}$$

式中：C_w 是指管材的质量价格，元/kg。

将式(15)、式(16)代入式(3)后，得：

$$M = K_\alpha PL[C_1 - \beta(C_1 - C_2)] + KLQ^nK_\alpha T[FD_1^{-m} + \frac{1}{m+1}(D_2^{-n} - D_1^{-n}(\beta + \frac{0.48}{N})^{m+1}] \tag{19}$$

上式两端对 β 求偏导数，得：

$$\frac{\partial M}{\partial \beta} = -K_dPL(C_1 - C_2) + KLQ^{n+1}K_\alpha T(\beta + \frac{0.48}{N})^{m+1}(D_2^{-m} - D_1^{-m})$$

令 $\frac{\partial M}{\partial \beta} = 0$，得出最小值的公式

$$\beta_i = \left[\frac{K_\alpha P(C_1 - C_2)}{KQ^{n+1}K_\alpha T(D_2^{-n} - D_1^{-n})}\right]^{\frac{1}{m}} - \frac{0.48}{N} \tag{20}$$

式(20)即为计算经济组合参数 β_i 的计算公式。当支管的流量，组合管段的管径 D_1、D_2 已知时，就可以计算出它们的经济组合参数。

4 经济组合方式的选择

微灌工程中支管大多选用 $\phi50$、$\phi40$、$\phi32$ 和 $\phi25$ 四种定型管径，表 1 列出了最常用的 5 种组合式。

表 1 常用支管的组织方式

项目	1	2	3	4	5
组合方式	$\phi50\sim\phi40$	$\phi50\sim\phi32$	$\phi40\sim\phi32$	$\phi40\sim\phi25$	$\phi32\sim\phi25$

变径支管的设计方法是，首先采用式(20)分别对 5 种组合进行计算，求出各种组合条件下经济组合比例系数，然后再采用式(19)分别计算出各组合方式的年费用值，比较它们的大小，最后确定出最优的经济组合方式。

5 实例应用

某微灌工程共有 6 种规格的支管，支管的进口流量分别为：47.03、35.27、28.32、23.51、20.0、17.5 m^3/h，现采用两级变径支管，试确定各种规格变径支管的经济组合比例系数和组合方式。

今选取 3 种组织方式进行计算，由式(20)计算出 6 种流量支管的经济组合比例系数列入表 2，再对各种组合条件下的年费用值计算，计算结果列入表 3，表 3 中年费用最小值对应的组合方式就是变径支管的经济组合方式，相应的经济组合比较系数可以从表 2 中查出(表中已用“*”标出)。

表 2 变径支管的经济组合比较系数计算结果 (%)

管径	$Q(m^3/h)$					
	47.03	35.27	28.32	23.51	20.0	17.5
$\phi50\sim\phi40$	16.47	26.47	38.38	51.92	67.37	83.45
$\phi50\sim\phi32$	9.58	15.94	23.08	31.45	40.98	50.90
$\phi40\sim\phi32$	6.29	10.48	15.78	21.66	28.36	35.33

表 3 不同流量变径支管的年费用计算结果 (单位：元)

管径	$Q(m^3/h)$					
	47.03	35.27	28.32	23.51	20.0	17.5
$\phi50\sim\phi40$	93.26*	63.21*	51.30*	44.97*	40.87*	37.92
$\phi50\sim\phi32$	93.41	63.48	51.40	45.17	40.98	37.13
$\phi40\sim\phi32$	181.1	97.28	65.61	49.85	41.32	36.58*

注：计算时投资扩大系数 $K_d=1.815$，$T=24$ h，$C_d=0.3$ 元，$P=0.1$。

6 结语

本设计方法的适用条件是平坦地面、支管分水口间距较小和分水口个数较多的变径支管。式(20)可以制成图表供设计者使用。

(翟国亮,董文楚,郑亚东.原载于《节水灌溉》1997 年第 3 期)

微灌系统的堵塞及防治措施

堵塞问题一直是微灌发展的最大障碍,堵塞问题解决的好坏直接决定着工程的使用寿命和应用效益,我国许多滴灌工程使用 2 ~ 3 年就因堵塞而废弃,工程的效益不能发挥。一些地方忽视堵塞问题盲目上马微灌工程的失败教训是惨痛的,典型代表是山西运城市的渗灌,它波及北方近 10 个省,推广面积百万亩,直接经济损失超亿元,使群众发展微灌的积极性严重受挫。"九五"期间,微灌技术进入一个高速发展时期,必须解决好堵塞问题使我国微灌事业走上健康发展之路。本文分析了当前微灌发展中存在的堵塞隐患、防范技术及灌水器改进等问题。

1 灌水器堵塞的原因及其水质评价

微灌堵塞突出表现为灌水器(滴头、滴灌管、滴灌带和微喷头)的堵塞,关于灌水器堵塞的因素早在 1979 年 Bucks 课题组提出了一个包括物理、化学和生物因素的表格,表格收编了所有的堵塞因素资料(详见表 1)。在提出表 1 的同时 Bucks 对堵塞灌水器的水质进行了评价,提出了灌水器堵塞的水质分类表(详见表 2),这一分类方法得到绝大多数专家的赞同。国内此类研究较少,主要借鉴国外的研究资料,其中 Bucks 堵塞因素分析、堵塞水质评价和 I-Pai Wu 的堵塞对均匀度影响资料被国内微灌界广泛应用。

表 1 灌水器堵塞因素(Bucks 等 1979)

物理因素	化学因素	生物因素
无机物质颗粒: 砂(50 ~ 250 μm) 淤泥(2 ~ 50 μm) 黏土(<2 μm) 有机物质: 水生植物:浮游植物、藻类 水生动物:浮游动物、蜗牛 细菌 塑料碎末 润滑油	碱性氧化物: 重金属离子:钙、镁、铁锰酸盐 阴离子:碳酸盐、氢氧化物、硅酸盐、硫酸盐 肥料:氨水、铁、铜、锌、锰、磷	藻类: 细菌:丝状物、粒状物 微生物分解物:铁菌、锰菌、硫菌

表2 灌水器堵塞的水质分类(Bucks 等 1979) (单位:mg/L)

堵塞因素		堵塞程度		
		轻度	中度	重度
物理因素	悬浮颗粒	<50	50~100	>100
化学因素	pH 值	<7.0	7.0~8.0	>8
	不溶固体	<500	500~2 000	>2 000
	锰	<0.1	0.1~1.5	>1.5
	含铁量	<0.2	0.2~1.5	>1.5
	硫化氢	<0.2	0.2~2.0	>2.0
生物因素	细菌数(个/L)	<10 000	10 000~50 000	>50 000

2 水质处理是防止堵塞的基础

防止堵塞须从水质处理开始,与表1对应,水质处理方法分为物理处理、化学处理和生物处理,三种方法中由于生物处理技术复杂、费用高且不成熟,研究和应用者甚少。化学处理可同时防治化学和生物堵塞且处理技术较成熟,然而由于灌溉耗水量大,化学试剂用量多、投资大,操作要求高,所以只有少部分规模较大的微灌工程采用。物理处理是每个微灌工程必须具备的,比较而言物理处理具有投资省、安装操作简单的优点。最简单的物理处理是安装一台网式过滤器,我国大多数微灌工程采用的是最简单的处理方法。

2.1 微灌水质的物理处理

微灌水质的物理处理主要包括过滤和沉淀两种方式,对于任何水质过滤是必不可少的,而沉淀则用于水质较差的水源。早期使用的过滤器包括筛网式、砂石式和离心式三种,处理容量常常达不到微灌要求的过滤容量,改进后的微灌专用过滤器,过流量大、水头损失小适合于微灌专用。用户可根据工程的实际情况采用单级过滤或多级过滤,较大的过滤站由多组过滤器联合组成。

目前,国内过滤器市场网式过滤器占主导地位,砂石过滤器销量相对较少,近两年塑料网式过滤器销量迅速增长,钢制壳体过滤器(网式)逐渐被取代。从过滤器的销售市场看,微灌工程过滤设施的重要性并未引起足够重视。事实上,对于大多数水源来说,单一的网式过滤器是不可靠的。

过滤并不能彻底解决堵塞问题,极小的颗粒能够穿越过滤介质进入系统,这些颗粒与微生物的代谢物相互吸引形成大体积的聚合体产生堵塞,同时部分颗粒的沉积产生缓慢堵塞,这两种堵塞普遍存在且难以清除,于是采用化学处理杀灭微生物,减少沉淀离子浓度是必要的。

2.2 微灌水质的化学处理

国外一些规模较大的微灌工程其水质处理采用化学处理和物理处理相结合的方法,其抗堵性能显著增加,相应的用于水质处理的投资增大,微灌工程使用的化学处理技术有下列几种:①加氯处理控制微生物污染;②加硫酸或其他酸控制碳酸盐沉淀;③加入专门的化合物控制碳酸盐沉淀;④水中加入水玻璃或氧气可综合溶解铁离子;⑤有针对地将化学制剂添加到灌水器生产原料中,可控制虫、草根对灌水器的堵塞。化学处理的最大缺点是安全性差,操作时必须慎重,最好采用专门的安全控制设施,避免因各种意外事故造成连锁性化学污染。

3 微灌灌水器的改进是防止堵塞的有效途径

为了防止堵塞除对水质进行处理外,改变灌水器的构造,增强其抗堵塞性也是行之有效的途径之一。单从微灌设备上分析,堵塞的主要原因有两个:一是管道或灌水器流道狭窄,大粒径悬浮颗粒无法顺畅通过;二是灌水器及联结灌水器的管道内流速缓慢,水中的一些悬浮质产生沉积或沉淀,缩小过水断面尺寸产生堵塞,此种堵塞开始时不很明显,随着时间推移堵塞愈来愈严重直至全部堵死。基于上述分析可得出结论:增加灌水器的流道尺寸,加大水流的流速能够起到防治或减缓堵塞的效果。

3.1 微灌大流道灌水器的研制

滴灌灌水器以滴头、滴灌管、滴灌带为主,按照滴灌定义制造的灌水器,一般流量2~5 L/h,滴灌管、滴灌带流量小于5 L/(m·h),工作压力49 kPa左右,流道直径不足1 mm,最小的仅有0.2 mm,流道长度相对较长,流态接近层流。微灌发展初期大多数工程因堵塞问题严重导致在使用不到两年时间便废弃,不仅因为对水质处理的轻视,灌水器的抗堵性较差也是突出存在的问题。稍后上市的防堵和自冲洗滴头抗堵性能有所提高,但使用可靠性差且价格昂贵。20世纪70年代中期,一些专家在总结滴灌发展经验教训的基础上,开始对滴灌技术进行改革,于是微灌的概念应运而生。按照微灌定义,滴灌是它的一个组成部分,另外两个部分是微喷灌和涌泉灌。微灌灌水器的特点是:工作压力一般为49~196 kPa;流量范围从2 L/h到300 L/h,流道内径0.5~2.0 mm,与早期的滴头相比抗堵性能有显著的提高。

我国微灌大流量灌水器的研制和推广在世界上是较突出的,小管出流灌溉的灌水器流道内径达4 mm,出流量100~200 L/h,这一微灌方式在山东、山西等地推广势头良好。涌泉灌灌水器采用ϕ4的PE管,流量50~80 L/h,有效地解决了堵塞难题。另外,大流量孔口滴头,内径达0.6~2.0 mm,流量10~25 L/h,堵塞问题大大缓解。这类大流量灌水器的工作性能和田间效果与滴灌用滴头有显著区别,按照水利部《微灌工程技术规范》(SL 103—95)定义,采用这类灌水器的灌水方式应属于涌泉灌,其特征是形成田间径流。与滴灌比较涌泉灌的一次灌水时间短,管网投资较大,此外由于孔径过大,田间一些虫子往往在灌水器流道内做窝寄居,带来新的堵塞问题。

为了取得抗堵塞和滴灌效果的有机统一,人们开始研制一次性和可拆装式滴灌灌水器。

3.2 一次性和可拆装式滴灌灌水器的研制

一次性灌水器是指田间一次安装后使用一茬作物或一定时期(季或年)就报废更新的一类灌水器,更新时工程管网和首部设备不变。由于更新周期短,对堵塞的要求相对较低,同时它必须具备价格低和易更换的特点。滴灌带是常见的一次性灌水器,滴灌带没有专门的滴水器,而是通过输水软管(相当毛管)的微孔将水送到田间,它的流量取决于微孔的孔径和孔间距，一般小于 5 L/(m·h)。国内滴灌带的生产厂家和品种较多，山东、上海、辽宁、河南和江西均有生产，由于生产设备和工艺的原因滴灌带生产成本高、可靠性差。目前，国产滴灌带价格优势不明显且抗堵塞性能差，其推广面积受到限制。

可拆装式灌水器一般由 2～3 个部件组装而成，当灌水器出现堵塞时，可拆开更换或清洗失灵部件。大流量的微喷头本身抗堵性好，易拆装的意义不大，而小流量滴头则不然，一条毛管个别滴头堵塞就会造成部分农作物减产或死亡，可拆装式滴头可以有效地解决这一问题。可拆装滴头以迷宫式较多并且外国产品占主导地位，国内产品虽有价格优势但制造精度差，外观欠佳。这种滴头的缺点是体积大，安装移动不便和拆装过程的误差容易带来流量的不均匀。

4　强化设计严格管理是防止堵塞的关键

微灌工程设计者应充分考虑工程使用过程中的堵塞问题，对于规模较大的工程必须进行专门的防堵设计。设计的内容包括：水处理方式、水处理设备的结构与选型、堵塞对灌水均匀度的影响和防止堵塞管理章程等。一般情况较好的地下水源采用网式过滤器即可，滤网选择 100 目以上的钢丝网；河道取水或池塘水微生物和有机物含量较高时，须采用介质过滤器。修沉淀过滤池或使用砂过滤器还须安装离心过滤器或网式过滤器与之配合使用，以便于反冲洗。单独使用砂过滤器时一般采用两台并联的方式。堵塞对灌水均匀度影响很大，增加灌水器的密度是有效地提高均匀度的手段之一。另外，制定防止堵塞管理章程便于用户实施管理，避免管理的混乱现象，也是非常必要的内容。在过去因堵塞报废的微灌工程中有 1/2 以上是由于用户管理不善造成的，微灌是一种较精细的灌溉方式，它需要精细的管理，制定科学的管理规则和建立责任到个人的管理制度是工程使用两个关键。河南偃师关窑千亩移动式滴灌示范工程，正常工作十几年后仍运行良好，其成功的经验除合理地设计外，严格的管理是关键。他们的做法是：工程建成后主管部门制定了“定人员、定工程、定设备、定维修、定报酬”的“五定”岗位责任制，并把可移动的支管、毛管按 50% 作价卖给农民(用户)，所得费用存入银行，用利息解决支管、毛管更新费用，干管及首部设备由专人专职管理。这一成功范例值得设计者和用户借鉴。

5　结语与建议

(1)解决堵塞问题，水质处理是基础，其中物理处理设施是每一个微灌工程必备的，而化学处理应视水质情况而定，国内化学处理试验研究较少，建议开展此项研究。

(2)改进灌水器的结构可有效地减轻水处理负荷，减缓灌水器堵塞速度，实际应用时应因地制宜的选择既适合农作物需水规律又具抗堵性的灌水器。

(3)增加防堵设计，加强工程管理是防止堵塞的关键，设计应考虑堵塞对灌水均匀度的影响，应制定专门的防堵管理规章。

(4)微灌的堵塞与水源水质、微灌设备、工程设计、施工和运行管理诸因素有直接关系，必须引起设计部门和用户的重视，力争建造高效、可靠和耐用的微灌工程。

（翟国亮，吕谋超，王晖，等. 原载于《农业工程学报》1999 年第 1 期）

微灌过滤器用水压驱动反冲洗阀启闭机构的力学计算

换向阀是液压系统中应用最多的一类控制元件，在目前的液压系统中，由于机、电、液与气的联合使用，液压技术已渗透到诸如汽车、机床、装载机、提升机等工业现代化机械设备中，因此换向阀的结构设计将是各液压系统的一个关键性串联环节，合理研究和设计出针对不同机械设备所需的液压系统专用换向阀产品，是保证各行业现代化机械设备正常工作的前提，其换向性能直接关系到整个液压系统的性能，从而影响着各设备的工作效率、可靠性和安全性等运行质量。

过滤器用水压驱动反冲洗三向阀（以下简称水动阀）是针对微灌系统用反冲洗过滤器而开发的一种新型换向阀产品，其安装操作简单，换向性能稳定，能够为系统提供正、反两个不同方向的水流，从而实现过滤器组的自动或手动反冲洗功能。水动反冲洗阀的液压驱动介质一改传统换向阀的油、电结合模式，靠纯水液压技术，以过滤器管路系统的内部水流作为液压介质，并靠过滤系统管路的自身水压驱动反冲洗阀的水流换向。水动反冲洗阀的液压技术因其介质来源广泛、成本较低、环境友好、清洁安全及阻燃性好的优势，其技术和产品将具有较高的研究价值和较广的应用范围。

1　水动阀的结构

水动阀产品设计为平面四通式结构，从外观看基本呈“ + ”号型，其正剖面如图 1 所示，由下阀体、阀杆、阀片、上阀体、隔膜、弹簧和阀盖等部件组成。根据产品的使用功能和特点，水动阀的整体结构可分为过水腔和启闭腔两部分。

1.1　过水腔

过水腔是过滤器运行时水流通过阀体的内部通道，靠其内部阀片的上下升降，阀片处于不同的特定位置，使过水腔具有不同的连通方式，从而有不同的水流通过方向。

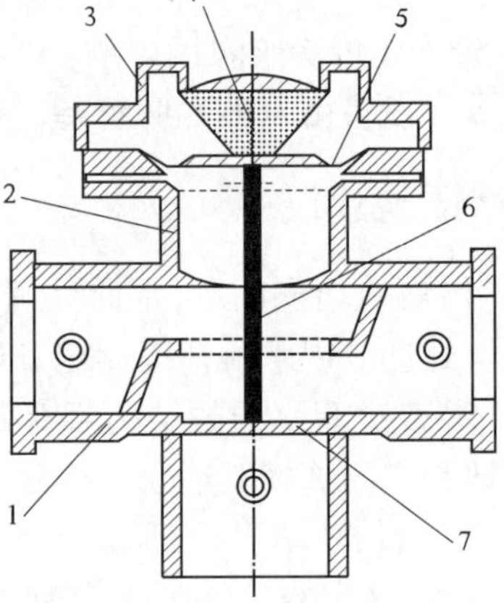

图 1　水动阀的正剖面

1—下阀体；2—上阀体；3—阀盖；4—弹簧；5—隔膜；6—阀杆；7—阀片

在下阀体的左侧、右侧和下侧方向分别布置了 3 个通水口，并与下阀体内的过水腔相通，起着过滤进水、反冲洗排水的作用。3 个通水口的管径尺寸相同，采用内螺纹的接口方式，与过滤系统的外部管道连接，根据单个阀的控制单罐过滤流量为 20 m^3/h 的标准，3 个通水口的接口直径设计为 50 mm。在各个通水口处又分别设有预留小孔，主要用于连接测压设备进行测量过水腔各水口的水压，并为阀的启闭腔提供有压水流。

1.2　启闭腔

水动阀的启闭腔是由上阀体和阀盖围成的一空腔,内部安装有弹簧、隔膜、阀杆、密封圈等元件,并构成一联动的启闭机构,其中弹簧为圆锥形螺旋状,主要是提高启动元件的稳定性。上阀体呈渐扩口状,用螺纹与下阀体旋紧固定,在上阀体的侧面有一个直径为12.5 mm水平螺纹圆孔,即驱动口,主要起着腔体内的进排水通道作用。隔膜为一盘状天然橡胶膜,膜厚8 mm,具有较好的回弹性和韧性,并紧贴上阀体的内表面,与阀杆的上端连接在一起。隔膜上面有弹簧和阀盖,弹簧装在隔膜和阀盖之间,阀盖与控制体用螺栓紧固。启闭腔整体上相当于一个小型液压系统,在外部有压水流的作用下,能使过水腔内的阀片、阀杆等启闭机构同步上下移动,达到不同的通水效果。

2　水动阀的工作原理

水动阀是一种新型多功能换向阀,它靠管路中的水流压力和阀体内的弹簧机构联合驱动,实现内部阀片的升、降来改变水流方向,从而实现过滤系统的反冲洗功能。

水动阀在过滤和反冲洗模式下的具体工作原理如图2所示:在初始状态下,水动阀的启闭腔内不充水,阀片、膜片处于原始位置,通水口A、通水口B保持连通,内部水流以直线方向通过水动阀的过水腔,使过滤系统维持过滤状态。当有压水流从驱动口进入阀的启闭腔后,水流作用于上阀体和隔膜之间,当水压达到一定压力时,能克服初始状态的所有弹力作用时,膜片被迫向上拱起,带动连在一体的阀杆、碟片上升,到另一特定位置时阀片隔断通水口A、通水口B通道,同时连通通水口B、通水口C,使水流以直角方向通过,这样就使过滤系统进入反冲洗状态。反冲洗完毕,泄掉启闭腔内的有压水流,在膜片自身弹性和弹簧弹力的作用下,阀杆、阀片和隔膜自动下降,复位到初始状态,此时即截断通水口B、通水口C,重新连通通水口A、通水口B,使水流仍以直线方向通过水动阀的过水腔,过滤系统也回到过滤状态。如此循环,可以完成各组过滤罐的依次反冲洗过程。

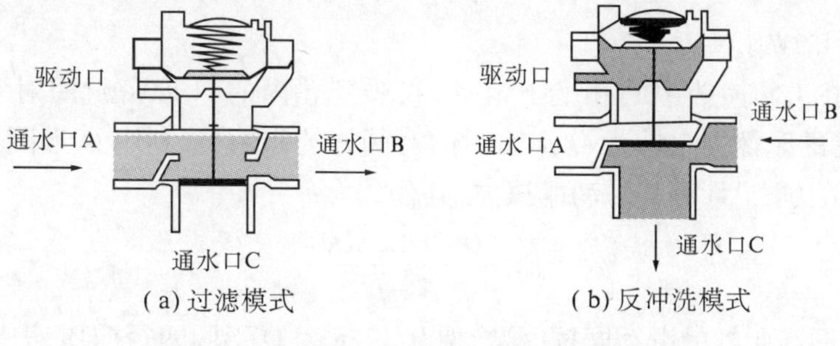

图2　水动阀的过滤、反冲洗模式工作原理图

3　启闭力计算与校核

水动阀的启闭力主要靠从过滤系统进水管路引来水流的水压对隔膜产生的作用力,从而提升水动阀的升降机构,改变通过阀体内部水流方向。要保证水动阀能实现正常的顺利启闭,需根据水动阀的结构设计来计算正常工作时所需的启闭力 F_x 和外部提供的实

际启闭力 F_g,并对二者进行校核,验证 $F_g > F_x$ 关系是否成立。若成立,则水动阀即可顺利启闭。

3.1 启闭力 F_x 计算

对水动阀的启闭元件进行受力分析,得出水动阀的启闭力受隔膜、弹簧、阀杆、阀片等启动元件的自重和弹簧的弹力以及阀杆在控制体中心孔的滑动摩擦力、过水腔内水流对阀片的阻力(即水流作用于阀片的液动力)等影响,各力分别计算如下。

3.1.1 启动元件的重力 G_1

用精密电子称测得整个启动元件的质量,则重力 $G_1 = 0.53g = 5.20(\text{N})$。

3.1.2 弹簧的弹力 F_1

弹力计算按胡克定律为:

$$F_1 = k\Delta x \tag{1}$$

其中

$$k = \frac{Gd^4}{16n(R_1^2 + R_2^2)(R_1 + R_2)} \tag{2}$$

式中:k 为弹簧的刚度系数,N/mm;Δx 为弹簧的变形量,mm;G 为弹簧的切变模量,取 7.1 MPa;d 为弹簧的直径,mm;R_1 为圆锥弹簧的小圈半径,mm;R_2 为圆锥弹簧的大圈半径,mm;n 为弹簧的有效圈数。

因所用弹簧为等节距圆锥形螺旋式,故弹簧的刚度系数 k 需采用等节距圆锥形螺旋弹簧的计算公式,把 $G = 7.1$ MPa,$d = 3$ mm,$R_1 = 20$ mm,$R_2 = 65$ mm,$n = 6$ 代入式(2),得 $k = 15.24$ N/mm。

水动阀在完成一个启闭过程中,阀片的位移量为 40 mm,此时弹簧也相应地缩短 40 mm,再加上弹簧安装时的变形缩短量 20 mm,则弹簧的总变形量 $\Delta x = 60$ mm。

根据胡克定律,有:

$$F_1 = k\Delta x = 15.24 \times 60 = 914.4(\text{N})$$

3.1.3 阀杆的滑动摩擦力 F_2

由于阀杆在主阀体的中心孔上下滑动,仅受到孔内的 O 形密封圈对它的径向约束力,因此阀杆受的摩擦力也即为 O 形密封圈对阀杆的作用力,利用 O 形圈在无液压作用下的摩擦力计算方法"计算其滑动摩擦力,其公式为:

$$F_2 = \frac{0.2\pi^2 feEDd_1}{1 - \mu^2} \tag{3}$$

式中:f 为 O 形圈与阀杆的滑动摩擦因数,取 0.14;e 为 O 形圈的径向压缩比;E 为 O 形圈的弹性模量,取 100 N/cm^2;D 为阀杆的外径,测量值为 1.7 cm;d_1 为 O 形圈的内径,测量值为 1.5 cm;μ 为 O 形圈的泊松比,取 0.499。

代入以上各值,计算得 $F_2 = 12.20(\text{N})$。

3.1.4 作用于阀片的阻力 F_3

该阻力是水动阀启闭机构在启动过程中阀片受到的液动力,其大小和方向随阀的开口量和位移而变,即阀片在不同的位置有不同的液动力。总液动力包括有瞬态液动力与稳态液动力，各自的大小主要取决于液流流经阀片前后的压力降以及通过阀口的流量。由于该阀在启动的初始时刻，阀片前后的压力降较大，等于启动前作用在阀片上的水压，而启动过程，受管路中水流的影响，阀片前后的压力降较小，近乎为零，故总液动力主要是水动阀的启闭机构在启动初始时刻产生的瞬态液动力。在系统首部供水压力为0.25 MPa的情况下，用精密压力表测得水动阀过水腔内的水压为0.248 MPa，阀片的直径为35 mm，根据压强的定义可得水压对阀片的作用力为

$$F_3 = pS = 0.248 \times 10^6 \times 0.035^2 \pi/4 = 238.6(\mathrm{N}) \tag{4}$$

由于以上各分力 G_1, F_1, F_2, F_3 的方向均相同，则水动阀的整套启动元件实现启动所需克服的总作用力为：

$$F_x = G_1 + F_1 + F_2 + F_3 = 5.20 + 914.4 + 12.20 + 238.6 = 1\,170.4(\mathrm{N}) \tag{5}$$

3.2　实际供应启闭力 F_g 计算

水动阀的启闭力来源于管路自身水压对阀体内的隔膜产生的作用力，其大小需按水对隔膜在阀杆行程方向上的有效作用面积来计算，力的方向与弹簧弹力相反。由于隔膜不是一平面，曲面尺寸要转化为一有效平面尺寸，根据隔膜在垂直于阀杆行程方向的平面有效直径 $D_1 = 90$ mm，则隔膜的有效作用面积为 $S_1 = \pi D_1^2/4 = 0.006\,4\ \mathrm{m}^2$，而过滤系统正常工作时管路的水压在0.25 MPa以上，即水动阀启动时的最低压力 $p_{\min} = 0.25$ MPa，则 F_g 的最小作用力为：

$$F_{g\min} = p_{\min} S_1 = 0.25 \times 10^6 \times 0.006\,4 = 1\,600(\mathrm{N}) \tag{6}$$

3.3　启闭力校核

过滤系统中，水动阀要保证能正常启闭，则外部供应的启闭力至少需克服启闭元件自重、启闭过程中摩擦力和弹簧的反弹力等合力，从理论计算可得，上述三力的合力为 F_x = 1 170.4 N，仅需0.18 MPa的水流压力对隔膜的作用，而过滤系统进水管的正常工作水压都在0.25 MPa以上，最小能提供 $F_{g\min}$ = 1 600 N的启闭力，由式(5)、式(6)比较得：$F_{g\min} > F_x$，则可知任意情况下均有：$F_g > F_x$，故水动阀能保证顺利启闭，且启闭可靠性较高。

4　结语

(1)水动阀产品是在借鉴国外过滤技术的基础上研制开发出的适合农田微灌过滤系统的过滤关键设备，其结构设计合理，启闭灵活，安装和使用方便。

(2)产品集直通阀与直角阀功能于一体，当管路中的水流自身压力在0.18 MPa以上时即可驱动阀体内的阀片、阀杆和弹簧等机构联合动作的启闭元件，并保证顺利的上升或下降。

(3)在过滤系统中，水流换向性能稳定，方便地完成过滤和反冲洗两个过程的相互转换，从而易于实现对过滤器的手动或自动控制。

(4)对水动阀的安装方式进行调整，可应用在城镇给排水、农村各种饮用水工程中，具有分水、泄水等功能，冬天可防止管路冻裂。

(冯俊杰，翟国亮，邓忠，等.原载于《农业机械学报》2007年第12期)

滴灌工程 CAD 系统研究

随着我国现代化农业的发展,大力推行节水灌溉已势在必行。滴灌的节水效果好,水的利用率可达90%,因而在今后一段时间内,将会有一大批滴灌工程上马,由于受到地形等条件的限制,这些滴灌工程多是千亩以下的小型工程,在短时期内,单靠正规的设计院所,保质保量完成这数量大、条件各异的滴灌工程是困难的。随着计算机的普及和应用,依据现有的滴灌工程设计标准和规范,开发研制出一套适用于我国国情的滴灌工程 CAD 软件系统,对我国节水灌溉事业的发展将起到积极的推动作用,为实现今后我国的节水规划目标提供有力的保证。

1 滴灌工程 CAD 设计思路

1.1 国内外 CAD 现状及滴灌工程系统设计原则

随着计算机的推广和普及,国内外 CAD 技术已在很多领域得到推广和应用,有关 CAD 的优秀软件层出不穷,如市面上流行的 autoCAD、mathCAD 等。这些软件的大部分是针对国内用户,对国外的优秀软件引进和汉化,少部分是针对各行业特点和需要进行开发的专业 CAD,在机械、电子、建筑行业出现了不少优秀的软件,如 archCAD、electricCAD 及长城 CAD、PICAD 等。近年来随着数字办公系统的发展和全球数字化要领的出现,出现了像 mapinfo、arcinfo、mapgis、吉奥之星、城市之星等一大批优秀的 GIS 软件。

应用 CAD 技术美国 RAINBIRD 公司开发出"PC TAPE",以色列 EIN-DOR 公司开发出"ED",这些产品针对性很强、通用性差,即使汉化也很难广泛应用;国内这方面的研究主要集中于管网优化和管道水力计算,目前比较成功的灌溉系统 CAD 主要有北京农业工程大学李蔼铿汉化的的水力梯度图解法,但所采用的技术侧重于管网水力计算,未满足工程设计人员之期望,因而推广应用多年来尚未形成像电子、机械行业的"CAD 热"。

国家"九五"科技攻关专题"滴灌技术研究与示范"中设立"大田粮食作物滴灌工程优化设计的 CAD 系统研究"项目开展 CAD 技术在灌溉系统中的应用研究。我们以"实用、够用、易用"为宗旨,按照国家现行的滴灌系统设计标准和规范,结合我国实际,着手开发一套滴灌工程 CAD 软件,推动我国滴灌工程设计的自动化、标准化进程。

1.2 滴灌工程 CAD 硬件、软件环境的选择

1.2.1 滴灌工程 CAD 硬件环境

CAD 系统是一种以计算机为中心的应用系统,在我国计算机日益推广的今天,PC 机以其优越的性能、价格比占据了计算机市场的主流,开发滴灌工程 CAD 软件时,应以 PC 机系列为主。目前国内的 PC 机以奔腾 586 为主,价格在万元左右,滴灌工程 CAD 系统以 PC 机系列进行系统的研制和开发,具体滴灌工程 CAD 硬件环境最低要求如下:

主机:PC586/100,硬盘空余容量大于 300 MB,一个 3.5in 的软盘驱动器和一个光盘驱动器;

输入设备:键盘、鼠标、扫描仪或数字化仪;

输出设备:显示器、打印机、绘图仪。

1.2.2 滴灌工程CAD软件环境的选择

开发软件系统时,常以其他软件为基础,这样既可以节省人力、物力,又能缩短软件的开发周期。常用的开发平台是autoCAD,该软件的功能齐全且配有二次开发语言autoLISP,但滴灌工程涉及的对象比较单一,重点为规划设计和计算,autoCAD平台不仅不能发挥其优势,还造成原本紧张的系统资源浪费,购买autoCAD软件需要一笔资金,若不能充分利用其功能,从经济上讲也是不合适的。

根据滴灌工程设计的特点,选择面向对象的C ++语言作为滴灌工程CAD系统软件的主要开发平台。为加快软件的开发过程,在软件开发过程中,对软件中大量而简单的计算功能和数据表格功能暂时以原有Louts123-96为基础,待软件基本成形后再以相应的VC ++类替代,最终开发出的滴灌工程CAD软件不需要其他特殊的平台支持,在DOS、WINDOWS下均可运行。

1.3 滴灌工程CAD总体设计

1.3.1 功能设计

滴灌工程CAD总体设计是按照系统软件结构标准化要求,将整个系统按其功能分成输入、输出、优化、帮助4大功能模块。输入模块采用交互式参数输入方式对系统设计时所需的参数进行人机对话;输出模块除包括工程设计成果中材料表、预算表的输出外,同时对管网的布置进行示意;优化模块是根据滴灌工程设计的特点进行系统选型和管网选择进行优化;帮助模块包括系统设计中采用方法的介绍(系统说明)和使用过程中要求用户输入参数时进行的简要说明及必要时F1热键帮助。滴灌工程CAD软件各功能模块间的关系如图1所示。

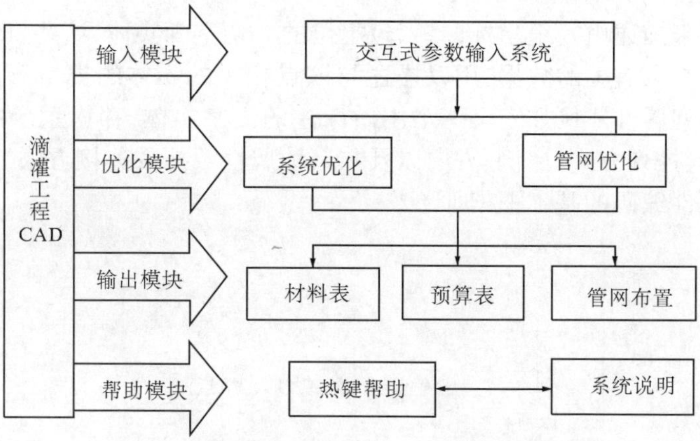

图1 滴灌工程CAD软件功能模块间的关系

以上各功能模块在设计中单独开发,通过预定义的数据文件格式进行通讯,主控模块决定对各功能模块的正确调用,完成滴灌工程的设计。

1.3.2 数据通讯

如上所述,模块功能的实现是通过数据间的通讯来实现的。为方便数据的操作管理,按照数据在系统中的作用将数据分为4大类,即输入数据、输出数据、图形数据、专项表数据。其中,输入数据是要求用户输入的数据,这些数据与每一个专门设计的数据输入表相对应,这样输入或修改时既可通过数据表对应输入,对熟悉系统者又可直接修改这些数据文件达到输入的目的；输出数据是针对用户确认的某一输出（图形、表格等）对应的数据文件，以方便以后对其重用；图形数据是所有有关图形的文件汇集，主要包括位图文件、图形坐标、修饰数据等；专题表数据集中存放材料表、预算等输出结果中所需要的数据以利于快速查找和生成输出结果。以上各种数据间的通讯均通过预定义好的空间数据进行，数据的通信过程如图 2 所示。

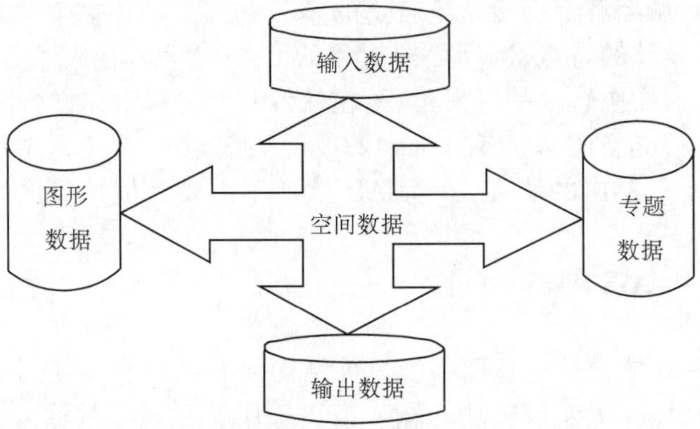

图 2　滴灌 CAD 数据间的通信

1.3.3　空间数据的定义

系统涉及的所有数据均以空间数据标准化的格式进行存取，根据数据的空间特征，将数据分为三大类，即点状数据、线状数据和面状数据。

1.3.3.1　点状数据

点状数据用来描述由一组坐标（x,y,z）定位的一切空间实体，这些点状实体在定义时除坐标外还存储与点有关的数据，用以描述与该点相关的实体的类型、符号、大小、方向、显示要求等一系列属性。例如定义一个用做标注的文字实体，存储记录中应包括字符的位置、大小、字体、排列方式、比例、方向以及与其他属性数据的连接方式等信息。

点状数据属性编码的基本框架如下。

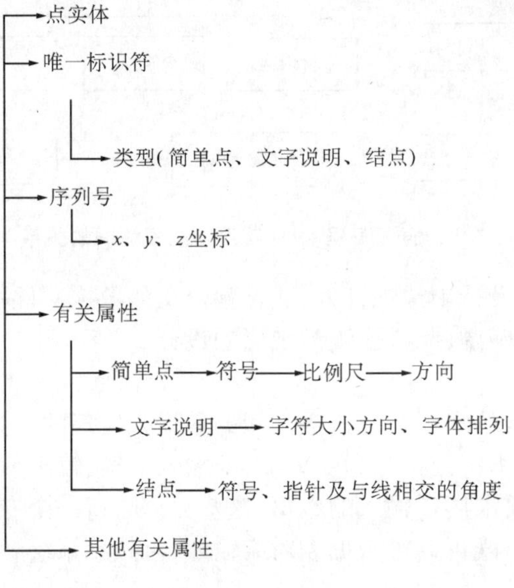

1.3.3.2　线状数据

有两对以上坐标决定的一系列直线的所有数据均表征为线状数据。对于简单的实体可以通过相同的 ID 编码,直接引用点实体中的简单点作为其起止点的坐标。线实体的基本定义与点相同,仅增添输出时需用实线、虚线或其他线型作为输出的描述,有关线状数据的定义从略。

1.3.3.3　面状数据

面状数据是组成的多边形区域的线状数据,定义时在继承线状数据特性的同时,加上区域填充的说明,用以区分村庄、泵站等其他地物。

2　滴灌工程 CAD 主要功能模块介绍

2.1　主控模块(滴灌工程 CAD 主界面)

如前所述,滴灌工程 CAD 是基于 PC 系列微机开发研制的,由于微机的资源有限,要完成上述各功能模块的功能,并且通过数据文件在各功能模块间进行通信,主控模块设计的好坏起着关键的作用。为了少占用系统资源,设计滴灌工程 CAD 系统时采用了覆盖技术,即主模块调用所需子功能模块时,只将相应的功能模块调入内存中独立运行,运行结束后释放其所占内存,以备调用其他功能模块时使用,运行的结果以标准化的数据形式存盘,由主控模块根据需要调用下一功能模块,重复此过程,至整个系统设计完毕。

2.2　主控模块主要完成以下功能

(1)文件管理功能。滴灌工程 CAD 系统是集运算、绘图于一体的软件系统,包含大量的文件和资源,如源程序、可执行文件和各类数据文件,为便于管理和维护,所有文件均采用分层结构的树型模式。

(2)正确调用各子功能模块。这是主要功能,也是主控模块名称的来源。为了实现主控模块对各子功能模块的正确调用,采用了友好的人机交互界面,即菜单提示与图形提示并举,对拟调用的功能模块给予简要的说明,同时设有 F1 热键帮助,说明所用参数的含义和其正常的取值,完成所调用的功能模块后,屏幕显示当前的参数值、平面布置图等,让用户确认后再进行下一步的操作,杜绝隐患,提高工作效率。

2.3　系统输入模块

系统输入模块是系统工作的基础,只有正确地输入了系统的工作参数后,系统才能进行正常的设计工作。系统输入模块主要有以下功能:

(1)设计参数的输入。滴灌工程的设计参数采用屏幕菜单的输入、修改、查询和存储工作。在输入参数时,参数的名称和单位在菜单上已给出,只需输入相应的值即可,为减少输入的失误(小数点位置),对所应输入的值在级数上作了限制。

(2)图形的输入。拟设计的滴灌工程的地块、地界、地形,用数字化仪或扫描仪输入,对于较大的图形可以分块进行,输入后再进行拼装。

图形输入部分与设备关系密切,因而设计时仅只设置目前常见图形文件格式相互转化的接口,读入数字化仪或扫描仪输入的文件,并把其文件类型转化成统一的格式,作为基本资料保存,供布置方案时使用,同时为方便没有数字化仪和扫描仪的用户,系统还设置了一套输入地块边界、地形(沟、脊)等基本数据替代方案。

2.4 管理模块

图形管理模块要对图形进行管理和操作,具有绘图(人工画点、线、面等)、撤销、修改、存储等功能,并提供一套灵活的标注工具,可根据预设的格式在成果图上自动、方便地标出必要的长度、说明等信息。

2.5 计算模块

滴灌工程设计中,水利计算贯穿其始终,包括水源分析、用水分析、水量平衡计算、各级管网的设计流量和设计水头计算等。根据《微灌工程技术规范》(SL 103—95),进行该模块的设计。

2.6 优化模块

(1)滴灌工程类型的优化。滴灌工程设计中,许多不确定的因素影响着滴灌工程的型式,将这些因素形成综合评价指标体系,用系统层次分析模糊优选理论确定滴灌工程的最佳型式。

具体做法是首先对滴灌工程参数进行模糊处理,计算出其中不确定因素的隶属度,再利用各因素的权重系数计算出不同滴灌类型的隶属度,构成隶属度矩阵,根据隶属度越大型式越优的原则,对滴灌型式排队,决定拟采用的滴灌类型。

(2)管网优化。以工程的总费用最小为目标函数,加上约束条件,用动态规划或线性规划等方法对滴灌管网中各级管道进行优化。田间管网优化主要求解田间管网允许水头差在支、毛管间的分配系数,需要结合支、毛管的优化进行。

2.7 输出模块

利用屏幕或打印设备将滴灌工程 CAD 设计结果输出。如用直接写屏技术或硬拷贝方式将管网平面布置图、管网结构图、工程材料表、简要设计书等资料输出到屏幕或打印机。

2.8 帮助模块

系统帮助模块包含了滴灌工程 CAD 系统的说明文件、系统帮助文件及操作管理规程和使用注意事项等。

3 工程 CAD 系统的特点

(1)友好的人机交互界面。如前所述,系统运行时采用菜单提示和图形提示并举,并设有热键帮助,便于操作人员使用。

(2)数据输入采用集中输入与局部输入相结合的方法,对所有的数据均采用标准化的格式进行存储和管理,提高了数据的通信效率。

(3)系统自运行与人工干预相结合。系统在输入必要的参数后,即可自动运行,运行结果随时显示于屏幕,让用户认可,不满意之处可进行修改,消除隐患。

(4)良好的通用性与扩充性。滴灌工程 CAD 采用模块化设计技术进行开发,这些模块在需要时既可单独使用,也可根据需要进行拼装,扩充系统时只需增加相应的功能模块,通过设定的接口与系统连接,即可完成对系统的扩充。

(仵峰,龚时宏,宰松梅,等.原载于《农业信息技术的世纪回顾与展望》2000 年第 10 期)

第五篇　示范应用

河南省滴灌试验的开展情况及存在的问题

滴灌是一种新的灌溉方法,它的历史较短。最早的是20世纪40年代英法等国在温室中应用滴灌灌溉花卉和蔬菜。在农田灌溉中采用滴灌是近几年才逐步发展起来的。在一些干旱缺水和工业较发达的国家和地区比较注意滴灌的研究和推广,如美国、以色列、澳大利亚、墨西哥等国都在大力发展滴灌,特别是近几年来发展较快,据1974年不完全统计,世界滴灌面积为86万亩,而到1975年的统计滴灌面积已达152万亩。在国外,滴灌主要用来灌溉果树、蔬菜等经济作物,小麦、棉花、玉米等大田作物则很少。

1974年我国开始引进滴灌技术,经短期试验,效果不错。1975年国家决定试制滴灌设备并在各省设立滴灌试点进行试验研究。1976年国家将滴灌研究列为重点科研项目之一。目前,各省都在进行滴灌试验,但面积都不大,开展较好的是北京市郊区、吉林等省市。滴灌试验的作物有小麦、玉米、棉花等大田作物,果树,蔬菜,南方还有柑橘、甘蔗、茶叶等。

河南省的滴灌试验是从1975年开始,1976~1977年正式开展,逐步建立了郑州市郊侯寨,辉县上八里,安阳县东积善,新乡市郊丰乐里,偃师县关窑、杨庄等6个试点。试点面积都不大。试验作物有小麦、玉米、棉花、花生、红薯、土豆、黄瓜、苹果等。经过1~2年的试验表明:滴灌效果较为显著,滴灌小麦一般能比畦灌增产20%~40%,如安阳县东积善试点,今年滴灌小麦亩产达452.5 kg,畦灌小麦是352 kg,每亩增产100.5 kg(增产28.5%)。关窑大队今年滴灌小麦亩产280.5 kg,畦灌小麦是196 kg,每亩增产84.5 kg(增产43%)。上八里试点和侯寨试点的滴灌小麦也都有不同程度的增产。滴灌玉米增产幅度也很大,为30%~70%。红薯滴灌经过2~3年的试验证明,堆栽加滴灌是红薯增产的一条好经验。侯寨试点1976年亩产红薯3 640 kg,比畦灌增产37.2%,最大单株重达50 kg,今年滴灌红薯长势很好。黄瓜滴灌比沟灌增产20%~30%。丰乐里试点1976年滴灌黄瓜比畦灌多收1 000~1 500 kg/亩,今年多收650多kg/亩。棉花、苹果的滴灌试验正在进行。

滴灌省水效果也十分明显。滴灌能比沟灌、畦灌成倍或成几倍的省水。正常滴灌1次灌水量约5 m^3/亩,小麦全生长期滴水量150 m^3/亩左右,而畦灌一次灌水量就在50 m^3/亩上下。如辉县上八里试点,1976年小麦滴灌用水量是130 m^3/亩,畦灌为500 m^3/亩;安阳县东积善大队试点1976年玉米滴灌用水量为67.1 m^3/亩,沟灌用水量260 m^3/亩,是滴灌用水量的3倍多。

在干旱缺水地区，滴灌抗旱也是一种有效措施，例如在偃师县关窑大队，今年利用现有的田间水囤（一般可蓄水 80～100 m^3）进行抗旱滴灌，在小麦返青后期滴灌 1 次，每亩滴水量 10～15 m^3，产量为 103.5 kg/亩，而抗旱点浇的小麦仅收 10.5 kg/亩。为今后在干旱缺水地区小水大用、抗旱保收提供了经验。

滴灌的优越性已为人们所看到，但目前滴灌还存在不少问题，这些问题不解决就会影响滴灌的发展。

1 滴灌设备、基建成本高

如果采用全部配套的固定式滴灌系统，每亩一次性投资 400～500 元，即使土洋结合的固定式滴灌系统，每亩投资也在 200 元上下。这样高的投资目前群众是使用不起的，必须想办法降低滴灌系统的成本，其途径有二：一是厂方从原料和工艺方面进行改革以降低设备的出厂价格；二是从使用方面提高设备的周转利用率，想方设法降低每亩投资数。现在正在试验的办法就是将固定式改为移动式。移动式的一种是“大搬家”，即将支管、毛管全部搬动；另一种是“小搬家”，即只移动毛管。北京郊区的经验是采用移动式滴灌后每亩投资可降低到 40～50 元。偃师关窑大队今年采用“大搬家”的移动式滴灌，每亩投资也降到 50 元左右。偃师县杨庄大队果园采用一条毛管管二行果树的“小搬家”滴灌，使原来 20 多亩果树的设备滴灌了 40 多亩，使设备利用率翻了番。从现在条件看，采用移动式滴灌是降低滴灌成本的重要途径，应该坚持试验下去。当然采用移动式滴灌要多费些劳力，同时也还有一些问题需要进一步研究解决。总之，降低滴灌成本这个问题要从多方面设法解决，一般说来现在是处于试验研究阶段。

2 设备不配套、滴头易堵、滴水不均匀

目前，各试点使用的滴灌设备不配套，影响了试验研究的正常进行，希望有关部门帮助解决。滴头的堵塞原因：一是水中有杂质（泥沙、杂草），二是水中的碳酸钙、藻类或纤细的菌渣，堵塞滴水管路，这是一个很麻烦的问题，解决办法是安装过滤器，但是过滤器阻力大，损失水头 4～6 m，在水源较清洁的地方如井水、水库、池塘等采用较简单的过滤纱罩来代替过滤器，也是一个行之有效的方法。滴水不均匀的原因：一是滴头制造不规格，二是毛管上下段压力不均匀。解决的办法是采用质量较好的滴头和安装调压器。在采用发丝做滴头的情况下，解决滴水不均匀的办法是调整毛管滴水孔间距，毛管首部压力大，孔距加大些，后部间距小些，也可采用首部的发丝长些，后部的短些，这样可使一条毛管前后部滴水量基本均匀。各试点还可以想出更多更好的办法。

3 现有试验资料不完整，达不到科学论证的要求

滴灌试验才开展 1～2 年，所得资料大多是滴灌能增产、省水，但对滴灌为什么能增产，科学道理上说不清。另外，对各种作物的需水规律也应加以研究，以确定合理的滴水时期和滴水量。总之，要求我们今后在滴灌试验中逐步做细些，尽量弄清滴灌与土壤中的水、肥、气、热、微生物活动以及作物生长的内在关系，这样才能知道其所以然，使滴灌真正达至“高产省水”的效果。

4 试验面积小、缺少设备

现在各试点滴灌面积都较小，除关窑、杨庄果园外，一般都是 3 ~ 5 亩，在这样小的面积取得的结果说服力不大。当前设备缺乏也是影响滴灌面积扩大推广的一个原因，河南省现有的滴灌设备全靠外省支援，数量上有限制，供应又不及时，严重影响了河南省滴灌试验的开展，因此各试点应本着自力更生、就地取材、土洋结合的精神，逐步扩大试验面积，并建议河南省安排一些滴灌设备的生产，为河南省滴灌新技术的发展创造有利条件。

(原载于《灌溉科技》1977 年第 2 期)

偃师县关窑大队移动式滴灌抗旱总结

关窑大队位于邙山岭上，系黄土丘陵地区，北靠黄河，南临洛水。由于岭高水低，年降雨量少，是历年来严重干旱缺水的地方，农业产量低而不稳。新中国成立前，这里的群众一直过着“站在邙山头，看着黄河流，十年九年旱，吃水贵如油”的生活。新中国成立后，在中国共产党的领导下，广大贫下中农大搞农田基本建设，1955 年打了 100 个水囤子，初步减缓了人畜吃水的紧张状况。文化大革命以来，在农业学大寨的群众运动中，在公社的统一规划下，与兄弟大队联合建成了二级引黄(河)提灌站和四级引清(河)提灌站各 1 处。大队还修建了 6 个蓄水池，可蓄水 35 000 m^3，基本解决了人畜用水问题和初步解决了 400 亩地的灌溉问题(占大队耕地面积的 10%)。但是，因提灌站扬程高，输水渠道长约 10 000 m，上水困难、水费高。1977 年每立方米水高达 0.16 元，每亩地浇 1 次水得花 6 ~ 8元的水费。群众感叹地说：“无水盼水来，有水浇不起。”为了提高产量，降低浇地成本，扩大灌溉面积，充分发挥水的作用，广大贫下中农迫切要求解决增产、省水问题，我所滴灌组于 1976 年来队着手搞滴水灌溉，建立千亩滴灌试点。我们边建点，边利用现有的设备和水源，土洋结合，在小面积上采用移动式滴灌抗旱保苗，收到了较好的效果。现总结如下。

1 移动式滴灌抗旱的效果

1.1 对小麦抗旱的作用

1977 年河南省小麦生长期间，遇到严重干旱。整个生长期间降雨量为 161.6 mm，且分布极不均匀。在小麦播种—分蘖—越冬—返青—拔节这段长达 200 d 的生长期间共降雨 36.7 mm，除 1976 年 11 月上旬有一次半透雨外，每次均几毫米，仅湿地皮，至 4 月下旬旱情才有所缓和(见表 1)。据 3 月 15 日测定，40 cm 土层内平均含水率仅有 6.8% ~ 7.6%(占干土重)，严重影响了小麦的生长，就是在这样的情况下，我们用一部移动式滴灌机组，在水源极为缺少的条件下，发扬了小水大用，抗旱保苗。在小麦拔节期(3 月中旬)，抗旱滴灌 80 亩，滴灌 1 次每亩用水量为 10 ~ 15 m^3，在这种土壤水分情况下，滴灌对 40 ~ 60 cm 土层内的水分补给是上层多，下层少，由上向下逐渐减少(见表 2)。

表1 小麦生育期降雨量 (单位:mm)

降雨量	1976年			1977年					合计
	10月	11月	12月	1月	2月	3月	4月	5月	
上旬降雨量	5.6	18.8	1.2	0	0	0	0	0	
中旬降雨量	0	1.2	0	0	0	4.2	0	8.1	
下旬降雨量	6.9	0	0	0	0	0	88.9	26.7	
合计	12.5	20.0	1.2	0	0	4.2	88.9	34.8	161.6

表2 滴灌前后土壤水分变化(占干土重)

深度(cm)	3月15日~3月16日			3月16日~3月17日			5月9日~5月12日		
	滴灌前	滴灌后	增加(%)	滴灌前	滴灌后	增加(%)	滴灌前	滴灌后	增加(%)
0~5	3.3	23.4	60.3	5.0	19.7	29.4	6.7	19.5	19.10
0~10	4.9	21.4	33.7	5.1	18.9	27.1	9.6	20.4	11.25
0~20	9.5	21.2	12.32	8.6	18.3	11.25	11.0	20.4	8.54
0~40	12.5	13.5	8.0	10.6	11.9	12.3	12.0	19.8	6.50
0~60							11.2	19.2	7.14

据测定,7队和11队滴灌10~15 m^3/亩,40 cm土层内平均含水率由原来的6.8%~7.6%增加到17.2%~19.9%。抗旱滴灌1次的小麦亩产98.5~103.5 kg。抗旱点浇的用水量为5~7 m^3/亩,亩产只有10.65~15.75 kg。抗旱滴灌的较抗旱点浇的每亩多收82.75~92.85 kg,增产6.25~9.7倍。没有抗旱点浇的小麦,在连续干旱的影响下,土壤水分已达到了小麦的凋萎系数,据3月15日测定,40 cm土层内的平均含水率为6.8%,而到4月17日测定为5.6%,相当于田间最大持水量的29.1%~24.4%,小麦绝大部分旱死,不得不改种棉花和其他作物。全大队有1 449亩绝收,占小麦播种面积的62.8%。

2队不同滴灌次数及其与畦灌对比的效益见表3,即抗旱滴灌对小麦性状及产量影响。滴灌3次(拔节期1次,灌浆期2次),滴水量30~45 m^3/亩,产量为236 kg/亩。滴灌4次(冬灌期、拔节期各1次,灌浆期2次),滴水量为40~60 m^3/亩,产量为283.5 kg/亩。畦灌3次(冬灌期、拔节期、灌浆期各1次),用水量为105~120 m^3/亩,产量为196 kg/亩。滴灌较畦灌增产20.4%~44.7%。

从表3可以看出,在1977年干旱情况下,随着滴灌次数的增加,每穗粒数、千粒重及每亩穗数随之增加,产量也随之增加。还可以看出,冬灌的效果也比较显著,滴灌4次较滴灌3次增产20.3%。

另外,6队滴灌的和7队点浇的小麦是晒旱麦。所谓晒旱麦,就是一年只种一季小麦,小麦收获后不再种其他作物,土壤耕翻晒垡,保墒能力强,晒旱麦抗旱能力也比较强。晒旱麦滴灌2次每亩产量为188.5 kg,较点浇的增产69.7%。

1.2 对玉米抗旱的作用

1977年在春玉米生长期间,雨量比较充沛,但分布并不均匀(见表4)。整个生长期间共降雨576.5 mm。其特点是春玉米播种前后及苗期雨量较多,后期雨量充沛,6月1~27日(春玉米为拔节期,夏玉米为苗期)有一个比较明显的干旱时期。如此时土壤水分不足,对玉米的生长及产量有较大的影响。

表3　抗旱滴灌对小麦性状及产量影响

地点	处理	滴水次数	灌水时间	灌水量(m^3/亩)	株高(cm)	穗长(cm)	每穗小穗数(个)	不孕小穗数(个)	每穗粒数(粒)	千粒重(g)	每亩穗数(万穗)	产量(kg/亩)	增产率(%)
1队	滴灌	1	3月中旬	10~15	56.8	6.62	13.6	2.04	31.7	39.9	21.9	103.5	972
	点浇	1	3月中旬	5~7	33.5	4.86	11.7	3.68	13.7	33.9	19.1	10.65	100
11队	滴灌	1	3月中旬	10~15	64.8	7.50	15.0	1.8	30.0	38.3	23.3	98.5	625
	点浇	1	3月中旬	5~7	39.9	4.85	11.8	4.1	13.7	36.6	21.2	15.75	100
6队	滴灌	2	拔节期 灌浆期	20~30	56.2	7.60	17.0	4.0	28.0	40.5	30.7	188.5	170
7队	点浇	1	3月中旬	5~7	72.9	7.00	15.0	2.5	27.0	39.5	21.9	111	100
2队	滴灌	3	拔节期 灌浆期	30~45	64.4	7.10	18.0	3.0	35.0	42.0	32.9	236	120.4
	滴灌	4	冬灌 拔节期 灌浆期	40~60	66.3	7.00	17.8	3.4	31.4	40.4	35.7	283.5	144.6
	畦灌	3	冬灌 拔节期 灌浆期	105~120	56.0	6.00	16.4	3.9	25.8	43.1	25.4	196	100

表4　春玉米生育期降雨量　（单位:mm）

日	4月	5月			6月			7月			8月		
	下旬	上旬	中旬	下旬	上旬	中旬	下旬	上旬	中旬	下旬	上旬	中旬	下旬
1									4.0				
2												3.7	
3	72.1		7.3	2.7									71.6
4							8.8						10.5
5						3.1	0.8			13.7			
6	11.5				1.6		0.8		61.0	3.2			1.0
7	3.0						93.6						
8			0.8	8.4				3.6	71.0	20.0			
9										9.2	17.5		
10	2.3			15				54.7					

就是在这个时期,6月10~26日,采用移动式滴灌系统,抗旱滴灌春玉米84.5亩。滴灌1次,平均每亩滴水量11.5 m^3,平均每亩耗柴油0.48 kg,耗机油0.105 kg(见表5)。

表 5 移动式滴灌春玉米滴水量及耗油量

灌溉日期(月-日)	队别	机器	滴灌次数	面积(亩)	滴灌时间(h)	灌水量		耗油量(kg)	
						总量(m^3)	(m^3/亩)	机油	柴油
6-10	2	柴油机	1	1.5	1.5	16	10.7	0.15	0.5
6-10	1	柴油机	1	7.0	7.0	70	10.0	0.7	2.5
6-13	3	柴油机	1	12.0	13.0	130	10.8	1.3	4.5
6-17	4	柴油机	1	11.0	13.0	130	11.8	1.3	4.5
6-18	2	潜水泵	1	3.0	2.0	30	10.0	0.2	1.6
6-19	10	潜水泵	1	12.0	7.5	110	9.2	0.75	6.0
6-19	3	柴油机	1	4.0	9.0	90	22.5	0.9	3.0
6-21	11	潜水泵	1	8.5	5.0	80	9.3	0.5	4.0
6-24	8	潜水泵	1	12.0	10.0	150	12.5	1.0	8.0
6-23	12	柴油机	1	7.5	10.0	100	13.3	1.0	3.5
6-26	13	柴油机	1	6.0	7.0	70	11.7	0.7	2.5
合计				84.5	85.0	976		8.5	40.6
平均							11.5	0.101	0.48

从收获时的调查来看,滴灌的植株生长健壮,株高茎粗,穗长穗粗,因而获得较高产量。抗旱滴灌的每亩产量为257.1~273.15 kg。不滴灌的每亩产量为172.25~216.05 kg。抗旱滴灌的较不滴灌的每亩多收57.1~84.85 kg,增产26.3%~49%(见表6)。

从2队试验证明,夏玉米滴灌套播(5月29日播种)能获得较高产量。滴灌套播的处理为滴灌3次(播前1次、苗期2次),滴水量23.3 m^3/亩,平均每次滴水量为7.8 m^3/亩,产量为427.8 kg/亩。不滴灌夏播(6月5日播种)的产量为283.9 kg/亩。前者较后者每亩多收143.8 kg,增产50.7%。

表 6 抗旱滴灌对春玉米生长性状的影响

地点	处理	株高(cm)	茎粗(茎周)(cm)	穗长(cm)	穗直径(cm)	秃尖(cm)	百粒重(g)	空秆(%)	双穗(%)	株数(株/亩)	产量(kg/亩)	增产率(%)
3队	滴灌	171.6	6.84	21.72	4.66	1.93	29.10	3.50	1.00	2 500	273.15	126.43
	不滴灌	154.05	6.40	20.25	4.53	2.72	30.26	3.00	3.00	2 500	216.05	100.00
10队	滴灌	165.05	7.25	19.85	4.53	2.35	26.13	2.50	2.00	3 000	257.1	149.26
	不滴灌	141.65	6.29	18.71	4.32	2.46	23.90	3.00	5.00	3 000	172.25	100.00
4队	滴灌		6.90	20.80	4.85	1.08	32.13	1.00	9.00	2 200	261.6	144.00
	不滴灌		5.67	19.17	4.27	2.25	27.69	2.00	1.50	2 200	181.45	100.00

2　移动式滴灌抗旱及其经济效益

滴水灌溉经过几年来的推广试验，已经证明是一项行之有效的增产、省水的灌溉方法，深受广大贫下中农的欢迎。但是，它的一次性投资较高，一般固定式滴灌系统平均每亩投资都在 400 ~ 500 元，即便是因陋就简、土洋结合的固定式滴灌系统，平均每亩投资也需 200 元左右，大大阻碍了滴灌技术的进一步推广使用。因此，降低成本是推广滴灌技术的一个重要条件。采用移动式滴灌系统能充分发挥设备的利用率，是降低成本的简单易行的方法。

1977 年河南省小麦生长期间遇到严重干旱，小麦生长受到了极大的威胁。可是，关窑大队当时各个蓄水池蓄水不多，人畜吃水都很紧张，用地面灌溉抗旱保苗是很难的，只能担水点浇，但效率低、效果差。当时滴灌设备还未配套，在这种清况下，我们在大队党支部的领导下，“三结合”小组研究决定，利用现有设备、现有水源（蓄水池和水囤子），土洋结合，采取移动式滴灌抗旱保苗。办法是：利用 3 HP（1 HP = 735 W，下同）柴油机配 1 个 2 in 水泵（叶轮车小一些）做为供水首部，用 2 in 100 m 硬管做主管，1.5 in 250 m 软管做干管、支管，ϕ13 的5 000 m毛管做滴灌输水管道，发丝滴头为灌水器组成移动式滴灌系统，由 5 人移动管理，采用“大搬家”的移动方式。用 1 条主管，2 套干管、支管、毛管，首先摆好第 1 组干管、支管、毛管（即干(1)、干(2)、支(1)、支(2)系统）和主管，然后将水泵出水管接上主管进行滴灌，由 2 人看管，其余 3 人则把第 2 组干管、支管、毛管排好（即干(3)、干(4)、支(3)、支(4)系统备用，如图 1 所示）。当第 1 组滴灌完毕，则将主管移到第 2 组干管、支管、毛管系统上，再将水泵出水管接上主管开始滴灌，还由 2 人看管，3 人将已滴过的第 1 组干管、支管、毛管移到另一待灌田块铺设备用，如此轮流使用。一处水源用完或周围地块滴完后，将柴油机和水泵搬到另一水源处进行滴灌。

在春玉米生长期间自 6 月 10 ~ 26 日采用这种移动式滴灌系统，抗旱滴灌春玉米 49 亩，平均每亩滴水量 12.4 m^3。

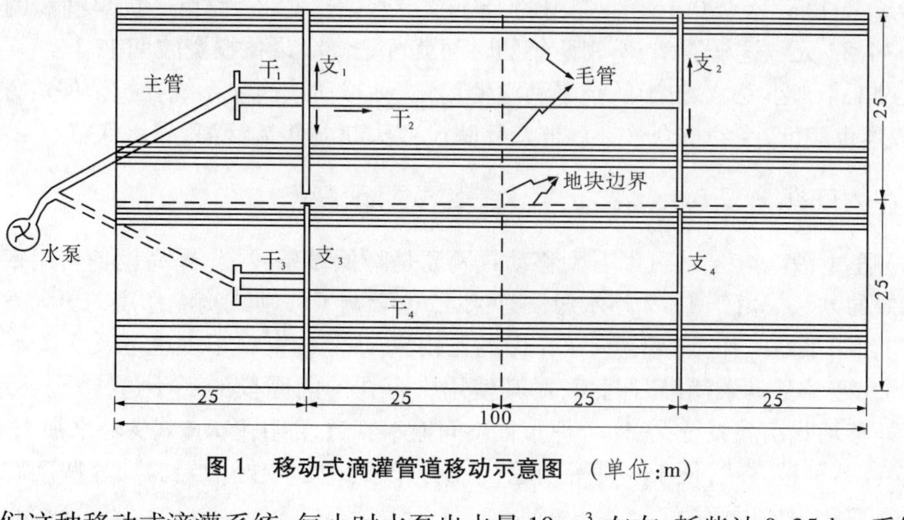

图 1　移动式滴灌管道移动示意图　（单位：m）

我们这种移动式滴灌系统，每小时水泵出水量 10 m^3 左右，耗柴油 0.35 kg，系统每次滴 3 ~4 亩地,每亩滴水量 10 ~15 m^3(抗旱),移动 1 次需 3 ~4 h,每日可灌 6 ~8 亩地,如 10 ~15 d 为一轮灌期,则该移动式滴灌系统可控制 60 ~80 亩地,平均每亩投资 47.9 ~63.9 元(见表 7)。

表 7 移动式滴灌设备投资

名称	规格	数量	单价(元)	总价(元)
柴油机	3 HP	1 台	400	400
水泵	2 in	1 台	200	200
硬管	2 in	100 m	2.84	284
软管	1.5 in	250 m	2.24	560
毛管	13 mm	5 000 m	0.47	2 350
毛管三通	13 mm	100 m	0.09	9
三通	2 in	3 个	4.52	13.56
发丝管	1 mm	1 kg	15	15
合计				3 831.56

注:每亩投资 63.9 ~47.9 元,按控制 60 ~80 亩算。

另外,我们还试用 12 HP 柴油机发电配潜水泵,组成另一组移动式滴灌系统,抗旱滴灌春玉米 35.5 亩。每亩平均滴水量 10.4 m^3,潜水泵每小时出水量 15 m^3,耗柴油量 0.8 kg。用 3 HP 柴油机和 2 in 泵组成的移动式滴灌系统,设备投资每亩为 47.9 ~63.9 元。

抗旱滴灌小麦较点浇的平均每亩增产 88.3 kg,春玉米滴灌的较不滴灌的平均每亩增产 74 kg,如按交公粮的价格,中等小麦每 kg 0.069 元,玉米每 kg 0.045 元,则抗旱滴灌小麦每亩可以多收入 24.4 元,春玉米每亩可以多收入 13.3 元,共 37.7 元。再把多用的水费扣除,抗旱滴灌的较点浇的平均每亩多用水 6.5 m^3,春玉米多用 11.5 m^3,共多用 18 m^3。1977 年 1 m^3 水合 0.16 元,多用的 18 m^3/亩水,合 2.88 元/亩。抗旱滴灌的每亩可多收入 34.82 元。这样看来,不用两年的时间就可把滴灌设备投资收回来。

经过 1 年来小麦、春玉米的抗旱滴灌使用,这种移动式滴灌系统在抗旱保苗方面效果较好,成本也较低,受到群众欢迎。群众反映说:“大旱之年搞滴灌,省水保苗产量高。”

3 存在的问题

(1)通过 1977 年实践可以看到移动式滴灌是降低设备投资,提高设备利用率的一个行之有效的办法。由于 1977 年水源没有保证,也影响了移动式滴灌作用的更大发挥。

(2)由于准备工作做的不够,工作做的比较粗,观测的资料不多也不系统。

(3)由于搞移动式滴灌时间短,对其使用中存在的问题摸的还不透,体会还不深,对怎样管好移动式滴灌系统,怎样合理布置田间输水管道,加快移动,减少输水损失,延长输水距离,改革种植方式,便于移动等问题,还没有摸到一套较好的经验。这些问题都有待于今后在实践中加以解决。

(原载于《灌溉科技》1978 年第 1 期)

千亩滴灌试点经济效益初析

千亩滴灌试点设在河南省偃师县山化公社关窑大队。位于邙山岭上，系黄土丘陵，历来严重干旱缺水，产量低。1979 年 11 月建成 2 个自压移动式滴灌系统和 5 部移动式滴灌机组，控制面积 1 164 亩。1980 年 5 月经过国家鉴定，已交付使用。实践证明，在干旱缺水丘陵地区发展移动式滴灌，采用井池结合，提蓄结合和滴灌关键水的灌溉方式，不仅扩大了灌溉面积，充分利用了水资源，而且取得了大面积均衡增产，获得了较大的经济效益，为干旱缺水地区发展灌溉，实行经济用水，提供了一个新的途径。

1　基本数据

1.1　投资

投资包括水源工程和滴灌设备投资（系指 2 个自压移动式滴灌系统）两大部分。水源工程投资又包括 1 眼机井（井深 157 m，每小时出水量 25 m^3）和 2 个蓄水池（调蓄能力 1 万～1.2 万 m^3）的投资，共 10 万元。因该水源不仅解决农田灌溉问题，而且还要解决全大队人畜用水问题，根据用水量的比例来分摊水源工程的投资，用于农田灌溉的水源工程投资为 7 万元。滴灌设备的投资主要包括首部枢纽、各级管道及其配件和滴头等，共投资 64 231 元，控制面积 914 亩，平均每亩投资 70.28 元，水源工程每亩投资 76.59 元，整个滴灌系统的总投资为 134 231 元，亩投资 146.86 元（见表 1）。

1.2　平均年费用

年费用是经常性的费用，也叫做年成本。包括水源工程及滴灌设备的折旧、大修、维修和系统管理、电费、工资及毛管移动增加的费用等。根据 1980 年水利部有关说明，暂按下列标准提取：

（1）各种建筑物每年按固定资产总值 2%。

（2）机电设备（除柴油机）每年按固定资产总值的 3%。

表 1　移动式滴灌系统投资

项目	灌溉面积（亩）	水源工程投资（元）			滴灌设备投资（元）					滴灌系统投资（元）	
		投资	灌溉分摊	平均投资（元/亩）	主干管	支管	毛管及滴头	小计	平均投资（元/亩）	总投资	平均投资（元/亩）
机井	—	45 530	31 871	—	—	—	—	—	—	—	—
胜利池	596	25 900	18 130	—	21 583	8 121	10 229	39 933	67.0	—	—
丰收池	318	28 570	19 999	—	10 325	5 691	8 282	24 298	76.41	—	—
合计	914	100 000	70 000	76.59	31 908	13 812	18 511	64 231	70.28	134 231	146.86

（3）柴油机每年按固定资产总值的 4%。大修基金按固定资产折旧金额 30%～50% 提取。按此规定计算，移动式滴灌系统平均每年费用约为 14 231 元，其中滴灌设备的年

费用占63.1%(见表2)。

表2 移动式滴灌系统平均年费用 (单位:元)

名称		折旧费	大修费	维修费	电费	毛管移动费	工资及行政管理费	合计
水源工程	机电	468	140.49	—	1 937	0	—	
	其他	1 087	326.34	—		0	—	
	小计	1 555	466.83	466.67	1 937	0	820	5 245.5
滴灌设备	主干管	1 063	0	0	0	—	—	
	支毛管	4 620	0	0	0	610.57	—	
	小计	5 683	0	0	0	610.57	2 692	8 985.6
合计		7 238	466.83	466.67	1 937	610.57	3 512	14 231.1

1.3 效益

滴灌效益主要有3个方面:滴灌后的增产效益、水费收入和大队科研站试验地的收入。邙岭地区历来严重干旱缺水,兴建了移动式滴灌系统,也只能滴灌关键水,还不能消除干旱的危害,只是减轻了危害的程度。每年的滴灌效益受降水量及其分布的影响很大,因此灌溉效益是以滴灌3年平均增产值来计算的;又由于兴建移动式滴灌系统前后农业措施变化不大,故农业措施的投资如种子、肥料等都没有考虑。3年毛效益为101 281元,其中滴灌增产效益占毛效益的88.2%(见表3)。

表3 移动式滴灌系统增产效益

作物	年份	滴灌面积(亩)	平均用水量(m^3/亩)	滴灌平均产量(kg/亩)	不灌平均产量(kg/亩)	滴灌比不灌			单价(元/kg)	增产效益(元)	备注
						增产数(kg/亩)	增产率(%)	总增产数(kg)			
小麦	1980	781	58.5	174.5	85	89.5	104.6	69 821	0.29	20 248	按加数平均计算
	1981	793	56.0	193.0	96	97	100.9	76 881	0.29	22 295	
	1982	767	67.3	119.5	35.5	84	236.5	64 658	0.29	18 750	
	小计	2 341	60.5	162.5	72.5	90	124.2	211 361	0.29	61 294	
夏玉米	1980	252	44.4	254.5	210.5	44	20.9	11 113	0.21	2 333	
	1981	418	50.2	153.0	86	67	78.3	28 131	0.21	5 907	
	1982	489	24.2	167.0	117	50	42.5	24 352	0.21	5 113	
	小计	1 159	38.0	181.0	126	55	43.4	63 596.5	0.21	13 355	
棉花	1980	100	20.0	65	50.5	14.5	28.9	1 465	4	5 860	
	1981	110	21.2	31.5	20	11.5	57.5	1 265	4	5 060	
	小计	210	20.6	47.5	34.5	13	37.5	2 730	4	10 920	
烟草	1982	96.6	39.2	109.1	89.8	19.3	21.5			3 722	
合计										89 291	

平均每年毛效益为33 763元,减去年费用14 231元,平均每年净效益为19 532元,平均每亩年净效益为21.37元,毛效益的计算如下式:

$$\begin{aligned} M_1 &= W_1(Y_1 - Y_{01})V_1 + W_2(Y_2 - Y_{02})V_2 + W_3(Y_3 - Y_{03})V_3 \\ &= 61\ 294 + 13\ 355 + 10\ 920 = 85\ 569(\text{元}) \end{aligned}$$

$$\sum M = M_1 + M_2 + M_3 + M_4 = 85\ 569 + 3\ 722 + 9\ 687 + 2\ 303 = 101\ 281(\text{元})$$

式中:$\sum M$ 为移动式滴灌系统3年毛效益,元;M_1 为小麦、玉米、棉花滴灌增产效益,元;M_2 为烟草的增产效益,元;M_3 为3年水费总收入,元;M_4 为科研站试验地总收入,元;W_1、W_2、W_3 分别代表小麦、夏玉米、棉花滴灌面积,亩;V_1、V_2、V_3 分别代表小麦、夏玉米、棉花的国家收购价格,元;Y_1、Y_2、Y_3 分别代表滴灌的小麦、夏玉米、棉花3年平均产量,0.5 kg/亩;Y_{01}、Y_{02}、Y_{03}分别代表不灌的小麦、夏玉米、棉花3年平均产量,0.5 kg/亩。

2 投资效果的静态分析

采用静态分析法对移动式滴灌系统的投资效果进行如下分析。

2.1 还本年限与总效益系数

还本年限是工程竣工后,通过净效益的积累完全收回投资的年限,它是工程经济效益的重要指标。一般用下式计算:

$$T = \frac{K}{M-S} = \frac{K}{N} = \frac{134\ 231}{19\ 532} = 6.87(\text{年})$$

式中:T 为移动式滴灌系统投资的还本年限,年;K 为移动式滴灌系统的总投资,元;M 为平均每年的毛效益,元;N 为平均每年的净效益,元;S 为平均年费用,元。

总效益系数是年净效益与投资比,为还本年限的倒数。计算公式如下:

$$t = \frac{M-S}{K} = \frac{N}{K} = \frac{19\ 532}{134\ 231} = 0.146$$

我国水利工程上一般采用的还本年限为5~15年,总效益系数为0.2~0.06。移动式滴灌系统的还本年限与总效益系数符合我国在水利工程上一般所采用的标准。因而可以说,移动式滴灌系统在经济上是合理的。

2.2 效益成本比

效益成本比是指当一项工程竣工后,在有效使用期间年净效益与年费用(年成本)的比值,如果小于1时,该工程是得不偿失,不能兴建;如大于1则可兴建。其计算公式如下:

$$K = \frac{M-S}{S} = \frac{N}{S} = \frac{19\ 532}{14\ 231} = 1.37$$

式中:K 为效益成本比;其他符号意义同前。

效益成本比大于1,说明兴建移动式滴灌系统在经济上是合理的。

2.3 设备利用率

2.3.1 水源工程利用指标

滴灌的水源工程是由1眼机井和2个蓄水池组成,采取"提、蓄"相结合的方法,提水入池，水经过滴灌系统的各级管道输到田间，由滴头滴出，可以做到边提边滴，水池调节；提滴并用，互不矛盾，这样，可大大提高机井利用率和单井效益。据 1980～1981 年统计，两年共抽水 534 d，共开机 9 342.5 h，机井利用指标计算如下式：

$$E=\frac{\text{实际工作时间}}{\text{最大可能工作时间}}=\frac{T_{实}}{T_{最大}}$$

如按天计算机井利用率，则最大可能工作时间是 730 d，机井利用率 $E=T_{实}\div T_{最大}=534\div 730=0.732$。如果按开机时数计算，则最大可能开机时数为 $365\times 2\times 24=17\ 520$ h（这在实际上根本无法做到），机井利用率 $K_{时}=T_{实}\div T_{最大}=9\ 342.5\div 17\ 520=0.533$。

2.3.2 滴灌设备利用指标

移动式滴灌系统控制的范围，主要种植小麦、夏玉米和棉花等作物。据 1980～1982 年统计，滴灌设备平均每年工作 160 d 左右，则设备利用率 $E_{设}=T_{实}\div T_{最大}=160\div 365=0.438$。

可以看出：移动式滴灌系统、水源工程、滴灌设备利用率都是比较高的，发挥了设备的增产作用。

2.4 水费及灌溉水成本

滴灌系统自 1980 年投入使用以来，是按水量向各生产队征收水费，每立方水收费 0.05元。1980～1981 年共抽水 233 562 m^3，平均每年抽水 116 781 m^3。滴灌系统的年费用为 14 231 元。灌溉水成本按下式计算：

$$C=\frac{S}{W}=\frac{14\ 231}{116\ 781}=0.122(\text{元/m}^3)$$

式中：C 为灌溉水的成本，元/m^3；S 为平均年费用，元；W 为平均每年提水量，m^3。

灌溉水的成本为 0.122 元/m^3，但是实际只征收 0.05 元，占成本的 41%，应适当提高收费标准。

3 移动式滴灌与地面灌溉的经济效益比较

据 1982 年资料，滴灌小麦和玉米的产量与地面灌溉的产量基本相同，但滴灌较地面灌溉省水 50%，可扩大灌溉面积 1 倍，灌溉水的生产率可提高 1 倍（见表 4）。

表 4 滴灌与地面灌溉的产量对比（1982 年）

作物名称	灌溉方式	灌溉面积（亩）	平均每亩用水量（m^3）	平均每亩产量（kg）	灌溉水生产率（kg/m^3）
小　麦	滴灌	361	69.1	133.75	1.045
	畦灌	232	143.0	132.3	0.735
夏玉米	滴灌	176	27.1	167.3	1.845
	畦灌	28	68.5	165.35	0.7

3.1 移动式滴灌与地面灌溉投资比较

小麦移动式滴灌平均每亩投资 146.86 元，共投资 109 557 元。地面灌溉仅水源工程投资 70 000 元，平均每亩投资 193.91 元（未含田间工程及平整土地投资）。地面灌溉亩投资较移动式滴灌投资高32%。

3.2　净效益比较

根据1982年资料，以小麦和夏玉米的产量和收入来比较滴灌与地面灌溉的经济效益，小麦总用水量51 571 m^3，可滴灌746亩，如用畦灌只能灌361亩。夏玉米总用水量为11 836 m^3，可滴灌437亩，如用沟灌只能灌173亩。它们的经济效益比较如表5所示。

表5　滴灌与地面灌溉经济效益比较

灌溉方式	作物名称	总用水量（m^3）	平均每亩用水量（m^3）	可灌溉面积（亩）	平均产量（kg/亩）	总产量（kg）	单价（元/kg）	年毛效益（元）	年费用（元）	年净效益（元）	平均每亩净效益（元）
滴灌	小麦	51 571	69.1	746	133.8	99 778	0.29	28 935			
	夏玉米	11 836	27.1	437	167.3	73 110	0.21	15 353			
	小计	63 407		1 183				44 288	15 380	28 907	38.75
地面灌溉	小麦	51 571	143.0	361	132.3	47 760	0.29	13 850			
	夏玉米	11 836	68.5	173	165.4	28 606	0.21	6 007			
	小计	63 407		534				19 857	6 107	13 750	38.09

滴灌与地面灌溉平均每亩净效益基本相同，但滴灌的面积大，年净效益比地面灌溉高110.2%。

3.3　还本年限与总效益系数的比较

按我国常用的静态分析法计算滴灌及地面灌溉的还本年限及总效益系数加以比较。

滴灌的还本年限及总效益系数：

$$T_{滴}=\frac{K_{滴}}{M_{滴}-S_{滴}}=\frac{K_{滴}}{N_{滴}}=\frac{109\ 557}{28\ 907}=3.79$$

$$t_{滴}=\frac{N_{滴}}{K_{滴}}=\frac{28\ 907}{109\ 557}=0.264$$

地面灌溉的还本年限及总效益系数：

$$T_{地}=\frac{K_{地}}{M_{地}-S_{地}}=\frac{K_{地}}{N_{地}}=\frac{70\ 000}{13\ 750}=5.09$$

$$t_{地}=\frac{N_{地}}{K_{地}}=\frac{13\ 750}{70\ 000}=0.196$$

通过上述技术经济的分析可以看出，在干旱缺水的丘陵地区，发展移动式滴灌优于发展地面灌溉，它投资小、灌溉面积大、效益高、还本年限短，是干旱地区发展灌溉实行经济用水的一条新途径。

（刘云发. 原载于《农业技术经济》1983年第4期）

1976 年辉县小麦滴灌试验初步简结

在各级党委一元化领导下，在省、地、县科委的直接关怀下，滴灌试点选在河南省农业学大寨的先进单位——辉县上八里公社石门河滩新造的大寨田上，由领导干部、贫下中农、科技人员组成滴灌技术试验小组，坚持科学研究为无产阶级政治服务，为农业增产提供方向，对新造的大寨田，全面贯彻农业"八字宪法"，实行科学种田，进行了滴灌与畦灌的对比试验。尽管试验地土层薄、粗质沙土、肥力低，仍能显示出滴灌对小麦的增产、省水效果，亩产达 255.825 kg，较畦灌每亩多收 77.425 kg，增产 43.4%，滴灌每亩用水共计约 125 m^3，较畦灌省水 4～5 倍，现将试验结果简介如下。

1 试验地基本情况

上八里公社位于辉县太行山前石门河洪积扇上，土薄且夹杂砾石。石门河是一条季节性河流，旱季断流，水源有限，在干旱时用水仍较紧张，农作物不能及时得到灌溉。因此，如何省水，充分利用有限水源，扩大灌溉面积，使农作物能适时适量得到灌溉，保证高产稳产是当前亟待解决的一个问题。小麦滴灌试验布置在石门河滩一级台阶地（1974 年新造田，试验前 1975 年收了一季小麦，秋种花生），该地块土层薄，仅有 30 cm 厚的粗质沙土，下部为大小不等的河砾石，跑肥、漏水、肥力差，地下水埋深在 10 m 以下。试验地小麦品种为郑新一号，10 月上旬播种，播种量每亩 8 kg，播前施土杂肥为每亩 3 000～3 500 kg，冬春每亩各追碳铵 25 kg，5 月底收获。试验地冬前灌水（冬灌）一样，小麦返青后进行滴灌和畦灌对比试验。

2 滴灌系统布置情况

滴灌水源系从石门水库灌区西渠引水，在石门河二级台阶地上修了 1 个 25 m^3 的水池，距试验地约 100 m，水池与试验地块的自然落差为 10 m，利用自然落差的压力节省加压设备进行滴灌。由于订购的滴灌设备不配套，本着土洋结合，土法上马的方针，干管用聚氯乙烯硬管埋在地下 0.5 m，支管采用 1 in 橡胶管，毛管为直径 10 mm 的软管，滴头采用发丝蛇形塑料滴管，过滤采用自制喇叭形过滤器，加压靠自然落差 10 m 水头。毛管间距 1 m，长 35 m，每 0.5 m 一个发丝管，每个发丝管出水量为 1.8～2.5 L/h，毛管首尾滴水量不够均匀。由于设备上的缺陷，致使出水量不均匀，影响到小麦生长得不够整齐。

3 滴灌效果的分析

3.1 节约用水

从 3 月初小麦返青开始滴灌，到 5 月底小麦成熟收获，在这一期间总降雨量为 27.4 mm，4 月底最大一次降雨量为 12.4 mm，这远不能满足小麦生长需水要求。小麦返青后生长迅速，需水量日益增多，特别是拔节后，孕穗和灌浆期小麦需水量更多，可占全生育期需水量的 60%～70%。根据 1976 年春降雨情况和小麦需水规律，为了夺取新造大寨田小麦丰收,我们采取滴水灌溉补充雨水的不足。一般每3~4 d滴水1次,每次滴水2 h左右,共计用水量125 m^3 左右,畦灌地在返青、拔节、灌浆期共浇3水,据测定每次灌水量180~200 m^3/亩,共计每亩用水量500~600 m^3。二者相比,在本地具体条件下滴灌比畦灌省水5~6倍。

3.2 提高产量

滴灌使小麦主要根系层处有适宜的水分状况,小麦能及时的吸收适量的水分、养分满足其健壮的生长,获得较高的产量(详见表1)。

表1 小麦滴灌、畦灌不同处理考种调查

处理	株高(cm)	穗长(cm)	每穗小穗数(个)	不孕小穗数(个)	每穗粒数(个)	千粒重(g)	次生根(条)	每亩穗数(万穗)	产量(kg/亩)	增产(%)
滴灌	85.21	8.18	18.83	1.89	53.8	35.72	22.35	14.10	255.83	43.40
畦灌	83.25	7.63	19.92	2.31	47.35	32.03	17.05	12.95	178.4	0

从表1中看出,滴灌比畦灌增产43.4%。从小麦形态上分析,滴灌与畦灌在株高、穗长上无明显差异,但滴灌的小麦次生根和每穗粒数比畦灌的有明显增加,不孕小穗有所减少。从构成小麦产量的主要因素(每亩穗数、每穗粒数、籽粒大小)来分析:滴灌比畦灌每亩穗数虽无明显差异,但每穗粒数比畦灌多6~7粒,籽饱,千粒重高3 g多。其原因是从小麦返青以后,每3~4 d滴灌1次,能使耕作层土壤水分经常保持在10.7%~12%(粗质沙土持水低),满足小麦各生育期对水、肥的需要。小麦返青后得到足够的水、肥,表现出根多叶茂,为后期良好生长打下基础。小麦拔节后特别是在孕穗、灌浆期需水量增加最多,每天每亩需水高达3 m^3 以上,同时,这一期间又是影响小麦每穗粒数多少,籽粒饱满的关键时期,滴灌使小麦经常不断地吸收到适量的水分和养分,使其穗部发育良好,表现出滴灌小麦不孕小穗数较低,每穗粒数增多。后期从形态上调查滴灌小麦到蜡熟期植株上部仍能保持1~2片绿叶,使其正常灌浆,千粒重提高。

畦灌小麦虽然在各主要生育期都按时灌水,而且灌水量很大,但是对于土层薄粗质沙土的新造田来说,保水性能较差,灌水后水分渗走,加之棵间蒸发,土壤水分处于小麦适宜生长的时期较短,因此小麦生长状况不如滴灌,产量也较滴灌低,例如,5月份小麦进入灌浆期以后,降雨仅3.4 mm,远不能满足其灌浆期的需要,畦灌浇了灌浆水,用水量近200 m^3/亩,但因土壤保水性能差,到灌浆后期(5月20日)植株上部叶片开始枯萎,提早成熟3~4 d,千粒重较低。

4 存在问题

滴灌是一种新的灌水技术,国内对它进行研究的时间还很短,特别是用在大田作物上还很少。我们的试验设备不配套,初步试验结果还不足以作定论,试验中存在下述一些问题有待改进:

(1)自制过滤器过滤不好,易堵塞滴管。

(2)发丝滴头易受温度高低和压力大小变形,卡死不通水,造成滴水不均匀,对作物生产整齐度有影响。

(3)无调压设备,支管首尾水量相差较大,出现毛管供水不均匀的现象。

(4)设备投资较高,固定式滴灌每亩需200~300元,目前大面积推广不易。

(5)由于我们对此项工作无经验,工作不够细,试验观测资料不够充足,因此对滴灌增产、省水的原因分析的还不够透。

(刘云发. 原载于《灌溉科技》1977年第1期)

1978年偃师县小麦滴灌试验总结

试验地点在河南省偃师县山化公社关窑大队,地处邙山岭上,系黄土丘陵,是历史上干旱缺水地区。现在,虽有2个提灌站可从黄河、伊洛河引水,但因扬程高,输水距离长,沿途损失大,水费昂贵,高达0.16元/m^3。特别是在干旱季节,上水更为困难。因此,群众不是浇"高产水",而是浇"保命水",靠天等雨,干旱缺水的面貌仍未改变。

1977年冬,该队用沈阳市大东塑料厂生产的塑料管材、管件及滴头,建成1个自压滴灌系统,可滴灌300多亩。另外,用小型柴油机组装成5部移动式滴灌机组,利用田间水囤,可滴灌200多亩。一共可滴灌500多亩。1978年小麦生长期间又遇到严重干旱,因水源没有保证,只抗旱滴灌了227亩。现将抗旱滴灌效果及其他试验总结如下。

1 抗旱滴灌的效果

今年小麦在生长期间遇到严重干旱,整个生育期降水量为123.7 mm,每次降雨量较小,大多数不超过16.5 mm(见表1)。

表1 小麦生育期降雨量 (单位:mm)

时段	1977年			1978年					合计
	10月	11月	12月	1月	2月	3月	4月	5月	
上旬	16.5	16.2	0	0	3.7	8.6	0	10.0	
中旬	0	0	0	0	0	14.1	16.5	0	
下旬	16.1	0	0	0	0	0	0	22.0	
合计	32.6	16.2	0	0	3.7	22.7	16.5	32.0	123.7

小麦播种时墒情适中,底墒较好,20~80 cm土层内含水率(占干土重百分比)为16.11%~18.0%。播种后,10月和11月上旬又接连降雨,0~20 cm土层内含水率为15.8%~20.0%。苗出的齐,加上气温高(根据偃师县气象站资料,12月日平均气温较常年平均气温高2.4 ℃),小麦分蘖多且早,有的田块旺长不得不镇压以控制生长。

由于1977年11月至1978年2月基本没降雨雪,小麦返青后一直受干旱威胁,影响了正常生长,为了战胜干旱,抗旱滴灌227亩,其中冬灌80亩,拔节期滴灌187亩(内有48亩进行过冬灌),抽穗期以后滴灌8亩。总用水量为3 364 m^3,平均1次滴水量为12.2 m^3/亩(见表2)。

表 2 滴灌面积及滴灌水量统计

灌溉时期	灌溉类型						合计		
	自压滴灌			移动式滴灌					
	面积（亩）	用水量（m^3）	平均滴水量（m^3/亩）	面积（亩）	用水量（m^3）	平均滴水量（m^3/亩）	面积（亩）	用水量（m^3）	平均滴水量（m^3/亩）
冬灌	38.8	383	9.9	41	465	11.3	79.8	848	10.6
拔节期滴灌	142.3	1 639	11.5	45	782	17.4	187.3	2 421	12.9
抽穗期以后滴灌	8	95	11.9	—	—	—	8.0	95	11.9
合计	189.1	2 117	11.2	86	1 247	14.5	275.1	3 364	12.2

注：实际滴灌面积应为 227.1 亩，因有 48 亩是滴两次以上的。

实践证明：进行冬灌和拔节期滴灌的都有比较明显的增产作用。冬灌可以使小麦在越冬期有适宜的土壤水分状况，促进小麦的个体和群体发育，提高有效分蘖率，增加每亩有效穗数，提高单位面积产量。11 队进行冬灌的产量为 332 kg/亩，较没有进行冬灌的 254 kg/亩，增产 30.7%，每亩穗数多 1.7 万（见表 3）。拔节期是小麦营养生长旺盛和生殖生长增强的重要时期，小麦的生理需水和生态需水都达到了高峰，日耗水量激增，此时小麦对水分的反映非常敏感，是小麦需水的临界期，满足小麦此期的需水要求是夺取小麦丰产的关键一水。实践表明：拔节期滴灌，不仅能提高有效分蘖率，增加每亩有效穗数，而且能减少不孕小穗数，增加每穗粒数，提高千粒重，从而提高了产量。表 3 说明，1 队和 3 队拔节期滴灌的产量为 217.5 ~ 290 kg/亩，不滴灌的产量为 164.5 ~ 214 kg/亩。滴灌较不滴灌的增产 32.2% ~ 35.5%。滴灌小麦的穗长、每穗粒数及千粒重均较不滴灌的好。表 3 还说明，进行冬灌和拔节期滴灌的增产显著，产量达 303 kg/亩，较不滴灌的增产 40.3%。

表 3 滴灌对产量及穗部性状的影响

滴灌时期	地点	灌水量（m^3/亩）	株高（cm）	穗长（cm）	每穗小穗数（个）	每穗不孕小穗数（个）	每穗粒数（个）	千粒重（g）	每亩穗数（万穗）	产量（kg/亩）	产量比（%）
冬灌	11 队滴灌	12	80.1	7.95	19.0	3.68	29.0	33.53	34.4	332	130.7
	11 队不滴灌		75.0	8.30	18.7	3.43	30.7	34.37	32.7	254	100
拔节期	1 队滴灌	17	78.0	8.55	18.0	3.06	35.3	30.20	28.9	290	135.5
	1 队不滴灌		67.0	8.36	17.1	3.40	30.1	29.13	22.5	214	100
拔节期	3 队滴灌	15	72.0	7.44	16.9	2.80	30.0	32.17	25.6	217.5	132.2
	3 队不滴灌		66.0	7.41	15.9	3.10	27.2	30.63	23.0	164.5	100
冬灌拔节期	7 队滴灌	38	70.0	7.35	17.1	2.59	35.9	29.37	30.4	303	140.3
	7 队不滴灌		70.3	7.14	17.1	3.58	28.6	30.03	29.2	216	100

滴灌每次滴水量应等于作物每天消耗的水量，才能保证作物生长在最优的土壤水分条件下。这就要求水源有保证，要有充沛的水量，但是这种要求在缺水的邙岭上很难做到。我们认为，应从当地的水源条件和生产水平出发，突出地抓住滴好关键水是提高小麦大面积产量的关键。根据两年的试验资料，如果每亩小麦有 50 m^3 水，滴好关键水就是要抓住冬灌、拔节和灌浆这 3 水，特别是拔节水，在其他农业措施的配合下，使大面积小麦获得 250 ~ 300 kg/亩的产量是完全可能的。50 m^3 水是相当于小麦畦灌 1 次的灌水量。这就是说，小麦畦灌 1 次的灌水量就等于滴灌整个生长期内的用水量。它说明了滴灌的省水作用，这对于干旱缺水的丘陵山区具有重要的生产意义。

2　滴灌与畦灌的对比试验

试验地前茬是玉米。1977 年 9 月 18 日整地，耕翻 1.2 尺。每亩施粗肥 6 m^3，饼肥 50 kg，碳酸氢铵 40 kg，磷肥 40 kg，小麦品种为矮丰三号，1997 年 10 月 3 日播种，每亩用种量 6.5 kg，采用重播；1978 年 6 月 4 日收获，整个生长期为 244 d。试验分滴灌与畦灌 2 个处理，其面积为0.5 亩，重复 1 次，自冬灌开始处理。

小麦在整个生长期内，滴灌处理共滴水 13 次，每亩滴水量为 105 m^3，平均每次滴水量为 8.1 m^3/亩。畦灌 5 次，每亩灌水量为 128 m^3，平均每次灌水量为 25.6 m^3/亩（见表4）。因为畦灌灌水是用塑料管直接将水输入试验小区，所以灌水量较一般大田灌水量要少，灌水质量高，这样滴灌仍较畦灌省水 18%。滴灌的产量为 457.9 kg/亩，畦灌为 433.1 kg/亩，滴灌较畦灌增产 5.7%。从小麦穗部性状调查表明：滴灌增加每亩穗数，减少不孕小穗数，增加每穗粒数和提高千粒重的趋势（见表5）。

表4　灌水时期及灌水量　　（单位：m^3/亩）

灌水时期	滴灌			畦灌		
	次数	灌水量	平均灌水量	次数	灌水量	平均灌水量
冬灌	1	13	13	1	20	20
返青	1	10	10	1	20	20
拔节	4	21	5.3	1	35	35
抽穗	3	24	8.0	1	21	21
灌浆	4	37	9.3	1	32	32
合计	13	105	8.1	5	128	25.6

表5　不同灌水方式对产量及穗部性状的影响

处理	株高（cm）	穗长（cm）	每穗小穗数（个）	每穗不孕小穗数（个）	每穗粒数（个）	千粒重（g）	每亩穗数（万穗）	产量（kg/亩）	增产率（%）
畦灌宽窄行	86.5	8.52	20.13	4.75	32.3	31.43	38.9	417.25	
畦灌普通行	87.9	8.28	20.20	5.51	28.3	33.83	50.5	449	
平均	87.2	8.40	20.17	5.13	30.3	32.63	44.7	433.1	100
滴灌宽窄行	86.3	8.56	19.80	4.39	32.76	32.47	40.1	434.2	
滴灌普通行	87.5	8.01	20.03	4.97	29.30	36.20	53.4	481.5	
平均	86.9	8.29	19.92	4.68	31.03	34.34	46.8	457.9	105.7

从测定0～60 cm土层内的土壤水分变化来看，不论滴灌处理还是畦灌处理的土壤水分，都是处于小麦生长较适宜的土壤水分状况下，大部分时间都是高于田间最大持水量的60%，低于田间最大持水量。在拔节期，滴灌处理的土壤水分稍高于畦灌，以后则畦灌的土壤水分略高于滴灌（见图1）。这可能是滴灌和畦灌产量相差不大的原因。

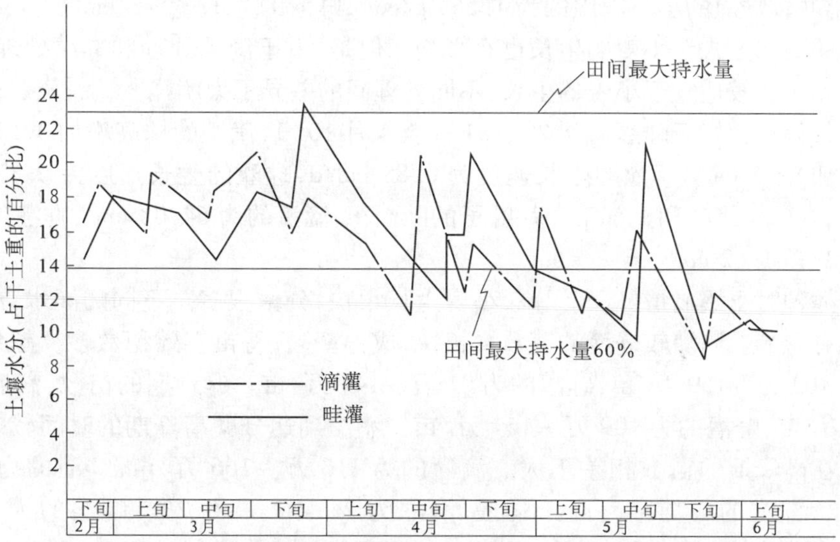

图1　不同灌水方式0～60 cm土壤水分变化过程线

从2月26日至4月24日观测5、10、20 cm的地温资料表明：地温是随气温的变化而变化的。当气温高于5 ℃时，不同的处理都表现为5 cm地温高于10 cm及20 cm的地温，变化的趋势是由上向下逐渐减小的。当气温低于5 ℃时，5 cm的地温则低于10 cm及20 cm处的地温。变化的趋势是由上向下逐渐增加（见表6）。

表6　不同灌水方式对地温的影响　　（单位：℃）

时间（月－日）	气温	滴灌			畦灌			不灌		
		5 cm	10 cm	20 cm	5 cm	10 cm	20 cm	5 cm	10 cm	20 cm
02－28	2.8	4.2	5.5	6.3	4.8	4.8	6.8	6.5	7.3	7.3
03－01	1.3	4.0	4.0	4.2	3.5	3.3	3.7	5.0	5.8	6.0
03－10	1.8	2.8	3.7	5.7	2.7	3.2	5.3	3.8	4.8	6.0
03－11	4.1	5.0	4.8	5.0	4.5	4.2	4.7	5.3	5.7	5.3
03－12	3.8	5.0	5.7	5.8	5.5	5.5	5.5	6.3	6.8	7.0
03－13	4.4	5.5	5.7	5.8	5.3	5.2	5.7	6.0	6.8	6.8
03－19	5.1	4.7	5.8	7.7	6.5	6.8	8.3	6.5	8.3	9.2
03－20	2.4	3.5	4.0	5.0	3.5	4.0	5.3	3.3	5.0	5.3
03－21	7.0	7.3	6.7	6.3	7.0	6.5	6.2	7.7	7.5	6.5
03－22	7.9	8.7	8.0	7.7	7.8	7.5	7.2	8.8	8.7	7.8
03－23	7.4	9.2	9.0	7.7	8.2	7.8	7.7	9.3	9.2	8.3
03－24	9.5	10.0	9.7	9.2	9.3	8.7	8.2	10.3	10.2	8.8
03－25	12.2	11.5	11.0	9.8	10.3	10.2	9.2	12.0	11.7	11.3
03－26	14.3	12.2	11.7	11.0	11.7	11.2	9.0	13.0	12.3	11.2

不同的灌水方式对地温的影响也不相同,不论是5、10 cm及20 cm处的地温,都是以不灌水处理的地温最高,日平均地温较滴灌高0.7~1.1 ℃,较畦灌高0.9~1.5 ℃。滴灌较畦灌的地温高,日平均地温高0.2~0.4 ℃(见图2~图4)。

滴灌改善了土壤状况,使表层土壤疏松,不板结。据收获后测定,土壤0~10 cm土层的容重,滴灌较畦灌的小。滴灌的为1.264 g/cm^3,畦灌的为1.325 g/cm^3。

不同的灌水方式对小麦的生长也有影响。但是,由于滴灌处理和畦灌处理的土壤水状况都是处于比较适宜于小麦的生长,不同处理间的差异不太明显。调查资料表明:滴灌小麦的生长只是稍好于畦灌。从2月24日至4月10日,滴灌的株高增加39.7 cm,畦灌的株高增加39.3 cm。滴灌的生长速度为0.88 cm/d,畦灌的生长速度为0.87 cm/d。4月24日调查单株旗叶和上部第2片叶子的叶面积,滴灌的为64.08 cm^2,畦灌的为62.46 cm^2,二者只差1.62 cm^2。

由于播种时土壤墒情好、气温高,小麦生长很快,分蘖很多。不同的灌水方式对苗数的消长也有影响。滴灌较畦灌的苗数增长快,成穗率高,每亩有效穗数多。越冬前,滴灌的苗数为103万~159万/亩,畦灌的为91万~144万/亩。返青期的苗数,滴灌的为114万~164万/亩,畦灌的为109万~151万/亩。滴灌到达分蘖高峰期的时间较畦灌迟,滴灌与畦灌在高峰期的苗数相差不大。滴灌的为116万~166万/亩,畦灌的为116万~164万/亩。滴灌的成穗率略高于畦灌,滴灌为24.2%~46.2%,畦灌的为23.6%~43.6%。滴灌的每亩有效穗数达40.1万~53.4万穗,较畦灌多1.2万~3.9万穗。应当指出的是,不论是滴灌的还是畦灌的宽窄行处理的分蘖数都较普通行分蘖多,而成穗率低,每亩有效穗数少8万~13万,产量低。实践证明:留50 cm的宽行显然是太宽了,增加了无效分蘖,徒然消耗了养分,影响了产量。还应指出的是,滴灌和畦灌由于肥水供应好,小麦生长旺盛,抽穗期较大田延迟3~5 d,成熟期延迟7 d左右,造成青干,降低了千粒重,影响了产量。

不同的灌水方式对籽粒的灌浆速度也有影响。图5表示的是50颗籽粒鲜重的变化,反映了不同处理的灌浆速度。可以看出,滴灌的灌浆速度较畦灌的稍快一些(见图5)。滴灌的千粒重较畦灌的高1.04~2.37 g。

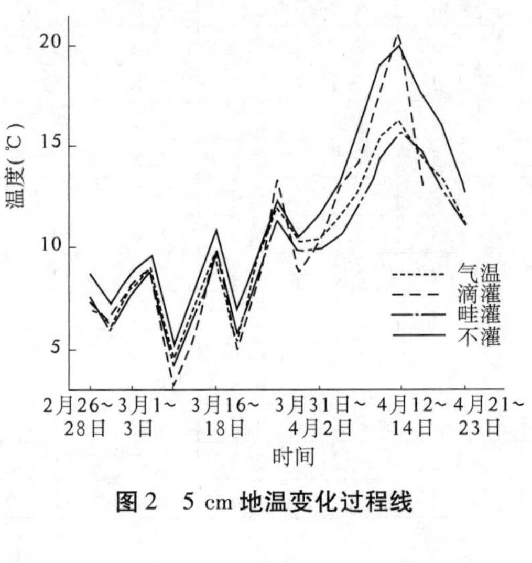

图2 5 cm地温变化过程线

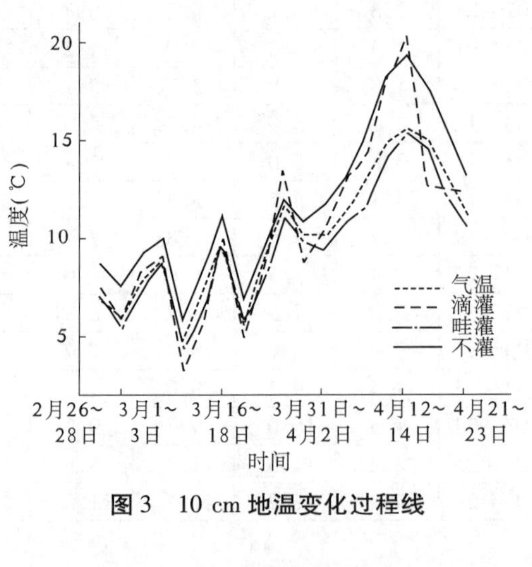

图3 10 cm地温变化过程线

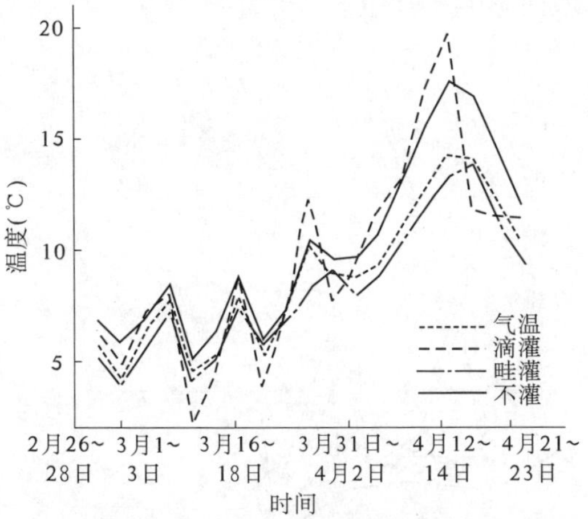

图4　20 cm 地温变化过程线

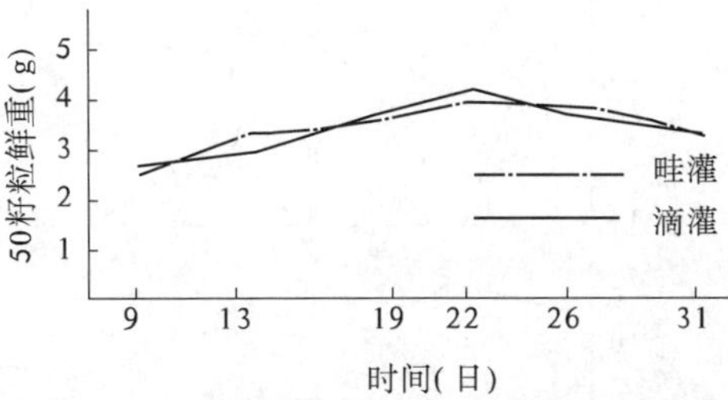

图5　5月份籽粒重量变化过程线

3　不同滴水量试验及小麦滴灌的耗水量问题

试验地的基本情况与滴灌、畦灌对比试验相同。试验分3个处理,每次滴水量分别按每亩5、10 m^3 及15 m^3 处理,以不滴为对照。10 m^3 及15 m^3 的小区面积各为1亩,5 m^3 的为2亩。其中都有1/2面积按宽窄行种植,宽行行距为0.5 m,在冬灌的基础上返青后开始处理。5 m^3 处理的在小麦生长期内滴水7次,每亩滴水量为36 m^3;10 m^3 处理的滴灌7次,每亩滴水量为65 m^3;15 m^3 处理的滴灌7次,每亩滴水量为90 m^3。

从0~60 cm土层土壤水分变化来看,不滴灌的土壤水分几乎一直低于田间最大持水量的60%。而5、10 m^3 及15 m^3 等处理在拔节期以前土壤水分较高,都在田间最大持水量60%以上,5 m^3 及10 m^3 处理后期水分偏少,接近或低于田间最大持水量的60%。15 m^3 处理的土壤水分一直比其他处理高(见图6)。

不同的滴水量对小麦生长的影响也不相同。2月24日至4月10日苗高调查表明:苗高的增长是随滴水量的增加而增加的。在此期间,不灌处理的苗高增长33.3 cm,增长速度为0.74 cm/d;5 m^3 处理的苗高增长34.2 cm,增长速度为0.76 cm/d;10 m^3 处理的苗高增长35.2 cm,增长速度为0.78 cm/d;15 m^3 处理的苗高增长36.8 cm,增长速度为0.80 cm/d。小麦单株旗叶和上部第2片叶子的叶面积大小,也是随滴水量的增加而变大。4月24日调查表明:不灌处理的叶面积为34.02 cm^2;5 m^3 处理的叶面积为50.77 cm^2;10 m^3 处理的叶面积为53.02 cm^2;15 m^3 处理的叶面积为59.72 cm^2。对分蘖的影响也是这样,每亩有效穗数的多少也是随滴水量的增加而增加,以15 m^3 处理的为最高,达42.7万穗(见表7)。

不同的滴水量对小麦产量及穗部性状的影响也不相同。不灌的产量为300 kg/亩,5 m^3 处理的产量为395.5 kg/亩,较不灌的增产31.8%;10 m^3 处理的产量为454.5 kg/亩,较不灌的增产51.5%;15 m^3 处理的产量为445.5 kg/亩,较不灌的增产48.5%。其中,以10 m^3 处理的产量为最高(见表7)。不同的滴水量对穗部性状的影响和对产量的影响是一致的。其中,以10 m^3 处理的为最好,每穗粒数多,千粒重高(见表7)。15 m^3 处理的因为后期有些青干,籽粒不饱满,影响了千粒重,从而影响了产量。

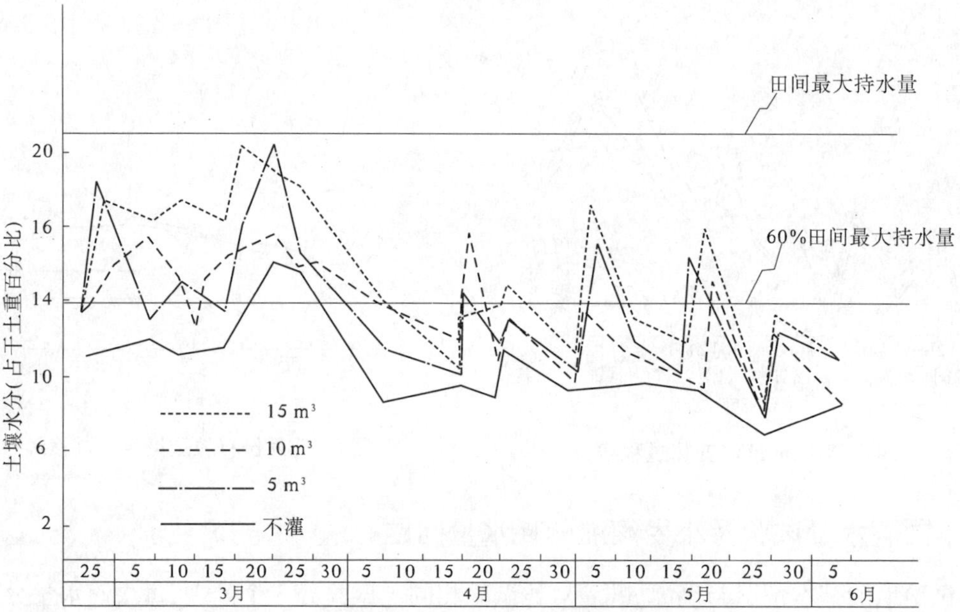

图6 不同灌水量 0~60 cm 土壤水分变化过程线

表7 不同滴水量对小麦产量及穗部性状的影响

处理		株高(cm)	穗长(cm)	每穗小穗数(个)	每穗不孕小穗数(个)	每穗粒数(个)	每株次生根(条)	千粒重(g)	每亩穗数(万穗)	产量(kg/亩)	经济系数
不灌	宽窄行	72.2	7.61	19.2	4.68	24.4	16.3	28.10	25.9	266	0.388
	普通行							31.03	36.8	334	0.430
	平均							29.57	31.35	300	0.409
5 m³	宽窄行	80.5	7.82	19.6	4.38	31.9	20.1	30.87	34.6	389	0.412
	普通行							29.93	43.4	402	
	平均							30.40	39.0	395.5	0.412
10 m³	宽窄行	80.1	7.72	19.6	4.17	33.3	19.7	31.77	33.0	405	0.436
	普通行							34.57	46.2	504	0.451
	平均							33.17	39.6	454.5	0.444
15 m³	宽窄行	75.4	7.56	19.3	4.36	30.8	19.1	30.53	37.4	405	0.432
	普通行							31.70	48.0	486	0.445
	平均							31.12	42.7	445.5	0.439

图7表示50颗籽粒鲜重的变化,反映了不同处理的灌浆速度。可以看出,10 m³ 处理的灌浆速度较快,千粒重也较高。

关于小麦耗水量问题，近几年来的研究表明：在高产（亩产500 kg左右）水平下，畦灌小麦总耗水量一般在350 m^3/亩左右，耗水系数为340～350。那么，小麦在滴灌条件下，总耗水量是否还是这么多，有没有变化呢？

从1978年的试验结果来看，滴灌与畦灌的灌水方式不同，它们的耗水量和耗水系数也有所不同。滴灌在亩产400～450 kg的水平下，小麦总耗水量为222～280 m^3/亩，生产每千克小麦所消耗的水量（即耗水系数）为266～306 kg（见表8），均较畦灌的耗水量及耗水系数低。

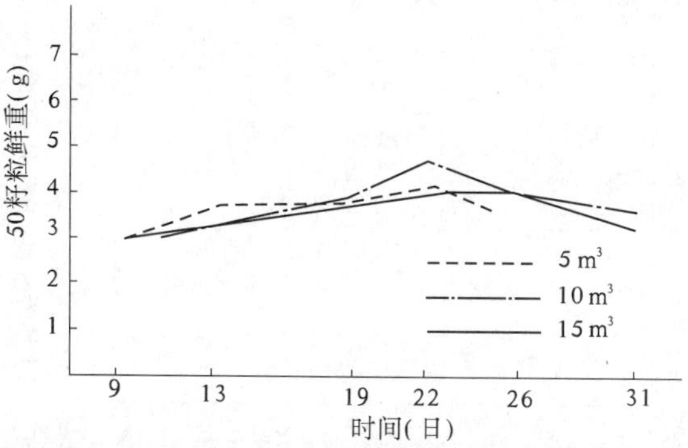

图7　籽粒重量变化过程线(5月)

从表8可以看出，10 m^3处理的产量高，耗水系数小，与15 m^3处理的产量相比，在降雨补给的影响下，总耗水量相接近，而滴水量则少27.9%。从小麦生长情况来看，15 m^3处理的前期生长有些过旺，后期产生青干，影响了产量，与5 m^3处理的相比，其优越性更为明显，增产幅度大。这些对比说明，在今年的气候条件下，10 m^3处理的在用水上是比较经济合理的；而滴灌15 m^3处理的水量有明显的浪费。因此，我们认为，确定适宜的滴水量应考虑水源的保证条件，结合降雨来调度，以适宜的土壤水分为指标，看苗情做决定。试验所取得的耗水系数可作为按产量估计总耗水量的一个参考。

表8　小麦耗水量

处理	1 m土体消耗水量(m^3/亩)	滴(灌)水量		降水量		总耗水量(m^3/亩)	产量(kg/亩)	耗水系数(kg)
		次数	水量(m^3/亩)	(mm)	(m^3/亩)			
滴灌	92.1	13	105	123.7	82.5	280	457.9	306
畦灌	88.4	5	128	123.7	82.5	300	433.1	347
15 m^3	80.5	7	90	123.7	82.5	253	445.5	284
10 m^3	94.4	7	65	123.7	82.5	242	454.5	266
5 m^3	104.4	7	36	123.7	82.5	222	395.5	281
不灌	104.7	0	0	123.7	82.5	187	300	312

还应指出，研究小麦耗水量，不仅要注意灌水量及降水量对土壤水分的补给，还应注意底层土壤对上层土壤水分的补给。从测定的土壤水分表明，底层土壤（80～100 cm）在小麦分蘖期及越冬期对上层土壤水分的补给比较少，拔节期以后的补给逐渐增多（见图8、图9）。因此，我们认为研究滴灌小麦的耗水量，测定1 m土层内的土壤水分是嫌浅了一点，还应再深一些较好。

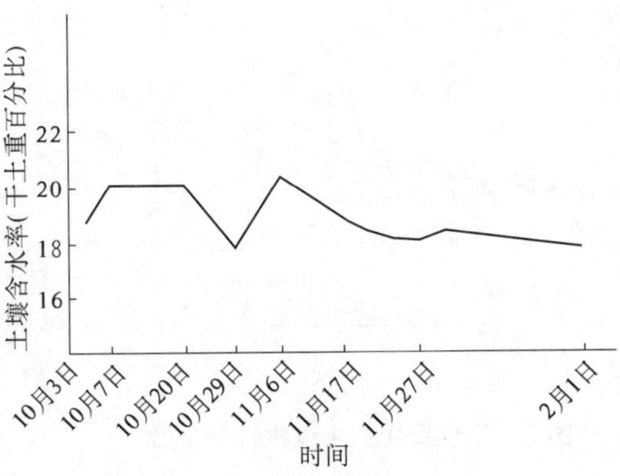

图8 小麦分蘖期及越冬期底层土壤水分变化过程线

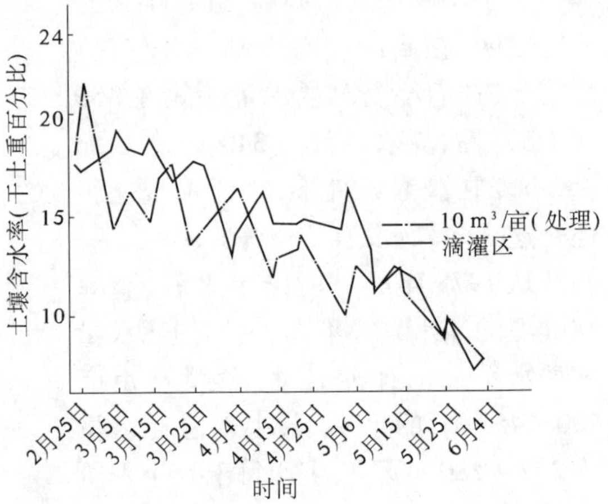

图9 小麦拔节期以后底层土壤水分变化过程线

4 关于滴灌在小麦生长后期的移动问题

滴灌在大面积推广上的一个困难是成本太高。固定式滴灌每亩投资需要400~500元。移动式滴灌可以降低成本,使每亩投资降低到几十元。实践证明:移动式滴灌在小麦生长前期是可行的,但在后期移动是否损坏麦子影响产量尚是一个有待解决的问题。为此,我们在小麦抽穗期以后选了一块产量较高(亩产在300 kg左右的),一块产量较低(亩产在100 kg左右)的田块进行试验,两块田各滴灌2次,滴水量22~24 m³/亩,都有增产作用。低产移动滴灌的产量为114.5 kg/亩,不滴的为69.5 kg/亩,滴移较不滴的增产64.8%。高产移动的产量为308 kg/亩,不滴的为287 kg/亩,滴移较不滴的增产7.3%(见表9)。从后期移动对小麦的损坏及对产量的影响来看,低产移动滴灌的小麦长得矮小,每亩株数少,便于移动,被压倒的麦子不多,对产量影响不大,这样的麦田完全可以采用移动滴灌。高产田由于小麦生长好,移动滴灌时要损坏一些麦子,主要是在支管附近40~60 cm范围内压倒的比较多,但也不是没有收成。1根支管双向控制50 m的范围。我们在支管压倒处收割6.9 m被压倒的小麦,再收割固定滴灌同样面积的小麦,脱粒后比较产量的损失,移动滴灌的产量为2.45 kg,固定滴灌的产量为3.14 kg,因移动损失0.69 kg,这是在6.9 m×50 m面积上损失的数量。折合1亩地因移动要损失1.34 kg,占产量的0.43%。另外,还检查了因移动而丢失的微型滴头数,共检查12根毛管,每根毛管长25 m,共300 m长,丢失滴头17个。如按当时移动时一根毛管控制0.22亩计算,1亩地丢失7个滴头,折合0.35元。根据以上情况可以认为,后期移动在亩产300 kg水平下也是得大于失,后期移动也是可行的。

综上所述,我们认为滴灌具有增产、省水的作用,这对于干旱缺水的山区具有重要的生产意义,应该逐步加以推广。滴水量应视水源条件和降雨情况而定。在干旱缺水的地区,应滴好关键水,抓住冬灌、拔节和灌浆这3水,特别是拔节水。关于小麦滴灌后期移动,在亩产400 kg条件下也是可行的。

表9　小麦生长后期移动式滴灌对产量的影响

地点	处理	株高(cm)	穗长(cm)	每穗小穗数(个)	每穗不孕小穗数(个)	每穗粒数(个)	千粒重(g)	每亩穗数(万穗)	产量(kg/亩)	增产率(%)
1队低产移动试验	滴移	49.7	6.89	16.1	3.62	27.3	32.77	14.7	114.5	164.8
	不滴	48.7	6.70	16.8	3.27	29.2	30.53	15.5	69.5	100
1队高产移动试验	滴移	85.5	7.81	18.3	4.18	28.1	37.73	30.2	308	107.3
	不滴	92.4	7.87	18.2	3.74	29.0	37.13	29.5	287	100

(原载于《灌溉科技》1978年第2~3期)

缺水条件下小麦滴灌关键水的模式及其增产效益

水电部农田灌溉研究所与河南省水利厅、偃师县水利局等单位协作，于1979年在偃师县山化乡关窑村建成千亩滴灌试点工程，包括2个自压半固定式滴灌系统，控制面积914亩，5部移动式滴灌机组，控制面积250亩，总控制面积1 164亩。该点位于豫西邙山岭上，系黄土丘陵，历来严重干旱缺水，产量低而不稳。几年来，该点通过小面积试验和大面积观测，取得了较丰富的资料，获得了较大的经济效益，深受群众欢迎。实践证明，在干旱缺水地区采用滴灌关键水，不仅扩大了有限水源的灌溉面积，而且取得了大面积均衡增产，为干旱缺水地区实行节水灌溉、经济用水提供了一个新的方法。所谓滴灌关键水，就是把有限水量用到作物需水多或水对产量反应敏感的几个生育时期。其目的不在于夺得小面积高产，而在于扩大灌溉面积，争取大面积均衡增产，达到增加总产，获得最大的经济效益。本文根据几年来的试验资料，定量的讨论了在一定总供水量和作物种植面积的前提下，滴灌关键水对小麦的增产作用、滴灌的关键灌水时期及经济定额，力求给生产和水管理提供一定的科学依据。

1　滴灌关键水的增产作用

偃师邙岭地区历来严重干旱缺水，水资源缺乏，地下水埋深在92 m左右。据偃师县气象站1959~1979年资料统计，有17年出现干旱，其中重干旱10年。降水量在年际和年内分配极不均匀。雨量多集中在7~9月，多年平均降水量为274.1 mm，占全年的53%。小麦生长期(10月~翌年5月)历年来平均降水量187.4 mm，但在冬春经常发生干旱，严重影响小麦正常生长。1980~1984年相对地说经历了不同水文年份。1980年及1981年春季降水量为131.3 mm和139.2 mm，按降水频率分析，属中等干旱年，1932年降水79.3 mm，属特大干旱年；1983年和1984年分别降水194.3 mm和163.7 mm，属平水年。1979年虽然修建了半固定式滴灌系统和移动式滴灌机组，但因水源不足，灌溉保证率低，不可能做到按小麦生长的需要进行适时适量的灌溉，只能滴灌关键水。1980~1985年经历了不同的水文年，滴灌关键水均获得显著的增产效果。滴灌总增产数采用式(1)

计算,其结果如表 1 所示。

$$\sum y = \sum_{i=1}^{n} \frac{W}{X}(y - Y_0) \tag{1}$$

式中:W 为麦季滴灌总用水量,m^3;X 为滴灌定额,m^3/亩;y 为滴灌产量,0.5 kg/亩;Y_0 为不灌产量,0.5 kg/亩;i 为年,$i=1,2,3,\cdots,n$。

表 1 滴灌关键水的增产效果

年份	滴灌面积(亩)	平均滴水量(m^3/亩)	滴灌平均产量(kg/亩)	不灌平均产量(亩)	滴灌比不灌			灌溉水增产率(kg/m^3)
					增产数(kg/亩)	增产率(%)	总增产数(kg)	
1980	781	58.5	174.7	170.6	89.4	104.3	69 821.4	1.53
1981	793	56.0	193.1	192.2	96.95	100.9	76 881.4	1.73
1982	767	67.3	120.0	71.3	84.3	236.5	64 658.1	1.26
1983	758	50.0	290.4	396.9	91.9	46.3	69 660.2	1.82
1984	792	49.7	290.6	327.7	126.8	77.4	100 386.0	2.55
1985	660	27.3	302.7	458.4	73.5	32.1	48 510.0	2.69
合计	4 551						429 917.1	

从表 1 可以看出,1980~1985 年 6 年期间共增产 43 万 kg,平均每年增产 7.15 万 kg。但不同的水文年增产效果也不相同。中等干旱年可较不灌增产 1 倍,特大干旱年可较不灌增产 2 倍以上,平水年只增产 32.1%~77.4%。滴灌的经济效益亦很显著;6 年麦季的总净效益达 12 万元,平均每年的净效益为 2.02 万元,平均每亩净效益为 26.64 元(见表 2)。

小麦滴灌关键水不仅比不灌具有显著的增产效果,而且比地面灌溉有明显的省水作用。由 1982~1984 年大面积观测资料统计看出,滴灌与地面灌溉在产量相近的情况下,可较地面灌溉省水 50%~60%,可扩大灌溉面积 1 倍,灌溉水的增产率可提高 1 倍(见表 3)。

表 2 滴灌的经济效益

年 份	滴灌面积(亩)	平均滴水量(m^3/亩)	滴灌总增产数(kg)	单价(元/kg)	滴灌的增产效益(元)	滴灌的运行费用(元)	滴 灌 净效益(元)	灌溉水净效益(元/m^3)
1980	781	58.5	69 821.4	0.40	27 928.56	8 961.98	18 966.58	0.42
1981	793	56.0	76 881.4	0.40	30 752.54	9 000.55	21 751.99	0.49
1982	767	67.3	64 658.1	0.40	25 863.24	9 091.15	16 772.09	0.32
1983	758	50.0	69 660.2	0.40	27 864.08	8 375.9	19 488.18	0.51
1984	792	49.7	100 386.0	0.40	40 154.40	8 739.72	31 414.68	0.80
1985	660	27.3	48 510.0	0.40	19 404.00	6 543.90	12 860.10	0.72
合计	4 551		429 917.1		171 966.82	50 713.2	121 253.62	

表3　滴灌与地面灌产量对比

年　份	灌溉方式	灌溉面积(亩)	平均每亩用水量(m^3)	平均每亩产量(kg)	滴灌比畦灌省水(%)	单位水量增产量(kg/m^3)
1982	滴灌	361	69.1	133.8	51.7	1.56
	畦灌	232	143.0	132.3	0	0.74
1983	滴灌	835	44.0	286.3	59.3	2.00
	畦灌	256	108.0	277.1	0	0.73
1984	滴灌	1 025	46.3	312.0	60.0	3.00
	畦灌	260	115.8	324.7	0	1.31

2　耗水量、滴水量与产量的关系

影响作物耗水量的因素很多。但在一个地区滴灌关键水的条件下，耗水量在很大程度上受滴水量多少的影响，随滴水量的变化而变化。据1980～1984年试验资料统计分析表明，不论水文年如何，耗水量与滴水量的关系都是线性相关，耗水量随滴水量的增加而增加(见图1)。一般来讲，在相同的滴水量情况下，平水年耗水量大于中等干旱年，而中等干旱年又大于特大干旱年的耗水量。其回归方程为：

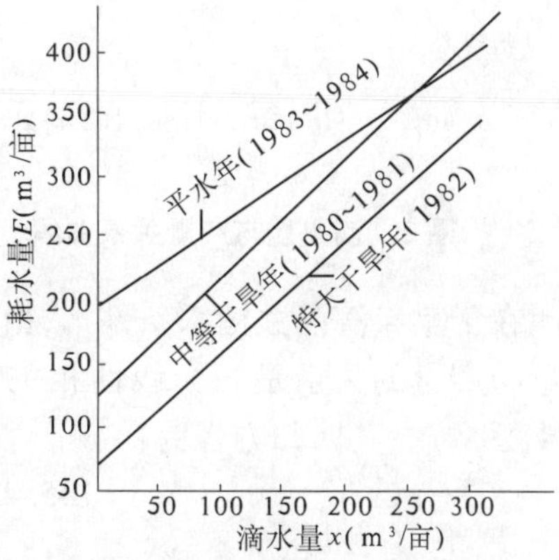

图1　滴水量与耗水量关系线

$$E_{平}=197.759+0.688\,946x\quad(r_{平}=0.968\,560)\tag{2}$$

$$E_{特}=69.768\,2+0.927\,863x\quad(r_{特}=0.987\,856)\tag{3}$$

$$E_{中}=124.697+0.969\,918x\quad(r_{中}=0.972\,740)\tag{4}$$

式中：$E_{平}$、$E_{特}$、$E_{中}$ 分别为平水年、特大干旱年和中等干旱年的耗水量，m^3/亩；x 为滴灌定额，m^3/亩。

滴水量的大小不仅影响了耗水量的变化，而且也影响了产量。根据1980～1989年试验资料统计分析表明，不管水文年如何，小麦产量随滴水量与耗水量的增加而增加，它们的关系是抛物线相关(见图2、图3)。当滴水量达到240 m^3/亩时，再增加灌溉水量，产量增加甚微或有降低的趋势。其回归方程式为：

$$Y_{中}=212.79+4.058\,65x-0.007\,484\,3x^2\quad(r_{中}=0.964)\tag{5}$$

$$Y_{特}=120.969+3.788\,58x-0.007\,343x^2\quad(r_{特}=0.986)\tag{6}$$

$$Y_{平}=611.728+0.981x-0.001\,384x^2\quad(r_{平}=0.916)\tag{7}$$

耗水量与产量的回归方程为：

$$Y_{干}=-118.782+3.890\,9E-0.004\,1E^2\quad(r_{干}=0.938\,940)\tag{8}$$

$$Y_{平}=219.542+2.695\,2E-0.003\,27E^2\quad(r_{平}=0.867\,784)\tag{9}$$

式中：$Y_{中}$、$Y_{特}$、$Y_{平}$、$Y_{干}$ 分别为中等干旱年、特大干旱年、平水年和干旱年时小麦产量，kg/亩；x 为滴灌定额，m^3/亩；E 为耗水量，m^3/亩。

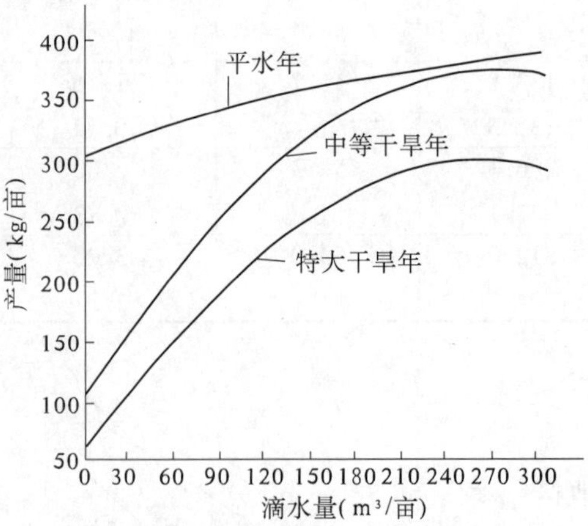

图 2　滴水量与产量关系曲线

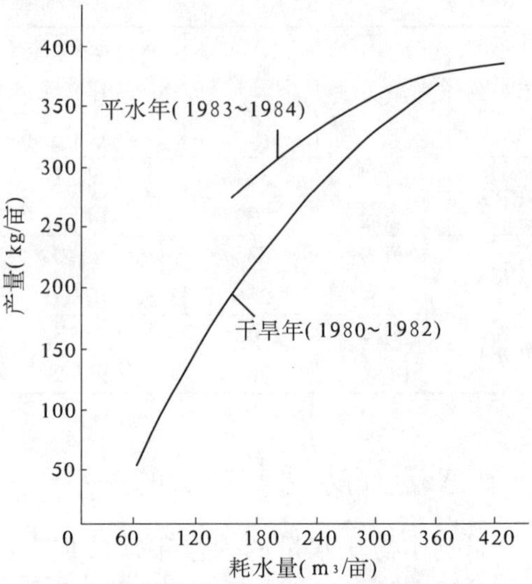

图 3　耗水量与产量关系曲线

在干旱年滴灌关键水条件下，由于水分还是影响小麦产量的主要因素，滴灌定额和耗水量与产量的关系是一个线性相关，产量随滴灌定额、耗水量的增加而呈直线增加（见图 4、图 5）。其回归方程为：

$$Y_{关} = 185.489 + 2.918\,49x \qquad (r = 0.891)$$

$$Y_{关} = -12.206\,6 + 2.454\,77E \quad (r = 0.960)$$

式中：$Y_{关}$ 为干旱年滴灌关键水的产量，kg/亩。其余符号意义同前。

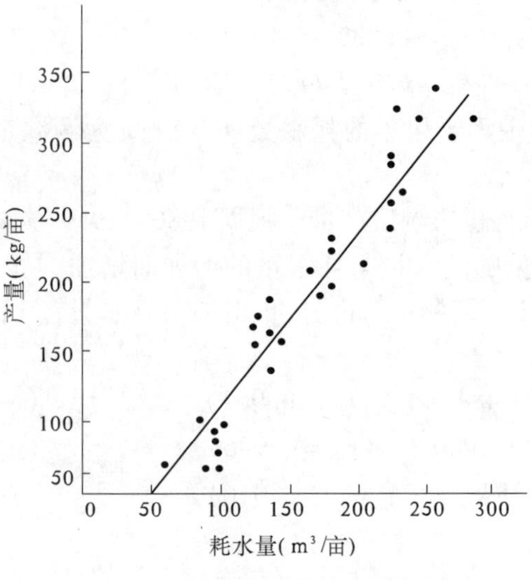

图 4　干旱年滴灌关键水的小麦耗水量与产量关系线

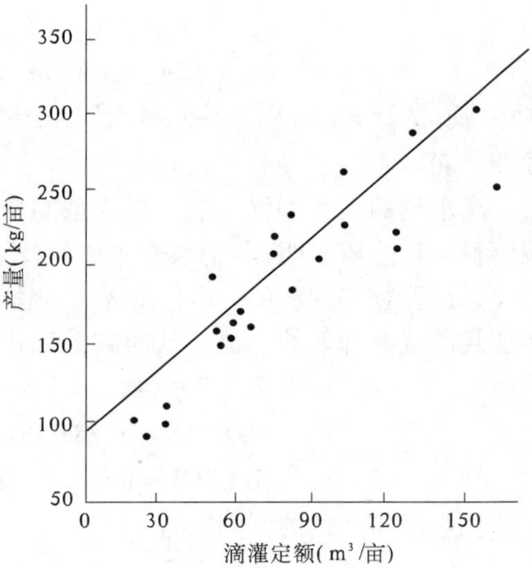

图 5　滴灌定额与产量的关系线

1980～1983年大田观测也同样表明：在灌溉关键水的情况下，小麦产量随滴灌次数和滴水量的增加而增加；不同水文年的增产率是不同的，干旱年比平水年高。

滴灌关键水的小麦产量与不灌相比有显著的增产作用，但与充分满足小麦生长的丰产灌溉相比，其产量又是低的。减产的幅度与水分亏缺的时期和程度的不同而有所不同(见表4)。

表4　滴灌关键水的次数、水量与产量的关系

年份	滴灌次数	平均滴水量（m^3/亩）	平均产量（kg/亩）	滴灌与不灌相比		灌溉水增产量（kg/m^3）
				增产量（kg/亩）	增产率（%）	
1980	不　灌	0	85.3	—	—	—
	滴2次	39.6	139.0	53.65	62.9	1.36
	滴3次	61.2	171.9	86.6	101.5	1.42
	滴4次	77.9	226.7	141.9	166.3	1.82
1981	不　灌	0	96.1	—	—	—
	滴1次	25.3	122.5	26.4	72.5	1.05
	滴2次	43.1	178.5	82.4	85.7	1.91
	滴3次	62.3	215.1	119.0	123.8	1.91
	滴4次	83.9	237.8	141.7	147.5	1.69
1982	不　灌	0	35.65	—	—	—
	滴1次	45.0	52.3	16.6	46.6	0.37
	滴2次	65.0	99.9	64.3	180.2	0.99
	滴3次	79.0	153.7	118.0	331.0	1.66
1983	不　灌	0	198.3	—	—	—
	滴1次	35.0	277.9	79.6	40.1	2.28
	滴2次	53.8	298.3	100.0	50.4	1.86
	滴3次	79.4	313.1	114.8	57.9	1.40

为了定量研究小麦因缺水而造成的影响，我们用实际供水量 M_a（滴水量与有效降雨量之和）与最大供水量 M_m 之比值（即 M_a/M_m），或用实际耗水量 E_a 与最大耗水量 E_m 之比值（即 E_a/E_m）来表示相对供水的程度；以实际产量 y_a 与最高产量 y_m 之比值（即 y_a/y_m）来表示相对产量。根据1980～1984年试验资料的统计分析表明：相对供水量亏缺、相对耗水量亏缺程度与减产的幅度的关系如图6所示。从图6中可以看出，减产的幅度随水分亏缺的增加而增加。当水分亏缺较少时对产量有一定的影响，如供水量亏缺

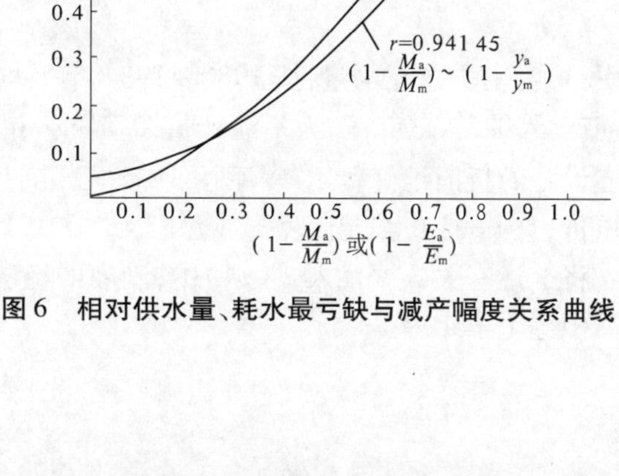

图6　相对供水量、耗水最亏缺与减产幅度关系曲线

10%,产量减少7%,耗水量亏缺10%,产量只减产4.5%;供水量亏缺30%,产量减少16%,耗水量亏缺30%,也只减产17%。当水分亏缺超过50%时,减产幅度急骤增加。如供水量亏缺70%,就减产54%,耗水量亏缺70%,减产达64%。它们这种关系的方程式如下:

$$\left(1-\frac{y_a}{y_m}\right)=0.04546+0.1591\left(1-\frac{M_a}{M_m}\right)+0.7868\left(1-\frac{M_a}{M_m}\right)^2 \quad (r=0.94145) \quad (10)$$

$$\left(1-\frac{y_a}{y_m}\right)=0.009731+0.2568\left(1-\frac{E_a}{E_m}\right)+0.91684\left(1-\frac{E_a}{E_m}\right)^2 \quad (r=0.96284) \quad (11)$$

式中:y_a 为实际产量,kg/亩;y_m 为最高产量,kg/亩;M_a 为实际供水量,m^3/亩;M_m 为最大供水量,m^3/亩;E_a 为实际耗水量,m^3/亩;E_m 为最大耗水量,m^3/亩。

滴灌关键水的单位面积产量是要比充分灌溉的低一些,但在水源不足的情况下,充分灌溉只能获得小面积高产而不能获得大面积均衡增产。在滴灌系统控制面积和水源供水量一定的情况下,究竟是充分灌溉好,还是滴灌关键水好,这就要取决于它们总的经济效益。

3 滴灌经济定额的确定

由于工农业生产的发展,水资源日趋紧张,特别是在干旱与半干旱地区供需矛盾更加尖锐。为了解决水源不足,近几年各地都先后开展了节水灌溉和经济用水的研究,滴灌关键水就是节水灌溉的一种。它不是着眼于小面积高产,而是着眼于大面积产量的提高,注意最大限度的发挥灌溉水的增产作用。关窑试点的具体条件是滴灌系统控制的面积和小麦生长期内灌溉总用水量都是一定的。为了使滴灌系统获得最大的经济效益,就是要确定滴灌的经济定额。灌溉水的净效益可用下式计算。

$$N=\frac{W}{x}[(y-y_0)q-(k+xP)] \quad (12)$$

根据滴灌水量与产量的关系线是一条抛物线,所以 y 可用下式代替:

$$y=y_0+bx+cx^2$$

于是

$$N=\frac{W}{x}[(bx+cx^2)q-(k+xp)] \quad (13)$$

经过运算和按求值的方法求得使滴灌系统获得最大经济效益的滴灌经济定额的公式为:

$$x=\sqrt{-\frac{k}{cq}} \quad (14)$$

式中:W 为麦季总灌水量,按1980~1984年平均为47 238 m^3;x 为滴灌定额,m^3/亩;y 为滴灌产量,0.5 kg/亩;y_0 为不灌产量,0.5 kg/亩;b,c 为回归方程的系数;k 为水源工程及滴灌设备的折旧维修费用,麦季按3.55元/亩计算;P 为水费,按0.05元/m^3 计算;q 为小麦单价,每kg按0.4元计算。

将上述有关数据代入式(14)中,滴灌的经济定额为:

中等干旱年

$$x_{中}=\sqrt{-\frac{8.55\times10^{3}}{-7.69843\times0.2}}=74.5(m^{3}/亩)$$

特大干旱年

$$x_{特}=\sqrt{-\frac{8.55\times10^{3}}{-7.343\times0.2}}=76.3(m^{3}/亩)$$

平水年

$$x_{平}=\sqrt{-\frac{8.55\times10^{3}}{-1.384\times0.2}}=175.8(m^{3}/亩)$$

根据式(13)进行检验,绘成系统净效益、亩净效益、灌溉水净效益与滴灌定额的关系线,如图7~图9所示。

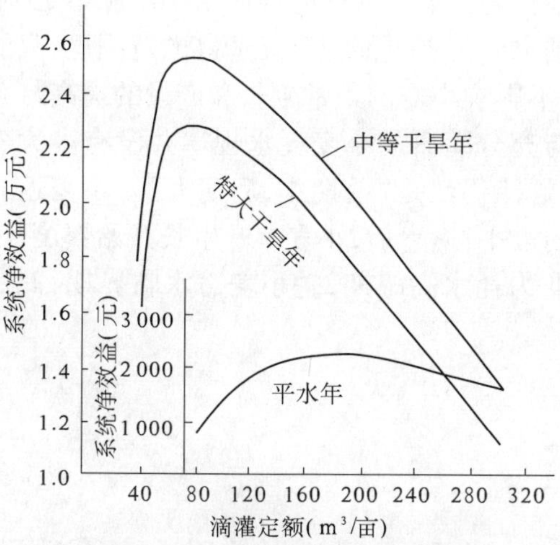

图7　系统净效益与滴灌定额关系线

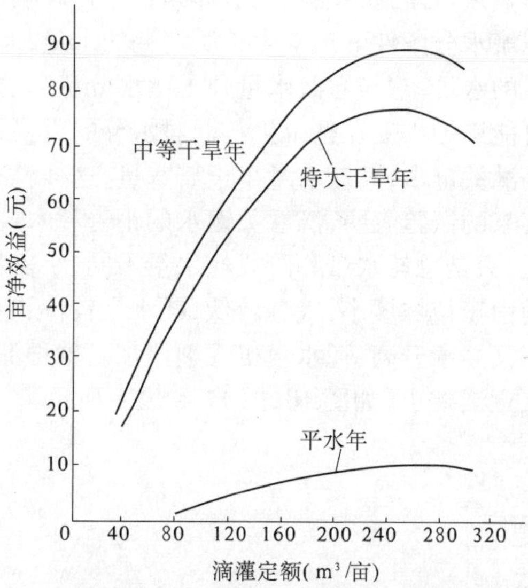

图8　亩净效益与滴灌定额关系线

从图7、图8中可以看出,不论水文年如何,亩净效益均随着滴灌定额的增加而增加,当滴灌定额达到260 m³/亩(特大干旱年为240 m³/亩)时亩净效益最高,其后滴灌定额再增加亩净效益反而降低,但在相同的滴灌定额情况下,中等干旱年的亩净效益最大,平水年的亩净效益最低。但系统的总净效益并不像亩净效益那样随滴灌定额的增加而增加。干旱年(包括中等干旱年及特大干旱年)以滴灌定额76 m³/亩为最高,其后随滴灌定额的增加净效益反而急剧的降

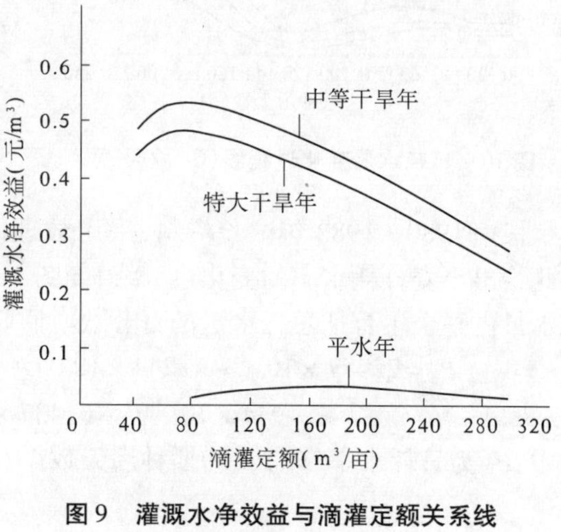

图9　灌溉水净效益与滴灌定额关系线

低。因为滴灌系统的净效益不仅与每亩的净效益有关,而且还与滴灌面积的多少有关。图 7 与图 9 表明,充分灌溉虽然亩净效益高,但它灌溉面积小,只能夺得小面积高产,滴灌系统经济效益并不高。滴灌关键水虽然亩产效益不高,但它灌溉面积大,可以夺得大面积均衡增产,获得滴灌系统的最大经济效益。其经济定额的范围干旱年可定为 60 ~ 100 m^3/亩。

4　滴灌关键期的确定

滴灌关键期的确定就是要根据小麦在整个生长过程中需水和水对产量反应敏感的几个生育期进行滴灌。因此,必须了解小麦在整个生育期的耗水规律及各生育期的阶段耗水量。耗水量又称需水量,它是由植株叶面蒸腾和棵间蒸发所组成,其数值大小是气候、农业栽培措施、灌溉、土壤等因素综合影响的结果。一般来说,需水量是指作物在适宜的土壤水分条件下正常生长所消耗的水量,而耗水量是指在任何土壤水分条件下作物所消耗的水量,它与灌溉水量和土壤水分状况的关系极为密切。在邙岭地区由于水源不足,不可能满足小麦在整个生长期对水分的需要,土壤水分也不可能控制在适宜的范围里,只能滴灌关键水,其耗水量小于需水量,这样就不能不影响小麦的正常生长和产量的提高。几年来的试验表明,滴灌关键水的小麦耗水规律与充分灌溉的小麦耗水规律并没有多大变化,只是总耗水量和阶段耗水量不同,小麦耗水规律仍然是"前期小,后期大"。小麦返青前由于植株矮小,气温较低,耗水量较小,越冬期最小;返青后,小麦茎叶生长开始繁茂,气温又逐渐升高,耗水量也逐渐增加。抽穗灌浆期为耗水高峰期,是小麦需水临界期,此后又逐渐减小(如图 10、图 11 和表 5 所示)。

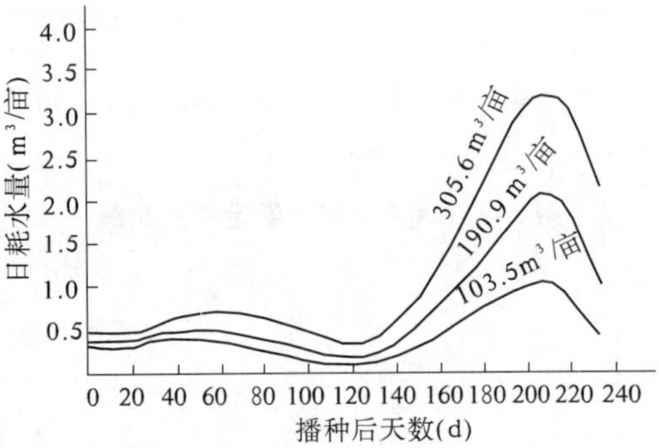

图 10　日耗水量变化过程线(0 ~ 60 cm)

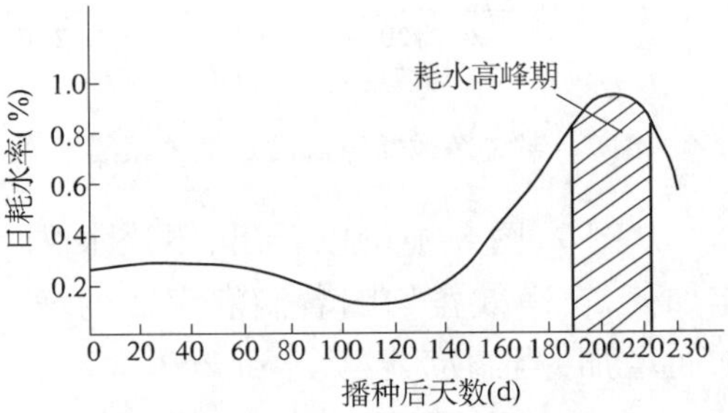

图 11　日耗水率变化过程线(0 ~ 60 cm)

根据 1980 ~ 1982 年试验资料,采用数理统计的方法,求出小麦耗水量的回归方程。据此绘出小麦日耗水率的变化过程线,如图 11 所示,所谓小麦日耗水率的概念是小麦日耗水量占整个生育期总耗水量的百分数。回归方程为:

$$P_e = 2.477 \times 10^{-3} - 1.244 \times 10^{-5} t + 1.841 \times 10^{-6} t^2 - 4.116 \times 10^{-6} t^3 + 2.944 \times 10^{-10} t^4 - 6.437 \times 10^{-13} t^5 \quad (r = 0.992) \tag{15}$$

式中:P_e 为日耗水率(%);t 为播种后天数。

表5　冬小麦耗水情况(1980~1982年)

生育期	起迄日期	天数(d)	耗水量水平								
			Ⅰ(100 m^3/亩)			Ⅱ(200 m^3/亩)			Ⅲ(300 m^3/亩)		
			模系数(%)	阶段耗水量(m^3/亩)	日平均耗水量(m^3/亩)	模系数(%)	阶段耗水量(m^3/亩)	日平均耗水量(m^3/亩)	模系数(%)	阶段耗水量(m^3/亩)	日平均耗水量(m^3/亩)
播种—越冬	10月10日~12月29日	80	28.02	28.999	0.362	20.50	39.113	0.489	16.45	50.254	0.628
越冬—返青	12月30日~次年2月10日	43	8.01	8.290	0.193	6.00	11.454	0.266	6.22	19.000	0.442
返青—拔节	2月11日~3月15日	33	7.63	7.897	0.239	7.50	14.317	0.434	7.98	24.396	0.739
拔节—抽穗	3月16日~4月22日	38	25.41	26.298	0.692	29.8	56.886	1.497	27.22	83.173	2.189
抽穗—灌浆	4月23日~5月15日	23	22.44	23.225	1.010	24.94	47.610	2.07	25.75	78.692	3.421
灌浆—收获	5月16~28日	13	8.49	8.787	0.676	11.26	21.495	1.653	16.38	50.057	3.851
全生育期	10月10日~次年5月28日	230	100	103.496	0.45	100	190.895	0.830	100	305.572	1.28
产量水平(kg/亩)			125左右			225~250			325~350		

注:1. Ⅲ的生育期为235 d;

2. 耗水量计算深度0~60 cm。

对该式采用求极值的方法,求得播种后205 d日耗水量最大,以此为中点取前后1个月时间(即播种后190~220 d)为小麦耗水高峰期,此时正是小麦抽穗灌浆期,其耗水量占总耗水量27.7%,是滴灌的关键时期。

耗水高峰期的模系数可用下式求得:

$$\int_{190}^{220} p_e(t)\,\mathrm{d}t = \int_{190}^{220} (2.477\times10^{-3} - 1.244\times10^{-5}t + 1.841\times10^{-6}t^2 - 4.116\times10^{-6}t^3 + 2.944\times10^{-10}t^4 - 6.437\times10^{-13}t^5)\,\mathrm{d}t = 0.747$$

表5说明,在滴灌关键水条件下,不同耗水量水平,其产量和各生育期的阶段耗水量、日平均耗水量和模系数是不同的。小麦各生育期的阶段耗水量、日平均耗水量随着总耗水量水平的升高而增加,产量水平也随之提高。其模系数在播种—返青时期随着总耗水量水平的升高而有减少的趋势,返青以后到成熟前后有增加的趋势。

穗数、粒数及干粒重是构成产量的三大因素,它们与各生育期不同供水量(滴水量与有效降雨量之和)的关系甚大。根据1980～1982年的资料分析表明:在邙岭这样干旱缺水地区干旱年在前期生长的基础上,影响产量最大的是千粒重,其次是穗数。在滴灌关键水的情况下(滴灌定额小于120 m³/亩),其回归方程为:

$$Y = -672.056 + 11.4484Z_1 + 8.88194Z_2 + 15.6323Z_3 \quad (r = 0.9524) \tag{16}$$

式中:Y为产量,0.5 kg/亩;Z_1为每亩穗数;Z_2为每穗粒数;Z_3为千粒重。

从小麦生物学特性来讲,小麦各生育期的需水量是不同的,对缺水的敏感程度也不相同。据前人研究表明:一般来讲,抽穗扬花期和产量形成期对缺水的敏感程度大于早期生长和后期(成熟期)生长。但某一个生育期缺水,不仅影响作物在该生育期的生长,而且也影响作物以后的生长和产量的提高。根据1980～1982年的资料对各生育期供水量(滴水量与有效降水量之和)与产量的关系分析表明:在干旱年影响产量最大的是灌浆期灌水,其次是冬灌灌水,再次是抽穗期灌水,而后是拔节期灌水,越冬期灌水影响最小。但滴灌关键水时还要考虑水源可供水量、滴灌系统的配水能力、轮灌周期和降水情况。一般滴灌3～4次,每次滴灌定额20～25 m³/亩。根据偃师气象站1959～1984年资料,绘成降雨量累积频率曲线(如图12所示)。

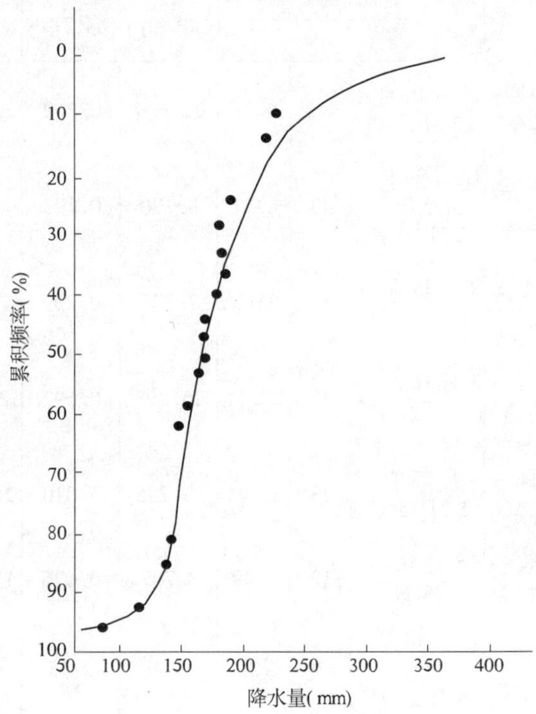

图12 麦季降雨量累积频率曲线

从图12中可以看出,降雨频率为25%(丰水年)的降雨量为210 mm,50%(平水年)的降雨量为165 mm,75%(中等干旱年)的降雨量为140 mm,95%(特大干旱年)的降雨量为90 mm。干旱年的降水量自11月起至来年3月,雨水都比较少,仅占麦季降水量的30%左右,从3月下旬开始雨水才逐渐增加。根据试验资料,滴灌3～4次可分别选择"冬1春2"或"冬1春3"的灌水模式。除适时进行冬灌外,春灌2次的第1次灌水可在返青后期开始,一般在3月上旬;第2次灌水可在孕穗期开始,一般在4月10日左右。这样灌水小麦产量可望达到200 kg/亩以上。春灌3次的第1、2次灌水时间可较冬1春2模式的灌水时间适当提前,一般可提前10 d左右。第3次灌水可在抽穗灌浆期,一般在4月底开始,产量可达250 kg/亩以上。干旱年供水量小于180 m³/亩情况下,各生育期供水量与产量的回归方程为:

$$\hat{Y} = 16.56 + 2.894x_1 + 2.566x_2 + 2.660x_3 + 2.071x_4 + 4.062x_5 + 5.123x_6 \quad (r = 0.9656) \tag{17}$$

式中：$\hat{Y}$为产量，0.5 kg/亩；x_1、x_2、x_3、x_4、x_5、x_6分别为越冬前、越冬、返青、拔节、抽穗、灌浆的供水量，m^3/亩。

根据1982年试验资料可以看出，灌浆期灌水可增产33%～48.4%；冬灌增产26.3%～35.7%，拔节期灌水可增产23%（见表6）。应该强调的是，类似像邙岭这样干旱缺水地区冬灌的重要意义。因为这类地区小麦一般不进行播前灌，能否足墒播种完全靠9月份的降雨，多数情况是底墒不足。通过冬灌能及时弥补土壤水分的亏缺，促进冬前分蘖，起到增根壮蘖的作用，提高有效分蘖率，增加每亩穗数。如有可能冬灌还应多灌一些，将水贮存于土壤中，起到"冬蓄春抗旱"的作用，可减轻春灌的负担。

表6　小麦冬灌、拔节、灌浆水的增产作用（1982年）

处理	滴灌时间	滴灌定额（m^3/亩）	产量（kg/亩）	增产量（kg/亩）	增产率（%）
冬灌的增产作用	—	—	69.3	—	—
	冬灌	24.9	94.0	24.8	35.7
	拔节、灌浆	64.4	165.8	0	0
	冬灌、拔节、灌浆	69.3	209.4	43.7	26.3
灌浆水的增产作用	—	—	69.3	—	—
	灌浆	32.2	102.8	33.5	48.4
	冬灌、拔节	57.1	157.5	—	—
	冬灌、拔节、灌浆	69.3	209.4	51.9	33.0
拔节水的增产作用	冬灌、灌浆	57.1	170.3	—	—
	冬灌、拔节、灌浆	69.3	209.4	39.1	23.0

5　小结

（1）滴灌关键水的小麦较不灌的小麦具有显著的经济效益。1980～1982年共增产小麦43万kg，净效益12万元，平均每年增产7.15万kg，净效益2万元，平均每亩增产95 kg，净效益26.64元。中等干旱年较不灌可增产1倍，特大干旱年可增产2倍以上，平水年只增产32.1%～77.3%。

（2）滴灌关键水与地面灌溉相比，产量相近，但有比较明显的省水效果，一般可省水50%～60%，可扩大灌溉面积1倍，单位水量的增产量可提高1倍以上。

（3）小麦耗水量与滴水量的关系呈直线关系，耗水量随滴水量的增加而增加。在相同滴灌定额的情况下，平水年的小麦耗水量大于中等干旱年的，而中等干旱年的又大于特大干旱年的。

（4）小麦的产量与滴水量（或耗水量）的关系是曲线相关，曲线为抛物线。当滴灌定额或耗水量很小时,其关系近似于直线相关。随着滴灌定额或耗水量的增加,产量也随之增加,但增产的幅度也越来越小。当滴水量增加到240 m^3/亩或耗水量增加到360 m^3/亩时,产量增加甚微或有减少的趋势。

(5)滴灌经济定额的确定随水源可供水量和作物种植比例不同而不同。在关窑试点,在干旱年为充分发挥灌溉水的增产作用,使滴灌系统获得最大的经济效益,其滴灌的经济定额可定为60~100 m^3/亩。

(6)滴水的关键时期应考虑水源可供水量和滴灌系统的配水能力,一般可进行冬灌、拔节期和抽穗灌浆期滴灌,滴灌次数3~4次,每亩次滴水20~25 m^3。

(刘云发,王万欣,郑仁塘.原载于《喷灌技术》1986年第4期)

干旱岗丘地区大田作物滴灌适宜灌水时期的确定

1 农作物的耗水量及耗水规律

农作物的耗水量是指在一定土壤水分条件下生长所消耗的水量,它包括植株叶面蒸腾及棵间蒸发。其数量大小与灌溉和降雨量有密切关系,也与产量有密切关系。在滴灌关键水条件下,作物耗水规律并没有因灌水情况的改变而改变,仍然是"两头小,需水关键期大"。耗水量随灌水量及降雨量的变化而变化,在一定范围内,耗水量愈大产量愈高,但增产的梯度逐渐变小。农作物的产量是综合因素的最终反映,它与作物的品种、施肥水平、土壤性质、病虫害防治等因素有关。为排除其他因素干扰,在试验处理上都安排在同一水平上。据偃师县邙岭地区滴灌条件下各种农作物耗水量与产量关系的资料,小麦产量一般在250 kg/亩左右,耗水量在200 m^3/亩左右,如要求单产达400 kg/亩以上,耗水量在330 m^3/亩以上,但水的单方产出率明显下降。秋收作物绿豆、玉米、花生一般耗水量在200~250 m^3/亩,绿豆产量为138 kg/亩,玉米为309 kg/亩,花生为117 kg/亩,棉花耗水量250~300 m^3/亩,产量为53 kg/亩。总之,要达到上述产量必须消耗相应的水量,这是农作物生理生长和生态生长的必需条件。

研究农作物的耗水规律不单是找出耗水量与产量的相互关系,更重要的是找出各种农作物耗水量在各生育阶段的分配规律及耗水强度,从而决定灌关键水的适宜时期。

农作物各生育期对水分的需要是不同的,但每种作物都有一个需水高峰期。小麦的需水高峰期是灌浆—乳熟期,耗水强度为4.28 mm/d,该时期的耗水量约占总耗水量17.3%,玉米是抽雄—蜡熟期,耗水强度为3.2 mm/d,该时期耗水量约占总耗水量的30%;绿豆是开花—结果期,耗水强度为3.14 mm/d,约占总耗水量的30%;花生是开花—扎根期,耗水强度为4.35 mm/d,占总耗水量的35%;棉花是开花—吐絮期,耗水强度为4.58 mm/d,占总耗水量的33%(见表1、表2)。从上述结果看,各种农作物需水关键时期都是在籽粒形成或灌浆阶段,如此时灌水不足对产量影响较大。由于农作物生长是连续的,虽然各生育期对缺水敏感程度不同,但某一个生育期缺水,不仅影响作物在该生育期的生长,而且也影响作物以后的生长和产量的提高。因此,根据各生育期的耗水量和降雨情况，适时适量的对作物进行补充灌溉是必要的。

表1 小麦多年平均日耗水强度与耗水模数

生育期	播种—返青	返青—拔节	拔节—抽穗	抽穗—灌浆	灌浆—乳熟	乳熟—收获	全生育期
时间(d)	129	29	33	13	17	16	237
阶段耗水量(mm)	120	40	91	45	73	53	422
耗水强度(mm/d)	0.93	1.37	2.75	3.48	4.28	3.33	1.78
耗水模数(%)	28.4	9.5	21.5	10.7	17.3	12.6	100

表2 秋作物耗水强度与耗水模数

作物	玉米					花生				
生育期	播种—拔节	拔节—抽雄	抽雄—蜡熟	蜡熟—收获	全生育期	播种—苗期	苗期—开花	开花—扎根	扎根—收获	全生育期
时间(d)	44	18	25	14	101	31	31	29	34	125
阶段耗水量(mm)	99.0	45.7	80	40.5	265.2	78.5	77.5	126.2	79.6	361.8
耗水强度(mm/d)	2.25	2.54	3.20	2.89	2.63	2.53	2.50	4.35	2.34	2.89
耗水模数(%)	37.3	17.2	30.2	15.3	100	22	21	35	22	100

2 农作物生育期降雨量分析

偃师县地处华北地区，该地区降雨特点是雨量季节性分配不均，7～9月降雨量占全年的80%，冬春季经常干旱，这种降雨的特点对农作物生长是不利的。冬小麦生育期是10月到来年的6月上旬，正处于降雨较少季节，秋收作物生育期是6～9月，正处在汛期，雨水比较多，但也会出现季节性干旱。为了研究适宜的灌水时期，分析降雨在农作物整个生育期分布规律，我们引进自给度这个概念，其含义是降水对农作物某一个生育期需水要求的满足程度，用该生育期降水量占耗水量的百分数表示。

2.1 农作物生育期降雨量分析标准

根据偃师县1961～1990年的降水资料，将各种作物生育期及生育阶段的降雨量按水文特征划分5个等级，每个等级以该生育期多年平均降雨量 P 和均方差 σ 的关系表示，划分标准如表3所示，表中 p 为该生育期降雨量。

表 3　水文年划分标准

丰水年	偏丰水年	平水年	偏旱年	旱年
$p>P+\sigma$	$P+\sigma>p>P+\sigma/2$	$P+\sigma/2>p>P-\sigma/2$	$P-\sigma/2>p>P-\sigma$	$P-\sigma>p$

2.2　冬小麦生育期降雨量分析

冬小麦从 10 月 6 日左右播种至来年 6 月 6 日左右收获,全生育期 237 d。按生育特征划分 6 个生育阶段,每一生育阶段按上述水文特征统计汇总见表 4,多年平均降雨量 P 为 204.4 mm,均方差 σ 为 82.5。

如果按偏旱年以下作为统计标准,从整个生育期来看,30 年中有 7 年是处在该水平以下,占 23.3%。各生育期的分配状况是:播种—返青占 36.6%,返青—拔节占 43.2%,拔节—抽穗占 40.0%,抽穗—灌浆占 36.7%,灌浆—乳熟占 43.3%,乳熟—收获占 36.7%。

表 4　小麦各生育期降水状况分析　（单位:mm）

项目		丰水年	偏丰水年	平水年	偏旱年	旱年	多年平均	年数
全生育期	降雨量	>286.9	245.6 ~ 286.9	163.2 ~ 245.6	121.9 ~ 163.2	<121.9	204.4	
	年数	2	3	18	5	2		30
	各种年数占总年数的百分比（%）	6.7	10.0	60.0	16.7	6.7		
播种—返青	降雨量	>127.8	101.0 ~ 127.8	47.1 ~ 101.0	20.2 ~ 47.1	<20.2	74.02	
	年数	3	5	11	7	4		30
	各种年数占总年数的百分比（%）	10.0	16.7	36.7	23.3	13.3		
返青—拔节	降雨量	>20.0	15.6 ~ 20.0	6.7 ~ 15.6	0 ~ 6.7	0	11.12	
	年数	4	5	8	11	2		30
	各种年数占总年数的百分比（%）	13.3	16.7	26.7	36.7	6.7		
拔节—抽穗	降雨量	>55.87	44.0 ~ 55.87	20.4 ~ 44.4	8.7 ~ 20.4	<8.7	32.22	
	年数	4	3	11	9	3		30
	各种年数占总年数的百分比（%）	13.3	10.0	36.7	30.0	10.0		

续表4

项目		丰水年	偏丰水年	平水年	偏旱年	旱年	多年平均	年数
抽穗—灌浆	降雨量	>54.64	40.4~54.64	11.8~40.4	0~11.8	0	26.08	
	年数	3	2	14	11	0		30
	各种年数占总年数的百分比(%)	10	6.7	46.7	36.7	0		
灌浆—乳熟	降雨量	>39.7	30.4~39.7	12.3~30.4	3~12.3	<3	21.07	
	年数	4	3	10	10	3		30
	各种年数占总年数的百分比(%)	13.3	10.0	33.3	33.3	10.0		
乳熟—成熟	降雨量	>82.3	61.1~82.3	18.7~61.1	0~18.7	0	39.89	
	年数	3	2	14	11	0		30
	各种年数占总年数的百分比(%)	10.0	6.7	46.7	36.7	0		

2.3　秋作物生育期降雨量分析

秋作物生育期正处在降雨比较集中的汛期，但在作物生育的关键时期也常出现干旱，严重影响作物的正常生长。降雨在玉米各生育期分配的状况如表5所示。

表5　玉米各生育期降雨状况分析

水文特征		丰水年	偏丰水年	平水年	偏旱年	旱年	多年平均	年数
全生育期	降雨量	>419.7	361.3~419.7	246.0~361.3	188.0~246.0	<188.0	303.83	
	年数	4	7	11	3	5		30
	各种年数占总年数的百分比(%)	13.3	23.3	36.7	10.0	16.7		
播种—拔节	降雨量	>141	112.3~141	55.0~112.3	26.0~55.0	<26.0	83.5	
	年数	5	3	10	7	5		30
	各种年数占总年数的百分比(%)	16.7	10.0	33.3	23.3	16.7		

续表 5

水文特征		丰水年	偏丰水年	平水年	偏旱年	旱年	多年平均	年数
拔节—抽雄	降雨量	>117.8	91.5~117.8	38.8~91.5	12.4~38.8	<12.4	65.14	
	年数	6	3	10	6	5		30
	各种年数占总年数的百分比(%)	20.0	10.0	33.3	20.0	16.7		
抽雄—蜡熟	降雨量	>190.0	142.5~190.0	95.0~142.5	0.5~95.0	<0.5	95.45	
	年数	4	1	2	23	0		30
	各种年数占总年数的百分比(%)	13.3	3.3	6.7	76.7	0		
蜡熟—成熟	降雨量	>100.5	83.0~100.5	48.6~83.0	31.4~48.6	<31.4	65.88	
	年数	5	3	11	6	5		30
	各种年数占总年数的百分比(%)	16.7	10.0	36.7	20.0	16.7		

从降雨资料分析可以看出,玉米、花生、棉花全生育期处于丰水年和偏丰水年共 11 年占 36.7%,较旱年和偏旱年玉米多 9.9%、花生和棉花多 6.7%。也就是说玉米、花生、棉花全生育期 70% 的年份都是处在丰水年和平水年的状况下生长的,旱年和偏旱年只占 26.7%~30.0%,但从秋作物的各生育期降雨分析看,在生育关键时期都出现降雨量偏少的状况,玉米抽雄—蜡熟期旱年和偏旱年共 23 年,占 76.7%。花生开花—扎根期共 11 年,占 36.70%。棉花开花—吐絮期共 13 年,占 43.3%。此时要适时适量地补水是夺取农作物丰产的关键。

3 农作物自给度分析

3.1 冬小麦自给度分析

冬小麦从 10 月 6 日左右播种至来年 6 月 6 日左右收获,生育期共 237 d,多年平均耗水量 421.1 mm,各生育阶段耗水量见表 1。从 30 年降雨资料看,小麦生育期自给度较低,为 39%~48%,降雨量大于耗水量(421.1 mm)的仅有 2 年,即 93% 的年份都需补水灌溉。各生育阶段自给度:播种—返青为 24.8%~61.9%,返青—拔节为 11.0%~28.0%,拔节—抽穗为 14.2%~35.5%,抽穗—灌浆为 14.2%~57.7%,灌浆—乳熟为 9.6%~28.9%,成熟期为 16.7%~74.8%。自给度最低的是灌浆—乳熟期和返青—拔节期。因此,除在越冬期进行 1 次冬灌外,春灌要掌握好抽穗水和灌浆水与返青水和拔节水合理组合,才能满足作物需水要求,这是增产的关键(见表6)。

表6 冬小麦各生育阶段自给度

生育期		播种—返青	返青—拔节	拔节—抽穗	抽穗—灌浆	灌浆—乳熟	乳熟—收获	全生育期
耗水量(mm)		119.5	39.7	90.7	45.2	72.7	53.3	421.1
满足耗水年数		4	0	1	3	1	5	2
自给度(%)	多年平均	61.9	28.0	35.5	57.7	28.9	74.8	48.5
	50%	58.3	24.0	32.1	45.1	23.6	62.2	45.8
	75%	24.8	11.0	14.2	14.2	9.6	16.7	39.2

3.2 秋收作物自给度分析

偃师秋收作物均在小麦收后播种或在小麦行间套种,播种期一般在5月中下旬至6月上旬,到9月中、下旬收获,玉米、花生、棉花的生育期分别为101、125、127 d,其全生育耗水量分别为265.2、361.7、356.5 mm,其自给度如表7所示。

表7 秋收作物各生育期自给度分析

玉米	生育期		播种—拔节	拔节—抽雄	抽雄—蜡熟	蜡熟—收获	全生育期
	耗水量(mm)		99.0	45.7	80.0	40.5	265.2
	自给度	多年平均	84.3	142.5	119.3	162.6	114.6
		50%	63.0	117.7	76.0	150.0	121.1
		75%	36.0	38.7	49.0	98.7	92.0
花生	生育期		播种—苗期	苗期—开花	开花—扎根	扎根—收获	全生育期
	耗水量(mm)		78.4	77.5	126.2	79.6	361.7
	自给度	多年平均	78.5	144.7	77.0	138.0	103.0
		50%	70.0	129.8	47.8	112.0	106.0
		75%	24.0	56.0	19.0	66.8	84.6
棉花	生育期		播种—现蕾	现蕾—开花	开花—吐絮	吐絮—收获	全生育期
	耗水量(mm)		74.2	63.7	119.1	99.5	356.5
	自给度	多年平均	83.0	176.0	80.0	66.0	100.0
		50%	74.0	158.0	47.7	61.0	93.0
		75%	25.0	68.6	20.0	40.0	75.0

从表7可以看出,玉米、花生、棉花全生育期除75%水文年能满足75%~92%的需水要求外,其他水文年均能满足需水要求。但从生育阶段自给度分析看出,三种秋收作物在75%水文年都在不同程度上满足不了需水要求。而多年平均和50%水文年,除玉米拔节—抽雄期、蜡熟—收获期,花生苗—开花期、扎根—收获期,棉花现蕾—开花期这几个生育阶段的降雨量能满足作物需水要求外,其他时期自给度较低,都不能满足作物需水要求。需补水灌溉的主要是两个时期:一个是秋作物的播种期或苗期,另一个是玉米抽雄—蜡熟期,花生开花—扎根期,棉花开花—吐絮期。它们在50%和75%水文年的自给度分别为76%和49%、47.8%和19%、47.7%和20%。因此,秋作物要抓住这两个关键灌水时期,进行适时适量的补水灌溉,就能促进苗齐、苗壮,籽粒饱满夺取大面积均衡增产。

4 灌水的增产效果及最佳灌水组合

冬小麦生育期长，又处于干旱季节，降雨量少，自给度低，为保证小麦正常生长必须进行灌溉。在滴灌时期上我们把冬小麦分为冬灌和春灌两大时期，冬灌与否主要取决于冬小麦播种期降雨量在时空的分配和增产效益上。根据特大干旱年的资料分析，冬灌一般能增产 26% ~35.7%，只有在 10 月份降雨量大于 80 mm 以上，土壤含水率大于 17% 时，冬灌的增产效益才不明显。即使播种前雨量充足，不进行冬灌，来年春季也要提前灌返青水，这样更会造成春季用水紧张。为了减轻春灌的负担，在一般情况下都应考虑冬灌。根据滴灌经济定额 75 m^3/亩的要求，春灌最多也只能灌 2 水。为此设计了冬灌与春灌 10 种不同组合形式，它们对产量的影响如表 8 所示。

表 8　不同水文年灌溉模式的增产率

编号	灌水组合	丰水年			平水年			中等干旱年			特大干旱年		
		增产(%)	归一化(%)	亩产(kg/亩)	增产(%)	归一化(%)	亩产(kg/亩)	增产(%)	归一化(%)	亩产(kg/亩)	增产(%)	归一化(%)	亩产(kg/亩)
X_{21}	冬灌+返青灌	9.71	20	326.0	15.0	20.7	263.7	98.7	24.8	211.1	111	25.0	146.4
X_{22}	冬灌+拔节灌	11.7	24	332.0	17.6	24.2	269.6	93.0	23.5	250.1	103	23.1	140.7
X_{23}	冬灌+抽穗灌	12.6	26	334.7	19.7	27.1	374.6	103.0	25.9	215.7	127	28.5	157.5
X_{24}	冬灌+灌浆灌	14.6	30	340.7	20.3	28.0	275.6	102.5	25.8	215.2	104	23.4	141.0
X_{31}	冬灌+返青+拔节灌	19.4	14	354.9	30.3	14.1	298.8	120.8	16.5	234.6	219	18.1	220.9
X_{32}	冬灌+返青+抽穗灌	23.3	17.0	366.5	36.3	16.8	312.9	125.0	17.1	239.1	198	16.4	206.5
X_{33}	冬灌+返青+灌浆灌	22.3	16.2	363.6	48.4	22.4	490.3	126.0	17.2	240.2	210	17.3	210.0
X_{34}	冬灌+拔节+抽穗灌	23.8	17.3	368.0	33.5	15.5	306.2	124.0	17.0	238.0	196	16.2	200.9
X_{35}	冬灌+拔节+灌浆灌	25.4	18.5	374.7	42.4	19.7	362.2	125.0	17.1	439.1	202	16.7	209.2
X_{36}	冬灌+抽穗+灌浆灌	23.3	17.0	366.5	24.9	11.5	286.5	110	15.1	223.0	186	15.3	198.1
X_0	不灌			297.3			229.0			106.3			69.3

从表8可以看出，不同水文年增产率是不相同的，干旱年大于降雨多的年份。特大干旱年增产幅度最大达1~2倍，中等干旱年次之，为93%~125%，平水年为15%~48%，丰水年最小为10%~25%。从冬春灌的不同组合形式还可看出，无论灌2水或灌3水其增产幅度最大的还是灌浆水和抽穗水，掌握好该两水与返青水或拔节水的组合是增产的关键。

秋作物如玉米、花生和夏播棉花等虽生长在雨水较多的季节，但从整个生长期降水量分析来看，丰水年和偏丰水年只占36%，其余64%年份都是处在平水年以下生长，经常出现季节性干旱，尤其在生长的关键时期都出现雨水偏少，自给度低的现象，可耗水强度却最大。玉米抽雄到蜡熟期旱年和偏旱年占76.7%，自给度为49%，耗水强度为3.2 mm/d；花生开花—扎根期旱年和偏旱年占36.7%，自给度为19%，耗水强度为4.35 mm/d，棉花开花—吐絮期占43.3%，自给度为20%。耗水强度为4.58 mm/d。从上述可知，单纯依靠降水不能满足作物生长的需要，此时灌水对作物生长和产量的提高都有重要意义。1989~1991年小区试验表明灌水较不灌增产显著。秋作物全生育期灌水2次，每亩50 m^3，较不灌的一般增产6.7%~84.5%，1991年秋旱严重，增产最多的达1倍多，灌水3次，每亩灌水75 m^3，较不灌的一般增产18.1%~112.7%，1991年增产最多的达2倍，如表9所示。

表9　滴灌对秋作物产量的影响

作物名称	年份	不灌	50 m^3/亩		75 m^3/亩		100 m^3/亩	
		产量（kg/亩）	产量（kg/亩）	增产率（%）	产量（kg/亩）	增产率（%）	产量（kg/亩）	增产率（%）
夏玉米	1989	280.0	346.0	23.6	410.0	46.4		
	1990	239.90	277.5	15.9	312.9	30.7		
	1991	112.5	167.3	48.7	231.6	105.8		
夏花生	1989	93.8	107.4	14.5	125.0	33.3	170.3	81.7
	1990	55.0	101.5	84.5	117.0	112.7	142.4	158.9
	1991	73.1	89.0	21.7	118.3	61.8	173.1	136.8
夏播棉花	1989	32.1	43.3	34.9	55.5	72.9		
	1990	49.7	53.0	6.7	59.1	18.1		
	1991	18.8	43.8	133.3	53.2	183.3		
绿豆	1989	105.0	119.7	14.0	152.5	45.2		
	1990	60.0	75.0	25.0				
	1991	40.5	120.4	197.3	123.1	204.0		
西瓜	1990	2 625	3 399.9	29.5	3 964.5	51.0		

作物在不同生育时期其生理生态需水也不相同，对缺水的敏感程度也不一样，在灌水

量相同情况下,不同生育期和灌水组合其增产效果也不相同,特别是需水关键期灌水增产效果最为明显。试验结果表明:玉米需水关键时期是抽雄期到蜡熟期,此期灌水平均可增产25.7%,花生开花—扎根期灌水可增产36.2%;夏播棉花开花—吐絮期灌水可增产25.6%,如表10所示。秋作物一般都是在5月中下旬在麦田地套种,考虑到秋作物在关键生育期内降水量偏少,特别是在75%水文年,其滴灌次数为2~3次,滴灌定额为30 m^3/亩。如滴灌2次,滴灌经济定额为60 m^3/亩,其灌水的最佳组合:一是在播种前或苗期,可与小麦灌浆水或麦黄水相结合,发挥"一水两用"的作用;另一次是在作物需水关键期进行滴灌,即玉米的抽雄—蜡熟期,花生的开花—扎根期,夏播棉花的开花—吐絮期。如滴灌3次,滴灌经济定额90 m^3/亩,可在玉米拔节—抽雄期,花生扎根—结果期,夏播棉花吐絮—成熟期增加1次灌水,其增产的效果会更加显著。

表10 作物不同生育期灌水的增产效果(1989~1991年)

项目	玉米			花生			夏播棉花		
	拔节水	抽雄水	蜡熟水	开花水	扎根水	结果水	现蕾水	花铃水	吐絮水
增产幅度(kg/亩)	17.2~41.9	43.2~55	35~88.1	12.5~58.8	26.4~49.4	6.3~55.6	0.9~16.2	5.6~10.7	7.5~19.2
增产率(%)	4.5~22.9	11.5~30.0	13.2~58.7	10.5~51.4	29.1~51.4	5.3~47.3	1.7~40.0	10.5~23.9	16.7~35.1
平均增长率(%)	9.4	16.8	25.7	26.5	36.2	25.6	18.8	18.6	25.6

(郑仁塘,刘云发,张中留,等.原载于《灌溉排水》1994年第2期)

提蓄滴灌溉系统的管理及运用

提蓄滴灌溉工程位于河南省偃师县山化乡关窑村,地处豫西邙山岭上,是历史上严重干旱缺水地区,人畜用水相当困难,农作物产量低而不稳。1979年11月建成2个自压半固定式滴灌系统,控制面积914亩;5部移动滴灌机组,控制面积250亩。1980年5月水利电力部委托河南省水利厅组织鉴定,验收合格正式交付地方使用。该系统主要是滴灌大田作物小麦、玉米和棉花等。

半固定式滴灌系统的水源工程为1眼机井,井深157 m,每小时出水量为20 m^3;2个蓄水池,调解能力为1.0万~1.2万 m^3。半固定式系统由4级管道和1个首部枢纽组成。其中主管、干管为地埋固定管道,支管、毛管为地面移动管道。该工程总投资为18.6万元,其中国家投款15.39万元,群众自筹3.21万元(主要为劳务投入)。

提蓄滴灌工程自1980年正式投入运行后,1982年又新发展机压滴灌350亩,使半固定式滴灌面积达1 264亩,现已连续运行10年,经受了农村实行生产责任制的严峻考验,取得了较好的经济效益和社会效益,积累不少的宝贵经验。先后接待了国内10余个省市和河南省内各地66次多参观,并多次举办推广培训班。该点在河南省内外均有较大影响,仅在河南省的偃师县府店乡、新安县、淅川县、孟津县和安阳县等地推广6 000余亩。为我国广大缺水地区的大田作物,发展节水型灌溉提供了科学依据和灌溉模式。

1　操作简单效益显著

偃师千亩滴灌试点之所以能巩固发展并连续运行10年,其最根本的一条就是滴灌的经济效益显著,技术操作简单,深受群众和领导的欢迎。半固定式滴灌操作简单,滴灌前只需在地面布设好支管、毛管,打开闸阀就可以开始滴灌。管理人员的任务就是在田间巡回检查和排除滴头堵塞,提高灌水均匀度,每隔1.0~1.5 h移动毛管1次。其操作简单,群众一看就会,极易掌握。滴灌是一项新的灌水技术,并不是一开始就被群众所接受,而是经历了实践—认识—再实践的过程。建点初期,由于群众习惯于大水浇灌,对于滴灌那么点水是否有效持怀疑态度。但通过不断实践,反复试验,证明了滴灌确实有明显的增产省水效果,经济效益显著,群众才逐渐信服,并感叹地说,“滴灌滴灌,土地松软,节省劳力,还能增产”。10年实践的结果,该村的贫困面貌也发生较大的改观,不但解决了群众吃水难的问题(于1984年底全村都吃上了自来水),而且还改变了长期吃粮靠统销的局面。据统计,1953~1979年的27年间,该村共吃统销粮60.2万kg,平均每年为2.23万kg。修建了滴灌工程以后,1980~1987年间共增产小麦50万kg,平均每亩增产101.7 kg;棉花9.53万kg,平均每亩10.9 kg;玉米20万kg,平均每亩增产86 kg;花生4.86万kg,平均每亩74.3 kg,西瓜26.5万kg,平均每亩增产711 kg。除解决群众温饱外,还向国家交售粮食15.3万kg。

2　领导重视、适时改革体制、建立统一管水承包责任制

偃师千亩滴灌试点建立以后,一直得到各级领导的重视和关怀,特别是县水利局的领导班子虽更迭数次,但始终把关窑试点作为重点来抓。关窑村虽三易领导班子,但每届领导班子都非常重视滴灌,把它当做一项增产稳产的重要措施来抓,都派一名副支书或副村长担任试验站站长。1983年关窑村实行生产责任制之后,土地分配到户,千亩滴灌试点面临着严峻的选择,在这关键时刻,在县水利局的直接帮助下,与关窑村村委一起研究,为了适应农村生产责任制的新形势,决定扩大试验站的管理职能,使它成为既是滴灌试验机构,又是工程管理机构,对全村的水利设施井、塘和滴灌设备的维修养护与灌溉用水实行统一管理、统一调配,解决了长期存在的管理和用水“两张皮”的问题。接着又对试验站人员进行调整,从原来15人中留下10名技术好、热爱滴灌工作,能联系群众并具有初、高中文化程度的同志从事滴灌试验和管理工作。为了解决试验地和管理人员的报酬,村委会又专门拨18亩地作为试验地和基本工资田。

为加强管理,试验站实行站长负责制,在经营体制上实行企业化管理,独立核算、自负盈亏;管理人员力求相对稳定、明确分工、各司其职、各负其责、互相配合,并制定了一系列制度,特别是奖罚制度,对完成和超额完成任务者有奖,完不成者罚。奖励时,按完成任务的多少、收益的高低、贡献大小来分配奖金。由于机构健全、分工明确、责权利相结合,充分发挥了政策和科学技术的威力,调动了管理人员的积极性,管理水平逐年提高,灌溉用

水量(除1984年外)也逐年增加,由体制改革前(1980~1983年)的年均灌溉用水量60 993 m^3 增加到1987年的82 142.5 m^3,增加35%,灌溉亩次达到3 400余亩次,经济效益亦逐年增加,1987年较体制改革前增加1.6倍(见表1)。

表1 年增产效益

年份	年运行费(万元)	年增产效益(万元)	年净效益	
			数额(万元)	(%)
农村体制改革前(1980~1983)	0.70	4.83	4.13	100
1984	0.94	5.08	4.14	100.2
1985	1.06	7.03	5.97	144.6
1986	1.33	10.69	9.36	226.6
1987	1.26	12.13	10.87	263.2

注:年净效益未计折旧费。

3 实行计划用水、科学用水

由于该地区水资源短缺,系统控制面积大,为充分发挥有限水资源的作用,首先把好提、蓄关,尽可能的多蓄水,发挥蓄水池的调节作用,真正做到平时蓄、灌时用,边提边用。但由于电力紧张,停电频繁,为保证蓄水,自1984年起在机井管理上采取"定额承包,超额有奖"的制度,一是规定全年抽水定额,二是规定每月抽水时间不得少于来电时间的90%。完不成任务扣发奖金,超额有奖,从管理费中提取一定数额奖给管理人员。这样就调动了机井人员的积极性,吃住在井上,只要有电就抽水,特别是利用春节期间供电正常抓紧时间蓄水。自1985年以来用于灌溉的水量逐年增加,年平均达7.5万 m^3,比农村体制改革前的年平均灌溉用水量增加23%。比3号井(提、灌方式,没有蓄水池调蓄)同时期年均总抽水量还高2.6倍。1985年以来秋作物的灌溉面积和灌溉用水量有明显增加,较农村体制改革前分别增加79.2%和244%(见表2)。

表2 秋作物滴灌面积及用水量统计

年份	夏玉米		夏花生		合 计	
	滴灌面积(亩)	滴灌用水量(m^3)	滴灌面积(亩)	滴灌用水量(m^3)	滴灌面积(亩)	滴灌用水量(m^3)
农村体制改革前(1980~1983)	317	11 790.3	—	—	317	11 790.3
1985	345	13 100	250	30 250	595	43 350
1986	320	26 240	180	14 580	500	40 820
1987	384	19 200	225	18 225	609	37 425

注:1985~1987年秋作物年平均滴灌面积568亩,滴灌用水量为40 531.7。

其次是严格实行计划用水,与用户签订供水合同使用水更加科学化。采取"以亩定量，按方计费，交款开票，凭票供水”的方法，在上一年 12 月底以前与用户签订用水合同，先预交 50% 的基本水费，并发结水票，剩余的 50% 水费待本季作物收获后再交。为保证灌溉面积，严格执行了“以亩定量，以量定时（间）”的办法，严格控制每条毛管的工作时间，一般是每隔 1 ~ 1.5 h 移动一次毛管。如有的户不浇，只要他不在支管上安装毛管，但要保证支管穿过他的地界，不影响他人浇地就行了。这样可避免地面灌溉水垄沟过界、喷灌喷洒过界所引起的纠纷。为方便群众，还实行计划外供水，但要增加 20% 水费，并要一次付清，还必须等计划内供水完毕后方能供水。这样也鼓励了群众签订合同的热情，促进了计划用水的实施。在灌溉时，为了充分利用水头，实行“高水高灌，低水低灌”，除此外，都按用户交付水票的先后顺序，由管理人员组织实施。

计划用水的结果是充分利用了水资源，扩大了灌溉面积，提高了单井效益。根据 1980 ~ 1987 年统计，除保证全村人畜用水外，年平均滴灌面积 868 亩，其中小麦 744 亩（复播夏玉米、花生 513 亩），西瓜和春棉 124 亩，比单纯提灌的 3 号井灌溉面积扩大 4 倍多。

4 工程设施统一管理，浇地责任到户

在实行生产责任制以前，该工程是由大队统管，分给各生产队使用，运行费用按效益面积分摊。但这种管理体制常常引起浇地先后、浇地多少和维修招工多少而争吵不休，运行费用也不能及时收回，不少生产队拖欠不还。另外，滴灌设备由试验站保管，由于毛管数量大，不易保存，损坏亦较严重。滴灌时领用毛管既费时又费工，使用时群众也不爱惜，损坏及丢失严重，自 1983 年底实行生产责任制后，浇地对象变为各家各户，原有管理体制已不适应形势发展的要求。为此，该村扩大了试验站的职能，实行水利设施与灌溉用水统一管理和浇地责任到户的办法。为了保证滴灌质量，加强对毛管的保管和使用，试验站把毛管作价卖给群众，实行“按人定量，分户保管使用”的方法。调动了群众爱惜设备的积极性，使毛管使用寿命延长 2 ~ 3 年，有的毛管使用寿命达 10 年。又由于各家负责灌自己的地，他们经常检查和排除滴头堵塞，提高滴水均匀度，保证了滴灌的质量。

对各种工程设施实行统一维修养护，试验站对管理人员实行“定人员、定工程、定设备、定维修和定报酬”的五定岗位责任制，并具体规定了设施的保养时间、维修范围和质量要求，增强管理人员的责任心。为了解决工程设施维修用工问题，实行按效益面积每年每亩分摊 2 个义务工，不出工亦可出钱抵工。并明确规定干管出水口在谁家的地就由谁负责保管，因机耕或人为损坏，要按价赔偿，正常损坏由试验站负责维修。支管由试验站统一管理，浇地时用户交押金领用，丢失或损坏按价赔偿。毛管已作价卖给群众，使用维修或更新均由用户负责。这样，使水利设施能及时得到维修，使整个系统保持完好状态，保证了工程的正常运行。

5 合理解决管理人员的报酬

在实行生产责任制以前，管理人员实行工分制，由试验站记工，生产队付酬。但由于生产队穷富不一，工分值及口粮标准不等，造成事实上的分配不合理。贡献大的不一定多得，贡献小的不一定少得，致使人心浮动，不安心工作，人员不能稳定。自 1977 ~ 1983 年，

人员更换了4～5次。实行生产责任制后,合理解决了管理人员的报酬问题。经过多次研究,确定实行基本工资及浮动工资相结合的工资制,村委会专门拨18亩地作为试验地,其收入做为管理人员的基本工资。浮动工资从水费和多种经营的收入来解决。根据每个人的工作性质,完成任务、贡献大小和收益多少来进行分配,使管理人员的平均收入能略高于同等劳力的收入水平。这样做的结果,稳定了队伍,调动了他们的积极性,为试点的巩固和发展创造了条件。

6　开展多种经营增加收入

试验站是独立核算,自负盈亏,要使每个人的平均收入略高于同等劳力的收入水平,单靠水费的收入是不行的,还必须开展多种经营。他们除承包全村自来水的供水和维修外,还种植用材树苗14万棵,经济树苗5万棵,总收入4.2万元。不仅解决了本村和偃师县小流域的治理和急需用的树苗,还弥补了电费和维修费5 700多元及管理人员的工资、福利和奖金。同时,也减轻了群众的负担,初步做到了以副补长和以副促农。

7　合理征收水费、减轻群众负担

该试验站虽然是企业管理,自负盈亏,把水当成商品,但其宗旨仍然是为农业增产服务,不以盈利为目的。因此,在制定水费标准时,要统筹兼顾。既要保证试验站管理费用的正常开支,又要兼顾群众利益,减轻群众的负担,既要调动管理人员的积极性,又要调动群众用水的积极性。因此,水费标准不宜定得过高。他们通过将电费、维修费、折旧费、浮动工资和管理费等5项开支进行核算,来确定水费标准。如1987年水费为0.08元/m^3,灌溉定额为25 m^3/亩,每亩次水费为2.00元,而附近村的水费标准为0.12～0.15元/m^3,又是地面灌溉,用水量大,每亩次水费达6.00～8.00元。为减轻群众负担,还决定水费可分两次付清,先付50%,另50%待作物收获后再付。这样,有利于调动群众浇地的积极性。

通过10年来的运行管理,他们坚持始终如一,其精神是难能可贵的。确实积累了不少宝贵经验,但也存在不少的困难和问题。我们衷心希望他们能继续努力,再上一个台阶。

（刘云发,马启祥.原载于《灌溉排水》1989年第4期）

雾灌在黑木耳培育中的应用

黑木耳是一种滋味鲜美,营养丰富的保健副食品,也是我国传统的出口商品,它主要靠段木栽培获得。由于木耳的生长受降雨等气候因素的制约,产量低而不稳。特别是我国北方,5、6月份经常发生持续干旱,优质的春耳所收无几。从20世纪70年代开始,采用人工点菌、喷灌等技术措施,木耳产量较以前有了大幅度增长。但是,喷灌时雨滴少,打击力强，使耳芽、耳片受害，影响产量的提高。因此，需进一步探索黑木耳的灌水新技术。

雾灌，又称雾化灌溉。它是世界上新发展的一种灌水技术，雨滴直径 0.5～0.6 mm，雾化似“牛毛细雨”。木耳雾灌似云雾覆盖，提高了湿度，对木耳生长十分有利。水利部、中国农业科学院农田灌溉研究所滴灌组与河南省洛阳地区科技局农业科和洛阳地区果品公司地产科协作，经 1983 年、1984 年在该地区 5 个县的 11 处试验示范点上，对 900 多架洪茬耳杆进行的雾灌试验证明：采用雾灌增产显著，经济效益高。

1　雾灌场地选择及设备安装

(1)黑木耳生长发育需要干长菌丝，湿长耳的“干湿”交替条件，雾灌场地要选在近水源、水质良好、背风向阳、空气清新的地方。

(2)雾灌需工作压力 1～1.5 kg/cm^2，管道一般分干管($\phi32$～$\phi50$)、支管($\phi25$～$\phi40$)、毛管($\phi10$～$\phi12$)3 级。干管从水源到耳场，并垂直于支管，支管垂直于每架耳杆，毛管平行于每架耳杆，悬挂其上空，毛管长 12～15 m。微喷头选用水利部、中国农业科学院农田灌溉研究所研制的单(双)向雾化喷头，间距 1～1.5 m，喷头安装在毛管的同一侧面上，使其喷水方向一致，耳杆受水均匀。管道材质均属半软型聚乙烯塑料管，能适应复杂地形，易安装、好管理、使用方便。

(3)雾灌所需动力，根据当地能源、水源条件，耳杆多少可以灵活选用。在自然落差可以满足雾灌工作压力要求的地方，尽可能选用自压。在无自压条件的地方耳杆较多，可选用机、电动力，加压雾灌，对耳杆不多又少油缺电的地方，可用往复推拉泵进行人工加压雾灌。

2　黑木耳雾灌的增产效果及其关键浇水期

(1)在 1983 年、1984 年试验示范期间，5、6 月份春耳生长季节，主要气候条件如降雨(较历年多 0～58 mm)、蒸发(少 40.8～128.6 mm)、相对湿度(高 9%～15%)都比历年好，气温较历年偏低，日照时数偏少。综观主要气候条件，对春耳生长是有利的。但是，仍不能满足木耳生长所需“干湿”交替循环中连续“湿”的条件。采用雾灌后，耳杆常处于雾气缭绕的环境中，无雨也能使木耳正常生长，定期采摘。据 8 处试点 46 架雾灌试验洪茬耳杆统计，以耳架(注：耳架——木耳计产单位。50 根 1 m 长耳杆，重 250 kg，体积约 0.3 m^3 为 1 架)计雾灌较不灌增产 38.78%～165%，平均增产 102%。据 607 架雾灌洪茬生产耳杆统计，平均架产 2.41 kg，较不灌增产 35.75%～180%，平均增产 74.95%。据试验末茬架耳杆，雾灌较不灌增产 43.85%～170%，平均增产 107%。

(2)木耳是中温型好气性真菌。菌丝体生长需高温(适宜温度 22～32 ℃)低湿(60%～70%)，子实体形成需中温(适宜温度 20～28 ℃)高湿(80% 以上)，即干长菌丝，湿长耳的“干湿”交替条件。每年 5、6 月份春耳生长季节，北方一般降雨稀少、湿度低。“干”的条件可以满足，温度最适宜木耳生长，但湿度不能满足子实体生长需要。此时，雾灌能满足木耳生长所需的“干湿”交替条件，可大幅度增加优质的春耳。据 1983 年、1984 年在嵩县、新安县试点试验，5、6 月份雾灌增产占总增产数的 90%。因此，5、6 月份应视为雾灌黑木耳增产的“关键期”。

3 黑木耳雾灌的经济效益

黑木耳雾灌技术能否尽快推广应用,不仅取决于设备投资的多少和技术的可行性,更重要的是取决于经济效益的高低。现将4个试点525架洪茬耳杆两年来生产投资和收入木耳列入表1,进行经济效益分析。

由表1看出,供试验的525架洪茬耳杆生产总投资(包括耳杆、菌种、机油、柴油、用工、雾灌设备、机器折旧等)共计16 953.69元,平均每架耳杆生产投资为32.29元。总计收入木耳1 254.15 kg,价值26 337.15元,平均每架耳杆产值50.20元。收入减去投资,盈余为9 383.46元,合每架耳杆纯盈余(已全部扣除雾灌设备投资)17.87元。

若不采用雾灌靠天等雨,同样是525架洪茬耳杆,生产总投资中耳杆、菌种与雾灌一样,生产季节用工减少1/2,生产总投资为13 205.56元,平均每架耳杆投资为25.15元。收入按试点不灌试验架平均产耳1.255 kg计,总计收入木耳658.88 kg,价值13 836.38元,平均每架产值26.35元。收入减去投资,合每架耳杆纯盈余1.20元。雾灌与不灌相比,雾灌纯盈余比不灌每架多16.67元,为不灌的14倍。说明黑木耳雾灌的经济效益是十分显著的。

4 黑木耳的雾灌时间、供水方式及其用水量

4.1 耳杆雾灌时间的确定

4.1.1 雾灌耳杆吸水速度的测定

耳杆吸水速度与确定雾灌时间长短关系密切,雾灌时间又与耳杆自然含水量、腐朽程度、气候条件有关。因此,要确定耳杆雾灌时间的长短,首先测定其吸水速率,在室外无风或微风(1~2级)条件下,工作压力为1 kg/cm^2时、喷洒强度为6.1 mm/h,在一个单向雾化喷头有效喷洒面积(2.6 m^2)内摆满耳杆14~16根,地表铺上塑料布接余水,按下式求其吸水速度。

$$I=\frac{W}{2At}$$

式中:I为吸水速度,mm/h;W为耳杆吸水量,用称重法求得,0.5 kg;A为试验耳杆总表面积,m^2;t为雾灌时间,h;2为单位换算系数。

并将不同时段耳杆吸水速度绘成图1。

由图1可看出如下趋势:开始雾灌时耳杆吸水速度最快,随着续灌时间延长,吸水速度呈直线下降,2 h以后吸水速度变得平缓,趋于稳定。又从图1明显看出,无论哪类茬耳杆,雾灌时耳杆吸水速度由高到低(由开始到2 h),再到稳定(2 h以后)两个时期。不同之处是始茬耳杆腐朽程度差,初期吸水速度较洪茬耳杆小,吸水量少。以上说明以耳杆吸水速度来确定耳杆雾灌时间,首先要满足耳杆较高吸水速度期所需时间,即雾灌时间不能少于0.5 h,2 h后吸水速度减慢,吸水量甚少,应停止灌水。故续灌时间不应超过2 h。

4.1.2 雾灌耳杆水的利用率测定

黑木耳雾灌水利用率的高低与确定雾灌时间长短有密切关系。经测定(方法同前)

表1 黑木耳雾灌经济效益核算

投资项目		新安县试点(1983年)(190架)				新安县试点(1984年)(142架)				卢氏县菅坡农中试点(1984年)				卢氏县狮子坪木耳试验场试点(1984年)				卢氏县石门电站试点(1984年)			
		数量	单位	单价(元)	合计(元)	数量	单位	单价(元)	合计(元)	数量	单位	单价(元)	合计(元)	数量	单位	单价(元)	合计(元)	数量	单位	单价(元)	合计(元)
投资	柴油	201.5	kg	1.0	201.5	75.0	kg	0.51	38.25					25	kg	1.0	25.00				
	机油	15	kg	1.6	24	5.0	kg	2.00	10.0					1	kg	1.6	1.60				
	菌种		瓶		2 000.0	1 278.0	瓶	0.86	1 099.08	1 875	瓶	0.3	562.50	720	瓶	0.3	216.0	64	瓶	0.60	38.4
	耳杆	7.325	万kg	0.04	2 930.00	3.543	万kg	0.04	1 417.00	125	架	14.76	1 845.0	60	架	15.0	900	8	架		80.0
	用工				1 600.00	5	人		1 125.00				541.03				900				75.0
	雾灌设备				453.47								380.40				298.6				74.6
	机器折旧				40.00				40.00								40.00				
	总计				7 248.97				3 729.33				3 328.93				2 381.1				268.0
收入	木耳	511.5	kg	21	10 741.50	342.5	kg	21	7 192.50	254.1	kg	21	5 336.10	129.35	kg	21	2 726.85	16.2	kg	21	340.2
盈余		收入-投资=3 492.53				收入-投资=3 463.17				收入-投资=2 007.17				收入-投资=345.75				收入-投资=72.2			
每架耳杆盈余		18.38				24.39				16.06				5.76				9.02			

注:1. 雾灌设备投资当年全部收回。

2. 机器折旧按4%算。

3. 收入按当年洪茬架产量计算,始茬与末茬未计算在内。

4. 新安县用工按每月45元,5个月计算。卢氏县狮子坪为点菌和管理用工。

5. 木耳价格按当地规定收购价21元/kg。

按下式求得水的利用率。

$$J=\frac{W}{Q}$$

式中:J 为水的利用率(%);W 为耳杆吸水量(称重法求得),kg;Q 为喷水量,kg。

实测资料见表2。由表2可以看出:黑木耳雾灌水的总利用率很低,连续5 h洪茬耳杆仅2% ~6%,末茬耳杆和始茬耳杆在2% ~3%。但不同时段水的利用率差异还是相当大的,根据试验灌水后的头0.5 h水的利用率较高,洪茬耳杆为9% ~20%,从0.5 ~2 h洪茬耳杆为3% ~7%,2 h以后洪茬耳杆为1% ~2%。若以水的利用率高低来确定雾灌时间,首先得满足较高利用率所需时间,尽管续灌时间越短,用水率越高,但为保证耳杆表面都受水,使耳杆水分含量逐渐接近适宜含水量下限,最好不少于0.5 h,2 h后水的利用率很低,应停止浇水。

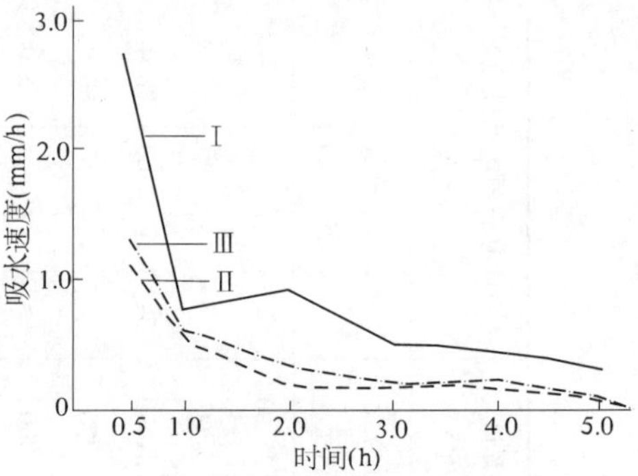

图1 不同茬黑木耳雾灌不同时段吸水速率变化过程线

Ⅰ—新安县曹村洪茬耳(1984年);Ⅱ—卢氏县管坡末茬耳杆(1984年);Ⅲ—新安县曹村始茬耳杆(1984年)

4.1.3 雾灌时耳杆水分含量

耳杆水分包括自然含水量(即风干水)、吸入的雨水和灌溉水。据测定,风干耳杆(自然含水量32%)雾灌0.5 h,水分可达到42%,2 h后吸水基本稳定,时段吸水量明显减少。此时,耳杆含水量已达50%以上,接近适宜含水量下限(60% ~70%),这也说明耳杆雾灌时间,应是大于0.5 h,少于2 h。

总之,从耳杆吸水速度、水的利用率以及雾灌时耳杆水分含量的变化,来确定耳杆雾灌时间应大于0.5 h,小于2 h。但是,耳杆雾灌时间受天气状况、喷水量、雾灌强度和耳杆腐朽程度影响较大,要灵活掌握。

4.2 雾灌的供水方式

根据试验,耳杆连续雾灌2 h后,其吸水速度和水的利用率趋于稳定,耳杆水分已接近木耳生长所需适宜含水量,应停止浇水。由于露天、雾灌面积小和大气的对流作用,停水后耳场相对湿度降低较快。若采用间歇供水方式,每次灌水0.5 h,两次灌水间隔0.5 h左右。这样,不但可以充分利用雾灌耳杆前期吸水速度快,水的利用率高的特点,而且可较长时间调节耳场湿度,有利于木耳生长和产量提高。

4.3 木耳雾灌用水量

木耳雾灌用水量,据4个试点试验架和生产架耳杆用水量统计,春耳生产季节,每一采摘期用水量1.11 ~2.55 m^3/架。夏季每架耳杆用水量不足1 m^3,这与当时的气候条件等因素有关。

5 木耳冬灌增产原因的初步分析

(1)耳杆定期得到适宜的水分,是木耳增产的关键。雾灌后耳杆定期保持“干湿”状况。据室外定期称重测定,风干耳杆(自然含水量40%)不灌水, 除降雨时耳杆含水量可

表 2 雾灌不同茬耳杆水的利用率测定计算

测定地点及日期	气温（℃）	水温（℃）	喷头工作压力（kg/cm²）	试验耳杆含水量（%）	试验耳杆类别	累计喷水时间（h）	累计喷水量（kg）	干杆累计吸水量（kg）	试验累计喷水量（kg）	水的利用率（%）	连续不同时段长（h）	连续不同时段喷水量（kg）	连续不同时段耳杆吸水量（kg）	连续不同时段水的利用率（%）
新安县曹村试点耳杆测试（1984 年 10 月）	早晚 25 中午 29.5	16	1～1.1	29.64	洪茬耳杆	0.5	22.5	4.55	17.95	20.22	0.5	22.5	4.55	20.22
						1.0	45.0	5.80	39.20	12.89	0.5	22.5	1.25	5.56
						2.0	90.0	8.90	81.1	9.89	1.0	45.0	3.10	6.89
						3.0	135.0	10.45	124.55	7.74	1.0	45.0	1.55	3.34
						4.0	180.0	11.70	168.30	6.50	1.0	45.0	1.25	2.78
						5.0	225.0	12.75	212.25	5.67	1.0	45.0	1.05	2.33
	早晚 25 中午 29.5	16	1～1.1	32.96	始茬耳杆	0.5	22.5	2.40	20.10	10.67	0.5	22.5	2.40	10.67
						1.0	45.0	3.05	42.45	6.78	0.5	22.5	0.65	2.89
						2.0	90.0	3.65	86.35	4.06	1.0	45.0	0.60	1.33
						3.0	120.0	4.10	115.90	3.42	1.0	45.0	0.45	1.00
						4.0	180.0	4.64	175.35	2.58	1.0	45.0	0.55	1.22
						5.0	225.0	4.80	220.20	2.13	1.0	45.0	0.15	0.03
卢氏县营坡农中试点耳杆测试（1984 年 6 月）	中午 28	17	1.1～1.2	25.49	末茬耳杆	0.5	22.2	2.50	19.70	11.36	0.5	22.2	2.50	11.36
						1.0	44.4	3.65	40.75	8.22	0.5	22.2	1.15	5.18
						2.0	88.8	4.80	84.00	5.41	1.0	44.4	1.15	2.59
						3.0	133.2	5.45	127.75	4.09	1.0	44.4	0.65	14.6
						4.0	177.6	6.05	171.55	3.41	1.0	44.4	0.60	1.35
						5.0	222.2	6.35	215.85	2.86	1.0	44.4	0.30	0.08

注：1. 新安县曹村试点洪茬耳杆、始茬耳杆测定前暴晒 20～25 d。

2. 卢氏县营坡农中试点末茬耳杆测定前降雨少，未浇过水。

达50% ~55%外，晴天耳杆水分均在自然含水量以下，使菌丝体和子实体生长发育受到抑制。雾灌后耳杆水分可经常保持50% ~80%，为菌丝体和子实体生长提供了适宜的水分条件，促使木耳增长。

(2)雾灌使耳场温度、湿度有所提高。据嵩县、卢氏营坡试点观测，早春雾灌(气温高于15 ℃时)对耳杆温度无明显降低(低1 ~3 ℃)，耳场湿度提高5% ~10%。6月晴天雾灌对温度、湿度无明显影响，阴天湿度提高5%，盛夏晚上雾灌温度下降3 ~5 ℃，持续约2 h，湿度也相应提高。但是，雾灌后耳场湿度未能满足子实体生长最适要求(80%以上)，有待进一步研究提高耳场湿度，促使木耳生长速度增快。

(3)雾灌促使木耳生长速度增快，增加采摘次数。雾灌使耳杆水分增加，耳场湿度有所提高，促使菌丝体向纵深发展，分解吸收积累更多的养分，以利木耳生长。据新安县试点观测，在降雨后雾灌与不灌幼耳同时生长，晴天时连续雾灌，木耳早、晚无明显“收边”，持续生长，能够预期采摘。相反，不灌的木耳由于缺水，晴天昼夜处于“收边”状态，生长受到抑制，生长速度缓慢，采摘期相应延迟。据8个试点统计，在春耳生长期间，雾灌能增加采摘次数1 ~2次。

6 几点体会

(1)雾灌省水节能，有利于黑木耳生长。木耳雾灌的用水量，每一采摘期春耳每架耳杆为1.11 ~2.55 m^3。工作压力只需1 ~1.5 kg/cm^2，较喷灌节能约1/2。雾灌雨滴小，只把水洒到耳杆上空，打击力小，对耳芽、耳片无伤害。雾灌使耳杆定期保持“干、湿”过程，增加耳杆水分含量，提高耳场湿度，为菌丝体和子实体生长提供适宜的水分条件，促使木耳生长增快。

(2)黑木耳雾灌增产显著，效益高。两年来在气候有利的条件下，木耳雾灌比不灌增产35.75% ~180%，平均增产74.95%，若在干旱年增产更为显著。每年5、6月春耳生长季节，雾灌增产占总增产数的90%，应是木耳雾灌增产的“关键期”。由于木耳雾灌可增加采摘次数1 ~2次，增产显著，价值高，扣除生产和雾灌设备投资，每架耳杆当年纯盈余17.87元，雾灌纯盈余为不灌的14倍。

(3)黑木耳雾灌时间应大于0.5 h、小于2 h，以间歇供水方式为主。

耳杆雾灌0.5 h含水量未达到适宜含水量下限，2 h时段吸水量明显减少，水分含量接近适宜含水量下限。所以雾灌的时间应大于0.5 h、小于2 h。连续雾灌时水的利用率低，采用间歇频繁供水，使耳杆吸水速度和水的利用率处于最优状况。既可充分利用耳杆前期吸水速度快的特点，又能相对提高水的利用率和耳场湿度，对菌丝体和子实体生长有利。

(4)雾灌投资少，设备简单，安装、管理、使用方便，能适应“两户一体”的管理体制。黑木耳雾灌系统可根据能源、水源状况、耳杆多少灵活选用自压、机压、人工加压类型。管道按设计要求进行选用。由于设备简单，安装、管理、使用方便，投资只相当于当年增产值的1/3一些专业户、重点户、个体联营体，自筹资金都能办得到，是提高木耳产量的有效措施之一。

有关耳杆水分变化的报道尚未见到，我们称的自然含水量又称原始含水量或起始含水量。耳杆风干之恒重取样在108 ℃烘干至恒重，求其水分占干重的百分率。

(王万欣．原载于《喷灌技术》1985年第4期)

关于柑橘雾灌工程经济效益及管理情况的调查

柑橘雾灌技术自1986年通过原水利电力部鉴定以来,在南方主要柑橘产区推广较快,雾灌使橘农得到了较高的经济效益,因此不少省、市纷纷要求发展柑橘雾灌。但是由于塑料原料短缺和涨价,微灌设备不易购到,严重影响着雾灌技术的发展速度。例如江西省南城县1988年计划新增加1 160亩,实际上只安装了490亩,仅为计划发展的42.2%,全县现有雾灌面积3 200亩。就是发展较快的抚州地区也不到计划数的50%,全地区现有雾灌面积6 800亩。现在江西全省柑橘雾灌面积为1.0万亩,全国雾灌面积估计为2.5万~3.0万亩。

1　雾灌柑橘的增产效果

无论是对比试验还是大面积生产调查,都证明雾灌有明显的增产作用,一般能增产30%~50%,高者可达1倍以上。据江西省南城县万年桥雾灌柑橘试点1986年对比试验资料:成龄橘树雾灌较地面灌增产58.1%,较不灌增产72.0%;城上村40亩壮龄橘树雾灌后增产50%~53%;株良乡172亩雾灌柑橘增产28%~45%;新建县500亩壮龄橘树雾灌后增产71.4%。雾灌柑橘抗逆性强,因此不仅可以增产而且可以稳产。如1985年江西省在柑橘开花期(4月中下旬)遇到高温干旱,短期内气温突然升高到33~35 ℃,空气湿度下降到65%~70%,严重影响了柑橘开花授粉,致使坐果率很低,造成大面积减产。而株良乡香岗山雾灌柑橘园在花期及时进行了雾灌,当年不仅没有减产,反而较1984年增产28.5%。1988年南方主要柑橘产区由于开花期(4月中、下旬)出现较长时期的阴雨低温,影响柑橘开花授粉,进入5月后又突然转入高温干热,造成了严重生理落果,在果实膨大期(7~8月)又遇到长期的高温干旱,致使柑橘大面积减产,一般减产70%~80%,严重者甚至绝收,江西也不例外。但是有雾灌条件的橘园受害较轻,如南城株良乡香岗山雾灌柑橘园,1988年172亩柑橘实收18.3万kg,较1987年还略有增产。邻近的城上村雾灌柑橘园,虽然管理不善,但因采用雾灌,减产较轻,较1987年仅减产30%(见表1)。

2　雾灌工程的管理

在推广雾灌技术的同时,应十分重视雾灌工程的管理。事实说明,管理的好坏直接影响着雾灌效益的发挥。现将调查的两个典型材料介绍如下。

(1)江西省新建县石埠乡柑橘场位于浅丘陵区,面积800亩,是一个乡办集体橘园,职工70余人,分队承包。1986年向中国农业银行贷款26万元建成了引水工程和500亩

表 1　1984 ~ 1988 年雾灌柑橘产量调查

年份	南城株良乡(172 亩)		南城城上村(40 亩)		备注
	总产(万 kg)	单产(kg/亩)	总产(万 kg)	单产(kg/亩)	
1984	14.0	814	1.0	250	
1985	18.0	1 046.5	1.5	375	大旱年
1986	24.0	1 395.3	2.3	575	
1987	18.0	1 046.5	4.8	1 200	
1988	18.3	1 064	2.2	550	大旱年

雾灌系统。1986 年 4 月施工安装,同年 8 月投入运行使用。当年就发挥了效益,全场柑橘总产量由 1985 年的 5.5 万 kg,猛增到 1986 年的 55 万 kg,1987 年总产也达到 55 万 kg 左右,雾灌的效益十分显著,很快就还清了贷款,还有一定的积累。但由于管理不善,地上微管和部分毛管破坏严重,1988 年为大旱之年不能灌水,秋后全场仅摘到柑橘 2.0 万 kg,几乎绝收,其原因是多方面的,但主要是乡领导不够重视,承包制度不健全。乡政府只将柑橘场视为自己开支补缺的财源,只取出不投入,增加了柑橘场的负担,严重影响了橘场职工们的积极性。场内职工对自己划片承包的柑橘树,只管树上收获,不包树下设备。场周围的群众视橘场为“肥肉”,每年在收果期,名曰拣果子,实为哄抢,不但使橘子遭损失,而且雾灌设备也随之被破坏,平时农民群众在橘园内任意放牛割草顺手牵羊,将地表微管和喷头拿走,也无人过问。全场水利设施虽有 2 名专职人员负责,但他们只管水源工程和泵站,田间雾灌系统却无人管理。致使新建不久的灌溉工程在 1 ~ 2 年内惨遭破坏。

(2)南城株良乡香岗山柑橘园面积为 172 亩,为村民集体所有。1984 年开始发展雾灌,5 年以来柑橘产量稳中有增,发挥了很好的经济效益。主要经验是领导重视、管理得好,不但有严格的管理制度,而且设有专人管理。其具体做法是:雾灌系统从水源到田间由两人承包管理,负责系统的维修、保养、灌水等,以工计酬,并划给 0.1 亩柑橘承包地,收入作为承包人的补贴。灌水时场长、技术员、村干部都来协助,水电费、维修养护费等由村委会负担。为了扩大受益户村委会将橘园划分为 30 片(即 30 份)每片 400 株左右,分户承包管理,承包者负责农药、肥料和果树管理,收获后产品全部交予村委会,个人不得对外出售,每户每年定产 0.5 万 kg,收购价为 0.1 元/kg,超产者按 0.15 元/kg 收购。农药、肥料提价后,村委会负担差价补贴,以减轻承包户受物价上涨的影响。每年每户纯收入在 900 ~ 1 000 元。村委会收购柑橘后进行挑选,鲜果一部分出售,一部分保鲜储藏增值。这样全年柑橘园的毛收入 31.4 万元,净收入 26.4 万元,占全村企业(沈店、旅社、加工厂等)总净收入的 84.1%,因此群众称雾灌柑橘为“绿色企业”。村委员会利用这些收入为群众办福利和扩大再生产,全村规定女 55 岁、男 60 岁者每月发给退休金 10 元,村民的保险费、学生的学杂费、教师的工资、干部的补贴、活跃村民的文化生活(放电影、订报刊)费以及县、乡派下来的杂税等统由村委会担负,大大减轻了群众的经济负担。雾灌橘园的收入全村人都能分享,橘园的兴衰与每个人的利益紧密相关,因此人人都爱护橘园的一切设施,自觉遵守规定的乡规民约(如非承包人员一律不得进入橘园,牲畜跑入要罚款10元,损1个橘子罚款5元等),本村人不会去破坏雾灌设备,外村人也不敢来哄抢破坏。株良乡的经验主要是领导重视,有严明的责任制度,有专人管理,严格执行乡规民约,雾灌柑橘收入与广大村民利益息息相关,人人关心橘园,爱护雾灌设备。这一经验已在全县推广,现在南城县每一个乡、村委会都建立了自己经营的"绿色企业"——柑橘园,并逐步发展成雾灌橘园。株良乡发展的较快,各村的雾灌柑橘园基本上已连成片,管理的办法大同小异,基本上是株良乡的模式。

雾灌工程一般是几个月到一年的时间就可建成,而用好、管好却是长期的事,如果因某一年或某一地段没有管好,就可能使工程遭到破坏,甚至整个系统报废。因此,各地领导在发展雾灌柑橘时对雾灌系统的管理应给予足够的重视,并应大力宣传,特别是群众积极要求发展雾灌技术的今天,应把雾灌系统的管理问题放在与发展雾灌技术同等重要的位置,一面建设,一面加强管理。这样,才能使雾灌技术健康、稳步发展,为促进当地农业生产发挥其积极的增产作用。

(傅琳. 原载于《灌溉排水》1989年第2期)

第六篇　发展研究

我国微灌发展中值得关注的问题

我国微灌技术发展已经历了20多年历程,据统计,到目前为止,全国微灌累计建设面积达10万~13万hm^2,在促进各地发展节水灌溉,发展农村经济,农民脱贫致富等方面发挥了重要作用,也为今后进一步普及推广和发展探明道路、积累经验。

虽然取得很大成绩,但目前真正能正常运行、发挥效益的仅有1/3左右,问题十分突出。在今天微灌发展前所未有的大好形式下,我们应认真总结微灌发展中的经验和教训,以免再犯"狗熊掰棒子"的错误。

1　微灌工程真正发挥效益不多的原因

我国微灌工程建得多,真正巩固发挥效益的不多,年年都有新建的,年年都有废弃的。其原因很复杂,可归纳为以下几个方面。

1.1　农业生产体制的改变,管理工作一时跟不上

微灌工程是以管网系统进行灌溉,适合于集体经营管理,在实行生产责任制后,管理措施未跟上,微灌设备也随之被分解,致使整个系统破坏,导致1980年前后微灌面积大幅度下降。

1.2　选点不当,管理不力

各地在兴建微灌工程时,对自然条件考虑得多,对工程建成后,经营管理的社会条件考虑得少,一些工程建成后,没有及时组建专职管理班子和建立可行的规章制度,使工程处于无人管理的状态,不能很好地发挥效益。另外一种情况是对供水的水源考虑不周,使一些工程建成后,因水源发生变化,水量或水质变坏,迫使工程报废。

1.3　微灌设备有的质量不高和不稳定,零配件配套不全

因过分注重降低微灌系统成本,而忽视水质净化和系统安全保护等设备的重要性,致使现有的部分微灌系统抗堵塞性能脆弱,运行可靠性较低,这是影响我国微灌发展不可忽视的问题。

1.4　重建轻管

在筹建微灌工程时,领导和群众的积极性很高,多方筹资,四处备料,尽快施工安装,一旦工程投入运行后,有的领导便很少过问和关心如何管好、用好、发挥工程效益的事。由于管理不善而搁置起来或废弃的工程占有相当的比重。

2　针对问题提出的几项措施

解决上述问题主要应从两方面入手：一是加强社会经营管理；二是不断提高设备质量和配套水平，二者相辅相成。管理加强后，可弥补设备质量的欠缺，即使使用现有的微灌设备，也可以维持微灌系统正常运行，发挥其应有的经济效益。反之，改善现有设备，提高其运行可靠性，便于使用和管理，也有助于更好地发挥工程效益，推动微灌技术的发挥。针对我国现实情况，当前应抓好以下几项工作。

2.1　微灌工程投资机制的改革

目前，微灌工程投资不管是上级拨款、贴息贷款，还是多方集资等，基本上都是国家投资，群众（用户）自己投资甚少，形成了“花钱者不用，使用者又不花钱”的现象，群众把这样建成的微灌工程（系统）看做是“公家的”，一般不爱惜不维护。微灌工程建设一次性投资较高，一般在 4 500 ~ 7 500 元/hm^2，让群众全部投入，无力承担，国家必须给予补助支持。建议微灌工程的输配水管网部分由国家投入，田间灌水部分，即毛管和灌水器等，由群众（用户）自筹，这样有助于使用户把微灌设备看做是“自家的”，调动起两个积极性，并有利于管好、用好、维护好建成的微灌工程，发挥工程的经济效益。

2.2　加快水费改革

要通过行政、经济、法律等手段制定有关节水的政策和法规，加快水费改革，通过提高效率和价格，用经济杠杆来实现节水和发挥水的最佳经济效益。我国现行的农业用水水费偏低，这是过去计划经济延续下来的，这不仅影响到灌溉用水管理部门工作的正常开展，而且不利于调动农民节水的积极性，致使有的地方仍在喝“大锅水”。在美国、英国、以色列等国家，水费提高 10%，对水的需求量可下降 7%。所以，利用改革水费这一经济杠杆作用不仅促进农业合理用水、节约用水、保护现有的水资源，而且可促进农民节水的紧迫感和采用先进节水技术的积极性。

2.3　加强微灌设备产品的抽查监测和厂家的售后服务

近年来，在国家和有关部门的关心支持下，有的生产厂家不断在研制开发新产品，在引进国外先进技术、国外生产线的基础上，在设备生产工艺、质量和运行可靠性方面均有了进一步提高，节水设备类型、品种更加齐全。但是有的产品质量还不够稳定，直接影响到微灌工程的使用寿命。厂家的产品仅在开鉴定会时才送有关监测部门检测，平时很少检测产品质量，损害用户利益的现象时有发生。为此，建议水利部两个节水灌溉设备检测中心承担起每年定期抽检各厂家产品质量的工作，检测费用由厂家负担，以维护用户的利益。

建议各设备生产厂家和经营部门加强售后跟踪服务，不断改进和提高产品质量，同时销售一方有责任教会用户如何使用、如何管理，出了问题如何处理等，对其提供的技术和产品有一定服务期限，有利于促进微灌工程的巩固和发展。

2.4　组织微灌技术培训，强化微灌工程管理

有计划地组织不同形式、不同层次的微灌技术培训是促进微灌技术健康稳步发展的

一条重要措施。一是大力宣传节水的重要意义，逐步增强全面的节水意识；二是传授微灌知识，培养技术力量，尤其是计划兴建微灌工程的地方，一定要进行培训，让农民和基层干部了解微灌技术的优缺点，各种微灌设备的性能和作用，如何安装和使用等；三是传授微灌系统如何进行管理等知识。管理对维护工程的正常运行、合理供水发挥工程效益至关重要，也是巩固现有工程，充分发挥工程效益极重要的一环，需建立起“三分建，七分管”的思想。

微灌是先进的灌水技术，技术含量相对较高，微灌工程对管理、维护的要求也相对较高，所以在工程建成投入运行后，建立相应的管理组织和制定切实可行的规章制度，是当地有关部门与用户认真对待和急需解决的问题。微灌工程的管理是一个老大难的问题，难就难在要有长期服务的思想和人文社会的复杂性，以往一些微灌工程被破坏和报废，问题就出在这两个方面，当然各地也有能管好用好，长期发挥工程效益的典型，其主要经验是：领导重视；建立了专门的管理组织，有专人管理；制定切合实际的规章制度等。而这其中关键的一条是领导重视和提高管理人员的素质，只要做到认真负责，就一定能把管理工作做好。

2.5 依靠科技，健康稳步发展

由于全球淡水资源可利用量有限，在当今世界面临的人口、资源和环境三大课题中，水成了关键的问题，并把它提到影响人类社会生存能力的高度来认识，联合国预言：到2000年，水将成为全世界紧迫的自然资源问题，特别是亚州，缺水问题已引起人们对这个地区能否保持经济增长、社会发展及政治稳定的关注和忧虑。科学家们警告，30亿人口的亚州如果不立即采取行动保护水资源，水资源危机将难以控制，在过去40年中，亚洲地区人均水资源占有量一直在持续下降，到1990年下降了40%～60%（中国下降了42%）。我国是一个水资源短缺的国家，人均水资源占有量2 300 m^3，排世界109位。有限的水资源在时空分布上很不均匀，南多北少，东多西少，夏秋多、冬春少，占国土面积50%以上的北方地区拥有的水资源量不足全国总量的20%，农业的季节性、区域性干旱缺水问题十分突出，我国有10个省、市、区人均水资源占有量低于国际上一般公认的人均水资源最低需求标准（1 000 m^3）。随着我国工业化和城市化的发展，农业用水比重已从过去85%下降到现在的72%左右，今后还会下降。因此，解决我国农业发展的缺水问题，根本出路就是发展节水灌溉。这一点越来越引起各级领导的关注，为节水灌溉技术的发展提供了良好的机遇。在这大好形势下，我们必须保持冷静的头脑，认真总结过去发展中的问题，避免重蹈覆辙，使微灌技术发展与微灌技术研究紧密结合起来，做到建一处，成一处，用一处。目前适用果树微灌技术和保护地滴灌技术已比较成熟，可以大面积推广，而适合大田作物的微灌技术和设备尚需加强研究，还不宜大面积推广。在国家领导的关心支持下、在各级领导及有关科研教学单位、生产厂家和广大农民的共同努力下，我国的微灌事业必将出现前所未有的发展新局面。

（傅琳．原载于《节水灌溉》1998年第1期）

Fertigation in China

1　Introduction

A continued improvement in irrigation technology and efficient use of irrigation water and fertilizer are essential to keep food supply in balance with the increasing demand on environmentally sound grounds. However, irrigation agriculture can be environmentally sustained provided the basic principle of good water and fertilizer management has been recognized. With inappropriate planning the threat of environmental damage due to irrigation and fertilization is inevitable, whereas, intensive irrigated agriculture properly planned. Constructed and managed, instead of being an environmental problem can be an environmental and human asset. Fertigation is presented as a means to increase yield, improve quality but also as the best fertilizer management approach to practice intensive sustainable agriculture.

It is estimated that the entire acreage under micro-irrigation (drip and mini-sprinklers) will reach 3×10^6 hm^2 by the year 2000. Although this would represent only 2% of the total irrigation area throughout the world, such an increase would be immense the corresponding figure in 1991 was only 1.7×10^6 hm^2. It is a fact that agriculture has no other choice than to intensify the efficiency of irrigation water in the future. Many countries face a scarcity of water resources, and while more water is being allocated for municipalities and industry, less and less is being made available for agriculture. In practice, this means that micro irrigation and fertigation will become an increasingly desirable system.

2　Fertigation in America

Fertigation in South and Central America is gaining ground, especially in Argentina, Mexico, Peru, Ecuador and Chile. In new reclaimed areas in some countries, the only irrigation systems accepted are drip irrigation and fertigation. Table 1 and Table 2 summarize the different irrigation types and fertigation state in America.

Table 1　Percentages of areas irrigated by different methods in America (1997)

Irrigation method	West states	Other States	Area ($\times 10^6$ hm^2)			Total
			>1.2	0.4~1.2	<0.4	
Sprinkler	44.8	44.6	41.4	43.7	66.7	44.89
Surface	51.4	48.6	54.3	51.5	28.1	50.7
Micro	3.8	6.8	4.3	4.7	5.2	4.5

Table 2 Percentages of areas irrigated by different micro irrigation methods in America (1997)

Project	Micro spray (%)	Drip Irrigation (%)	Subsurface drip irrigation(%)	Buried porous pipe (%)	Chemigation	
					Area ($\times 10^4 hm^2$)	Ratio (%)
West states	7.67	88.24	3.99	0.1	5.62	98.40
Other States	51.46	36.81	11.25	0.47	32.92	55.09
Total	23.19	70.01	6.56	0.23	38.54	60.97

3 Water-saving Irrigation in China

Water resources in China have the characteristics of abundance in total water volume, less in per capita holding and extremely uneven in both space and time. The mean annual water resources volume in China is about 2 812 $\times 10^9$ m^3, the recharge of ground water is about 828.8 $\times 10^9$ m^3, the duplicative part of the river runoff and the recharge of groundwater has been deducted in the total water volume. However, the per capita holding of water resources is only 2 300 m^3 for large population and approximately one-fourth of the world average.

The total water consumption was increased by approximately 100 billion m^3 every 10 years from 1949 to 1990's. The agricultural water consumption was gradually increased before 1980's and unchanged or little decreased after 1980's. The proportion of agricultural water consumption in the total water consumption was reduced step by step with time from 97% in 1949 to 73.33% in 1993; On the contrary, the industrial and municipal consumption was increased from 3 $\times 10^9$ m^3 in 1949 to 140 $\times 10^9$ m^3 in 1993 and its proportion in the total water consumption was increased from 2.91% in 1949 to 26.67% in 1993. The contradictions between water resources supply and demand are aggravating day by day because of the limited water resources. In addition, because there are not sufficient surface water resources in north plain of China, groundwater in extracted to a great and resulted in serious overdraft, the groundwater level was reduced by over 1 m/a. The yields of wells was reduced and will be reduced continuously with no recharge.

The shortage of water resources has caused a great attention of the Chinese government. As irrigation is the biggest consumer of water resources, water-saving irrigation has gained great development from late of 1980's. By the end of 1998, the area of water-saving irrigation, including sprinkler irrigation, micro irrigation, reached 15.23 $\times 10^6$ hm^2.

4 Fertigation in China

Fertigation usually combined with drip irrigation and few with sprinkler irrigation. It is estimated that there are 0.5% to 1% of sprinkler irrigation and 10% to 20% of micro-irrigation areas under fertigation. The approximate area of fertigation is 40 000 to 78 000 hm^2.

Fertigation is mainly used on cash crops and the crops grown in greenhouses.

Several ways are being used to inject fertilizers to irrigation systems in China. The most popularly used injectors are differential pressure tank. In recent years, some types of diaphragm pump and water-powered pump along with automatic control unit start to be used in greenhouse fertigation. Most of the fertilizer injectors are made by local companies, meanwhile, several types of injectors made in foreign companies are still used.

It was reported that the efficiency of nitrogen fertilizer can reach 80% to 90%. When applied via fertigation and that of irrigation water 75% to 90%. These high efficiencies and all the other benefits of fertigation are tempting more and more growers to implement their systems. Fertigation is very beneficial and quickly repays the investments required, particularly in cash crops. Some data are listed in Table 3 to Table 6. From these tables, we can see that fertigation is significant of effect in promoting labor efficient, reducing the production costs and increasing benefits.

Table 3 Comparison of labor inputs between drip irrigation and furrow irrigation (unit: h)

Type	Irrigation	Fertilization	Pesticide	Total
Drip irrigation	3	3	67.5	73.5
Furrow irrigation	33.5	26	96	155.5

Table 4 Benefit analysis for different fertilizer application methods

(unit: USD/hm^2)

Project	Method of fertilization for spring wheat			Method of fertilization or Corn		
	Sprinkler	Manual	Plane	Sprinkler	Manual	Plane
Average increase(%)	14.11	6.91	8.66	14.86	6.63	15.37
Yield increase(kg/hm^2)	54.52	26.70	31.57	21.44	9.56	20.74
Increased value	58.88	28.83	34.10	42.87	19.12	41.48
Total cost	9.89	9.99	16.41	9.89	9.99	18.51
Airplane flight	0	0	1.76	0	0	1.76
Food and lodge	0	0	0.52	0	0	0.52
Labor cost	0.09	0.40	0.26	0.09	0.40	0.26
Cost of water and power	0	0	0.26	0	0	0.26
Fertilizers and pesticides	9.59	9.59	12.56	9.59	9.59	14.65
Conveyance and setting	0.21	0	0	0.21	0	0
Others	0	0	1.05	0	0	1.05
Net benefit	48.99	18.84	17.69	32.98	9.12	22.97

Table 5 Analysis of costs for cotton irrigated by flood irrigation and drip irrigation

(unit: USD)

Costs	Flood irrigation	Drip irrigation	Difference
Water	4.88 ~ 9.21	2.22 ~ 4.30	2.66
Fertilizers	15.35	9.04	6.31
Cultivate	7.55	4.30	3.26
Chemical control	8.28	1.16	7.12
Labor	27.70	27.91	-0.22
Total	63.76 ~ 68.09	44.64 ~ 46.72	19.12

Table 6 Benefit analysis for fertigation through drip irrigation system

(unit: USD/hm^2)

Place	Saving				Increase benefit	Decrease of cost
	Power	Labor	Water	Fertilizer and pesticide		
Shihezi Water Power Bureau	69.77	51.8	34.88	104.65	460.47	209.30
Xinjiang Academy of Agricultural Sciences	20.01	0	40.29	44.30	552.84	105

To feed the big population, we have to move to more intensive agriculture where chemicals and fertilizers will be extensively used aimed at increasing food production. In this aspect, improving agricultural fertilizer management, irrigation methods and water use efficiency will be of particular importance to increasing food production but also protect environment and public health. Potential market of fertigation is very large in China. Fertigation will reach 70% to 90% of drip irrigation area and 10% of sprinkler irrigation area. This means the areas of fertigation will be 0.87×10^6 hm^2 at the end of 2010.

5 Advantages and Disadvantages of Fertigation

Fertigation has some potential advantages, such as improved quality of products and improved efficiency of fertilizer recovery. Minimal fertilizer lessen due to leaching, control of nutrient concentration in soil solution, control of nutrients form and ratio of the various forms particularly for N-fertilizers and flexibility in timing of fertilizer application in relation to crop demand based on development and physiological stage of crops. Advantages of scheduling fertilizer applications on the basis of needs are potentially reduced N-element losses associated with conventional application methods that depend on the soil as a reservoir for nutrients. In addition, fertigation reduces fluctuations of soil solution conditions particularly for salt sensitive crops. In general with fertigation, protection of soil and water from fertilizers on a sustainable basis can be achieved.

The most problem of fertigation is clogging. Because regular fertilizers usually can't be dissolved thoroughly, these not only cause clogging, but also decrease the efficiency of fertilizer. The most efficiency of fertilizer is about 45% in China, and fertilizer using-efficiency in fertigation tests are above 95%. So to solve clogging and Lower fertilizer using-efficiency, the way is to development water-soluble fertilizer and fertigation.

6　Some Details of Fertigation Technology

Although fertigation has a large number of potential benefits, it can also easily fail if not managed properly. It can greatly intensify crop management and productivity but, on the other hand, it requires a high level of agronomic and technical knowledge.

The first step is to determine the amount and frequency of irrigation, taking into account, e.g. soil properties and water quality. Fertilization is only planned after this, as fertilizers are only used with water. If too much water is given some of it leached away along with the fertilizers. Insufficient water results in a weak root system, leading to lower yields and lower productivity.

In many cases, one of the biggest constraints in fertigation is low quality or irrigation water. It is often alkaline and contains high amounts of calcium and magnesium; Or it is saline with high contents of sodium and chlorine. Under these conditions, special care should be taken to select appropriate fertilizers.

Only fully water-soluble fertilizers can be applied in fertigation. Acidic fertilizers are a good choice for alkaline water. If irrigation water is saline, it is extremely important to plan the fertilization regime carefully so that crops can grow safely and soil salinity remain stable. Zero residual soil salinity can be reached with proper management of the fertigation system and careful planning of fertilizer selection.

Micro-irrigation and fertigation are installed mostly for fruit trees and vegetables. Other crops, such as grapes, cotton, sugar cane etc., have also been taken into account, however. Even if lack of irrigation water does not pass a problem, it is still beneficial to use the best possible irrigation and fertilization system to reach high efficiency of agricultural inputs.

(Wu Feng, Gong Shihong, Huang Xiuqiao, etc. 原载于《Theory and practice of water-saving agriculture》2001 年)

发展滴灌是坡地旱区实现水利化的有效途径

滴灌是近10多年来发展起来的一种新的灌水技术。在国外,主要是在干旱与半干旱,动力、劳力和水费昂贵的地区发展较快,多用在果树及蔬菜等经济作物上,用于粮食作物则很少,绝大部分是固定滴灌。我国自1974年引进滴灌以来发展较快,根据我国的具体情况,滴灌不仅用于经济作物,而且也用于干旱缺水的丘陵山区的粮食作物,大多是移动滴灌。滴灌不仅降低了设备投资,提高了利用率,而且效果也很显著。

1976年,水利部及中国科学院下达给我所(水利部、中国农业科学院农田灌溉所)和原河南省水利局在偃师县建设千亩滴灌试点的任务,1977年冬开始建设,1979年11月建成,历时2年,建有2个自压滴灌系统,可滴灌914亩。另外,利用3~4 Hp柴油机组装5部流动滴灌机组,可滴灌250亩,合计可滴灌1 164亩。几年来的生产实践和科学试验,使我们深深地体会到发展滴灌是坡地旱区实现水利化发展生产的有效途径之一。

1 滴灌增产省水的效果显著

河南省是我国主要小麦产区之一。偃师县邙山岭上也多种植小麦,但产量较低。影响产量的主要因素是干旱缺水,仅靠天降雨是远远不能满足小麦正常生长对水分的要求的。

为了保证小麦正常生长,必须用灌溉的办法来弥补降水的不足。但由于该地水源条件较差,尚不能做到根据小麦生长发育对水分的要求来进行适时适量的灌溉,只能根据水源情况,在小麦生长需水最多的时期进行抗旱滴灌,即所谓的滴灌关键水。1978~1979年大田观测表明,小麦亩产在200 kg左右的水平,滴灌关键水1~2次,平均每亩增产78.5 kg。1977年在小麦生育期间遇到严重干旱,千亩滴灌试点刚刚筹建,既缺水源又缺设备,用仅有的1台3 Hp柴油机组装成流动滴灌机组,抗旱滴灌80亩。1队和11队在小麦拔节期各滴灌1次,每亩滴水10~15 m^3,产量为98.5~103.5 kg/亩,较同期抗旱点浇的(每亩用水量5~7 m^3)产量10.65~15.75 kg/亩,增产5~8倍(见表1)。没有点浇的绝大部分旱死,不得不改种红薯、春玉米及棉花等作物。1980年小麦又遇到严重干旱影响,滴灌2~3次,滴水量50 m^3/亩左右,较不灌又获得显著的增产效果。滴灌866亩,共增产7.2万kg,平均每亩增产83.25 kg。

1977年6月比较干旱,正是春玉米拔节,需水最多的时间。利用流动滴灌机组抗旱滴灌84亩,滴灌1次,平均每亩滴水量11.5 m^3,产量为257.1~273.2 kg/亩,较不灌的172.2~216.1 kg/亩多收57.1~84.9 kg,增产26.4%~49.3%(见表2)。实践证明,滴灌不仅是一项先进的灌水技术,而且也是一个行之有效的抗旱措施。

1977~1979年在试点进行的滴灌与畦灌对比试验表明,在小麦生育期内,滴灌4~13次,总用水量每亩50~105 m^3,产量为283.5~457.9 kg/亩。畦灌3~5次,灌水量110~167 m^3/亩,产量为196~433.1 kg/亩。需要说明的是,该队基本上没有水浇地,试验区的畦灌是用塑料管将水直接输入试验区内。所以,灌水量较一般大田少,畦灌灌水质量高。

表1　滴灌对产量及穗部性状的影响

年份	队别	处理	灌水次数	灌水时间	灌水量（m^3/亩）	株高（cm）	穗长（cm）	每穗小穗数（个）	不孕小穗数（个）	每穗粒数（粒）	千粒重（g）	每亩穗数（万穗）	产量（kg/亩）	增产率（%）
1976～1977	1队	滴灌	1	拔节期	10～15	56.8	6.62	13.6	2.04	31.7	21.9	21.9	103.5	871.8
		点浇	1	拔节期	5～7	33.5	4.86	11.7	3.66	13.7	19.1	19.1	10.65	0
	11队	滴灌	1	拔节期	10～15	64.8	7.50	15.0	1.80	30.0	23.3	23.3	98.5	525.4
		点浇	1	拔节期	5～7	39.9	4.85	11.8	4.10	13.7	21.2	21.2	15.75	0
1977～1978	11队	滴灌	1	冬灌	12	80.1	7.95	19.0	3.68	29.0	33.53	34.4	332.5	30.7
		不灌	0			75.0	8.30	18.7	3.43	30.7	34.37	32.7	254	0
	1队	滴灌	1	拔节期	17	78.0	8.55	18.0	3.06	35.3	30.20	28.9	290	35.5
		不灌	0			67.0	8.36	17.1	3.40	30.1	29.13	22.5	214	0
	3队	滴灌	1	拔节期	15	72.0	7.44	16.9	2.80	30.0	32.17	25.6	217.5	32.2
		不灌	0			66.6	7.41	15.9	3.10	27.2	30.63	23.0	164.5	0
	7队	滴灌	2	冬灌、拔节	38	70.0	7.35	17.1	2.59	35.9	29.37	30.4	303	40.3
		不灌	0			70.3	7.14	17.1	3.58	28.6	30.03	29.4	216	0
1978～1979	9队	滴灌	2	冬灌、返青	33	94.89	8.39	19.48	3.12	31.0	33.9	28.4	325.6	113.3
		不灌	1	返青	18	83.61	7.21	15.33	1.95	30.1	33.4	18.4	152.6	0
	3队	滴灌	1	返青	20								322.2	34.1
		不灌	0										240	0

即便这样，滴灌仍较畦灌增产，省水达18.0%~54.5%（见表3），如和一般大田畦灌相比，省水效果更为明显，可达50%以上。这样，使用滴灌就能扩大灌溉面积，提高产量，这对于干旱缺水的邛山岭上就显得更为重要。另外，滴灌能小水大用，提高水的利用率。

表2　抗旱滴灌对春玉米生长性状及产量的影响（1977年）

队别	处理	株高（cm）	茎粗（茎周）（cm）	穗长（cm）	穗径（cm）	秃夹（cm）	百粒重（g）	空秆（%）	双穗（%）	株数（株/亩）	产量（kg/亩）	增产率（%）
3队	滴灌	171.60	6.84	21.72	4.66	1.93	29.10	3.50	1.00	2 500	273.2	26.4
	未滴灌	154.05	6.40	20.25	4.53	2.72	30.26	3.00	3.00	2 500	216.1	0
10队	滴灌	165.50	7.25	19.85	4.53	2.35	26.13	2.50	2.00	3 000	257.1	49.3
	未滴灌	141.65	6.29	18.71	4.32	2.46	23.90	3.00	5.00	3 000	172.2	0
4队	滴灌		6.90	20.80	4.85	1.08	32.13	1.00	9.00	2 200	261.6	44.1
	未滴灌		5.67	19.17	4.27	2.25	27.60	2.00	1.50	2 200	181.5	0

表3　小麦滴灌、畦灌的产量及穗部性状对比

年份	处理	滴水次数	灌水量（m^3/亩）	株高（cm）	穗长（cm）	每穗小穗数（个）	不孕小穗数（个）	每穗粒数（粒）	千粒重（g）	每亩穗数（万穗）	产量（kg/亩）	增产率（%）
1976~	滴灌	4	50	66.3	7.0	17.8	3.4	31.4	40.4	35.7	283.5	44.7
1977	畦灌	3	110	56.0	6.0	16.4	3.9	25.8	43.1	25.4	196	0
1977~	滴灌	13	105	86.9	8.29	19.92	4.68	30.99	34.34	46.8	457.9	5.7
1978	畦灌	5	128	87.3	8.40	20.17	5.13	30.30	32.63	44.7	433.1	0
1978~	滴灌	8	90	84.03	7.04	18.77	4.61	29.94	35.15	39.94	395.0	1.0
1979	畦灌	5	167	80.73	7.14	18.77	5.05	29.08	37.30	38.16	391.1	0

2　小麦生长期移动滴灌的效果好、投资少

我国自1974年引进滴灌以来发展较快，据1978年11月不完全统计，全国滴灌面积达16 000多亩。其中粮食作物面积占65%，大都分布在干旱缺水的丘陵山区。近几年又有新的发展，但在粮食作物上推广滴灌一个突出的问题，就是成本太高。如搞固定式滴灌，每亩投资需300元左右，其中毛管和滴头的费用约占全部投资的1/2以上。因此，减少毛管及滴头用量就可以大大降低设备的投资。实践证明，采用移动滴灌可以大大减少毛管及滴头用量，降低成本。所谓移动滴灌，就是滴灌系统中的主管、干管、支管固定，用人工移动支毛管。根据我们在试点典型地块调查，如用固定滴灌，每亩设备投资约280元，其中毛管和滴头的投资占78%。而移动滴灌每亩设备投资下降至70元左右，较固定

滴灌投资减少75%。移动滴灌在小麦生长前期是切实可行的,这是人们所公认的,但在生长后期用移动滴灌人们尚有不同的认识,主要是怕移动毛管损伤小麦,影响产量。1978年及1979年的试验表明,滴水量为16.3~24.0 m^3/亩,千粒重及产量有比较明显的增加,后期移动滴灌较前期灌后期不灌的增产7.3%~16.7%,千粒重提高0.60~1.8 g。后期固定滴灌较后期不灌的增产2.1%~26.1%,千粒重提高1.97~5.50 g。后期移动滴灌与固定滴灌相比较,其产量互有高低(见表4)。

表4　小麦生长后期滴灌对产量的影响

年份	处理名称	每亩穗数(万穗)	千粒重		产量		
			千粒重(g)	较不滴增加(g)	产量(kg/亩)	较不滴增加(kg/亩)	较不滴增加(%)
1978	前期不滴后期不滴	15.5	30.53		69.5		
	前期不滴后期滴移	14.7	32.77	2.24	114.5	45	64.8
	前期滴灌后期不滴	29.5	37.13		287		
	前期滴灌后期滴移	30.2	37.73	0.60	308	21	7.3
	前期滴灌后期固滴	29.3	39.10	1.97	293	6	2.1
1979	前期滴灌后期不滴	24.10	31.60		230.4		
	前期滴灌后期滴移	25.07	33.40	1.80	268.8	38.45	16.7
	前期滴灌后期固滴	25.92	37.10	5.50	290.5	60.1	26.1

小麦生长后期移动毛管是要损伤一些小麦,对产量有所影响,其中以支管附近损伤的麦子最为明显,一般损伤的宽度为30~50 cm,严重的达70 cm。被损伤的小麦,虽然也有收成,但由于千粒重显著降低,从而影响产量。据调查,被损伤小麦的千粒重较未被损伤小麦的千粒重低2.0~3.7 g(见表5)。我们以支管为中线,收割宽1 m长6.9 m被损伤的小麦,同时又收割与其相邻的同等面积没有被损伤的小麦,脱粒后比较,前者较后者低0.33~1.2 kg(见表5)。1根支管双向控制50 m长,如按6.9 m宽计算,其面积为0.517亩。也就是说在0.517亩面积上,由于移毛管挪倒了一些小麦,损失0.33~1.2 kg,折合每亩损失0.63~2.32 kg。但这种损失与由于后期滴灌增产的数值比较,就显得微不足道了。

表5　后期移动滴灌对支管附近小麦产量及千粒重的影响

队别	1队		2队		6队		7队	
生长状况	生长正常的小麦	被损伤的小麦	生长正常的小麦	被损伤的小麦	生长正常的小麦	被损伤的小麦	生长正常的小麦	被损伤的小麦
千粒重(g)	38.4	36.4	36.7	34.2	36.9	33.2	37.8	34.4
损伤小麦较正常小麦降低值(g)	—	2.0	—	2.5	—	3.7	—	3.4
6.9 m的产量(kg)	4.23	3.03	3.10	2.78	3.20	2.58	2.30	1.88
损伤小麦较正常小麦降低值(kg)	—	1.2	—	0.33	—	0.63	—	0.43
折合每亩损失(kg)	—	2.32	—	0.63	—	1.21	—	0.82

关于小麦生长后期滴灌的经济效益,根据2年平均增产数字来计算,扣除水费及多用工钱,后期滴灌较后期不灌每亩净收入多9.41元,后期固定滴灌净收入多10.67元。后期固定滴灌较移动滴灌多收1.26元/亩,但固定滴灌的毛管及滴头投资大,每亩145.32元,移动滴灌的毛管及滴头投资为25.79元/亩。前者较后者每亩多投资119.53元。还可以这样考虑,后期移动滴灌需要的毛管长度与后期固定滴灌所需毛管长度之比为1:5.4,即用于1亩固定滴灌的毛管数量,可用移动滴灌5.4亩。因滴灌设备有限,如后期采用1亩固定滴灌,那么势必有4.4亩不能滴灌。根据2年试验的平均产量计算,1亩固定滴灌和4.4亩不灌的总产为1 430.1 kg,而后期移动滴灌5.4亩的总产为1 556.6 kg,较前者多126.5 kg,平均每亩多23.5 kg,增产8.9%。由此可见,在小麦生长后期用移动滴灌较采用固定滴灌投资少、见效快,较后期不灌的具有产量高、收入多、经济效益大的特点。因此,在目前生产条件下,无论从技术还是从经济上看,小麦生长后期采用移动滴灌都是完全可行的。

3 滴灌能疏松土壤、节省劳力

滴灌不仅省水增产,同时还能改善土壤通气状况,使表层土壤疏松、不板结。据1978年小麦收获后测定0~10 cm土层的容重,滴灌较畦灌小,孔隙率有所增加。滴灌的容重为1.264 g/cm^3,孔隙率为53.2%;畦灌的容重为1.325 g/cm^3,孔隙率为50.9%。关窑大队的群众在生产实践中有深刻的体会,他们认为:滴灌后土地发虚、没有干裂、不破坏土壤结构、不用锄、节省劳力。而畦灌就不是这样,浇后如不及时松土,土壤就会干裂、土壤板结、耕耙时费力,也不利于作物生产。

节省劳力也是滴灌的优点之一。滴灌对地形要求并不太严格,有的地不怎么平整也可以,更不要挖沟引渠。这不仅节省了劳力,而且也提高了土地利用率。从关窑大队来看,管理人员的劳动量并不大,其任务就是摆摆管子,经常检查滴头的滴水情况,按时移动毛管,一般辅助劳力就能承担。移动滴灌机组每人一般管理7亩,平均每人每天浇地1.5亩左右,平均每亩用工0.74个。自压滴灌系统更能节省劳力,一般每人能管理10~12亩,平均每人每天浇地3~4亩,平均每亩用工0.4个。由于滴灌不仅不用强劳力,而且还能节省劳力,很受群众欢迎。

4 滴灌的经济效益

4.1 滴灌的增产效益

滴灌技术能否在干旱缺水的丘陵山区推广,不仅在于它的效果,而且还取决于它的经济效益。据1977~1979年小麦大田调查,在每亩灌水不超过40 m^{3}的情况下,滴灌较不灌具有显著的增产效果。一般增产幅度为53~92.8 kg/亩,平均每亩增产78.6 kg,平均每亩增收28.31元(见表6)。1980年小麦又遇到严重干旱的影响,滴灌较不灌平均增产83.25 kg/亩,每亩增收29.97元。邙岭地区为一年两熟制,小麦收后一般多种植玉米。玉米滴灌的效果也很显著,1977年滴灌1次,平均每亩滴水11.5 m^3,玉米滴灌的较不灌的增产幅度为57.1~84.8 kg/亩,平均每亩增产74.0 kg,每亩增收17.77元,这样,滴灌全年每亩可多收46.08元(见表6)。

表6 滴灌增产效益调查

年份	队别	作物名称	处理	灌溉次数	灌溉水量（m^3/亩）	产量（kg/亩）	较不灌增产		每立方米水增产（kg/m^3）
							（kg/亩）	（元/亩）	
1976～1977	1队	小麦	滴灌	1	10～15	103.5	92.8	33.43	6.19～9.29
			点浇	1	5～7	10.65			
	11队	小麦	滴灌	1	10～15	98.5	82.7	29.79	5.52～8.28
			点浇	1	5～7	15.75			
	6队 7队	小麦	滴灌	2	20～30	188.5	77.5	27.90	2.58～3.88
			点浇	1	5～7	111.0			
1977～1978	11队	小麦	滴灌	1	12	332.5	78.0	28.08	6.50
			不灌	0	0	254.0			
	1队	小麦	滴灌	1	17	290.0	76.0	27.36	4.47
			不灌	0	0	214.0			
	3队	小麦	滴灌	1	15	217.5	53.0	19.08	3.54
			不灌	0	0	164.5			
	7队	小麦	滴灌	2	28	303.0	87.0	31.32	3.11
			不灌	0	0	216.0			
1978～1979	3队	小麦	滴灌	1	20	322.2	82.0	29.52	4.10
			不灌	0	0	240.2			
平均		小麦	滴灌				78.6	28.31	
1977	3队	玉米	滴灌	1	11.5	273.2	57.1	13.70	4.97
			不灌	0	0	216.1			
	10队	玉米	滴灌	1	11.5	257.1	84.8	20.36	6.88
			不灌	0	0	172.3			
	4队	玉米	滴灌	1	11.5	261.7	80.2	19.24	6.97
			不灌	0	0	181.5			
平均			滴灌				74.0	17.77	
全年滴灌增加收入								46.08	

4.2 滴灌系统的投资

滴灌系统的投资，主要是指滴灌设备的投资，它包括各级管道、管件及其他配件。按原价计算，自压滴灌系统的投资为64 233.49元，控制面积914亩，平均每亩投资70.28元。5部流动滴灌机组投资11 149.20元，控制面积250亩，平均每亩投资44.60元（见表7）。滴灌设备共投资75 382.69元，控制面积1 164亩。如按现价计算，滴灌设备投资71 398.16元（其中自压滴灌系统投资61 148.96元），平均每亩61.3元。5部滴灌机组投资10 249.20元，平均每亩投资41.0元。

滴灌系统的水源工程，包括1眼深井，出水量25～30 m^3/h，2个蓄水池调节能力1.0万～1.2万 m^3，共投资10万元。除解决人畜用水的投资外，用于灌溉的水源工程投资为7万元。平均每亩滴灌的水源工程投资76.59元，加上自压滴灌设备投资，平均每亩共投资146.86元。

表7 滴灌系统投资

系统	控制面积/（亩）	总投资（元）	平均投资（元/亩）	其中主干管投资			其中支、毛管投资			其中机泵投资	
				投资数（元）	占总投资（%）	平均投资（元/亩）	投资数（元）	占总投资（%）	平均投资（元/亩）	投资数（元）	占总投资（%）
自压	596	39 934.50	67.0	21 583.46	54.0	36.21	18 351.04	46.0	30.79	—	—
滴灌	318	24 298.99	76.41	10 325.00	42.5	32.47	13 973.99	57.5	43.94	—	—
合计	914	64 233.49	70.28	31 908.46	49.7	34.9	32 325.03	50.3	35.37	—	—
流动滴灌机组	250	11 149.20	44.60	—	—	—	6 649.20	59.6	26.60	4 500.0	40.4
合计	1 164	75 382.69	—	31 908.46	—	—	38 974.23	—	—	4 500.0	—

根据当地的水源情况，如用畦灌，小麦只能灌关键水，在整个生育期灌溉3次。将自压滴灌系统914亩总灌水量54 840 m^3 用于畦灌，畦灌以平均每次净灌水定额48 m^3/亩，生育期净灌溉定额144 m^3/亩计算，水的有效利用系数按0.7考虑，每亩毛灌溉定额为206 m^3，可畦灌266亩。折合水源工程投资平均为每亩263元，是滴灌水源工程亩投资的3.43倍，是滴灌每亩总投资的1.79倍。如再考虑畦灌的输水工程及平整土地投资，其亩投资还要高一些。由此可见，滴灌亩投资大大低于畦灌。

4.3 运行费用

自压滴灌系统的运行费用主要包括水费、用工和支、毛管的折旧费，支管、毛管折旧费按其投资的15%计算。水费的计算，1977～1978年水费较高，水费为0.16元/m^3，1979年由于国家在高扬程抽水地区降低电费的结果，水费为0.06元/m^3。其全年运行费用为10.24～10.64元/亩。流动滴灌机组的运行费用除上述外，还应包括耗油费及机器维修费，其全年运行费用为9.81～10.21元/亩（见表8）。

表8 滴灌系统全年运行费用 （单位：元/亩）

系统	水费	用工费	支、毛管折旧费	耗油费	机器维修费	合计
自压滴灌系统	4.43～4.83	0.20	5.61	—	—	10.24～10.64
流动滴灌机组	4.43～4.83	0.37	3.99	0.42	0.60	9.81～10.21

4.4 抵偿年限

滴灌系统投资的抵偿年限可按下式计算：

滴灌系统抵偿年限＝投资总数/（年增产值－年运行费用）

根据以上资料，按上式计算，自压滴灌系统设备投资的抵偿年限为2年，流动滴灌机组设备投资的抵偿年限为1.5年，如考虑水源工程投资，大体4年可收回投资。这在水利建设投资方面，抵偿年限还是比较短的。

综上述可见，在干旱缺水的丘陵山区粮食作物搞移动滴灌，不仅效果显著，而且投资较少，抵偿年限较短，与经济作物（如果树）的抵偿年限相近。所以，在经济上也是合算的。另外，从关窑大队的实践说明，过去搞了10多年的水利建设，投资30多万元，到头来人畜用水都未解决,更谈不上灌溉。自从搞了滴灌以后,不仅解决了人畜用水问题,而且能浇地千余亩,增产效果也很显著,深受群众的欢迎。因此,我们认为发展滴灌是坡岭旱区实现水利化,改变干旱面貌,提高产量的一个有效途径。

(刘云发.原载于《喷灌技术》1980年第4期)

开发浅水 实施微灌 促进庭院经济的发展

总理基金项目中的"廊坊节水农业试验示范区"位于河北省廊坊市安次区码头镇所辖的赵庄、济南屯、田庄和码头4个行政村,耕地面积1.2万亩。当地无地表水可利用,地下水资源也极为贫乏,且埋藏条件和水质状况都不太好。浅层含水层中0~20 m为淡水区,单位出水量仅1~2.5 $m^3/(h·m)$,岩性为粉细砂。中层20~80 m为微咸水区,矿化度为2~3 g/L。80 m以下为深层承压水。目前,农业灌溉主要靠取300 m深的淡水,但因当地已形成地下漏斗,故深层水也限制开采。过去,当地曾打了不少大口井来开采浅层地下水,但由于水井结构形式不理想,单位出水量少,再加上连续干旱,地下水位下降,所打浅井全部报废。1990年建立试区以来,为了开发浅层淡水,缓和用水矛盾,通过调查访问,对浅井井型结构形式,进行了试验研究,并对开发利用浅水的灌溉形式和在庭院经济中的应用,进行了示范推广。目前已开始在安次区的几个乡(镇)发展浅井,庭院面积达数百亩,并逐步被村干部和农民所认识,积极推广。为了更好地开发浅水,实施微灌,促进庭院经济的发展,现将有关事项总结如下。

1 发展庭院经济前景广阔

当地生产以农业为主,夏秋二季主要是小麦和玉米,瓜、果、菜面积较小。农民温饱问题已经解决,但由于副业很少,农民人均收入低,如何解决农民有粮缺钱的现状,大力推广发展庭院经济是当地解决农民脱贫致富比较可行的途径之一,当地又具备发展的条件。

(1)农户房前屋后或近村地带都有闲空宅院地或种菜地,面积小的0.2~0.3亩,大的1~3亩不等。种植方便,管理容易。

(2)当地0~20 m地下浅水开发容易,水质好,但由于出水量小,不易发展其他灌溉形式,安装微灌,投资较少,农民经济上承受得了。

(3)肥料充足,特别是农家肥施得较多,可改变土壤结构,利于作物生长。

(4)目前,庭院主要发展种植业,以种蔬菜和果树为主,也有部分农户育树苗和花卉,这些作物经济价值高,效益显著。

2 开发浅层水的井型结构形式

当地浅层淡水的岩性为薄层粉细砂层,当地的实践证明有3种井型可因地制宜选用。

2.1 真空井

井深一般12~15 m,井管采用PVC或PE塑料管,井径50 mm,无滤水结构,出水量为2 m^3/h左右,该井施工容易,农民易掌握,投资少,每眼井成井和配套费约500元,可配手压泵,微型电泵或微型自吸泵,缺点是集水坑不稳定,易坍塌,运行5年左右就需要将井管拔出再重新打井。这种井适用地下水埋深浅,主含水层具有坚固的隔水顶板地块和种植面积较小(1~2亩)的菜园。

2.2 微型无砂混凝土管井

井深一般20 m,井管采用无砂混凝土管,管内径110 mm,管壁厚45 mm,滤料直径为1~5 mm的碎石或0.2~5 mm的混合砾料。填砾厚度为100 mm,深度为20 m。这种井施工要用小型打井机具,3~4人半天即可成井,井质量较高,寿命达10年以上。每眼井成井和配套900~1 000元,该种井可配潜水电泵,不受水位下降的影响,出水量较大,可达4~6 m^3/h。潜水泵220 V或380 V均可。这种井适宜埋深不大的浅层水(25 m左右)和面积较大的(3~5亩)种植园以及用水量较大的专业户。

2.3 复合井

复合井即把前两种井型结合起来,井管上半部用ϕ50的塑料管,下半部用略高于主含水层顶板的无砂混凝土管,一般取10~12 m,联结处要用封闭盖板封好,下部仍填超过含水层顶板2~3 m高的滤料,其上用黏土封好。施工也要用机械,成井配套费与第2种井型差不多,出水量达3~5 m^3/h,但不能用潜水电泵,只能在地面配微型离心泵或手压泵。这种井适宜地下水下降不大的浅水和面积1~3亩的果园。

3 因地制宜,发展微灌

微灌技术具有省水节能、省工省地、优质高效等优点,结合庭院经济的特点,在采取的形式,规划布置和系统规划设计上一定要因地制宜。

3.1 微灌形式的选择

根据当地作物品种、面积大小及管理状况,目前主要用于果园和蔬菜园,微灌形式适宜滴灌和微喷灌两种。

对于果园:当地品种有桃、梨、苹果为最多,株行距较大,适宜发展微喷灌形式。葡萄园则适合发展滴灌形式。

对于菜园:冬春淡季塑料棚内的黄瓜、西红柿等蔬菜,为降低湿度,减少生病,则可发展滴灌形式。其他芹菜、韭菜等大叶菜,可发展微喷灌。对于露地种植的菜,希望湿度小些的蔬菜,可发展滴灌,其他可发展微喷灌。

3.2 微灌系统类型的选择

当地庭院面积较小,以浅井为独立水源,设备使用寿命较长,对种植业来说,主要视作物不同而定,目前有3种形式。

3.2.1 固定式系统

适合于桃、梨、苹果等行距较大的果园,干管、支管、毛管全部埋入地下,只有微管和微喷头固定于地表,一般1棵树布置1个微喷头,流量为40~50 L/h。部分苗圃或食用菌菌床也适宜固定式微喷灌。这种系统管理容易,节省拆卸安装用工,延长管道使用寿命,不影响其他农事操作,缺点是一次性投资较大。

3.2.2 移动式系统

灌水期间干管、支管、毛管和灌水器(微喷头、滴头)均不固定,一个位置灌完后,再向另一个位置移动,灌水结束或冬季收回储藏。与固定式系统相比,投资费用低,但运行管理费用高。这种系统适宜面积较小的菜园,因为菜品种不一,株行距不一,且要翻地倒茬、施有机肥,固定式系统反而不便,小面积的葡萄园也适宜此种系统。

3.2.3 半固定式系统

干管、支管(或干管)固定埋于地下,毛管(或支管、毛管)和灌水器在灌水季节移动,灌水结束后,移动部分收回室内储藏。这种系统在投资和管理上居前两种之间。当地葡萄园很适合这种系统,每行或2行布置1条毛管。冬季为防冻可把葡萄枝条修剪后埋入土中,春季再挖开。在垄的两侧每年轮流挖沟施有机肥,若毛管固定,则将给生产带来很多不便,且易损坏毛管。若是果园,可将干管、支管固定埋入地下,毛管和灌水器铺于地表,非灌水季节收回室内储藏。

3.3 微灌布置特点

微灌系统规划设计与其他微灌工程基本一样,其布置也是由水源、首部枢纽、管网系统和灌水器四部分组成的,只因面积较小,独立水源,一些设备和管件从简。现根据试区实践,将有关注意问题介绍于后。

3.3.1 水源

当地均开发12~20 m深的浅水,井型不同,单井出水量也不同。要根据控制面积的大小或其他加工业、饲养业等的用水量而定井眼数。

3.3.2 首部枢纽

首部枢纽包括机泵、过滤器、进排气阀、连接件等。为了便于非灌溉季节拆卸储藏,安装时要考虑采用部分活接头连接。

(1)机泵:一般用电做动力,配微型离心泵或潜水泵。个别离电源远的地方,可配柴油机,一般3~6 Hp即可,水泵要配相应的自吸泵或离心泵。

(2)过滤器:因取井水,对种植业用水,一般选用一个网式过滤器即可。

(3)进排气阀:因泵吸水管为塑料管,停机后产生负压会使管子吸瘪,必须在首部装一个进排气阀。

(4)压力表:为了检查工作压力和过滤器水头损失,在首部安装一个固定的或可移动的压力表,精度不要求很高,测压范围0~400 kPa即可。

(5)闸阀和管件:控制阀门用普通$\phi20$~$\phi50$供水工程阀门或塑料阀门,首部管件一般用镀锌的。

3.3.3 管路系统

一般都用PE塑料管和连接件。对种植园来说,一定要设置排水阀门,以防冬季冻裂管道和管件,用做排水的某条管道要略低于其他管道。根据面积大小,一般分2级(只有支管、毛管)或3级(干管、支管、毛管)布置,毛管长度以小于20 m为宜。

3.3.4 灌水器

当地适用的是微喷头和孔口滴头。一般1株树只布置1个微喷头,由$\phi4$微管与毛管连接,蔬菜微喷可直接将喷头安在架空的毛管上。葡萄和蔬菜滴灌时,孔口滴头直接安装在毛管上,一般间距0.3~0.5 m。为了提高田间灌水均匀度,灌水器要组合安装,一般毛管前部1/3长度上安装流量较小的灌水器,后部2/3长度上安装流量较大的灌水器。

3.4 微灌工程规划设计

3.4.1 设计参数的选择

因浅井控制面积小,工作流量和水头都不大,再加上当地缺乏试验资料,可根据实际情况参照外地经验而选择,不需烦琐计算。

(1)需水量:对于果园,果实膨大期需水量可按4~6 mm/d计算;对于菜园,参照北京地区经验,对于西红柿、春黄瓜、白菜等,可按9~10 mm/d计算。

(2)土壤湿润比:对于果树可按20%~30%考虑;对于蔬菜可按70%~90%考虑。

(3)灌水均匀度:设计灌水均匀度可取90%~95%或灌水器的流量变化率为20%~30%。

(4)灌溉水有效利用系数可取0.95。

(5)灌水器工作水头:微喷灌时设计工作水头可取10 m,滴灌时设计工作水头可取8~10 m。

3.4.2 系统设计与计算

3.4.2.1 灌溉制度的确定

灌水定额:若庭院面积较小,可参考外地经验,果树按每株每次0.1~0.2 m^3。蔬菜每亩每次10 m^3左右。若面积较大,可利用土壤田间持水量、容重和作物根系活动层深度等资料,参考《微灌工程技术指南》介绍的公式进行计算。

灌水周期:它取决于作物、水源和管理情况,对于果树为3~5 d,蔬菜为1~2 d。

灌水时间:对于蔬菜或果园一次灌水延续时间可参考《微灌工程技术指南》上介绍的公式计算。

灌水次数与灌溉定额:根据经验,北方果树一般1年灌15~30次,若水源不足,1年只灌数次。蔬菜根据不同品种、墒情和灌水周期而定。灌溉定额为各次灌水的总量。

3.4.2.2 微灌系统工作制度的确定

根据浅井的出水量和灌溉面积的大小而确定实行轮灌或续灌工作制度。一般面积小的果园或菜园,采取续灌。面积较大的可采取2组或3组轮灌。轮灌方式可采用以支管为单位的集中轮灌或将支管分成2~3组的分散轮灌。

3.4.2.3 水力计算

水力计算包括沿程摩阻损失和局部阻力损失的计算。

沿程摩阻损失:因管径较小(<50 mm),属光滑紊流,根据实践,采用勃拉休斯公式计算或查计算图表(诺谟图),计算时由末级微管(或毛管)开始逐级向上推算。

局部阻力损失计算:为简化起见,各种连接件的局部阻力损失均按10%的沿程水头损失计算。过滤器、施肥罐,水表等局部阻力损失按厂家提供的数值计算。

4 经济效益与社会效益

开发浅水、实施微灌,经济效益和社会效益显著。现仅以济南屯康家果园和刘家菜园为例,初步分析如下。

康家果园面积6亩,打浅井、机泵配套、微灌系统等亩总投资465元,种植葡萄、桃、苹果、白杨树苗、观赏树苗等。1993 年比灌前亩均增效益为 1 200 元,扣除当年亩运行费 80 元,亩纯收入可达 655 元,且成熟期提前,单穗重增加,成活率提高。如桃子由 1992 年的 8 月 10 日成熟,提前到 1993 年的 7 月 30 日,扎纳葡萄单穗重比 1992 年增加 548 g,成熟期提前半个月,白杨树苗成活率提高 18%,年增高达 65 cm。刘家菜园(包括大棚)面积 1.4 亩,打井、机泵配套和微灌系统等折合亩均总投资 1 057 元,种植黄瓜、西红柿、辣椒等二季菜,1993 年比灌溉前全年亩增产效益为 2 400 元,扣除当年亩运行费 150 元,亩纯收入可达 1 193 元。

从果园、菜园初步分析看,灌溉后的亩均纯收入相当可观,当年就可收回成本。经初步按静态法计算,还本年限为 0.43 ~ 0.49 年,投资效益系数为 2.04 ~ 2.33,比种大田作物效益高得多,基本解决了农民"有粮缺钱"的现象,很受农民欢迎。

此外,实施微灌比地面灌还省水、节电 2/3,果、菜质量好,上市早,调节了市场供求,栽果种菜,养花育苗也美化了农村环境,打浅井解决了专业户的水源问题等,社会效益也明显。

(张祖新. 原载于《灌溉排水》1994 年第 2 期)

我国大田作物滴灌现状及发展前景

我国是一个水资源比较短缺的国家,水资源总量约 2.8 万亿 m^3,人均水资源占有量 2 300 m^3,仅为世界人均水平的 1/4。有限的水资源在时空分布上也很不均匀,出现了南多北少,东多西少;夏秋多,春冬少的现象。长江以南地区水资源量占全国的 81%,耕地和人口分别占全国的 36% 和 54%。而长江以北地区,水资源量占全国的 19%,耕地和人口分别占全国的 45% 和 35%。由于受季风气候的影响,降水量在年内和年际间差异很大,致使洪涝旱灾频繁发生。在影响农业生产,特别是粮食生产的各种灾害中,尤以干旱影响最大,它持续时间长、涉及范围广,且有愈来愈严重的趋势。20 世纪 70 年代全国受旱面积 0.113 亿 hm^2,90 年代增加到 0.27 亿 hm^2,增加了 135%。另外,还有 0.7 亿 hm^2 的旱地完全是"靠天吃饭"。因此,干旱缺水是当前制约我国农业发展的最主要因素之一。随着工业和城市的发展,用水量急剧增加,会进一步挤占农业用水。我国农业用水比重已从过去的 85% 下降到 72% 左右,今后还会继续下降,更加剧了水资源的供需矛盾。因此,解决我国农业缺水,根本的出路在于发展节水型农业,提高有限水资源的利用率。

农业节水不仅是可能的,而且潜力很大。当前我国农业用水存在两大突出矛盾:一方面是水资源紧缺,另一方面又是水资源浪费,污染严重,灌溉水的有效利用率低。目前我国年灌溉用水量 3 800 多亿 m^3,有效利用率只有 0.3 ~0.4,而国外先进国家达 0.7 ~0.8;粮食作物水分生产效率我国为 1 kg/m^3,而国外先进国家为 2 kg/m^3,以色列平均达 2.32 kg/m^3。一些先进国家如以色列、英、法、德、瑞典、丹麦、匈牙利等都推行先进的节水灌溉技术,80% 以上的灌溉面积喷灌、微灌化,而我国的喷灌、微灌面积只有 87 万 hm^2 左右,占灌溉面积的 1.3%。正如张春园副部长指出的那样,先进的节水技术在大田粮棉作物还没有得到很好的推广应用。因此,在今后节水灌溉工作中要因地制宜地推广先进的节水灌溉技术。

1 大田作物滴灌的现状及存在的问题

滴灌是当今世界上一种先进的节水灌溉技术，在诸多的灌水技术中，它是水的利用率最高、最为节水的一种灌水技术。许多国家对该项技术进行深入研究和推广。1991 年，世界微灌（包括滴灌、微喷、涌泉灌等）面积已发展到 176.7 万 hm^2，其中以美国的微灌面积最大为 60 多万 hm^2；其次是西班牙，为 16 万 hm^2。超过 10 万 hm^2 的国家还有澳大利亚 14.7 万 hm^2、南非 10.7 万 hm^2，以色列 10.4 万 hm^2。如按微灌占各国灌溉面积比重排列，塞浦路斯第一，占 71%，其次为以色列占 49%，约旦占 21%，南非占 13%。美国、西班牙和澳大利亚各占本国灌溉面积的 3% ~8%。在这些国家中，微灌主要用于果树和蔬菜，用于大田作物很少，只占 7% 左右，也主要用于棉花和玉米，他们不主张用于密播作物如小麦等。我国自 1974 年引进微灌技术以来，经历了曲折的发展过程。据 1996 年 11 月不完全统计，我国现有微灌面积 4.7 万 hm^2，主要以果树为主，北方以苹果、南方以柑橘居多。其中以山东省的面积最多，约 2 万 hm^2，其次是山西省运城地区，约 1.7 万 hm^2。大田微灌面积很少，约占 10% 左右。在微灌发展初期，大多搞的是大田作物滴灌，仅山东省济南和淄博两地 1978 年就发展 466.7 hm^2。到 1980 年，由于种种原因绝大部分都先后垮掉，这是我国微灌发展史上第一次受到挫折，不能不认真吸取教训。那么究竟是什么原因阻碍大田作物滴灌的发展呢？我认为有以下几个原因：

（1）大田作物滴灌一般采用半固定式，即干管、支管（或主干管及干管）固定，埋在地下，毛管（或支管、毛管）人工移动。一次性投资较大，仅田间滴灌设备，包管首部枢纽和田间管网，一般每公顷投资需 3 750 ~5 250 元。而大田作物产值又低，人们认为在经济上不合算，搞试验可以，在生产上运用不行。

（2）对节约用水的重要性、紧迫性认识不足，错误地认为水是“取之不尽，用之不竭”的，加上水费低，更助长了人们大水漫灌的不良习惯。而滴灌是经管道系统将水输送到田间，再通过灌水器，以较小的流量均匀、准确地将水和营养液滴到作物根际土壤里，人们感到不解渴怕浇不透影响作物生长。

（3）因半固定式滴灌是要人工移动毛管，特别是高秆作物如玉米等后期移动起来更加困难；有时还要人动手排除滴头堵塞。所以，有人认为既费工又麻烦，不如一把铁锹。

（4）有些滴灌设备不过关或配套不齐全，设备易损，增加维修和使用的困难，特别是微灌发展初期，损伤了群众的积极性。

2 大田作物滴灌的主要形式

2.1 半固定式滴灌系统

半固定式滴灌系统大都建在 20 世纪 80 年代初，以河南偃师县关窑村和山西阳城县上李村为代表。水源状况相对较好，一般采用集中供水、分户浇地的办法。都经过比较认真的规划设计，有比较完善的首部枢纽，管网分三级或四级，设有专门的管水机构和管理人员，有比较完善的管理制度，运行时间较长，经济效益都很显著。如山西省阳城县上李村试点建于 1980 年，滴灌面积 30.1 hm^2。运行 10 年的实践证明，它具有投资省、受益快、效益高的特点。

2.2　地下滴灌(即当地称之为“渗灌”)

所谓地下滴灌就是将滴灌的干管、支管、毛管均埋入地下,并在毛管壁上按一定距离钻有孔径 1.0 mm 的出水口,水和肥液通过出水口滴到作物根区,供作物吸收。因而它具有滴灌的特点,省水、省工、增产、增收。还由于它埋入地下,便于田间管理,毛管不易丢失,也不易老化,延长毛管使用寿命。其缺点是易于堵塞,不易检查和维修。这种滴灌形式主要是在山西省运城地区的运城市及万荣、临猗、芮城及闻喜等县运用。

运城地区地下滴灌虽具有一定规模,在抗旱中也发挥了重要作用,但由于发展快,很多地方没有经过认真规划设计,也缺乏统一的技术标准,带来了许多问题,出现了工程建设多、使用少的局面。同时,也提出了许多新的问题,值得进一步探讨和研究。

2.3　集雨微灌

所谓集雨微灌就是水资源严重匮乏地区,在村庄附近或田间修建微型集水工程——旱井、水窖(窑),在雨季时,拦截和汇集部分逸流,利用微灌技术进行灌溉。支管埋入地下固定,毛管移动。可以自压也可以用手摇泵或微型电泵加压。其实质仍然是半固定式滴灌。这种灌溉形式主要分布在我国华北和西北的干旱及半干旱地区。其降雨量在 400 mm,或不足 400 mm,雨量比较集中,6 ~9 月的降雨,约占全年降雨量 65% 以上。目前,多以户为单位建存储雨水的旱井、水窖(窑),旱井和水窖的容积多为 50 m^3 左右,水窑为 100 m^3 左右。大多以窖(窑)为单独灌水系统,控制面积 0.13 hm^2 左右。因储水有限不可能采用传统的地面灌溉方法,只能采用微灌给作物施灌 2 ~3 次关键水,每公顷每次灌水量 225 ~300 m^3,也能获得较大的经济效益。

3　推荐一个大田作物滴灌成功的典型——河南省偃师滴灌试点

3.1　试点概况

偃师滴灌试点设在山化乡关窑村,位于该乡北部的邙山岭上,海拔 220 ~270 m,地下水位 150 m 以下,多年平均降水量 517 mm。十年九旱,严重干旱缺水,农业产量低而不稳,人畜用水也相当困难。全村 2 360 口人,耕地 260 hm^2,人均耕地面积 0.11 hm^2,经常缺粮,仅 1952 ~1979 年的 27 年间共吃国家统销粮 60.2 万 kg,人民生活水平很低。

偃师滴灌试点于 1979 年 11 月建成,控制面积 77.6 hm^2,总投资 18.6 万元。此后该村又先后投资 60 多万元,到 1995 年已先后打机井 6 眼(用于农田灌溉的 5 眼),每小时总出水量 137 m^3,修建蓄水池 6 个,调蓄能力 3.4 万 m^3,发展节水灌溉面积 216.6 hm^2,占全村耕地面积的 83%,其中滴灌面积 183.3 hm^2,粮食产量大幅度提高,由 1980 年平均每公顷粮食产量 4 500 kg 增到 1995 年的 7 650 kg。由历史上的缺粮村变为余粮村。群众住房条件大大改善,全村 630 户由土窑洞搬进了新楼房,人均住房面积由过去 8 m^2 提高到 30 m^2,家家有自来水,户户有电视机、洗衣机。人均收入由 1980 年的 85 元提高到现在的 1 520 元,提高了 17 倍。偃师滴灌试点不仅彻底解决了群众的温饱问题,而且还为巩固和发展干旱缺水地区大田作物滴灌提供了成功的经验,起到了示范作用。

3.2　滴灌工程的发展

“六五”期间,水利部下达了建设大田作物滴灌试点的任务,旨在探索干旱丘陵地区如何发展农田灌溉的新路子。偃师滴灌试点第 1 期滴灌工程于 1975 年冬进行勘测设计,

1977 年动工兴建，利用 2 眼机井总出水量 57 m^3/h，蓄水池 2 个，调蓄能力 12 000 m^3，发展半固定式自压滴灌 61 hm^2，机压滴灌 17 hm^2，共 78 hm^2，总投资 18.6 万元，平均每公顷投资 2 400 元。

第 2 期滴灌工程于 1989 年勘测设计，1990 年动工兴建，利用 3 眼机井，总出水量 55 m^3/h，蓄水池 2 个，调蓄能力 16 000 m^3，发展半固定式自压滴灌 105.7 hm^2，总投资 50.2 万元，平均每公顷投资 4 740 元。第 3 期喷灌工程于 1990 年勘测设计，1991 年动土兴建，发展半固定式喷灌 33.3 hm^2，总投资 115 万元，平均每公顷投资 3 450 元。近两年来又采取邻近机井用管道相连，水量互补调节余缺，形成三个大的系统，1 号井单成一个系统，1 眼机井出水量 21 m^3/h，控制面积 56.4 hm^2；2 号井与 4 号井沟通，出水量 55 m^3/h，控制面积 74.8 hm^2；3 号井及 5 号井沟通出水量 61 m^3/h，控制面积 85.4 hm^2。

半固定式滴灌系统控制范围内的耕地已整修成梯田，田面宽 40 ~ 60 m，长为 200 ~ 250 m，主管是垂直于等高线（即垂直于梯田）布置，干管又垂直于主管，沿梯田外埂布置，双向控制，2 块梯田共用 1 条干管；支管垂直于干管，也是双向控制，间距为毛管长度的 2 倍，一般为 50 m，长度随田面宽度而变，控制面积为 0.2 ~ 0.3 hm^2；毛管是顺垄布置，长度 25 m，再加辅助毛管 3.0 m（不安滴头），间距为 6 m，控制面积为 0.015 hm^2。滴头为孔口式，间距为 0.4 m。

3.3 滴灌工程效益

偃师滴灌试点自第 1 期滴灌工程建成后，于 1980 年交付使用，至今已正常运行了 18 年，取得了显著的经济效益，深受群众的欢迎。该试点也在巩固中发展，灌溉面积不断扩大，积累了较丰富的运行管理经验和较系统的科学资料。为干旱缺水丘陵地区发展节水灌溉，实行经济用水，提供了一条新的途径。

3.3.1 省水增产效益显著

该试点大田作物滴灌的发展，大体上经历了两个阶段：第 1 阶段是 1980 ~ 1989 年，主要是滴灌粮食作物，以满足群众对口粮的要求，解决温饱问题；第 2 阶段是从 1990 年开始不断地进行作物种植结构调整，在满足群众口粮的基础上，积极发展经济作物和间作套种，提高经济效益，增加群众收入。

半固定式滴灌不仅具有管道输水灌溉减少输水损失的优点，同时还能减少田间灌水的损失。据田间试验表明，滴灌与地面小畦灌在产量相近的情况下，可较小畦灌省水 50% ~ 67%，可扩大灌溉面积 1 倍，灌溉水的效率可提高 1 倍以上。

据统计，1980 ~ 1995 年平均每年滴灌面积 231.1 hm^2，平均灌水量 1 047 m^3/hm^2，其中粮食作物平均每年滴灌 109.2 hm^2，平均灌水量 879 m^3/hm^2，每公顷产量 4 225.5 kg，比不灌增产 1 830 kg，单方水效益 2.08 kg；油料作物每公顷平均用水量 775.5 m^3，每公顷产量 2 272.5 kg，比不灌增产 1 278 kg，单方水效益 1.65 kg；瓜菜类平均用水量 1 381.5 m^3，每公顷产量 55 545 kg，比不灌增产 35 100 kg，单方水效益 25.4 kg。

3.3.2 提高单井效率，扩大灌溉面积

偃师滴灌试点经过多年努力，总结出以半固定式滴灌为中心，井池结合，提蓄结合，限额供水和滴灌关键水的提、蓄、滴相结合的灌溉模式。一般是从机井提水入池，池水再经过滴灌系统的各级管道，自压将水输送到田间，最后由滴头滴出。采取平时蓄，旱时用；在

灌溉季节，采取边提边蓄，提滴并用，这种灌溉方式提高了机井使用效率，充分利用了水资源，扩大了灌溉面积。据统计，1980～1989 年 1 号井平均每年抽水 7.77 万 m^3，年均开机 3 496 h，平均每天开机 9.6 h，年均机井利用率达 40%，年均灌溉面积 58.1 hm^2。而 3 号井此时为地面灌溉水源，没有水池调蓄，灌溉定额大，只有在灌溉季节才开机抽水，年均抽水 2.23 万 hm^2，年均开机时间为 683 h，平均每天开机 1.9 h，年均机井利用率仅 7.9%，年均灌溉面积 10 hm^2。二者相比，1 号井的流量虽为 3 号井的 57%，但年均抽水量、开机时间和灌溉面积，分别较 3 号井增加 2.5 倍、4 倍和 4.8 倍。

自 1990 年以后，由于干旱影响，1 号井水源不稳定，时有时无。1992～1995 年，年均抽水量只有 1.62 万 m^3，年均开机时间 648 h，平均每天开机 1.78 h。1990 年新发展半固定式滴灌 105.7 hm^2，3 号井成为其中一个滴灌水源，控制面积 52.1 hm^2。据 1992～1995 年统计，3 号井年均开机时间为 2 662 h，年均抽水量 9.6 万 m^3，平均每天开机 7.29 h，机井利用率达 30.4%，较以前作为地面灌溉水源时的开机时间、抽水量和灌溉面积，分别增加 2.9 倍、3.3 倍和 4.2 倍。

3.4 调整作物种植结构，发展节水高效农业

该试点自 1980 年使用滴灌技术以来，因主要是种植粮食作物为主，产值低，效益低，群众收入少。1989 年人均收入仅 315 元。为改变这种状况，近几年也在不断地进行作物种植结构调整，夏收作物多种小麦，以满足群众对口粮的要求，对秋收作物适当减少玉米种植面积，积极发展经济作物和粮食作物间作套种。近几年来，由于滴灌面积的扩大，西瓜和蔬菜面积的增加，产量的提高，再加上农产品价格上涨，其经济效益十分显著，作物种植结构调整已收到明显效果，群众收入亦有较大幅度地提高。1995 年人均收入达 1 520 元，较 1989 年 315 元增加 3.8 倍。

该试点种植结构调整是从 1990 年开始的，到 1992 年才初具规模，并建有 133.3 hm^2 节水高效示范田。从滴灌面积来看，小麦玉米套种，小麦棉花套种，小麦芝麻连作和小麦西瓜间作等种植方式的面积在逐渐减少，1992～1995 年的平均面积为 19.7 hm^2、15 hm^2、16.5 hm^2 和 13.8 hm^2。而小麦大葱连作，西瓜蔬菜连作等种植方式的面积有逐年增加的趋势，年平均面积为 44.5 hm^2、13.8 hm^2，小麦花生套种的种植方式的面积基本保持不变，稳定在 23.3 hm^2 左右，年均面积为 24.7 hm^2。从平均每公顷净效益来看，小麦玉米套种的净效益最低，为 8 284.5 元/hm^2，小麦棉花套种的每公顷平均净效益较小麦玉米套种的每公顷平均净效益增加 47.6%，小麦芝麻连作增加 41.8%，小麦大葱连作增加 301.8%，小麦花生套种增加 59.3%，小麦西瓜间作增加 89.4%，西瓜蔬菜连作增加 585.3%。

3.5 作物种植结构调整后的滴灌关键水的时期及定额

作物种植结构的调整，主要是针对秋收作物而言。它虽然生长在雨水较多的季节，但也经常出现季节性干旱，尤其在生长的关键时期，都出现雨水偏少情况，可此时作物耗水强度却最大。因此，单纯依靠降水不可能满足作物生长的需要，此时灌水对作物生长和产量的提高有重要意义。过去秋收作物如玉米、棉花、花生等，滴灌一般为 450～840 m^3/hm^2，滴灌 1～2 次，且滴灌的面积亦少，但种植结构调整后，西瓜、大葱和蔬菜的面积不断扩大，这些作物都是需水较多的作物。由于该试点水资源有限，不可能做到按作物需水要求进行灌溉，所以夏、秋两季的灌溉用水应统筹安排。根据该试点的试验资料和实

践经验，灌溉用水应首先保证那些产值高，效益大的作物用水，如大葱、蔬菜和西瓜等。一般灌水3～4次，滴灌定额在1 500～1 800 m^3/hm^2；而对玉米、棉花、花生等作物，一般滴灌2次，滴灌定额900 m^3/hm^2 左右。玉米、棉花和花生滴灌的关键期，一次是在播种前或苗期，可与小麦灌浆水或麦黄水相结合，发挥"一水两用"的作用。另一次是在作物需水关键期进行滴灌，即玉米的抽雄—蜡熟期，花生的开花—扎根期，夏播棉花的开花—吐絮期，其增产效果都比较明显。试验表明，此期灌水玉米可增产25.7%，花生增产36.2%，棉花增产25.6%。

3.6 小麦生长后期毛管移动问题的研究

半固定式滴灌系统可以大量减少毛管和滴头用量，缩小主管、干管、支管的管径，降低成本。实践证明，人工移动毛管在小麦抽穗前是切实可行的，并取得显著的经济效益，已为人们所公认。但在小麦生长后期是否可行，人们还存在不少顾虑。不少人顾虑麦子长高了，特别是生长较好的麦田，怕移动毛管损失小麦，影响产量；也有人认为，这太麻烦了，不好移动。如果滴灌仅仅是在小麦生长前期用，而后期不用，滴灌设备就不能充分发挥作用。另外，由于小麦后期不浇水，势必又影响产量的提高。为解决这一问题，我们于1978年和1979年进行了观测研究。两年的试验结果表明，小麦生长后期移动滴灌都有显著的增产效果。千粒重明显地提高。在前期不滴灌的基础上，小麦长势不好，后期滴灌较不滴的增产675 kg/hm^2，增产率为64.8%，千粒重增加2.24 g。在前期滴灌的基础上，小麦长势较好，后期滴灌较不滴的增产315～577.5 kg/hm^2，增产率为7.3%～16.7%，千粒重高0.6～1.8 g。据调查，小麦生长后期移动毛管是要损伤一些小麦，对产量有所影响。对长势好的小麦，由于移动毛管损伤的小麦以支管附近最为明显，一般损伤宽度为30～50 cm，严重可达70 cm。被损伤的小麦虽然也有收获，但千粒重明显地降低了，从而影响了产量。据对4块地的调查表明，被损伤小麦的千粒重较正常小麦低2.0～3.7 g。我们以支管为中心收割6.9 m被压倒的小麦，同时收割与其相邻的同等面积未被损伤的小麦，脱粒后比较，前者较后者低0.33～1.2 kg。但这种损失平均分配到支管所控制的面积上就不大了，折合每公顷只损失9.6～34.8 kg。因此，我们认为，小麦生长后期人工移动毛管是可行的，虽然要损伤一些小麦，但这种损失并不大，还可以用加强管理和改革栽培措施，实行宽窄行种植来减少损失。

人工移动毛管对于高秆作物如玉米前期也是可行的，但后期就比较困难了。好在夏玉米一般是5月中旬套种在小麦地里，可以结合小麦灌浆水或麦黄水，发挥一水两用的作用，或者苗期滴灌1次，玉米可保全苗，以后进入雨季就不需滴灌了。如玉米一旦在抽雄期遇到干旱，即所谓的"卡脖子"旱，人工移动毛管就更困难了。人们要钻进玉米行里移动毛管，闷热受不了，毛管又易损坏。根据农业立体栽培的经验和实践，可考虑种植一些矮秆作物与玉米间作，毛管只在矮秆作物里移动，利用滴头滴水的湿润范围对玉米实施灌水，也不失解决问题的办法

3.7 领导重视，适时改革体制，加强管理，实行灌水承包责任制

偃师滴灌试点建立以后，能正常运行18年，是和各级领导以及科技人员的重视、具体指导分不开的。县水利局和乡、村领导班子更迭数次，但每届班子都非常重视滴灌，把它视作脱贫致富的重要措施来抓。1983年该试点实行生产责任制之后，土地分配到户，滴

灌试点面临着严峻的选择。在这关键时刻，在县水利局和水利部、中国农业科学院农田灌溉研究所科技人员的直接帮助下，与村委一起研究，为适应农村生产责任制的新形势，科研站不但不能撤销，还要扩大它的管理职能，全村的水利设施和滴灌设备不能分散，而是要加强管理，实行工程设施和灌溉用水统一管理，浇地到户的管理办法，解决近几年来存在的管理与用水的矛盾问题。为了稳定队伍解决管理人员的报酬，村委会又专门拨出1.2 hm^2地作为试验地和基本工资田。为加强管理，搞好服务，本着有利于生产，有利于管理，兼顾群众的承受能力，制定了一些管理制度和办法。在灌水方面实行限额供水和计划用水，采用"以亩定量，按方计费，交款开票，凭票供水，超额增收"的供水办法，与用户签订供水合同，坚持按合同办事。但首先要把好提蓄关，充分发挥蓄水池的调蓄作用，尽可能多蓄水。为此，在机井管理上采取了"单井核算，定额承包，超额奖励"的办法，调动了机井管理人员的积极性，保证了计划用水的实施。在安排灌水次序上，除考虑申请灌水的先后次序，要优先保证那些产值高的作物用水，还要考虑充分利用池水的落差，按从上到下的原则，实行"高水高灌，低水低灌"。为保证滴灌质量，要掌握好毛管移动时间和次数，不能有漏滴的地方。每次滴灌时间要根据滴头出水量来确定，一般是每隔1.0～1.5 h移动一次，由辅助劳力就可承担。由于实行生产责任制后都是自己浇自己的地，一般都能做到经常检查和及时排除滴头堵塞，提高了滴水均匀度，保证了滴灌质量。由于滴灌设备数量多，不易保存。为了加强对滴灌设备的保管使用，采取了集中保管与分散保管相结合的办法，即支管由村民组保管，毛管作价卖给群众，实行"按人定量，分户保管使用"的办法，调动了群众爱惜设备的积极性，使毛管使用寿命延长2～3年，推迟了毛管更新时间。

偃师滴灌试点在上级有关部门的支持下，运行了18年之久，获得了显著的经济效益，但也存在一些问题：一是管理水平还有待于进一步提高，作物种植结构调整后，全年用水量激增，特别是秋收作物，但水资源又很短缺，如何解决这个矛盾，如何调节，无疑给管理工作增加了一定难度，要统筹兼顾，进一步做好安排；二是总结出的经验和定出的管理办法还有待于进一步落实、改进和提高；三是广开门路，开展多种经营，增加收入，缓解经费紧张状况；四是要紧密结合种植结构调整后出现的新情况、新问题，开展科学实验，并用获得的科学资料指导生产。

4　我国大田作物滴灌发展前景分析

滴灌具有较强的适应性，它适用于较复杂的地形和多种水源。目前，我国现有灌溉面积约0.5亿 hm^2，占灌溉面积的40%，剩余的0.67亿 hm^2 旱地，其中山丘坡地约占1/3，由于地形复杂，起伏不平，沟溪纵横，田块分散，工程建设难度大，田间渠系配套和平整土地都很困难，工程进度慢，费用高。而在这些地区滴灌却大有作为。其投资还要比传统的地面灌溉省，工程进度和发挥效益也比传统的地面灌溉快。如山西省阳城县上李村有3处高灌站，用同一个水源发展畦灌只能灌24.1 hm^2，每公顷投资8 806.5元；如发展滴灌则可灌49 hm^2，每公顷投资为3 894元，较畦灌节省投资56.3%。又如中国科学院地理所孙仁华1990年受国务院和中国科学院领导委托，专程去河南省偃师县作实地调查，他对滴灌与管道输水和素混凝土明渠输水灌投资作了比较，结果如下：

(1)同等水源条件下，滴灌、管道输水灌，素混凝土明渠灌投资的比较结果，滴灌一次性投资较大,但由于省水,灌溉面积大,单位面积的投资却最少,几乎是素混凝土明渠灌投资的 40%,是管道输水灌的 80%,如表 1 所示。

(2)同等有效灌溉面积不同灌溉方式的总投资比较。由于该地区水资源缺乏,滴灌的节水投资效益特别显著:如该地区采用传统的明渠输水灌溉 60.9 hm^2 农田,其总投资几乎是滴灌的 2.3 倍,即使采用较节水的管灌,其总投资也是滴灌的 1.3 倍,如表 2 所示。

(3)同种水源条件下,不同灌溉方式,小麦产量、总产量、总产值比较由表 3 看出,滴灌小麦单产比其他两种地面灌的单产并不增加,但总产量和总产值比管灌和明渠灌增加 24% 和 45.6%,主要是由于它扩大了灌溉面积,同时还减少了建蓄水池、渠道和田间畦埂所占用的土地,增加了土地利用率。

表 1　同等条件下不同灌溉方法的投资费用比较(按现行价格)

灌溉方法	机井(万元)	蓄水池2座(万元)	合计水源工程费(万元)	滴灌设备费(万元)	暗管设备费(万元)	素混凝土明渠费(万元)	总投资(万元)	保灌面积(hm^2)	平均投资(元/hm^2)
滴灌	9	9.6	18.6	14.62			33.22	60.9	5 454.84
地下管道输水灌	9	9.6	18.6		2.0		20.6	30	6 866.67
素混凝土明渠输水灌	9	9.6	18.6			0.24	18.84	15	12 560

表 2　相同有效灌溉面积不同灌溉方法投资比较

灌溉方法	机井		蓄水池		设备或田间工程		总投资(万元)
	眼数	投资(万元)	座数	投资(万元)	工程量	投资(万元)	
滴灌	1	9.0	2	9.6	滴灌设备	14.62	33.22
地下暗管输水灌	2	18.0	4	19.2	地下暗管 6 000 m	5.40	42.60
地面明渠输水灌	4	36.0	8	38.4	地面明渠	0.98	75.38

表 3　相同水源条件下不同灌溉方式的小麦总产量和总产值

灌溉方式	灌溉面积(hm^2)	旱地面积(hm^2)	灌溉单产(kg/hm^2)	旱地单产(kg/hm^2)	总产量(万 kg)	总产值(市场价)(万元)
滴灌	60.9	0	3 973.5	—	24.21	25.66
暗管灌	30	30.7	4 185.0	2 250	19.52	20.56
明渠灌	15	45.9	4 185.0	2 250	16.61	17.62

滴灌可以利用多种小水源，在山丘坡地上有不少小溪小泉，流量小，传统的地面灌溉无法利用，而滴灌却可加以利用，只要修建微型蓄水工程，把水拦蓄起来，当年或当季就可见效，使旱地变成水浇地。

我国有45%的国土面积属降水量小于400 mm的干旱和半干旱地区，降雨比较集中，采用集水微灌的办法也能获得显著的经济效益。河南省卫辉市道土坟村是这样，甘肃省实施“121”雨水集流工程和内蒙古的“112”集雨节水灌溉工程也是这样，实施1年多获得了显著的经济效益，出现了许多脱贫致富的典型。

综上所述，可以看出大田作物滴灌在实现“九五”期间增加333.3万 hm^2 节水灌溉面积，建设300个节水增产重点县将发挥重要作用，特别是山丘坡地，将有广阔的发展前景。但应根据本地区的条件，认真地做好规划，选择适宜的节水灌溉形式，因地制宜地加以推广，不搞“一刀切”。

（刘云发．原载于《节水灌溉》1998年第4期）

地下滴灌技术的研究进展

1920年，美国加利福尼亚州的Charleslee申请了一个多孔灌溉瓦罐的技术专利，被认为是世界上最早的地下滴灌技术。二次世界大战后，随着塑料工业的发展，塑料管广泛应用于灌溉中，美国、以色列、英国等发达国家加快了滴灌技术的发展。1959年开始，地下滴灌已经成为美国滴灌的重要组成部分。20世纪60年代，用PVC管和聚乙烯管制造的多空管、缝隙管以及管上滴头已经用于地下滴灌。到20世纪70年代，世界很多地方进行了大规模的地下滴灌田间试验，并应用于多种作物，包括柑橘、甘蔗、菠萝等果树，棉花、玉米、土豆、蔬菜等大田作物以及草地等。但同时也发现了地下滴灌存在的诸多问题，如灌水均匀性差、系统维护困难、滴头易堵塞等。

20世纪70年代末，地下滴灌系统的安装设备发展起来。同时，以色列发明了包含肥料注入设备的地下滴灌系统。随着科技进步与发展，地下滴灌系统在毛管铺设方法及打孔手段上取得了一定的进步。20世纪80年代至今，研究集中在改进灌水器质量、优化系统设计系数、研制过滤器和施肥装置等方面。Mitchell等于1982年提出了地下滴灌系统设计、安装和运行管理指南，为推广使用地下滴灌系统提供了有力的指导与帮助。地下滴灌还可利用污水进行灌溉，以色列利用处理过的废水进行了连续5年的地下滴灌试验，结果表明，增加了产量。

我国1974年从墨西哥引入滴灌设备，但地下滴灌技术的初步应用则始于20世纪80年代初期，主要用于果树作物。20世纪90年代初，山西万荣县农民王高升自发投资，用塑料管打孔对果树进行微孔地下滴灌，运行了5年，取得了省水、产量高且稳定的效果。但由于灌水器采用人工扎孔方式制成，对系统运行管理措施不够，应用中系统供水均匀性较差、出水孔易堵塞等问题没有得到很好的解决，影响到地下滴灌系统的正常使用和运行。

1 设备及灌水器

国外使用的地下滴灌设备均来自地面滴灌系统，灌水器采用内镶式或带有补偿性能的滴头以确保系统供水的均匀性。由于停止供水时常在地下滴灌系统的管网中产生瞬时负压，造成毛管出水孔周围的土壤细颗粒被吸入灌水器，引起滴头堵塞现象的发生。国外采用在系统上安装真空破坏装置以防止系统内产生负压引起的灌水器堵塞。但这种方法增加了系统造价，而且只适用于田间地形条件相对较为平缓的地区，对地形起伏较大的情况下，并不能完全避免负压引起的堵塞。我国吕谋超等(1999)将孔口式、发丝管式、内镶式3种常用灌水器应用于地下滴灌系统进行了田间试验，分析了流量变化规律、灌水均匀度及对堵塞的敏感性，发现了孔口式、微管式、内镶式灌水器用于地下滴灌2年以后，其灌水均匀度仍保持在相当高的水平。其中孔口式和内镶式抗堵塞性能较好，微管式灌水器流量降低幅度较大。

近年来，美国出现一种利用废旧汽车轮胎橡胶制造的多孔灌水器作为地下滴灌的灌水器。国内也有类似产品相应问世，形成一股地下渗灌的热潮。但这项技术生产的渗灌管，其管壁上微孔分布不均，不但其水力性能不够稳定，而且出流均匀度也较差。张昊等对几种地下滴灌(渗灌)灌水器性能进行了室内外试验研究，结果证明渗灌管的出流均匀性较差、防堵性能不理想、压力—流量关系不佳，且不具备压力补偿性能。对内镶式或带有补偿性能的滴头采用外包无纺布处理地埋后，既可获得较为理想的防负压堵塞效果，又能在适当的毛管间距布设范围内获得较高的灌水均匀度。

考虑到外包滤料的成型工艺复杂和成本较高等问题，设想从灌水器自身结构设计上进行改进。研制开发一种灌水器具有较佳的出流均匀性和压力与流量关系的同时，保证滴头自身具备抗负压、堵塞功能。我国在“九五”国家重点科技攻关项目中最新研制开发了一种地下滴灌专用灌水器，其结构有3部分构成：外壳、内芯、压力补偿片。当滴头入口处的压力小于等于零时，压力补偿片将紧压在外壳流道末端的凸缘，完全关闭流道，避免负压堵塞。当系统工作压力发生变化或因地形变化引起进水口处的压力波动时，压力补偿片能根据压力变化的程度自动调节过流断面的大小，确保出流均匀性。在滴灌带(管)的研制开发方面也取得了突破，在滴灌带压边上，平行分布3个平行的直通流道，实现三级消能，具有变迷宫流道为直流道、生产工艺简单、三级流道消能，消能效果显著、可调整流道长度或尺寸来调整滴灌带出水量，出水口间距小、水分布均匀、抗老化能力强等特点。

2 作物产量与灌溉制度

与其他灌水方法相比，地下滴灌具有节水、提高作物产量、不破坏土壤结构、方便管理、不影响地面各种活动等优点，引起国内外众多学者的关注。在作物产量方面的研究结果表明，地下滴灌的作物产量均高，起码不会降低。如 Phene 等(1976)研究表明，甜玉米的产量在地下滴灌下比在喷灌和沟灌下要高12% ~14%；与沟灌相比，西红柿在地下滴灌下的产量要高20%。Adamsen(1992)对地下滴灌和喷灌进行对比的结果表明，地下滴灌的花生产量明显高于喷灌方法下的产量；而对于玉米产量，二者间没有显著差别，然而前者省水约30%。另外，由于夏天的蒸发量增加，地下滴灌水分利用效率比较高。山西运城资料表明，与地面灌溉方法相比，果树可节水75%，增产50%；西瓜节水62%，增产30%；而对大田作物，平均节水达50%，增加产量30%以上。

地下滴灌的灌溉制度一般以实测或计算的腾发量、土壤和作物特性为依据制定。Caldwell等研究结果表明，只要土壤含水量保持在允许范围内，采用每日灌水1次与每周灌水1次的灌溉制度对玉米产量没有影响。EL-Gindy等(1996)对每天灌水1次和每3天灌水1次的周期进行对比后发现，高频次小流量的灌溉制度不仅能较大幅度地提高西红柿和黄瓜的产量，还能改善根层内的土壤水分布，提高水分利用率，非常适宜于地下滴灌系统的运行特点。

3　系统设计与评价

3.1　设计与管理

地面灌溉系统的设计方法同样适用于地下滴灌系统，特别是在管道水力学性能和灌水均匀性方面。地下滴灌系统的水分在土壤剖面上的分布与地面滴灌系统有很大区别。Philip(1968)提出地埋点源和球形孔洞非饱和流的二维、三维数学理论。Bavcl等在1973年提出了地下滴灌自动化系统的一维动态模拟模型。Gilley和Allred(1974)结合作物吸水模型与解析解用来确定毛管的埋深和间距，并对预测值与实际值进行了比较，对毛管的设计布置起到了指导作用。Dirksen(1978)提出了稳定水头条件下，4条等间距布置的滴灌带线源瞬态和稳态的水流过程，观察表明，土体在水力传导度上表现出不同程度的变异性。Philip在1997年提出了在方形4点源下土壤饱和度的理论影响。Dani Or等1995年使用随机方法提出了把土壤水力特性与土壤基质势及其饱和度之间联系在一起的分析表达式，该结果可用来确定水分传感器的数量及其放置位置，并于1996年提出了玉米在4个滴头配置下吸水特性及二维水流的参数模型。

地下滴灌的管道间距应能保证相邻两条管道的灌溉水的湿润区能重合一部分且灌水均匀，一般条件下其管道间距应为1～3 m。管道的埋设深度应使灌溉水借毛细管作用能充分湿润作物主要根系吸水区，表层土壤能达到足够湿润，深层渗漏最小，并考虑管道本身抗压强度，不致因拖拉机或其他农业机械的行走而损坏。还要考虑当地冻土层深度，一般埋设深度在20～40 cm。

为了保证地下滴灌系统的寿命和减少系统故障，良好的过滤设备、频繁的系统冲洗(尤其是毛管的冲洗)、安装空气阀等措施是十分必要的。过滤设备也与地表滴灌相似，但由于一般要求地下滴灌系统的滴头工作寿命较长(大于10年)，因此用于减少滴头堵塞的过滤技术就比地表滴灌系统的更重要一些。

3.2　系统均匀性及评价

滴灌系统的效率在于出流装置出流量的均匀性。在滴管放置在地表的系统中，评价均匀性可以通过直接测量滴头流量来实现。但由于地下滴灌系统中，出流装置埋在地下，这些流量不能直接测量。然而，我们可以通过研究影响出流均匀性的因素来估计其自身性能。

(1)研究者(1988～1989)发现，在芒果种植园内，采用迷宫式地下滴灌系统，个别区域内的滴头流量降低了10%～50%，当这些滴头被小心挖出检测时，它们的流量又立刻升高到设计值,这些滴头并没有堵塞情况。这可能是由于预先确定的滴头流量超出了土壤吸水能力(或者因为流量非常高或由于土壤渗透率较低),结果土壤限制了流量。与地表滴灌相比,地下滴灌一个独特特征就是在滴头与土壤接触面处存在一个压力,使得土壤和传输系统之间具有潜在的相互作用。因此,土壤水力性能是制约滴头流量的因素之一。

Warrick 和 U. Shani(1996)根据 Wu I. P.(1992)提出的滴头流量公式建立了相对流量与滴头特性和土壤水力特性的关系,并得出结论:当设计流量增加或土壤水力传导度降低,滴头附近的土壤压力水头就会增加,引起流量的减少。因此,我们选择滴头时要考虑土壤类型、土壤水力特性的影响。可以使用低流量的滴头来保持灌水均匀性,通过使用多个滴头来实现。也可使用带有压力补偿功能的滴头,尽管 Shani 等(1996)研究表明,这种情况下流量也会减少。

(2) Parchomchuk(1976)测量了各种类型滴头由于温度而产生的流量变化,指出当毛管末端附近水流速度降低时,黑色聚乙烯软管中温度升高的速度明显增加,滴头流量有所增加,发现温度的影响比理论预测的要小,但仍很重要。

(3)另外,毛管布置方式,滴水管出水孔规格也影响出流量及均匀性。Lamm 等(1997)在堪萨斯州西北的黏壤土中对玉米进行地下滴灌试验得出,宽毛管间距导致土壤水分水平方向分布不均匀,发现在 1.5 m 间距时得到了最高产量、最高用水效率和最低的年差异。经济分析显示,由于产量降低幅度大,调整宽间距只适于滴灌管成本非常高或作物回收价值非常低的情况。我国岳兵(1999)建议为达到灌水均匀性,滴头间距宜采用上段大间距、中端中间距、下段小间距的方法。马孝义等采用正交试验方法得出滴水管的出水量随时间呈幂函数下降,单孔出水量随孔径和孔距的增大而显著增大;地下灌水均匀度随孔径的增大、孔距的减少而降低(并未测定滴头流量,单孔出流量以渗水开始第 1 小时的平均出水量表示)。其试验是在特定土质、特定地形、管径、壁厚条件得出的结果。

(4)根据以往对地表滴灌灌水均匀度影响因素的研究,灌水器本身的水力性能及制造偏差对其均匀度的影响最大,制造偏差主要由生产厂家控制。而由于地下滴灌中灌水器被埋入地下,要想测出每个滴头的实际流量,必须挖出滴头测量,但这样测出的流量又不同于埋入土壤中的流量。Sadler 等(1995)研究了地下滴灌滴头挖出后对滴头流量的影响。大部分研究中都是采用平均流量,不挖出滴头,根据每条毛管灌水器个数加以平均得出平均流量代替滴头流量。国内外针对地下滴灌条件下灌水器水力性能变化及其对系统水力影响研究很少,我国仵峰等(2002)对补偿式、内镶式和微管 3 种灌水器埋入土壤后的水力性能进行了测试,结果表明,流量均变小,其中土壤起了主要作用。

(5)对管网压力均匀性分布的研究主要集中在多孔出流的地面滴灌中。Y. kang(1996)改进了毛管流量方程,方程中考虑将支管看做毛管,将毛管看做滴头处理。用后退法计算沿程压力分布,用黄金分割法寻找毛管末端的最优估计压力水头,用前进法决定沿毛管的压力水头分布和滴头流量分布。Wu 和 R Yue 在 1993 年利用能量梯度线法决定沿毛管的压力变化,并提出了沿毛管的所有滴头流量的直接计算方法。我国康跃虎(1999)根据微灌设计中对平均灌水流量和灌水均匀度的要求,用水力学解析的设计方法提高了管网(干管、支管、毛管)的水力学设计精度。

随着节能意识的提高,出现了重力滴灌。以重力为动力,将灌溉水通过田间管网和灌水器直接输送到作物的根区。灌水器工作压力控制在 10 m 以下,但不宜低于 2 m(微灌工程技术规范)。滴灌系统一般采用 10 m 左右的工作水头。我国冯素珍(1999)对低水头滴灌系统进行了可行性分析。王伟、李光永等(2000)对低水头滴灌系统的具体实施进行了研究,提出了几种典型应用场合的设计方案,为系统的规划设计提供了依据。

有关地下滴灌的压力分布的研究很少,我国马孝义(2000)在陕西礼泉的试验中观测了不同时段的沿毛管压力分布曲线,发现要使管末灌溉水量不小于管首渗水量 80% 的灌水均匀度时,要求管尾水压力大于或等于管首水压力的 64%。

(6)滴头堵塞是关系到微灌系统运行和维护的重要问题之一,它直接影响到系统均匀性和灌溉水质的问题。滴头堵塞通常由根系、固体悬浮颗粒、微生物、有机质或化学物沉积引起,堵塞可以是部分的、也可以是完全的,但是不能完全避免。Bralts 等(1987)统计,Wu 等(1988)证实在微灌系统中,以下 5 种典型的堵塞情况经常发生:①部分堵塞,对所有滴头流量影响相同;②部分堵塞,对一定比例的滴头影响相同;③完全堵塞,对所有滴头影响相同;④完全堵塞,对一定比例的滴头影响相同;⑤部分堵塞与完全堵塞结合的情况。在实际应用中,第 5 种情况经常发生。单个滴头部分堵塞要比完全堵塞更为常见。滴头堵塞会导致流量大量的减少和湿润模式的变形。

Bralts 等(1982)以毛管流量变化预测堵塞率,其假设堵塞是沿毛管均匀分布的。而实际滴头堵塞并不是沿毛管均匀分布的,堵塞的程度也不相同。Lau 等(1978)通过田间试验,指出堵塞限于毛管下游部分。Wu 等(1991)确定堵塞集中在下游部分。

滴头堵塞对整个地下滴灌系统的水力性能产生影响,不同堵塞程度、不同堵塞位置产生的影响也不尽相同。Talozi 和 D. J. Hills(2001)模拟了不同滴头堵塞率和不同堵塞位置对毛管水力性能的影响。研究结果发现,堵塞的毛管入口流量降低,而未堵塞的毛管入口流量增加。另外,泵井对堵塞的反应随堵塞位置远离泵井而逐渐减小,当堵塞发生时,处于堵塞部分下游的点受影响最大。

(7)地下滴灌的另一个被人们所关注的问题是,系统使用薄壁毛管,地面机械的行走或土壤本身的硬化或倒塌使得毛管变形,减少了系统流量及灌水均匀度。Hill 等在 1989 年报道,在实验室内单层或双层壁毛管截面从圆形变为椭圆形时,毛管流量减少,水头损失增加,毛管长度需作调整以保持系统的性能。我国王伟(2000)通过滴灌带下铺设阻水塑料布,明显改变了地下滴灌湿润体的形状和湿润体内部的土壤水分分布,提高了湿润锋向上的运移高度,减少了水分向下的入渗深度。

地下滴灌已被世人公认为最有发展前途的高效节水灌溉技术之一,但应该看到,该项技术的研究还未完全成熟,存在着许多亟待解决的问题,必须进行深入的科学研究。主要概括为:①地下滴灌的适宜埋深、经济间距及防止深层水肥流失的措施;②研制出既可防止负压堵塞,又具有较佳压力补偿性能的地下滴灌灌水器;③研究不同打孔技术下的微孔制造偏差,确定一种或几种流量均匀性较好的打孔技术;④研究地下滴灌管网水力特性,指导地下滴灌系统设计和运行管理;⑤研究地下滴灌的堵塞机理及其有效防治措施。

(丛佩娟,黄修桥,仵峰,等. 原载于《灌溉排水》2002 年第 5 期)

滴头流道内部水流流动机理研究的进展与问题

滴头是滴灌系统的核心部件，滴头的工作性能（抗堵塞性能、水力性能）是影响滴灌系统的抗堵塞能力、灌水的均匀性和系统寿命的关键因素。因此，设计工作性能优良的滴头一直是滴灌技术发展过程中所研究的主要问题之一。

早在20世纪70年代，Gilaad Y. K. 等就指出滴灌灌水器的水力性能由流道的形式、尺寸、材料等因素共同决定，要设计合理的滴灌灌水器需要对水流在流道中的流动机理进行深入研究。

理论分析、数值模拟以及实验研究是研究滴头流道内水流流动机理的3种方法，国内外专家运用这3种方法对滴头流道内水流流动机理做了大量的研究工作，揭示了一些简单流道内水流的流动机理，也在一定程度上分析了复杂流道内水流的流动机理，这些研究促进了滴头工作性能的提高。但由于滴头流道特征尺寸小、结构复杂，使得很多常规的实验方法不能得到应用。关于流道内水流流动机理的研究中还存在很多问题，因此有必要对流道内水流流动机理的研究进行总结和分析。

1 滴头流道内部水流流动机理研究方法

1.1 理论分析方法

对滴头流道内水流的流动机理进行理论分析，涉及广泛和深入的流体动力学理论，水流在滴头流道内的流动需要满足的质量守恒、动量守恒和能量守恒及转换等基本定律。利用这些定律建立的控制方程是理论分析流道内水流的流动机理的基础，同时也是数值模拟和实验研究方法研究流道内水流的流动机理的理论依据。研究人员利用流体动力学理论对一些简单流道内水流的流动机理进行了理论分析，得出了这些滴头的流量与流道结构特征尺寸之间的定量关系，直接为这类滴头流道的设计提供了理论依据。Karmeli 等以 Darcy - Weisbach - Poiseville 公式为基础，运用管道流态理论根据雷诺数的大小按层流、光滑紊流、完全紊流3种流态分析了简单长直流道微管滴头流道内水流的流动机理，建立了面向3种流态的压力—流量通用模型；傅琳等利用孔口出流理论解释孔口式滴头流道内的水流流动机理，利用孔口出流计算公式建立了孔口滴头的出流公式。但由于理论分析方法受到数学求解困难和自身发展水平的限制，该方法只能对几种简单边界条件流道内的流场进行计算，获得其流量与流道微观结构尺寸的定量关系。水流在边界条件复杂的微小流道内的流动是一个复杂的过程，由于流道尺寸微小、结构复杂，流道内存在微尺度效应，使其流动过程中的很多现象不同于宏观尺度下的流动特性。目前，在理论上分析水流在边界条件复杂的微小流道内的流动特性还处于初始阶段。Eringen 等提出微尺度下流体流动已偏离了经典流体理论，研究结果表明当流道尺寸小到一定程度时需要考虑液体分子的微观运动。Ariman（1973）认为当流道尺寸很小时，流体微观密度连续性假设不再有效，一些宏观尺度下可以忽略的因素在微流道内需要考虑。方部玲、赵德菱等对圆片式锯齿形迷宫式流道滴头的水力性能进行了研究，结果表明因为流道的横截面积小，管道流态理论不能解释其中的水流现象。王福军、李云开等在总结了大量微小流道内的流体流动特性研究资料后认为，在考虑微小尺度的影响因素后，连续介质流体动力学、宏观尺度下的 N－S 方程仍适用于研究特征尺寸为 1 mm 左右的滴头流道内的流动问题。但由于 N－S 方程中存在非线性的对流项，利用理论分析方法很难得出解析解；另外微小复杂流道内的流动，微尺度效应明显，流态变化规律不同于宏观尺度，壁面边界层充分发展且变化不一，现有的流体动力学理论方程还不能准确描述这种复杂的流动过程。总体上看通过理论分析方法研究微小复杂流道内的流动机理所取得的成果非常有限，对这种流动过程理论上还有很多问题需要进一步深入研究。

1.2　实验研究方法

实验研究是分析滴头流道内水流流动机理的重要方法，它的最大优点是测量的结果相对可靠，可以直观了解基本的流动过程，为理论分析和数值模拟提供依据。滴头的水力性能实验是研究滴头水力特性的传统实验方法，通过这种方法可以验证滴头水力性能是否优越，并能在大量试验得出的压力、流量数据的基础上为滴头的设计提供参考，但这种方法只是在整体上研究滴头的出流规律，无法揭示滴头流道内部水流的微观流动机理。由于流道尺寸微小、结构复杂，传统的实验仪器和实验手段很难应用于滴头流道内流场的测试实验中，由于缺乏流道内真实流场的实验数据，对微小复杂流道内流体进行理论分析和数值模拟便缺乏依据，数值模拟结果的合理性也不能很好地得到验证，实验研究方法的滞后严重制约着流道内水流流动机理研究的进展。如何对微小复杂流道内流场进行有效的实验一直是很多学者重视的问题。李光永等认为流道内流体运动中，重力和惯性力是主导作用力，忽略黏滞力来构建滴头流道的放大模型，通过对放大模型流道内的水流的实测实验来研究原型流道内的流场信息；魏正英等运用相似原理构建了流道的放大模型，利用激光多普勒测速仪测试了放大模型内水流的流动速度，对数值方法模拟流道内水流流动的合理性进行了验证。这种利用相似原理构造放大模型分析滴头流道内流场的方法在一定程度上揭示了滴头流道的微观水力特性，但实际滴头微小流道内存在微尺度效应，滴头原型流道内黏滞力对水流流动的影响在放大模型内不能得到体现，模型间的流动相似性还需进一步深入研究。近年来随着制造工艺、光学技术、计算机技术的快速发展，流场显示技术和流场测量技术得到了长足的进步，出现了粒子图像测速（PIV）、激光诱导荧光（LIF）、层析技术（CT）、激光分子测速和光学表面测压等新技术，利用这些新的实验仪器和方法对微小复杂流道内的流场进行更直观、准确的实测试验变为可能。李云开首次利用改进的粒子图像测速技术（DPIV）得到了实际滴头流道内流场的二维分布规律，通过实验方法可视化了滴头流道内的流场，为研究滴头流道这一"黑匣子"内流体的流动机理开辟了新的实验途径。但这种方法也存在一些问题，该方法的实现需要在滴头微小流道内散布较多的荧光颗粒，实际流道内的流体变为两相流，荧光颗粒对原有流道内水流运动的影响还需要进一步研究；另外得到的二维流场与实际流道内的三维流场的区别也需要进一步分析。

1.3　数值模拟方法

随着计算机技术的迅猛发展、计算流体动力学（CFD）数值解法的改进、网格生成技术的提高和多种通用的流体软件的相继问世，使复杂流动问题的模拟计算得到了快速发展，数值模拟方法已经成为研究复杂滴头流道内水流的流动机理的一条新途径。这种方法实现的过程主要是通过离散的数值方法将描述滴头流道内流场的控制方程转化成离散节点上的代数方程组,利用相关的算法求出离散节点上速度、压力等的数值解,通过积分求出水力损失等参数,然后通过后处理程序显示出流道内水流的流动情景,相当于对流道内的流场进行了一次"数值试验"。由于滴头流道模型制造、模型全场观测试验困难等问题,这种能够大幅减少实体试验工作量并能显示流道内水流流动规律的数值模拟方法已成为现代滴头设计理论中重要的组成部分。

目前对水流在边界条件复杂的微小流道内的流动进行数值模拟的研究均基于不可压缩定常流动,采用宏观尺度下的质量守恒方程、动量守恒方程以及能量守恒方程作为控制方程建立数学模型。流道内水流为层流时的控制方程为:

质量守恒方程:

$$\frac{\partial u}{\partial x}+\frac{\partial v}{\partial y}+\frac{\partial w}{\partial z}=0$$

动量守恒方程:

$$\nabla(\rho u U) = -\frac{\partial p}{\partial x}+\mu\,\nabla^2(u)+\rho f_x$$

$$\nabla(\rho v U) = -\frac{\partial p}{\partial y}+\mu\,\nabla^2(v)+\rho f_y$$

$$\nabla(\rho w U) = -\frac{\partial p}{\partial z}+\mu\,\nabla^2(w)+\rho f_z$$

式中:x、y、z 为笛卡尔空间坐标;u、v、w 分别表示流体在 x、y、z 方向的速度分量;U 为速度矢量;ρ 为水流的密度;p 为流体压力;f_x、f_y、f_z 为微元体上的质量力的分量。

流道内水流为紊流时,其控制方程为:

质量守恒方程

$$\frac{\partial u}{\partial x}+\frac{\partial v}{\partial y}+\frac{\partial w}{\partial z}=0$$

动量守恒方程

$$\nabla(UU) = -\nabla(p)+\nabla(\bar{\tau})+f$$

式中:f 为微元体上的质量力矢量;$\bar{\tau}$ 为黏性应力张量,代表了水流黏性的影响;其他符号意义同前。

对于 $\bar{\tau}$ 的计算,目前多采用时均化处理的 $k-\varepsilon$ 紊流模型方程来描述。由于微小复杂流道内水流的流态问题还未确定,目前国内外学者采用了基于层流和紊流流态的两种数学模型对流道内的流场进行了数值模拟。在认为滴头流道内水流流态为层流的基础上,王尚锦利用加罚有限元数值方法模拟了"圆弧型迷宫"式滴头流道内的流场,并针对防堵塞要求对滴头的优化设计提出了建议;魏正英利用数值模拟的方法分析滴头流道内的流场,为提高滴头流道的抗堵塞性能对流道进行了结构优化;另外一些学者如 Salvado P. G.、李永欣等在认为滴头流道内水流流态为紊流的基础上建立控制方程对流道内流场进行了研究。数值模拟方法已成为研究滴头流道内水流的流动机理的一条新途径,并已取得了一定的成果。但由于有关微小复杂流道内流体流动的理论非常有限,使得数值模拟方法从理论模型建立、边界条件处理到计算参数选定整个分析的过程都是近似处理，还存在很多问题需要解决；另外，由于很难对滴头流道内流场进行全场观测实验，流道内真实流场实验数据的缺乏使得数值模拟的结果无法进行准确验证，无法为发展相应的算法提供依据。总体上看，现有的数值模拟方法还不能达到准确反映流道内真实流场的程度，模拟结果与实际流场还存在较大的误差，数值模拟方法分析流道内流体的流动机理还只是起步阶段。

2　流道内流体流动机理研究方法中存在的问题

2.1　理论分析方面

水流在一些简单流道内的流动机理可以利用流体动力学理论进行分析，但对于水流在某些复杂流道内的流动问题在理论上还存在很多问题。滴头流道的尺寸为 1 mm 左右且复杂多变，宏观的流体动力学理论仍适用于分析这类通道内的流体运动规律，但与大尺度流道不同的是滴头流道内微尺度效应明显，边界层厚度在流道内所占的比例很大，且随着流道截面尺寸的不同而变化。目前，关于滴头流道内边界层的影响一般采用基于平行壁面的边界层理论来进行近似处理，显然这与实际情况有较大差别，滴头流道内边界层的影响范围以及其计算方法还需要做深入研究。大量研究发现水流在存在微尺度效应的微小流道内流动时，水流流态由层流过渡到紊流的过程不同于宏观尺度下的流动，其转捩雷诺数比宏观尺度下的临界雷诺数 2 000 要小，但具体的转捩值为多少目前仍未确定。因此，需要考虑流道内液体的表面张力、液体与流道边壁的作用等因素的共同影响，结合流道内流场的高精度实验，对滴头流道内水流的流态问题作深入研究；另外，目前关于流道内水流流动的数学模型均是基于定常流动建立的，实际上滴头很多情况下是滴状出流的，此时流道内水流的流动应为非定常流动，因此需要对流道内非定常的水流流动进行研究。数值模拟结果和实验研究数据是理论分析的依据，对于水流在复杂滴头流道内的流动机理进行单纯的理论研究是非常困难的，只有在对滴头流道内真实的水流流动情况有了充分的了解和掌握后，才能在理论上作出分析。因此，对滴头流道内流场进行理论分析需要借助大量的数值模拟和流道内流场的微观实验工作。

2.2　实验研究方面

对滴头流道内的流场开展实验研究是分析滴头流道内水流流动机理的基础工作，对建立有关滴头流道内微观流体理论和发展合理的数值计算方法有重要意义。对流道放大模型内流场进行实验来研究原型滴头流道内水流的流动规律，可以利用常规的实验仪器和实验方法，避开了对实际滴头流道内流场进行实验所存在的困难，这种实验方法在一定程度上揭示滴头流道内水流的流动机理，但由于原型滴头流道内存在微尺度效应，面力的作用机理在放大模型内不能得到体现。因此，模型间的流动相似性还需近一步深入研究；滴头流道的特征尺寸介于宏观尺度和微观尺度之间，且流道结构复杂多变，对滴头流道内流场直接进行实测实验的难度很大，需要高精度的实验仪器和先进的实验方法的支持。近年来国内外对特征尺寸在 30 ~ 300 μm 的微尺度流道内的流场进行了大量的实验研究，发展出了新一代的流动显示技术和流场测量技术，李云开将其中的 PIV 技术改进后应用于滴头流道内流场的实测实验中，首次对流道内的流场参数进行了实测实验。但总体来看，目前国内外关于这方面的实验研究还很少。因此，借鉴微尺度流动实验研究中的实验方法和流动显示技术的最新发展成果，发展针对滴头流道内流场实验的成熟方法是提升滴头流道内水流流动机理研究水平的有效途径。

2.3 数值模拟方面

近年来，CFD 有了很大的发展，数值模拟方法已经替代了经典流体力学中的一些近似计算法和图解法，CFD 技术现在已经发展到可以分析三维黏性紊流等复杂问题的程度，因此 CFD 数值模拟方法成为了分析滴头流道内水流流动机理的新方法。但这种方法还处于起步阶段，还有很多问题有待解决。利用 CFD 进行数值模拟时采用了基于宏观尺度建立的物理模型，截面特征尺寸为 1 mm 左右的滴头流道内边界层效应明显，近壁面低雷诺数区对流道内流体运动的影响目前大多利用壁面函数法进行近似处理。壁面函数法是一组半经验公式，一般只对平行壁面的一定范围有效，对于结构复杂、弯曲多变的滴头流道，流道的不同位置边界层厚度不同，将壁面做均匀化处理，显然是不够合理；由于滴头流道内水流的流态问题目前还没有解决，直接影响着 CFD 数值模拟方法选取准确的黏性模式；对滴头流道内流场进行 CFD 数值模拟是在滴头流道的几何模型中完成的，滴头流道尺寸微小，几何模型与滴头原型流道结构尺寸的微小差异可能会引起模拟结果与实际流场存在很大误差，由于目前很多滴头流道的制造材料采用具有较强可塑性的塑料，压力水流在其中流动时可能会引起流道尺寸的变化，几何模型与实际流道尺寸可能存在较大差异，造成数值模拟结果偏离实际情况，这个问题应该引起注意。总体上看，采用数值计算方法对滴头流道内流场进行模拟是一个离散近似的计算过程，依赖于物理上合理、数学上适用，适合于在计算机上进行计算的离散的有限数学模型。目前，利用数值模拟方法研究滴头流道内水流的流动机理时所采用的稳态理论、宏尺度模型以及基于宏尺度的壁面边界层方法等，都只是近似处理手段，得到的数值解很多情况下存在较大的误差。今后，在非稳态模型、微尺度模型、壁面边界层处理方式、空间和时间离散格式、时间积分方案、网格与精度的依赖关系、3D 几何模型构造等方面需要进一步深入研究。

3 结果与讨论

开发高性能的滴灌灌水器需要了解滴头流道内水流的流动机理，理论分析、实验研究以及数值模拟是研究滴头流道内水流流动机理的 3 种方法。滴头流道尺寸微小、流道结构复杂，研究这种通道内水流的流动机理需要涉及比较广泛和深入的流体动力学理论，尤其是微观流体动力学理论，而目前关于液体在微小流道内流动特性的理论研究还很不完善，滴头流道内水流流动机理的研究还处于探索阶段。实验研究作为滴头流道内水流流动机理研究中的一个重要方面，是了解滴头流道内基本流动过程、为理论分析提供依据和发展相应数值方法的主要参考，因此只有通过大量实验研究，在对滴头流道内水流的流动规律有了深刻认识的基础上，才能提升滴头流道内流场微观流体理论的水平、发展出更合理的数值计算方法。随着实验流体力学的快速发展，尤其是微尺度流道内流场实验方法的进步，使得对滴头流道内流场主要参数直接进行实测变为可能，发展针对滴头流道内流场的更直观、更准确的实验方法，加强滴头流道内流场的实验研究工作，有可能是近期提升滴头流道内水流流动机理研究水平的一个突破口。

（颜廷熠，仵峰，宰松梅．原载于《节水灌溉》2008 年第 5 期）

灌溉的趋势——微续灌

灌溉是保证作物稳产、高产的一项重要措施,其目的是为作物生长提供所需的适宜水分环境,即灌溉水以满足作物生长的需要为度。然而现行的绝大多数灌水技术都需要以土壤为介质,出现了所谓的“浇地”而非全部灌溉作物的现象,导致灌溉水的利用率下降。近年来,国内外出现了以微灌和精准灌溉为基础的新型灌溉方式,如负压灌溉、连续型灌溉等,试验结果表明,此类灌溉可以最大幅度地提高灌溉水的利用率和作物产量。目前,这种以作物需水的连续灌溉方式还处于室内、外试验阶段,还未被大众所知。为了推动这项节水新技术的进步,本文从微续灌的概念、理论基础及优缺点等方面,进行了归纳和总结,以期推动其健康发展。

1　轮灌、续灌与微续灌

轮灌是常用的灌溉管理模式,通常是指渠道的工作制度,即上级向下级渠道间歇供水的工作方式,与之相对应的连续供水则称续灌。轮灌时,常将灌溉系统整个控制区划分成若干轮灌区(组),灌水时只向其中一个轮灌区(组)供水。按照土壤计划湿润层、灌水周期等制定出相应的灌水定额。然而,土壤计划湿润层的含水量不可能经常保持在最适宜作物生长的含水量。为保证作物理想生长,土壤含水量应控制在允许最大含水量和允许最小含水量之间变化。因而,对作物而言,传统意义上的灌溉均为轮灌。

作物需水的持续性表明,客观上存在一个满足作物生长需求的最适宜的土壤根际环境,水分适宜、养分合理、通气适度等。灌溉的根本目的也是为此创造条件。对应于这种理想条件下的灌溉,所需的灌溉应是小水量(满足作物最佳生长需求为限)、连续或近似连续的供水。鉴于这种模式下的灌水量非常小,并有别于传统的续灌,将总是满足作物所要求的最适宜水分环境、连续对作物灌水的灌溉方式称为微续灌。

2　微续灌的理论基础

2.1　作物生长的根际环境

2.1.1　作物生长与土壤含水量

作物不同生育期阶段的理想生长率在一定程度上与土壤含水量密切相关。研究表明,作物生长及产量与土壤含水量之间的关系大致可用图 1 表示,图中 P_w 为永久凋萎系数,F_c 为田间持水量。

从图 1 可以看出,作物生长率及产量与土壤含水量的关系为一极大值的曲线,在土壤含水量达到该极值对应点之前,随着土壤水分的增加,作物生长率及产量随之增大;土壤水分超过该阈值,相应的作物生长及产量受损。同时,对应于最快作物生长率(或最高产量)的土壤水分通常并不是田间持水量,而是在土壤含水量比田间持水量小一些的地方,常规灌溉时采用田间持水量作为灌溉制度的控制指标不尽合理。这是因为作物的生长在需要水分的同时,还需要进行透气,这一要求在黏重土壤表现更为突出。图 2 为黏土滴灌条件下小麦根密度与土壤氧通量之间的关系。氧通量(10^8 g/(cm^2 · min))最大根密度既不是发生在距滴头最近的高湿度(通透性差)土体中,也不是发生在距滴头更远的低水分(通透性好)土体中,大量研究表明:作物根系发育既需要有足够的土壤水分,又需要土壤有良好的通透性。

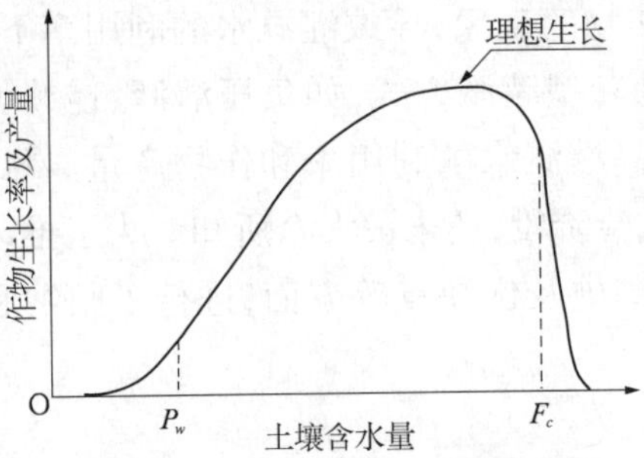

图 1 作物生长率及产量与土壤含水量的关系

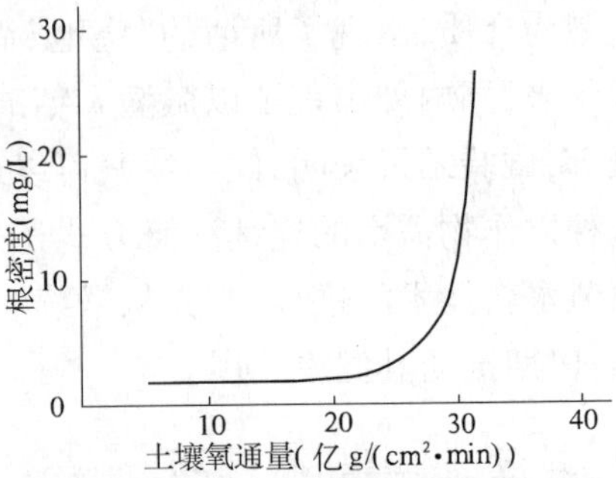

图 2 小麦根密度与土壤氧通量之间的关系

2.1.2 微续灌条件下的根际环境

微续灌可为作物理想生长提供较为适宜的水分与通透性环境。图 3 是线水源微续灌行播作物土壤水分分布示意图,由图 3 可以看出距水源最近的土体含水量维持在高水平,这部分土壤通透性差;低水分区距水源较远,虽然灌水对土壤含水量有一定影响,土壤通透性较好,但土壤含水量持续在较低水平,更不用说距水源更远的灌水无明显影响区了。仅在适宜水分区域内,既具有持续的适宜土壤含水量,又有良好的通透性,应该说这里的土壤水分是作物生长的理想环境。

2.2 灌水频率与作物生长关系

不同的灌水方式要求的灌水频率各不相同。依灌水频率的高低,灌水方式依次为微灌、喷灌、地面灌。微灌的灌水周期通常在 1 ~ 5 d,地面灌的灌水周期可达 7 ~ 15 d。不同灌水方式的节水和增产效果与灌水频率有着相同规律,即随着灌水频率的增加,节水增产的效果更加显著。一般来说,地面灌的节水增产效果最差,与地面灌相比,喷灌节水 30% ~50%,增产 10% ~30%;微灌的节水增产效果最好,微灌比地面灌节水 33% ~50%,比喷灌节水 15% ~20%。研究表明:与地面灌相比,果树滴灌增产 20% ~50%,大田作物增产 30% 左右,蔬菜增产 1 ~2 倍。

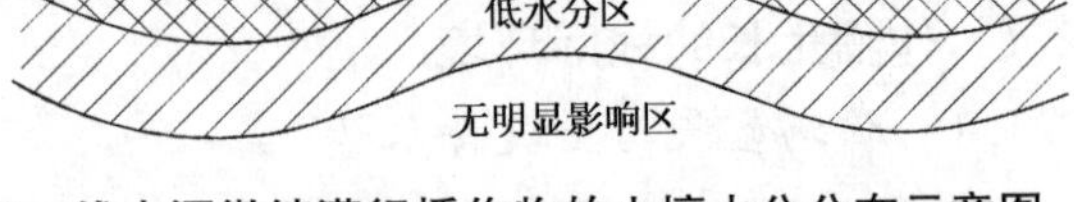

图 3 线水源微续灌行播作物的土壤水分分布示意图

同一种灌水方式下,随着灌水频率的增加,节水和增产的效果总体有所提高,至少不会造成作物减产。Eran Segal 等以向日葵为例,通过试验和模型研究了微续灌对作物的生长状况的影响，表明高频灌溉对根吸水和产量均呈正相关（如图4所示）。灌水频率不同，根区土水势不同，进而影响着根系的吸水性。土壤水势越低，土壤水的运动减慢，作物的蒸腾和产量变小，尤其是对作物苗期，单位根长的吸水率大，影响就更为明显，因而高频灌溉有利于保持根区较高的土壤水分状况，为作物高产奠定基础。其他学者的研究也表明，不同灌水频率对作物的产量和灌溉水利用率呈正相关。

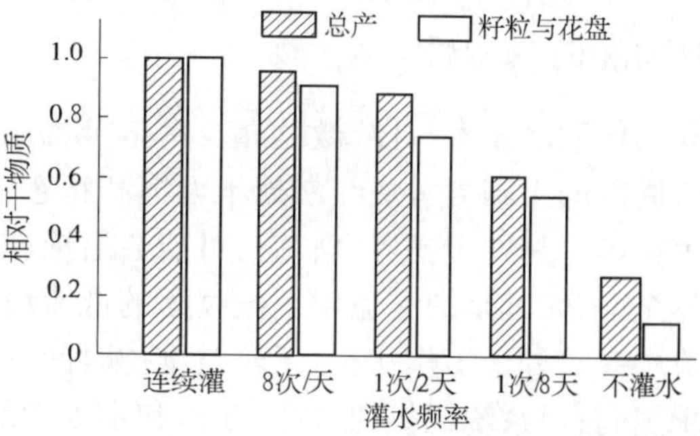

图4　不同灌水频率的向日葵相对生物产量

微续灌在灌水方式上属于微灌的范畴，其灌水量比包括微灌在内的各种灌水方式均要小，灌水频率达到了与作物需水同步的无间隔灌水，从这种意义上讲，微续灌是将现行节水灌溉的节水、增产效果发挥到极致的一种灌水方式。

3　微续灌的经济性评估

与微灌系统类似，微续灌系统投资包括水源、各级输配水管道、灌水器和控制设备等。在微灌系统中，各级输、配水管道占系统投资的60%左右。采用微续灌方式灌水时，系统中所有的输配水管道均按控制面积分担着相应的水量，进入对应位置处的管道的流量减少，其水头损失相应减少，水泵扬程就可减小。

若管道入口流量由 Q（轮灌）变为 Q'（微续灌），且 $Q' = Q/N$（N 为正整数，即原轮灌区个数），其管道水头损失 ΔH_1 为下式：

$$\Delta H_1 = \left(\frac{1}{N}\right)^m \cdot \Delta H \tag{1}$$

在相同的经济流速下，各级分水管道的断面尺寸减少。与轮灌条件下对应位置处的管道内径（D）相比，微续灌条件下的管道的内径（D'）变为：

$$D' = \left(\frac{1}{N}\right)^{m/n} \cdot D \tag{2}$$

式中：D'、D 分别为微续灌和轮灌条件下的管道内径；N 为轮灌条件下的轮灌区个数；m、n 为指数，采用哈－威公式时，$m = 1.852$，$n = 4.871$。

若 $N = 2$、4、6 和 8 时，其 D' 分别为原内径的0.77、0.59、0.51倍和0.45倍。管径变小了，投资也就变低了。同时，由于毛管入口流量减小，也可使毛管长度加长，从而使支管数量减少。因而，微续灌条件下的输配水管道系统的投资可以大幅降低。据初步估算，仅管网投资一项，微续灌比轮灌可降低30%左右。

此外，对于拟采用自动化灌溉的系统，仅需对微续灌的供水部分进行控制，其余管道系统和配水设备均不需要任何控制设备加以干涉，即能实现自动化的灌溉，使得灌溉系统的控制设备大大减少，这不仅使投资降低了，同时也提高了系统的可靠度，灌溉的管理也变得简单，因而所需的人工和维护费用相应减少。

4 微续灌的局限性

同其他灌水技术一样,微续灌技术本身也存在一定的局限性。如采用微续灌时,灌水器出口周围的土壤含水量经常处于近饱和状态,通透性差;同时,由于长时间连续灌水,部分地表土壤总是处于高含水状态,可能会造成较大的蒸发损失。与微续灌配套的灌溉设备还不全面,尤其是缺乏适用于微续灌的低流量灌水器。在运行管理上,微续灌系统在灌溉季节中一直处于工作状态,无轮空维护时间,故对系统各部分设备的性能,特别是可靠性要求更高;对系统提供的水源、动力和水处理的要求及供水可靠度等要求也会提高。推广应用时,轮灌是已经成熟有效的灌溉管理制度,已被普遍接受和广泛应用,对微续灌还将存在一个认知和接受的问题。这些问题的存在,制约着微续灌的发展,在特定的场合下,甚至还将导致整个系统失败。

5 结语

由于微灌科技的进步和灌水方法的改进,采用微续灌使根区土壤含水量变化较小,而且总是保持作物理想生长的水平是可能做到的。微续灌的优势明显,迎合了精准农业发展对灌水技术提出的新要求,符合我国节水、节能的资源节约型社会建设的长远目标,微续灌应用前景看好。同时也应重视微续灌提出的新问题,如微续灌条件下的灌水流量与作物产量的关系等,开展深入细致的研究,推动微续灌技术的健康发展。

(仵峰,彭贵芳,宰松梅,等. 原载于《节水灌溉》2008 年第 6 期)

附 录

常用计量单位及换算关系

书中非法定计量单位与法定计量单位对照换算关系

量的名称	非法定计量单位		法定计量单位		换算关系
	名称	符号	名称	符号	
长度、直径	英寸	in	米	m	1 in = 0.025 4 m
	尺		米	m	1 m = 3 尺
	公分		厘米	cm	1 公分 = 1 cm
质量	斤		千克	kg	1 斤 = 0.5 kg
	公斤		千克	kg	1 公斤 = 1 kg
面积	亩		公顷	hm^2	1 hm^2 = 15 亩 = 10 000 m^2
	平米		平方米	m^2	1 平米 = 1 m^2
	顷		公顷	hm^2	1 顷 = 100 亩 = 6.667 hm^2
体积、容积	方		立方米	m^3	1 方 = 1 m^3
	立米		立方米	m^3	1 立米 = 1 m^3
	公升		立方米	m^3	1 公升 = 1 L = 10^{-3} m^3
功率	马力	HP	瓦特	W	1 HP = 735 W
	匹		千瓦	kW	1 匹 = 1 HP = 735 W
	千吨米	kt · m	焦耳	J	1 kt · m = 9 806.65 J
	度		千瓦时	kW · h	1 度 = 1 kW · h
压力、压强	公斤每平方厘米	kg/cm^2	帕斯卡	Pa	1 kg/cm^2 = 98.066 5Pa
	毫米汞柱	mmHg	帕斯卡	Pa	1 mmHg = 133.322 Pa
	毫米水柱	mmH_2O	帕斯卡	Pa	1 mmH_2O = 9.806 65 Pa
	标准大气压	atm	帕斯卡	Pa	1 atm = 101 325 Pa
浓度	百万分之一	ppm	立方厘米/立方米	mL/m^3	1 ppm = 1 mL/m^3 = 10^{-6}